本书出版由上海科技专著出版资金和上海交通大学学术出版基金资助

田野草本植物资源

沈健英　吴　骏　编著

上海交通大学出版社

内 容 提 要

本书突破传统观念,从田野杂草资源角度系统论述田野草本植物资源的概念、特性、资源价值及其评价方法、资源利用原理及保护与管理;并在此基础上,从食用、药用、工业、环保、植物种质五个方面系统讲述了野生植物资源开发利用的价值和发展前景。

适用于农林院校及农业一线科技人员及至社会普通大众。

图书在版编目(CIP)数据

田野草本植物资源/沈健英,吴骏编著. —上海:
上海交通大学出版社,2012
ISBN 978-7-313-09025-6

Ⅰ.①田… Ⅱ.①沈… ②吴… Ⅲ.①草本植物—植物资源—研究 Ⅳ.① Q949.4

中国版本图书馆CIP数据核字(2012)第254785号

田野草本植物资源

沈健英 吴 骏 编著

上海交通大学出版社出版发行

(上海市番禺路951号 邮政编码200030)
电话:64071208 出版人:韩建民
上海交大印务有限公司印刷 全国新华书店经销
开本:787mm×1092mm 1/16 印张:19.25 插:4 字数:427千字
2012年11月第1版 2012年11月第1次印刷
ISBN 978-7-313-09025-6/Q 定价:48.00元

前　言

　　我国是一个农业大国，人多地少，资源相对不足。在生态建设和资源保护已成为我国国民经济和社会发展的全局性问题的时代，如何在农业生产中把握好与环境、资源的关系是我国农业快速可持续发展的关键问题。野生植物资源的保护和利用工作应从建设和谐社会的高度，以科学发展观为指导，强化保护，规范管理，促进发展，构建人与自然和谐的绿色家园。本书倡导田野草本植物资源化利用，让财富、健康与绿色同行，这不仅为农田杂草的防除开辟了一条新的途径，而且可以获得巨大的经济、社会和环境效益。

　　农田草本植物在农田占有大量生存空间，和农作物争光、水、肥，产生抑制物质阻碍作物生长，传播病虫害，降低农作物质量，是影响农作物增产的重要因素之一。自20世纪80年代以来，随着化学除草剂大量使用造成杂草群落的恶性演替、抗性增强、环境污染和经济效益下降等问题日益突出，已引起了国内外专家的高度重视。人们在对现在的防除体系反思和高度重视的同时，寻求更有效的解决途径已迫在眉睫。

　　社会的发展和生活水平的提高，使健康的概念逐渐拓展为完全的体质健康、精神健康和完美的社会生活状态。随着21世纪全球环境变化和经济全球化进程的加快，资源-环境-人类健康发展将面临前所未有的挑战。编者长期从事田野草本植物控制与资源化利用的探索与研究，在农田杂草生态系统耗散结构的研究基础上，建立了田野草本植物资源化控制新理念，引起了国际学术界关注。同时有幸于2005~2011年应国际杂草学会、亚太杂草学会以及日本、韩国、加拿大、美国、澳大利亚、越南等国的邀请多次作学术访问与交流，扩大了学术联系。田野草本植物作为水生、湿生或旱生植物，它既是危害作物高产的主要因素，但同时也是丰富的草本植物资源，具有多种效益，如野菜、饮料、饲用、中草药、农药、观赏、环境修复、水土保护、纤维、香料、色素、油脂及种质资源等价值，若合理开发，充分利用，可获得巨大效益且可兼收防除之效，对维护环境生态具有重要的意义。

本书突破传统观念，从田野杂草资源角度系统论述田野草本植物资源的概念、特性、资源价值及其评价方法、资源利用原理及保护与管理；并在此基础上，从食用、药用、工业、环保、植物种质五个方面系统讲述野生植物资源开发利用的潜在价值和发展前景。我们力求用全面丰富的内容、深入浅出的语言、新颖实用的知识体系和精致细腻的文字，还原给读者一幅系统、生动和趣味的大自然享受；并追求专业与实用性的统一，希冀适用于农林院校及农业一线科技人员乃至社会普通大众。

充分利用生物资源，创造和谐健康的生存理念和生活方式，亟待每一个科学工作者深思。由于时间紧迫，不能对我国种类繁多、资源丰富的田野草本植物一一论述，希望本书的出版能为读者对田野草本植物的识别、研究、保护和开发利用提供一点参考资料和借鉴价值，不足之处，还敬请读者不吝批评指正。

本书在编写过程中，得到了美国印第安纳大学（Kelley School of Business, Indiana University, USA）吴骏博士的鼎力支持，吸收了国内外有关方面著作和研究成果，引用了大量的参考文献，在此，表示衷心感谢。

沈健英

2012年8月于上海

目 录

第一章 绪 论

第一节 田野草本植物的特性

一、田野草本植物的概念

草本（Herb）植物是一类植物体木质部较不发达至不发达，茎多汁，较柔软的植物总称，人们通常将草本植物称作"草"，而将木本植物称为"树"。草本植物和木本植物最显著的区别在于其茎的结构。草本植物的茎为"草质茎"，茎中密布很多相对细小的维管束，充斥维管束之间的是大量的薄壁细胞，在茎的最外层是坚韧的机械组织，其维管束中的木质部分布在外侧而韧皮部则分布在内侧，且草本植物的维管束不具有形成层，不具"树"逐年变粗的功能。

草本植物按其生活周期可分为1年生、越年生或多年生草本植物。1年生草本（Annual Herb）植物是指在1年中完成从种子萌发到产生种子直至死亡的生活史全过程，如春季1年生草本植物（指在春季萌发，经低温春化，初夏开花结实并形成种子）繁缕（*Stellaria media*）、波斯婆婆纳（*Veronica persica*）等以及夏季1年生草本植物（指初夏杂草种子发芽，不必经低温春化，生长发育时经过夏季高温，当年秋季产生种子并成熟越冬）狗尾草（*Setaria viridis*）、牛筋草（*Eleusine indica*）等。越年生草本（Biennial Herb）植物为第一年生长季（秋季）仅长营养器官，到第二年生长季（春季）开花、结实后枯死的植物，如金鱼藻（*Ceratophyllum desmersum*）、野胡萝卜（*Daucus carota*）等。多年生草本（Perennial Herb）植物的生活期比较长，一般为两年以上的草本植物，此类植物不但能结子传代，而且能通过地下变态器官生存繁衍。如有些多年生草本植物的地下部分为多年生，如宿根或根茎、鳞茎、块根等变态器官，而地上部分每年死亡，待第二年春又从地下部分长出新枝，开花结实，如蒲公英（*Taraxacum mongolicum*）、酸模（*Rumex acetosa*）、车前草（*Plantago asiatica*）、藕、芋、甘薯等，而有些多年生草本植物的地上和地下部分都为多年生的，经开花、结实后，地上部分仍不枯死，并能多次结实，如万年青（*Rohdea japonica*）、麦门冬（*Ophiopogon japonicus*）等。草本植物1年生、越年生和多年生的习性，有时会随地理纬度及栽培习惯的改变而变异,如小麦和大麦在秋播时为越年生草本植物,在春播时则成为1年生草本植物;又如棉花及蓖麻在江浙一带为1年生草本植物,而在低纬度的南方可长成多年生草本植物;多年生的蓖麻(*Ricinus communis*)若发生于北方,则变为1年生草本植物;草坪上的短叶马唐(*Digitaria redicasa*)是1年生草本植物,但不断地修剪亦可使其变为多年生,这也反映出田野草本植物本身的不断繁衍持续的特性。

田野的草本植物又俗称为农田杂草,是长期适应当地作物、耕作、土壤等生态条件和其他社会因素而生存下来的,是农业生态系统中的一个组成部分,是自然环境中适应性最强、最繁茂的植物。

二、田野草本植物的特性

由于田野草本植物与作物的长期共生和适应,导致其自身生物学特性上的变异,加之漫长的自然选择,更造成了其多种多样的生物学特性,譬如:

1. 形态结构的多型性

田野草本植物的植株个体大小随生境条件变化而变化,例如荠菜生长在空旷、土壤肥力充足、水湿光照条件好的地带,其株高可达50厘米以上,相反,生长在贫瘠、干燥的裸地上的荠菜,其高度仅在10厘米以内。另外,在不同的生境条件下,其根茎叶形态特征变化多样,如生长在阳光充足地带的植株,其茎秆粗壮、叶片厚实、根系发达,具较强的抗逆力,而同样物种一旦生长在阴湿地带,则茎秆细弱,叶片宽薄、根系不发达,其适生性明显下降。植株的组织结构也会随生态习性而发生变化,如鳢肠(*Eclipta prostrata*)等,生活在水环境中其茎中通气组织发达,茎秆中空,而生长在干旱环境下的鳢肠则茎秆多数实心,薄壁组织发达,细胞含水量高。

2. 营养方式的多样性

大多数田野草本植物是光合自养的,但亦有部分属于寄生性的。寄生性草本植物可分全寄生和半寄生两类。全寄生性草本植物在其种子发芽,历经一定时期的生长后,必须依赖于寄主的存在和寄主提供足够有效的养分才能完成生活史全过程,如菟丝子;半寄生性草本植物如桑寄生(*Taxillus chinensis*),寄生于桑等木本植物的茎上,依赖寄主提供水和无机盐,而其自身则能进行光合作用。

3. 繁衍的多实性和落粒性

生长在农田的草本植物具有多实性和落粒性的特点,产生的种子数量常是农作物的几十倍、上百倍甚至更多,一株草本植物往往能结出成千上万甚至数十万粒细小的种子,如野燕麦(*Avena fatua*)多达1 000粒,荠菜(*Capsella bursa-pastoris*)可结20 000粒,而蒿

（*Artemisia argyi*）则高达810 000粒。而且田野草本植物的种子成熟期一般比农作物早，成熟期不一致，时常边开花，边结实，边成熟，然后随熟随散落在田间，且1年可繁殖数代，这也是草本植物在田野长期生存中处于优势的重要条件。

4. 生命的顽强性

许多田野草本植物种子的寿命比农作物种子的寿命长，且抗性强。如藜（*Chenopodium album*）的种子最长可在土壤中存活1 700年之久，繁缕种子可存活622年，野燕麦、早熟禾（*Poa annua*）、马齿苋（*Portulaca oleracea*）、荠菜和泽漆（*Euphorbia helioscopia*）等都可存活数十年。即使在耕作层中，草本植物的种子仍然保持较长的寿命，野燕麦7年、狗尾草9年、繁缕和车前草等10年以上，亦能保持发芽力。在一般情况下，草本植物种子子实皮越厚越硬，透水性越差，其寿命越长。此外，有些草本植物种子，如稗草（*Echinochloa crusgallis*）、马齿苋等，通过牲畜的消化道排出后，仍有一部分可以发芽。而野苋（*Amaranthus lividus*）和荨麻的种子经过牲畜的消化道后反而发芽好且整齐，在堆肥或厩肥中草本植物种子仍能保持一定的发芽力。例如稗草种子在40℃高温的厩肥中，可保持生活力达1个月。还有些草本植物种子在低温3℃下仍然可以萌发，如繁缕等。

5. 滋生的复杂性

田野草本植物的种子成熟度与萌发时期参差不齐。如荠菜、藜及打碗花（*Calystegia hederaca*）等，即使其种子没有成熟，也可萌发长成幼苗。很多田野草本植物被从土壤中拔出来后，其植株上的种子仍能继续成熟。同一种植物，有的植株已开花结实，而另一些植株则刚刚出苗。而且有些草本植物的种子在形态和生理上具有某些特殊的结构或物质，从而使其具有保持休眠的机制。如坚硬不透气的种皮或果皮，含有抑制萌发的物质，种子需经过后熟作用或光等刺激才能萌发等。由于不同时期、植株不同部位产生的种子的结构和生理抑制性物质含量的差异，以及田野草本植物种子基因型的多样性，对逆境的适应性差异、种子休眠程度以及田间水、湿、温、光条件的差异和对萌发条件要求和反应的不同，从而致使其萌发不整齐。如一种耐盐性草本植物——滨藜（*Atriplex patens*），能结出3种类型的种子，上层的粒大呈褐色，当年即可萌发；中层的粒小，黑色或青灰色，翌年才可萌发；下层的种子最小，黑色，第三年才能萌发。藜和苍耳等也有类似的情形。

6. 繁殖方式的多样性

田野草本植物的繁殖方式有营养繁殖和有性生殖。1年生草本植物以产生大量种子繁殖，而多年生草本植物则除了种子繁殖以外，还可以根、茎等进行营养繁殖。营养繁殖是指草本植物以其营养器官根、茎、叶或其一部分传播、繁衍滋生的方式。例如，马唐的匍匐枝、小蓟（*Cephalonoplos segetum*）的根、香附子（*Cyperus rotundus*）的球茎、狗牙根（*Cynodon dactylon*）的根状茎等都能产生大量的芽，并形成新的个体。常见的田野草本植物——空心莲子草（*Alternanthera philoxeroides*），可通过匍匐茎、根状茎和纺锤根等3种营养繁殖器官繁殖。这些营养繁殖特性使田野草本植物保持了亲代或母体的遗传特性，生长势、抗逆性、适应性都很强。而有性生殖是指田野草本植物经一定时期的营养生长后，花芽（序）分化，进入生殖生长，产生种子（或果实）传播繁殖后代的方式。在有性生殖过程中，田野草本植物既能异花受精，又能自花或闭花受精，且对传粉媒介要求不严格，其花粉一般均可通过风、水、昆虫、动物或人，从一朵花传到另一朵花上或从一株传到另一株上。异花传粉受精有利于为田野草本植物种群创造新的变异和生命力更强的种子，自花授粉受精可保证其在独处时仍能正常受精结实、繁衍滋生蔓延。

7. 传播途径的广泛性

田野草本植物的种子具有适应广泛传播的结构和途径，可借助风力、水力、人和动物的活动、自身弹力等各种方式传播。如酢浆草（*Oxalis corniculata*）、野老鹳草（*Geranium carolinianum*）的蒴果在开裂时，会将其中的种子弹射出去散布；野燕麦种子上的芒能感应空气中的湿度变化而调节曲张，驱动其种子运动，在麦堆中均匀散布；十字花科、石竹科和玄参科的田野草本植物如荠菜、婆婆纳（*Veronica didyma*）等，其种子可借果皮开裂而脱落散布；蒲公英、刺儿菜等菊科草本植物的种子往往有冠毛，可借助风力传播；苍耳（*Xanthium sibiricum*）、三叶鬼针草（*Bidens pilosae*）等果实表面有刺毛，可附着它物面传播；独行菜（*Lepidium apetalum*）等果实上有翅或囊状结构，可随水漂流；稗草、反枝苋（*Amaranthus retroflexus*）、繁缕等种子被动物吞食后，随粪便排出而传播等。此外，还可混杂在作物的种子内，或饲料、肥料中而传播，也可借交通工具或动物携带而传播。

8. 强大的适应性

多数田野草本植物有很强的生态适应性和抗逆性，常耐旱、耐涝、耐热、耐盐碱、耐贫瘠。当生长条件不良时，可随生育环境的变化，自然调节密度、生长量、结实数和生育期，保证其个体生存和物种的延续。有些草本植物的植株个体小、生长快，生命周期短，群体不稳定，一年一更新，繁殖快、结实率高，如繁缕、反枝苋等。而有些草本植物的植株个体大，竞争力强，生命周期长，在一个生命周期内可多次重复生殖，群体饱和稳定，如田旋花（*Convolvulus arvensisi*）、芦苇（*Phragmites communis*）等多年生杂草。有些草本植物如藜、芦苇和眼子菜（*Potamogeton distinctus*）等都有不同程度耐受盐碱的能力，如马唐在干旱和湿润土壤生境中都能良好地生长。天名精（*Carpesium abrotanoides*）、黄花蒿等会散发特殊的气味，趋避禽畜和昆虫的啃食。曼陀罗（*Datura stramonium*）、刺苋（*Amaranthus spinosus*）等植物含有毒素或刺毛，以保护自身免受伤害。

由于长期对自然条件的适应和进化，田野草本植物在不同生境下对其个体大小、数量和生长量的自我调节能力很强，这种强大的可塑性使得田野草本植物在多变的人工环境条件下，如在密度较低的情况下能通过其个体结实量的提高来产生足够的种子，或在极端不利的环境条件下,缩减个体并减少物质的消耗,保证种子的形成,延续其后代。如藜、反枝苋,其株高可矮小至5厘米,高至300厘米,结实数可少至5粒,多至百万粒。当土壤中杂草种子库的量很大时,其发芽率会大大降低,以避免由于群体过大而导致个体死亡率的增加。

田野草本植物的生长势也很强,如水莎草($Juncellus\ serotinus$)、香附子、马唐、狗尾草、反枝苋、马齿苋等许多田野草本植物能以其地下根、茎的变态器官避开劣境、繁衍扩散,当其地上部分受伤或地下部分被切断后,能迅速恢复生长,传播繁殖;刺儿菜地下根状茎每个枝芽都能发育成新的植株,在一个生长季节内,其地下根状茎能向外蔓延长达3米以上;狗牙根的地下根状茎,据统计在667平方米的田地中,根茎总长可达60千米,有近30万个地下芽。

而且,由于田野草本植物群落的混杂性、种内异花受粉、基因重组、基因突变和染色体数目的变异性,其基因型具有很好的杂合性,增加了其变异性,从而大大增强了其抗逆性能,特别是在遭遇恶劣环境条件时,可以避免整个种群的覆灭,使物种得以延续。并且田野草本植物还可以经与作物杂交或形成多倍体等使其更具多态性。这种特性被称之为对作物的拟态性(Crop Mimicry),因为它们在形态、生长发育规律以及对生态因子的需求等方面有许多相似之处,很难将这些田野草本植物与其伴生的作物分开。

三、田野草本植物在农田对作物的危害性

田野草本植物生长在农田,作为非人工有意栽培的草本植物,往往与人类有意栽培的农作物争夺水分、养分、光照和空间,产生抑制物质阻碍作物生长,传播病虫害,影响农作物的生长发育,降低农作物产量,使产品质量变劣,增加生产成本,给农业生产带来很大损失。根据近年来联合国粮农组织(FAO)的估计,全世界每年因病虫草害,造成农作物的损失达204亿美元,其中草害居首,占42.0%,仅粮食就损失1.3亿吨,足够2.5亿人生活1年(张朝贤,1998)。印度试验表明,仅由于生长在稻田的草本植物可造成水稻产量损失达41.6%,小麦16.0%,玉米39.8%,棉花30.5%。我国常年受农田草害的土地面积超过7 400万公顷,在现有防治水平下,按因农田草害平均可使农作物减产8.0%估算,直接经济损失高达900多亿元。

据不完全统计,全世界生长在农田中的草本植物有8 000种,直接危害作物的有1 200种,中国农田草本植物有1 290多种,分属105科560属,直接危害作物的有580种,其中稻田有129种,占22.0%;旱地有427种,占74.0%;水旱田均能生长的草本植物有24种,占4.0%。在这些植物中,一年生草本植物所占比例最大,共计278种,占48.0%;其次是多年生草本植物,共计243种,占草本植物总数的42.0%;越年生草本植物59种,占草本植物总数的10.0%。根据对每种草本植物在所调查的样田中出现频率的分析结果,全国范围分布的常见农田草本植物有120种,地区性分布的常见农田草本植物有135种,总计55科,255种。其中全国或多数省市范围内普遍为害,对农作物为害严重的种类有17种。即水田草本植物5种,包括稗草、异型莎草、鸭舌草($Monochoria\ vaginalis$)、眼子菜和扁秆蔗草

（*Scirpus planiculmis*）；旱地草本植物11种，包括野燕麦、看麦娘（*Alopecurus aequalis*）、马唐、牛筋草（*Eleusine indica*）、绿狗尾草（*Setaria viridis*）、香附子、藜、酸模叶蓼（*Polygonum lapathifolium*）、反枝苋、牛繁缕（*Malachium aquaticum*）和白茅（*Lmperata cylindrica*）；水旱田均有的农田草本植物1种，即旱稗（*Echinochloa crus-galli*）。而为害范围较广，对农作物为害程度较为严重的农田草本植物种类有31种，水田草本植物9种，即萤蔺（*Scirpus juncoides*）、牛毛毡（*Eleocharis yokoscensis*）、水莎草、碎米莎草（*Cyperus iria*）、野慈姑（*Sagittaria sagittifolia*）、矮慈姑（*Sagittaria pygmaea*）、节节菜（*Rotala indica*）、空心莲子草和四叶萍（*Marsilea quadrifolia*）；旱地草本植物19种，如金狗尾草（*Setaria glauca*）、双穗雀稗（*Paspalum distichum*）、棒头草（*Polypogonfitgax*）、狗牙根、猪殃殃（*Galium aparine*）、繁缕、小藜（*Chenopodium serotinum*）、凹头苋（*Amaranthus ascendens*）、马齿苋、大巢菜（*Vicia amoena*）、鸭跖草（*Commelina communis*）、小蓟、大蓟（*Cephalanoplos selosum*）、萹蓄（*Polygonum aviculare*）、播娘蒿（*Descurainia sophia*）、苣荬菜（*Sonchus brachyotus*）、田旋花、打碗花、荠菜和菥蓂（*Thlaspi arvense*）；水旱田兼有草本植物3种，即千金子（*Leptochloa chinensis*）、细叶千金子（*Leptochloa panicea*）和芦苇。

第二节　田野草本植物资源化控制新理念

一、除草剂长期使用的负面效应

由于田野草本植物（杂草）在农田对作物的危害性，因而每年在农田草害防除方面投入了大量人力和物力，自20世纪80年代以来，除草剂在世界农药销售额中始终保持在43%左右。但同时随化学除草剂大量使用造成农田杂草群落的恶性演替和抗性增强，以及环境污染和经济效益下降等问题日益突出，引起了国内外专家的高度重视。

（一）群落的恶性演替

以上海稻田杂草为例，对2002年上海不同地区水稻田杂草种类、群落结构以及危害程度调查结果与1982年资料比较分析结果表明：历经20年上海稻田杂草种群在其种类以及发生、危害的量上有明显变化。以二级危害（A_2）以上的百分比为例（见表1-1），1年生杂草如稗草、异型莎草等为主的群落在经历20年后正日趋向多年生恶性杂草如空心莲子草、矮慈菇等为主群落方向变化。例如，稻田主要危害杂草如稗草由1982年的49.6%降至2002年的15.3%，下降了34.3%。此外，异型莎草、扁秆藨草以及水莎草也分别下降了7.4%、13.0%以及11.7%。而鸭舌草、矮慈菇、鳢肠以及空心莲子草等则相反，在20年间其危害程度明显增加。与1982年相比，鸭舌草、矮慈菇和鳢肠的二级危害以上出现频率则分别增加了16.5%、9.4%和5.0%。而且空心莲子草由20年前的几乎不危害发展至为当今的主要危害杂草，其二级危害以上的出现频率达12.7%。然而节节菜（*Rotala indica*）、萤蔺（*Scirpus juncoides*）等杂草的发生危害在20年间的变化则比较平稳。

表1-1　上海稻田杂草种群二级危害以上出现频率在20年间的变化（%）

杂　草　名　称	1982年	2002年
稗草 *Echinochloa crusgallis*	49.6	15.3
异型莎草 *Cyperus difformis*	12.2	4.7
扁秆藨草 *Scirpus planiculmis*	13.4	0.4
水莎草 *Juncellus serotinus*	13.0	1.3
千金子 *Leptochloa chinensis*	5.5	7.3
节节菜 *Rotala indica*	7.6	5.4
鳢肠 *Eclipta prostrata*	0.3	5.3
鸭舌草 *Monochoria vaginalis*	2.2	18.6
萤蔺 *Scirpus juncoides*	3.5	4.7
矮慈菇 *Sagittaria pygmaea*	2.7	12.0
空心莲子草 *Alternanthera philoxeroides*	/	12.7

表1-2　1982~2002年稻田主要杂草群落中优势杂草的出现频率（%）

杂　草　名　称	优势杂草		亚优势杂草		总优势杂草	
	1982年	2002年	1982年	2002年	1982年	2002年
稗草 *Echinochloaa crusgallis*	38.2	30.7	58.2	33.9	96.4	64.5
千金子 *Leptochloa chinensis*	7.3	7.8	36.4	36.6	43.6	44.3
双穗雀稗 *Paspalum distichum*	1.8	1.6	1.8	/	3.6	1.6
水莎草 *Juncellus serotinus*	5.5	3.2	18.2	14.5	23.6	17.7
扁秆藨草 *Scirpus planiculmis*	7.3	/	14.6	6.5	21.8	6.5
碎米莎草 *Cyperus iria*	3.6	/	5.5	/	9.8	/

（续表）

杂草名称	优势杂草		亚优势杂草		总优势杂草	
	1982年	2002年	1982年	2002年	1982年	2002年
异型莎草 *Cyperus difformis*	7.3	1.6	60.0	9.7	67.3	11.3
萤蔺 *Scirpus juncoides*	3.6	1.6	3.6	4.8	7.3	6.5
鸭舌草 *Monochoria vaginalis*	3.6	12.9	1.8	29.0	5.5	41.9
丁香蓼 *Ludwigia prostrata*	1.8	/	3.6	1.6	5.5	1.6
紫背萍 *Spirodela polyrhiza*	3.6	/	1.8	/	5.5	/
空心莲子草 *Alternanthera philoxeroides*	1.8	14.5	1.8	16.1	3.6	30.6
四叶萍 *Marsilea quadrifolia*	1.8	/	/	1.6	1.8	1.6
节节菜 *Rotala indica*	3.6	/	27.3	25.8	18.5	25.8
鳢肠 *Eclipta prostrata*	1.8	6.5	3.6	12.9	5.5	19.4
陌上菜 *Lindernia procumbens*	1.8	3.2	3.6	11.3	5.5	15.1
矮慈菇 *Sagittaria pygmaea*	3.6	11.3	/	35.48	3.6	46.8
水苋菜 *Ammannia baccifera*	1.8	3.2	10.91	11.29	12.7	14.5

从群落组成的杂草类别来分析,1982年禾本科、莎草科及阔叶类杂草在群落中出现的总频率（Total Frequency, TF）为143.6%、129.2%、49.1%（见图1-1）,其中优势杂草种群中出现频率分别为47.3%、27.3%、21.8%,亚优势杂草种群中出现频率分别为96.4%、101.9%、27.3%,可见1982年稻田杂草群落以禾本科杂草（Grass Weed, GW）+莎草科杂草（Sedge Weed, SW）+阔叶类杂草（Broad Leaf Weed, BLW）为模式。而至2002年,禾本

科、莎草科、阔叶类杂草在群落中出现的总频率分别为114.6%、55.3%、151.1%，其中优势杂草种群中出现频率分别为48.6%、10.7%、40.4%，亚优势杂草种群中出现频率为66.0%、44.7%、110.6%，经过20年后，禾本科杂草、莎草科杂草在杂草群落中总出现频率分别下降了29.1%、73.8%，而阔叶杂草则上升了101.9%，其中在优势、亚优势种群中出现频率分别增加了83.3%、18.6%。

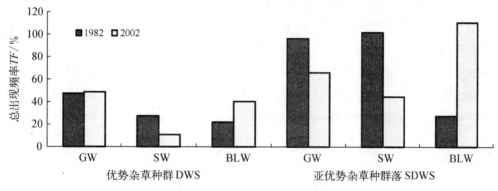

图1-1 不同杂草种类在优势、亚优势杂草种群中的分布

从群落中杂草的生长类型来看（见图1-2），1年生杂草在群落中总出现频率由1982年的258.3%降至2002年的223.4%，下降了34.9%，而多年生杂草则由63.6%上升至97.6%，则增长了34.0%。则意味着稻田杂草群落经过20年后正在由一年生杂草群落为主趋向多年生恶性杂草群落方向变化，这种变化趋势应引起高度重视，它不仅会使稻田杂草防除工作再度陷入困境，草害再猖獗，而且阻碍整个农业生产迅速发展。对长期依赖使用同一或同一类除草剂造成的严重后果需要有足够认识。

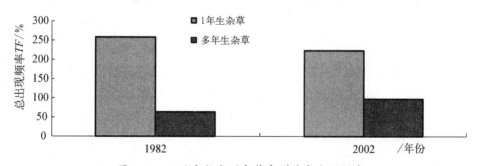

图1-2 不同生长类型杂草在群落中出现频率

调查资料表明，上海地区除草剂销售量由1980年的137.3（有效成份）增至1999年的474.9吨，增长了2.5倍（见图1-3），而在一些较发达地区对除草剂的依赖性更强，如浦东新区，在近八年中其除草剂的销售量增长了4.3倍（见图1-4）。除草剂的使用在促进农业生产和发展的同时，其对水稻田杂草群落演替有着明显的影响。如1982年稻田杂草群落主要是以稗草、异型莎草为主体的群落，其在优势和亚优势杂草种群中的出现频率分别为

38.2%、7.3%和58.2%、60.0%。在首先推广除草醚、杀草丹后，对稗草的防除效果非常明显，以青浦徐泾为例，使用后其二级危害以上的百分率由55.4%降到2.9%，可以说比较成功地解决了稗草的严重危害。二甲四氯、苯达松的推广，也使异型莎草的危害得到有效控制。但在以后一段时期中长期连续大量使用除草醚、敌稗、丁草胺、杀草丹以及二甲四氯等后（见表1-3），由于这些除草剂的杀草谱主要针对稗草以及一年生的莎草科和部分阔叶杂草，故而造成稻田杂草群落中此类1年生杂草种群日渐减少，而目前还没有有效防除的一些多年生恶性杂草种群则迅速增加，如经过20年后空心莲子草、矮慈菇在稻田优势和亚优势种群中的出现频率分别增加了12.7%、7.7%和14.3%、35.5%。由此可见，长期使用单一类的选择性除草剂在除去特定的一种或几种杂草的同时，使非靶性次要杂草上升为新的优势杂草，除草剂对杂草的危害及群落结构变化是直接且明显的，它能诱导杂草群落迅速发生演变，且还会使某些杂草抗药性突变体得到逐渐发展。

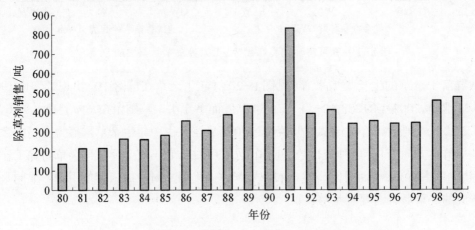

图1-3　1980~1999年上海地区除草剂的销售量（有效成分）

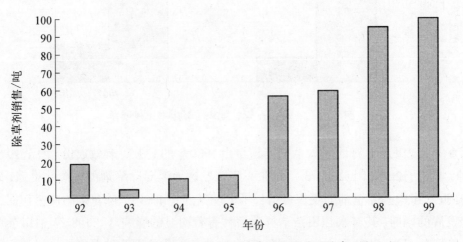

图1-4　1992~1999年浦东新区除草剂的销售量（有效成分）

表1-3 稻田常用除草剂销售情况 （单位：吨 有效成分）

年份	除草醚	丁草胺	苯达松	二甲四氯	其他
1990	126.3	213.0	7.1	4.7	63.3
1991	126.3	213.0	7.1	4.7	447.9
1992	87.1	107.2	0	0	121.7
1993	69.7	89.8	0.6	11.3	122.9
1994	28.6	83.7	0	1.4	174.6
1995	30.2	32.0	2.3	5.9	184.9
1996	0	0	0	0	341.1
1997	0	35.9	2.2	3.1	182.3
1998	2.9	14.5	9.8	12.5	167.2
1999	0.2	15.7	1.9	10.9	232.9

（二）杂草抗药性

杂草抗药性的出现已经成为农田化学防除和生产管理的一大障碍。全球已有189种杂草（双子叶113种，单子叶76种）的330个生物型对各类除草剂产生了抗药性，由此可能引发的经济及安全问题已不容忽视。

自1942年2,4-D的发现，揭开了近代化学除草的新纪元，在不到10年的时间，即1950年在美国夏威夷的甘蔗田，发现了多年生杂草竹节花（又称铺散鸭跖草Commelina diffusa）对2,4-D产生了抗药性，1957年在加拿大安大略省，又发现了野胡萝卜对2,4-D产生了抗药性，但是在起初的20多年中抗药性杂草只有零星发生。然而从20世纪80年代开始，世界范围内大量应用除草剂，化学除草以其先进、快速、经济、高效而成为现代农业必备的保障。世界除草剂总产量（有效成分）每年为70~80万吨，约占化学农药总量的40%~50%，除草剂参与到农业生态系统后，它所防治的对象便开始逐步产生生态、生化或遗传的适应性。1970年Ryan报道了华盛顿西部欧洲千里光（Senecio dubitabilis）对三氮苯类除草剂产生抗性，之后全世界报道的抗药性杂草种类不断增加。1990年在62个国家和地区发现了113种抗性杂草，包括58种杂草（双子叶41种，单子叶17种）对三氮苯类除草剂产生抗性，另外55种杂草（双子叶36种，单子叶19种）对其他14类除草剂产生抗性：具有交互抗性的杂草84种，其中双子叶杂草59种，单子叶杂草25种。1995~1996年国际抗除草剂杂草调查委员会记录了42个国家和地区的183个抗除草剂杂草生物型。到2000年，全球44个国家已发现233种抗性杂草生物型对17类除草剂产生了抗性，抗除草剂杂草的种类呈明显上升趋势，其分布范围已经遍及六大洲。2004年,国际抗除草剂杂草委员会报道(http: //www.weedscience.com):对单一除草剂产生抗药性的杂草生物型共296种,其中178种杂草(双子叶107种,单子叶71种)在270 000块田中发生。其中对乙酰乳酸合酶(ALS)抑制剂产生抗性的杂草高达90种,对三嗪类除草剂产生抗性的有65种,对乙酰辅酶A羧化酶(ACCase)产生抗性的有34种。这些抗药性杂草主要分布在美国、加拿大,以及欧洲、亚洲等29个国家和地区。目前最常见的抗药性杂草有:绿穗苋(Amaranthus hybridus)、反枝苋、地肤(Kochia scoparia),藜、欧洲千里光、龙葵(Solanum nigrum)、早熟禾等。可见,抗性杂草的种类明显上升,同时抗除草剂的类型也有所改变。截至2009年,该委员会再次统计报道,全世界189种杂草对一种或一种以上除草剂产生抗性,其中双子叶杂草113种,单子叶杂草76种。而抗除草剂的杂草生物型达到330个,对ALS抑制剂类除草剂产生抗性的杂草最多达101种,抗光合系统 II 抑制剂类(三嗪类)杂草次之,约有68种,对ACCase抑制剂类除草剂产生抗性的有36种(见表1-4),这些抗性杂草遍布世界大约50个国家,大多数是工业发达国家(见表1-5)。与2000年统计结果相比,抗性杂草生物型增加了97个,其中抗ALS、三嗪类和ACCase类除草剂杂草分别增加了38、7、15种。以除草剂为主要除草方法的发达国家抗性杂草数量增长的幅度最大,如美国、澳大利亚和加拿大,抗性杂草分别增加了64、27、21种。在我国,杂草的抗药性同样发展迅速。吴声敢等测定了水稻田稗草对8种除草剂的抗药性,杨彩宏等发现油菜田日本看麦娘(Alopecurus myosuroided)对高效氟吡甲禾灵产生高抗药性,彭学岗、王金信等检测到小麦田猪殃殃(Galium aparine)对苯磺隆产生抗药性。

抗药性杂草的出现,给常规的防除方法带来了巨大的困难,农田抗药性杂草的发展非常值得重视(张泽溥,1990)。杂草产生了抗药性,防除这种抗性杂草必须大大提高除草剂的用量(Moss,1990),形成恶性循环,增大了对环境负压。特别是交互抗药性的产生给农作物生产造成了威胁,杂草发生大范围抗性后常由于缺乏经济有效的替代除草剂而给作物带来巨大的产量损失(马晓源,2002)。同时,使许多除草剂使用寿命缩短,对农药企业也构成了威胁。

表1-4 2000年和2009年对不同除草剂产生抗药性杂草发生数量对比

除草剂种类	抗性杂草发生数量		举 例
	2000年	2009年	
ALS抑制剂	63	101	氯磺隆
三嗪类	61	68	莠去津
ACCase抑制剂	21	36	禾草灵
联吡啶类	24	24	百草枯
合成激素类	19	27	2,4-D

（续表）

除草剂种类	抗性杂草发生数量		举　例
	2000 年	2009 年	
脲类和酰胺类	17	21	绿麦隆
二硝基苯胺类	9	10	氟乐灵
甘氨酸类	2	16	草甘膦
硫代氨基甲酸酯类	3	8	野麦畏
三唑类	4	4	杀草强
氯乙酰胺类	3	3	乙草胺
二苯醚类	1	3	乙氧氟草醚
有机砷类	1	2	甲基砷酸钠
类胡萝卜素生物合成抑制剂类	1	2	呋草酮
腈类	1	1	溴苯腈
其他类综合	3	4	
合计	233	330	

表1-5　部分国家2000年和2009年抗性杂草生物型数量对比

国　家	抗性杂草总数	
	2000 年	2009 年
美国	61	125
澳大利亚	26	53
加拿大	24	45
法国	28	32
西班牙	24	31
英国	18	24
以色列	18	23
德国	15	19

（续表）

国　家	抗性杂草总数	
	2000 年	2009 年
比利时	13	18
巴西	3	20
意大利	3	19
马来西亚	9	16
日本	14	16
捷克共和国	9	16
南非	3	14
中国	5	9

（三）环境污染

随着农药的大量使用，环境问题也日益突出。我国每年农药的生产和使用量已达20多万吨（有效成分），约占世界总产量的1/10。据农业部农推中心2008年数据显示，全国除草剂总需求量7万吨。这些农药是直接提供给人们在农业生产中施用，其中80%左右的农药直接流失到土壤和水体，或飘逸在大气中，引起对大气、水体、土壤、农作物和食品以及环境生物的污染。

1. 对土壤的污染

研究表明，所施用的除草剂中，有20%~70%会长期残留于土壤中，其中0~30厘米深度的土壤层中残留浓度为最高，引起环境污染。除草剂残留药害已经成为目前最严重的问题，受土壤pH值、温度等因素影响，残留物对敏感后茬轮种作物产生药害，甚至发生在施用2~3年后。如莠去津对下茬作物水稻的残留药害问题非常突出。且除草剂作为一种重要的农用化学品，它本身或降解产物有可能危害非靶标生物，影响土壤微生物多样性，继而影响土壤环境质量以及农田生态系统结构。

2. 对水体的污染

除草剂对水体的污染途径主要来自于：水体直接使用；生产废水排放；喷洒时药剂微粒随风漂移降落；药剂容器和使用工具的洗涤；环境介质中的残留农药随降水、径流进入水体，如溶于水的除草剂可随着土壤中水分的运动而污染地表和地下水。一般情况下，从土壤中流失的除草剂占其施用量的0.1%~1.0%，然而在一些特殊情况下，可以达到甚至超过5.0%，从而污染水环境，而一些长残效除草剂淋溶到地下水，随着地下水位的上下波动，又可以回到作物根区,可能导致轮作后茬作物发生药害。

水体污染的程度和范围,对于不同的农药和水体环境也不相同。一般而言,以田沟水与浅层地下水污染最重,但其污染范围较小;河水污染程度次之,但因农药在水体中的扩散与农药随水流运动而迁移,其污染范围较大;海水污染程度更次之;自来水与深层地下水则因经过净化处理或土壤吸附过滤,其污染程度最小。

近年来,除草剂对水源的污染,尤其是对饮用水源的污染,已引起广泛关注。大量的调查和研究表明,目前除草剂对地表和地下水的污染也已非常严重。美国是研究农药对地下水污染最早的国家之一,在20世纪80年代进行的大规模的地下水污染调查中,检测出50多种农药的污染,其中涕灭威达到515微克/升,莠去津为140微克/升,其他如甲草胺、甲萘威、马拉硫磷、甲拌磷等也有检出。2,4-D在美国已经造成很大的污染,因为其飘移能力非常强,可以造成一定范围内的空气、河流、地下水和食品的污染。除草剂直接关系到人类饮水质量,美国EPA对除草剂品种的淋溶性提出了严格要求。德国对地下水中农药也进行了较大规模的监测,普遍检测出莠去津和异丙隆等除草剂。德国的Brazil监测表明,HPLC-MS可以检测到0.02~2.0微克/升的除草剂污染。Higginbotham报道,在德国和英国,异丙隆对水体的污染已经非常普遍。Schweinsberg报道,在德国的铁路沿线因防除杂草,而大剂量施用2,4-D、2,4,5-涕和草甘膦,已经严重污染了附近的水体,其附近居民区的地下水和饮用水中普遍检测出这3种除草剂。波兰的井水中普遍检测出莠去津和西玛津。用GC-MS和HPLC-PDA分析52个井水样本,其中有7个样本的除草剂污染超过了WHO标准。意大利13个国家实验室共同监测农药对水系的污染。在自来水样本中普遍检测出莠去津、西玛津和特丁津等除草剂,并在地下水中检测到高浓度的异丙隆和2甲4氯。英格兰和威尔士的环保局对水质量监测的数据表明,农药中以除草剂的检出率为最高,其中异丙隆、2甲4氯、敌草隆、莠去津等除草剂的检出率为最高。为了保证饮用水的质量,欧洲饮水指导委员会规定:饮用水中单一农药品种的浓度不能超过0.1微克/升,所有农药的浓度之和不能超过0.5微克/升。欧洲各国对水中除草剂的浓度作出规定,禁止其超过环境质量标准中规定浓度的平均值或最大值。近年来,我国也开始关注农药对地下水污染。中国农业大学与德国霍恩海姆大学合作的华北地区农药污染的监测研究表明,华北地区大气、雨水和地表水中都存在不同程度的农药污染,其中除草剂占很大比重。史伟等报道莠去津对农田和水体的污染不容忽视。经检测发现,淮河信阳、阜阳、淮南、蚌埠4个监测点,检测到河水中莠去津的浓度分别为76.4、80.0、72.5、81.3微克/升。北京主要地表水源之一的官厅水库,检测到0.7~3.9微克/升的莠去津成分,在官厅水库下游永定河中也检出莠去津及其代谢物脱乙基莠去津(Desethylatrazine, DEA)、脱异丙基莠去津(Deisopropylatrazine, DIA),和羟基莠去津(2-Hydroxyatrazine, HA),且DEA浓度最高,为DIA和HA浓度的2~10倍。

3. 对大气的污染

除草剂还可通过施用时的散溢、生产过程中含农药废气的直接排放、土壤环境和水体环境中的除草剂的挥发等途径进入大气环境。例如易挥发性除草剂氟乐灵,在裸露、湿润的土壤表面,其挥发占很大比例,可以高达所施用有效量的90%。而进入大气环境中的物质以气溶胶的形式悬浮于空气中,或者被大气中的飘尘所吸附,它们随着大气的运动而扩散,从而使污染范围不断扩大,有的甚至可以漂移到很远的地方。

除草剂对大气的污染程度与范围,主要取决于使用除草剂的性质(蒸气压)、施用量、施药方法以及施药地区的气象条件(气温、风力等)。通常大气中的除草剂含量极微,一般都在纳克/千克(即10^{-12})数量级水平以下,但在农药生产厂区或在温室内施药,其周围大气中的农药含量则较高。

4. 对农作物和食品的污染

土壤中农药的残留与农药直接对作物的喷洒是导致农药对农作物和食品污染的直接原因。农作物的污染程度与土壤的污染程度、土壤的性质、农药的性质以及作物品种等多种因素有关。农作物通过根系吸收土壤中的残留农药,再经过植物体内的迁移转化等过程,逐步将农药分配到整个作物体中;或者通过作物表皮吸收粘着在植物叶面上的农药进入作物内部,造成农药对农作物和食品的污染。

5. 对环境生物的污染

环境中的微量农药可通过食物链的转化过程逐级浓缩,从而导致对环境生物的农药富集与污染。居于食物链位置愈高的生物,其生物浓缩倍数也愈高,受农药污染的程度也最严重。食物链是生态系统中的一个极为重要的基本结构,生态系统的功能与系统的平衡都是由食物链组成的食物网发挥作用。因此,食物链这个基本结构的每一个环节都是很重要的。一条链如果中间的一个环节出现不协调,或者因为某个原因而断裂,这条链就不能行使正常的生态功能。由于生物体对污染物的积累以及在不同营养级间的生物放大作用,在农药污染普遍的环境中,即使农药在某个环境的初始含量较低,但在食物链的某个环节上也会出现农药的高浓度污染,而导致的整体或局部高浓度的农药污染对生物本身具有不可避免的负作用,严重时导致个体死亡和种群的衰败。而在生态系统中,一个原本发挥正常生态功能的种群的衰败或者消失,某个食物链出现断链,使生态系统的功能出现异常。农田生态系统生物多样性损失以后,系统的平衡调控能力大大减弱,系统内部常常会因为某一种生物的生长失控而导致系统出现崩溃性灾难。如天敌、敏感种群的消失,使原本处于被抑制状态的种群获得新的发展机会,很快成为群落中的优势种群,一旦农业管理水平和控制措施跟不上,就可能使得农田生态系统出现一次或数次毁灭性的灾害。

(四)对人类健康的影响

除草剂的长期大量使用,不仅对生物多样性产生了严重的破坏,也对人类健康造成了严重影响。环境中的除草剂一般通过皮肤、呼吸道和消化道三条途径进入人体。进入人体的农药,如果超过正常人的最大耐受限量,将会导致机体正常生理功能的失调,引起病理改变和毒性危害。中毒的表现有急性、慢性或蓄积毒性。急性中毒即在短时期内摄入一定量而引起急性反应,如恶心、呕吐、呼吸困难、肌肉痉挛、神志不清、瞳孔缩小等症状,甚至会引起死亡。而长期低剂量在人体组织内逐步积累,则会引起慢性中毒,改变机体内分泌功能,干扰神经-内分泌-生殖网络,影响下丘脑、垂体、性腺功能,导致生物体内分泌系统异常(如性激素和甲状腺激素分泌障碍)和性器官异常(如输卵管、睾丸、卵巢和尿道的畸形化),诱导肿瘤产生(如睾丸癌、乳腺癌、卵巢癌)。同时,因这些化学物质难分解和强蓄积性,进而可影响到下一代。

1999年世界自然基金会的《环境中被报告具有生殖和内分泌干扰作用的化学物质清单》,有125种内分泌干扰物,其中农药有86种(见表1-6),占68.8%,除草剂主要有2,4,5-涕、2,4-D、氨基三唑、莠去津、甲草胺、西玛津、除草醚、氟乐灵、嗪草酮。

表1-6　影响内分泌效应的主要农药

类　型	农　药　名　称
杀虫剂	六六六、乙基对硫磷、甲萘威、氯丹、反式九氯、二溴氯丙烷、DDT、DDE、DDD、艾试剂、狄试剂、异狄试剂、硫丹、七氯、马拉息昂、灭多威、甲氧氯、灭蚊灵、毒杀芬、涕灭威、开蓬、氯氰菊酯、顺式氰戊菊酯、氰戊菊酯、氯菊酯、开乐散
除草剂	2,4,5-涕、2,4-D、氨基三唑、莠去津、甲草胺、西玛津、除草醚、氟乐灵、嗪草酮
杀菌剂	六氯苯(HCB)、五氯苯酚(PCP)、苯菌灵、代森锌锰、代森锰、代森联、烯菌酮、代森锌、氟美锌
农药代谢物	氧化氯丹、七氯环氧化物

1. 对性激素的影响

国内外大量流行病学和毒理学研究表明:许多农药会影响生殖激素的分泌和代谢,导致其功能紊乱,从而干扰动物和人类的生殖活动。除草剂莠去津(Atrazine)是一种广泛存在的内分泌干扰物。实验表明:喂食莠去津(50毫克/千克)的雄性大鼠的睾丸激素的水平下降约50%,间质细胞用莠去津(232微摩尔/升)处理后睾丸激素的产量下降35%。

莠去津有类雌激素作用,其作用方式可能与类固醇激素相似。通过研究S-三嗪类农药(莠去津、去甲基莠去津)对雄性大鼠体内和体外睾酮代谢过程以及5α-双氢睾酮与受体结合反应的影响,观察到此类农药具有抗雄激素活性,能够抑制睾酮转化过程中酶的活性和类固醇激素受体的形成。

Padungtod等研究发现农药厂工人工作1小时后,农药代谢物与血清、尿卵泡雌激素水平呈正相关;暴露情况分层后,尿卵泡雌激素水平和精子数目、精液浓度存在负相关。排除其他干扰因素后,随着农药暴露强度增加,血清黄体生成素水平明显升高,血清卵泡雌激素水平轻微升高,而血清睾酮水平则下降;对接触有机磷农药的男性工人进行流行病学调查的结果表明这些工人的生殖激素水平明显异常,血清黄体生成素(LH)和促卵泡激素(FSH)的水平与农药暴露程度存在正相关。

2. 对性器官的影响

我国当前使用的几种主要除草剂中,莠去津、乙草胺、甲草胺、草克净、杀草强等均是内分泌干扰物。莠去津曾经是美国甚至全世界使用最普遍的除草剂,而且曾被认为是安全的,因为它的半衰期短,生物积累和生物放大效应可以忽略,但 Cooper 等研究后认为母体在莠去津中暴露,会导致雌性后代的阴道发育延迟,而雄性后代则前列腺炎发生率增加。美国加州大学研究发现:长期暴露于莠去津,会诱导更多的芳香化酶产生,使雄性青蛙雌性化,随剂量提高损伤作用明显;该药剂还可导致雄性大鼠睾丸发生退行性病变,雌性大鼠卵巢则出现增生性病变,进而可能影响到大鼠的生殖功能。

长期接触苯氧基除草剂的父亲对下一代的间接影响(畸胎或胎儿肢体有缺陷)正在调查之中。在二战期间,美国曾用橙战剂去除越南茂密树叶,使用一种为2,4-D和2,4,5-涕两种有机氯除草剂的混合物,其中尚含有百万分之十的二恶英。美国流行病学调查结果显示:喷洒橙战剂的越战飞行员的精液质量比正常人要差;新生儿缺陷发生率较高;不足一岁的婴儿死亡率较高;流产发生率达16%;新生孩子的脊柱骨劈裂和脸上裂腭现象达到了峰期。

3. 对甲状腺激素的影响

甲状腺作为人体非常重要的内分泌器官,其分泌的甲状腺激素T3、T4具有重要的生理功能,即能促进物质与能量代谢、改善生殖和发育过程、影响神经系统及心脏的活动等,尤其对大脑的发育具有重要作用。Raaij 等报道除草剂五氯苯酚可能直接降低大脑甲状腺激素(T4)含量,许多化学物质通过抑制5-单脱碘酶将外周血T4转化为T3的作用抑制,使外周循环中的T3减少。此外,某些有机氯农药(如三氯乙醛、莠去津)可直接与甲状腺激素受体结合,激活或抑制受体,使激素不能发挥正常功能。研究PCB126对鲑鱼的甲状腺毒性,结果表明:鲑鱼血清中的T4和肝脏中的T4葡萄糖苷化水平显著升高,导致甲状腺上皮细胞肿大。刘营等将人体的淋巴细胞进行体外培养后用莠去津处理,当莠去津浓度为0.001微克/升时,淋巴细胞染色体轻微受损,当浓度达到0.005微克/升时,淋巴细胞染色体发生显著损伤。至于作为我国第一大用量除草剂的乙草胺(Acetochlor),Crump 等以非洲爪蛙为实验对象,验证了乙草胺会使甲状腺素(Thyroid hormone,TH)水平降低,影响甲状腺功能,并从分子水平进行了机理阐释。

4. 对肿瘤发病率的影响

农药与乳腺癌等生殖器官肿瘤的发生密切相关,近年来引起了人们的广泛关注。Kettles 等发现,三氮苯类除草剂会增加女性患乳腺癌的风险。有研究显示职业性内分泌干扰物可能是女工宫颈囊肿、宫颈息肉、宫颈肥大患病率升高的危险因素之一。

据分析，在过去50年中，睾丸癌增加3倍，前列腺癌增加2倍。研究发现：丹麦的睾丸肿瘤的发病率在1943~1982年期间以每年4%的速度递增。国外对农药与淋巴瘤、多发性骨髓瘤、白血病等进行的很多研究显示某些杀真菌剂导致淋巴瘤发病率升高，有机磷农药与多发性白血病关系密切。暴露于除草剂的工人，其人群多发性骨髓瘤的发病率是正常人群的8倍左右。一些研究提示间质瘤的发生与平时大量接触苯氧基除草剂有关，经常暴露于杀草强的人易患癌症。有些苯氧基除草剂，如2，4，5-涕，2，4-D和2甲4氯（2-甲基-4-氯苯氧乙酸）被认为是可疑的致癌因子。

除草剂长期使用而引发的一些问题（负面效应）已引起广泛关注，人们在对现在的防除体系反思和高度重视的同时，寻求更有效的解决途径已迫在眉睫。

二、田野草本植物资源化控制新理念

（一）田野草本植物生态系统序参量

1. 耗散结构

除草剂是现代科技的产物，它具有先进、快速、经济有效等特点，但过分单一依赖反而会走向事物反面。目前农田杂草群落正由一年生易除杂草群落逐渐向多年生恶性杂草及耐药性杂草群落方向发展，这种演替趋势已引起国内外专家高度重视。对是否需要除草，怎样除草为最适宜，以及如何评价其效果等基本问题的回答，关系到安全、经济、有效用好除草剂以及维持良好生态环境的关键。既能保持生态平衡又能达到最佳防除效果，这是人们的良好愿望和奋斗目标。

事实上，生态系统由生命系统和环境系统两大子系统组成。在这两个子系统之间，不断进行着物质的交换和能量流动，这正是生态系统的功能之所在。生态系统中生命系统部分，依靠不断地从周围环境系统中进行能量流动和物质交换获得自由能——负熵，来降低系统内部的熵值，并以此来维持系统的稳定和有序。生命系统的平衡意味着，生命系统停止与环境系统的能量流动和物质交换；熵值最大，生命系统处于最无序态，生态系统的生命成为死亡，整个生态系统也就遭到破坏。而生命系统的非平衡态才是生态系统的稳定状态之源。因此，通常所说的生态平衡实质是生态系统"自校稳态"（Selfcorrecting-homeostasis），是生态系统中生命系统与环境系统之间正负的一种相对平衡，是生命与环境子系统之间的协调。

1977年比利时著名科学家普里高津建立了耗散结构理论，这一哲学理论的主要研究对象是远离平衡态的开放系统。即一个远离平衡态的复杂系统，各元素的作用具有非线性特点，正是这种非线性的相关机制，导致了大量离子的协同动作，突变而产生有序结构。普里高津的耗散结构理论，研究系统怎样从混沌无序的动态向稳定有序的结构组织演化及其规律，故也称为非平衡系统自组织理论。按照普里高津的理论，一个耗散结构的形成和维持至少需要四个条件：一是系统必须是开放系统，因为孤立系统和封闭系统都不可能产生耗散结构。二是系统必须处于远离平衡的非线性区,也就是说,耗散结构是一种"活"的有序化结构。三是系统中必须有某些非线性的动力学过程,如正负反馈机制等。四是系统通过功能 $\rightleftharpoons$ 结构 $\rightleftharpoons$ 涨落之间的相互作用达到有序和谐。

从以上耗散结构形成和维持的四个条件中,不难看出,农田生态系统首先是一个开放系统。农田中的各种杂草和农作物,不断地与周围环境进行着物质和能量交换。太阳能是生态系统的能量源泉,太阳辐射的能量由杂草、农作物植株上的叶绿素进行光合作用,把简单的无机物质合成复杂的有机质,以高能化学健的形式贮存于农作物与杂草植株中,而后又通过呼吸作用,将植株内的有机质分解成无机物质,将二氧化碳等排放于周围环境中,并释放能量。在农田生态系统中,存在着物质和能量的贮存库、交换库或循环库,氧、二氧化碳、水、氮、磷、钾⋯⋯所有的元素在生物—非生物环境中不停地循环。其次,农田—杂草生态系统处于远离平衡的非线性区,任何一种杂草中物质系统都具有一定的结构和功能,不同的结构具有不同的功能,都能进行自我新陈代谢。而且农田—杂草生态系统是一个处于非平衡态的自组织系统。杂草的萌动、生长、开花、结籽以及种子休眠和植株死亡,不断循环,正是非平衡系统中的时、空有序态。各种各样的杂草种群及农作物各自占据着一个生态位,按非线性规律——逻辑斯蒂增长曲线进行着增长。相互间组成一定的生态关系,互相制约,彼此影响,自行协调,自我组织,形成一个具有自我调节功能的系统。生态系统的有序,是一种活的有序态,充满了生机。再次,农作物—杂草系统同时具有非线性的动力学过程。在这系统中生命成分和环境压力之间,具有一种正负反馈的机制,在生物种群的逻辑斯蒂增长方程

$$\frac{\mathrm{d}N}{\mathrm{d}t} = rN\left(\frac{K-N}{K}\right)$$ 式中, $\left(\dfrac{K-N}{K}\right)$ 代表了环境阻力,当 $K-N>0$,种群增长, $K-N<0$,种群

个体数目减少, $K-N=0$,种群大小基本处于稳定。同时,在农作物及杂草系统中,种群与种群之间,存在着竞争、共生及种间的各种信息等复杂关系,使得若干条逻辑斯蒂增长曲线组成复杂的图形。系统中这种调节种间关系和种群数量以适应环境的反馈机制,正是外部环境因素和内部邻接效应的相互作用,使种群围绕着环境容量 K 值水平波动和振荡,使得生态系统成为一个具有正负反馈机制的系统。而这种正负反馈机制,使生态系统对外界环境的阻力具一定的自组织能力,能通过结构 $\rightleftharpoons$ 功能 $\rightleftharpoons$ 涨落的调节,使生态系统不断地形成新的稳定有序结构,这也是生态系统进化和演替的原因。但这种生态系统的自组织能力——反馈机制是有一定限度的,超过了系统反馈机制的阈值,整个耗散结构破坏,就会产生生态危机。

例如,稻田杂草生态系统耗散结构的形成过程。试验结果表明:稻田杂草密度与杂草、水稻的群体生物量或与水稻产量损失率的关系表现为非对称的"S"形曲线,水稻与杂草的群体生物量呈共轭的此扬彼抑关系。由图1-5可以看出,当杂草处于高密度(≥250株/平方米)时,杂草与水稻个体群体间竞争十分激烈,杂草与水稻群体生物量分别为998.2克/平方米与149.7克/平方米($P<0.01$),水稻产量损失率为81.9%。随着杂草密度不断下降,由于杂草个体生长量的补偿作用,杂草群体生物量及水稻产量损失率下降(水稻群体生物量上升)十分缓慢;当杂草密度降至每100株/平方米时,杂草株间竞争减缓,但与作物的群体

间竞争仍较激烈；杂草密度再下降时，尽管杂草个体生长更为充分，但已不能形成强大的群体干扰力，杂草与水稻群体间的竞争渐缓，水稻生境条件得到改善，杂草群体生物量急骤下降，水稻群体生物则迅速上升。当杂草密度降至每50株/平方米时，杂草群体较小，竞争势（干扰力）弱，杂草与水稻群体生物量分别为242.1克/平方米与692.4克/平方米（$P < 0.01$），水稻产量损失率为10.4%。由于在相互竞争情况下，水稻或杂草都不可能具有比单独生长更有利于环境的优势，即当杂草密度再低于50株/平方米时，作物群体具有极强的生长势，多数竞争力一般的杂草种类均处于水稻有力的控制之下，杂草生境条件恶化，个体生物量也很小；若杂草密度继续下降，杂草与作物群体生物量的变化又趋缓慢。上述过程是随杂草密度，水稻与杂草群体生物量及水稻产量损失率呈现非线性变化，由此表现出水稻—杂草系统的自组织作用和涨落过程。

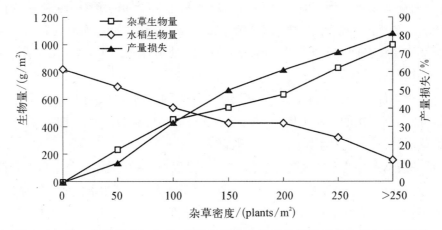

图1-5　稻田杂草密度与杂草、水稻的群体生物量或与水稻产量损失率的关系

2. 系统序参量

假设水稻—杂草生态系统的演变最终只形成两种形式的平衡态。即一种以水稻占绝对优势的高层次有序平衡态，则水稻产量的损失处于一个较低水平；或另一种则以杂草占绝对优势的低层次有序平衡态，水稻产量的损失则处于一个较高水平（见图1-6）。并用水稻与杂草的负熵值比（生物量之比）作为系统序参量（q）来描述水稻—杂草系统在不同时期的变化趋势。设水稻—

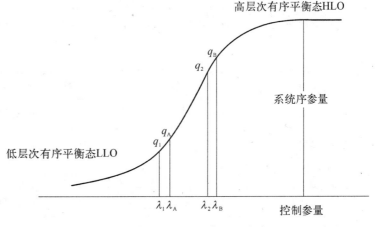

图1-6　水稻—杂草系统的控制参量与序参量的变化关系

杂草系统竞争分岔点为 q_A 及 q_B，以反映水稻—杂草生态系统早期及后期的竞争现状和预示系统发展的趋势，与此相对应的即 q_1 及 q_2。根据能量守恒和熵定律，在水稻生态系统光能转变为化学能过程中，起促进作用的一切因素均与负熵等价。因此，负熵也可用系统内单位面积植物体的鲜重或干重来表示。在水稻种植初期，水稻、杂草植株小，空间大，有足够光、水及养分资源，水稻与杂草以及杂草种间无显著相干作用，当群落进一步发展时，系统产生了相干性，水稻、杂草及杂草种间之间相干性不仅仅是单纯的竞争，还有多种形式的相互影响及其反馈动作，能够与自组织作用、涨落机制相联系。大量研究表明，杂草对环境中水分、养分、光照等生长条件的摄取能力强于水稻。因此，大多水稻—杂草生态系统不能自然地发展成为水稻为主导的接近高相对平衡态的耗散结构，而需要人为地将系统分为杂草和水稻两大子系统，输入各种控制参量 λ，如除草剂、施肥等，调节杂草与水稻积累负熵的能力，促进系统向高相对有序态发展。当控制参量 $\lambda < \lambda_A$ 时，水稻生长早期的负熵比 $q_1 < q_A$，序参量（q 值）趋于减小，杂草占主导地位，中后期负熵比 $q_2 < q_1$，系统受低层次有序态的自组织作用主宰，向低相对平衡态回归。当 $\lambda \approx \lambda_A$ 时，$q_1 \approx q_A$（q_1 处 q_A 附近）时，$q_1 = q_2$，q 值的变化方向和幅度均不显著，说明水稻与杂草群体间的竞争力相当。当 $\lambda > \lambda_A$ 时，$q_1 > q_A$，序参量（q 值）趋于增大，水稻占优势，系统经巨涨落向高层次有序态的方向发展，则中后期负熵比 $q_2 > q_1$，表明系统形成了高层次的有序平衡态。则当系统形成高层次有序稳定态时，如再向系统输入肥料、除草剂等，则不会对系统的结构产生影响。

从水稻—杂草系统的序参量变化（见表1-7）可以看出：随着水稻与杂草混合群体的封垄，水稻与杂草间的相干性不断增强，至封垄期（播后45天），其相干性最为明显，在封垄后期（播后60天），由于系统的自组织作用，系统趋于逐渐稳定。可见，控制封垄前期的序参量（q_1），降低杂草生物量，增大水稻生物量，即其负熵比（q_1）趋于增大，使水稻在混合群体进入封垄系统后，发生巨涨落，形成高层次有序态的新稳定结构，对水稻的优质高产提供可靠保障。

表1-7　水稻—杂草系统序参量的变化

杂草密度/（株/m²）	水稻播后30天（q_1）		水稻播后45天		水稻播后60天（q_2）	
50	2.34	a　A	2.14	a　A	2.86	a　A
100	1.36	b　B	1.39	b　B	1.20	b　B
150	0.99	bc　BC	0.81	c　C	0.80	b　B
200	0.70	c　BC	0.54	d　CD	0.70	b　B
250	0.45	c　BC	0.48	d　D	0.39	b　B
≥250	0.41	c　C	0.24	e　D	0.15	b　B

注：表中小写字母表示LSR测定 $P = 0.05$ 水平上差异显著性，大写字母则表示 $P = 0.01$ 水平上差异显著性。

　　由图1-7看出，序参量q_1、q_2分别与水稻产量损失率Y呈相关等比曲线关系，经计算机模拟统计，指数函数的模拟效果较好，分别有$r_{q1y'} = -0.995\,4$，$r_{q2y'} = -0.994\,8$（$r_{0.01} = -0.917$）相关均达极显著水平。有关系式：

$$Y = 125.93\mathrm{e}^{-1.037\,3q1} \tag{1}$$

$$Y = 94.417\mathrm{e}^{-0.781\,3q2} \tag{2}$$

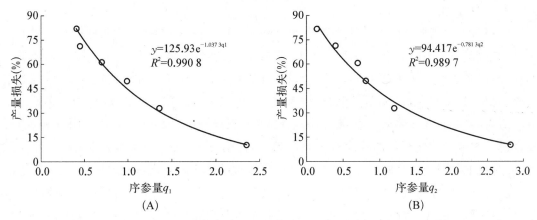

图1-7　序参量q_1、q_2与水稻产量损失率关系

　　为了使关系式有实际意义（即水稻产量损失率不超过100%），限定$q_1 \geqslant 0.222\,3$；$q_2 \geqslant 0$。由（1）、（2）两式即得出：

$$q_2 = 1.327\,7 \quad q_1 - 0.368\,6 \tag{3}$$

　　解（3）式与$q_1 = q_2$的方程组，得$q_1 = q_A = 1.124\,8$。由表1-8可见，当$q_2 > 2.873\,6$时，系统发生显著变化，产生新的稳定态，即$q_B = q_2$。上述序参量q_1、q_2及产量损失率Y相互间较稳定的内在关系和变化规律，证明序参量阈值能够较好地反映和预示水稻与杂草间的竞争关系及其结局。同时也告诉我们，在水稻—杂草混合群体封垄前期（水稻播后30天），通过输入各种相应的信息、物质和能量，如用除草剂压低杂草群体，增施有机肥及合理密植等措施增强水稻群体，使水稻与杂草的负熵比$q_1 > 1.124\,8$，促使系统向高层次有序态发展，$q_2 > 2.873\,6$，形成水稻群体占绝对优势的新稳定态。

表1-8　水稻产量损失率与q_2关系

水稻产量损失率/（%）	100	90	80	70	60	50	40	30	20	10	1
序参量q_2	0	0.061 3	0.212 0	0.383 0	0.580 2	0.813 6	1.099 2	1.467 4	1.986 4	2.873 6	5.820 6
与前之q_2差	0	0.061 3	0.150 7	0.171 0	0.197 2	0.233 4	0.286 9	0.368 2	0.519 0	0.886 2	2.947 0

当系统处于低层次有序态时,由于稳定性起作用时,除去部分杂草不会产生效益或效益差。农田杂草防除只有克服低层次有序稳定态,使系统远离低相对平衡态,才能使除草措施获得较高的经济效益。同样,当系统高层次有序态稳定起作用时,杂草一定程度的扰动对系统的结构和功能没有影响,可在一定阈值范围内保留杂草。

3. 序参量的应用

对扫弗特不同剂量的试验结果表明,水稻—杂草系统在以扫弗特为主要控制参量的作用下,系统发生了不同变化。由表1-9、1-10可见,在自然状况下(喷清水),杂草对环境中的水分、养料以及光等的摄取能力强于水稻,子系统间相干作用十分激烈,在杂草控制下,系统回归至低相对平衡(I)。当每公顷30%扫弗特1 125毫升进行处理时,由于系统序参量q_1值为0.418 3,小于系统分岔点($q_A = 1.124$ 8),系统经过短暂相干作用,虽然水稻、杂草复合群体在封垄前期至后期的除草效果由52.7%上升至74.5%,但系统未发现序参量巨涨落,$q_2 = 1.217$ 3 $<$ $q_B = 2.873$ 6,系统还处于较低层次的有序态。当每公顷30%扫弗特EC的剂量加大至1 500毫升、1 875毫升时,水稻—杂草系统经自组织作用,系统序参量发生巨涨落,由封垄前期的1.625 6、4.192 4($> q_A$),上升至封垄期的6.773 8、15.219 5,乃至封垄后期的10.262 1、19.697 9($> q_B$),形成高层次的有序态,产生新的高相对平衡态(II)。除草效果也分别由封垄前期的87.3%、96.3%至封垄后期的95.5%、98.5%,对水稻的增产效果显著($P < 0.05$)。由此可见,选择适宜除草剂的剂量,促进水稻—杂草系统向高层次有序态发展,也是科学除草技术的一个要素。

表1-9 扫弗特不同剂量下序参量与除草效果

时期	处理 /(mL/hm^2)	水稻鲜重 /(g/m^2)	杂草鲜重 /(g/m^2)	序参量/(q)	除草效果 /(%)
水稻播后 30天(q_1)	CK	156.1	1 449.3	0.107 7	/
	1 125	287.1	686.4	0.418 3	52.7
	1 500	299.3	184.1	1.625 6	87.3
	1 875	214.4	51.1	4.192 4	96.3
水稻播后 45天	CK	663.6	2 772.7	0.787 1	/
	1 125	1 618.2	1 127.3	1.435 5	58.9
	1 500	1 293.2	190.9	6.773 8	93.1
	1 875	1 418.2	93.2	15.219 5	96.6
水稻播后 60天(q_2)	CK	954.5	5 140.0	0.185 7	/
	1 125	1 597.7	1 312.5	1.217 3	74.5
	1 500	2 402.3	234.1	10.262 1	95.5
	1 875	2 148.8	109.1	19.697 9	98.5

表1-10 扫弗特不同剂量下水稻产量结构

处理 /（mL/hm²）	重复	有效穗数/（穗/0.11m²）	实粒数 /（粒/0.11m²）	千粒重/（g）	小区总产量/（kg）	差异显著性	
						P（0.05）	P（0.01）
1 875	1	44	4 280	32.7	1 007.4		
	2	39	3 710	32.2	988.3	a	A
	3	48	3 725	38.5	1 158.4		
1 500	1	37	3 434	34.5	910.9		
	2	43	3 882	35.1	1 150.2	a	A
	3	38	3 220	34.0	908.2		
1 125	1	32	2 735	33.5	897.3		
	2	30	2 415	36.1	714.4	b	A
	3	36	2 987	34.5	779.9		
清水CK	1	23	1 748	35.5	521.4		
	2	20	1 816	35.1	556.9	c	B
	3	33	1 846	31.3	477.8		

通过除草剂的优化组合，扩大杀草谱，最大程度发挥控制参量的效用，改变目前"一封二杀三补"这种多次过量使用除草剂的局面，在保障除草、增产的情况下，适当减少除草剂的使用次数，以减轻对生态环境的负压。如浦东新区对扫弗特+伏草灵及扫弗特+苯·苄两种组合结构进行了试验，试验结果表明（见表1-11）：以水直播稻播后2~4天用每公顷30%扫弗特EC 1 500毫升进行封杀，以水稻二叶一心期用每公顷42%伏草灵WP 1 260克或每公顷53%苯·苄WP 397.5克进行控草。这二种组合方式，其水稻—杂草复合生态系统的序参量 q_1 大大超过 q_A，系统都能经过系统序参量的巨涨落，其系统封垄后期的序参量 q_2 分别为19.790 1、29.555 4，极大超过高层次有序态形成阈值，$q_B = 2.873$ 6，产生新的性能良好的稳定态。其除草效果也分别达97.4%和95.5%，增产效果极显著（ $P < 0.01$ ）。由此可见，稻田除草不一定非要"一封二杀三补"方式不可，只要能让系统产生自组织作用，系统序参量发生巨涨落，形成高层次有序态，除草剂使用具有灵活性。对于杂草危害种类较单一，种子库量少的田块可以一次使用除草剂，如表1-9所示，30%扫弗特EC 1 125毫升/公顷或1 875毫升/公顷即可。而对于杂草库量大，种类复杂的田块，则可采用此两种组合方式。

表1-11 稻田除草剂的不同组合结构

日　期	类　别	清水对照CK	扫-伏组合	扫-苯·苄组合
水稻播后30天	水稻鲜重（g/0.25 m²）	221.6	490.9	487.1
	杂草鲜重/（g/0.25 m²）	355.7	7.2	1.1

（续表）

日　　期	类　别	清水对照CK	扫－伏组合	扫－苯·苄组合
水稻播后30天	序参量/(q_1) 除草效果/(%)	0.623 0 /	68.138 8 98.0	4 278.660 0 99.7
水稻播后60天 水稻成熟期	水稻鲜重/(g/0.25 m²) 杂草鲜重/(g/0.25 m²) 序参量(q_2) 除草效果/(%) 产量/(kg/hm²)	1 961.4 2 566.9 0.764 1 / 2 046	3 156.1 159.5 19.790 1 93.8 8 188**	3 425.8 115.9 29.555 4 95.5 8 094**

注：**表示LSR测定差异极显著（$P < 0.01$）。

　　上述研究结果表明，要形成高产、优质、高效的持续水稻生产体系，关键在于在控制参量的作用下，降低杂草生物量，增大水稻生物量，使达到$q_1 > 1.124\,8$，促使水稻、杂草复合群体远离低相对平衡态（Ⅰ），经系统自组织作用，系统序参量发生巨涨落，系统经非平衡相变，形成高层次有序态阈值$q_B > 2.873\,6$，产生新的相对稳定结构。若以除草剂为控制参量，则应选择优化的化学除草体系，如稻田除草应以杂草种子库量大小及种类的复杂程度，有的放矢地选择除草剂的不同剂量和用药次数。不能盲目过量使用化学除草剂，否则会对环境中的生物种群造成严重破坏。除草剂的优化组合将不同杀草谱、杀草机制和具有增效作用的除草剂有机结合，不仅可使水稻—杂草生态系统形成了高层次的有序态，而且还可避免因长期单一使用某种或某类除草剂后产生抗性杂草生态型以及杂草群落的恶性演替。

4. 资源化控制参量

　　事实上稻田杂草均是水生或湿生植物，它既是危害水稻高产的主要因素，但同时也是丰富的植物资源，具有多种效益，可作为肥料、饲料、药用、观赏使用及净化水质及水质污染的指示植物资源等，若合理开发，充分利用，可获得巨大效益且可兼收防除之效，对维护环境生态具有重要的意义。据调查统计，上海主要水生、湿生杂草有53种，分属24科；其中记载有药用功用的有35种，占66.0%，有食用植物资源11种，占20.8%；饲用植物资源23种，占43.4%；具有净化污水功能有2种，占3.8%；可作绿肥有2种，占3.8%；具观赏水草资源的有5种，占9.4%；其他具有农药、染料以及芳香油资源的有6种（见表1-12）。除此之外，还可作纤维、染料以及净化污水等环保、工业植物资源及种质资源。若能将稻田杂草作为资源开发，不仅可以获得巨大的经济效益、社会效益和环境，而且为稻田杂草的防除开辟了一条新的途径。

表1-12　稻田主要水生、湿生杂草的效用表

科	名称	效用
水蕨科 *Parkeriaceae*	水蕨 *Cetatopteris thalictroides*	（1）药用:《本草纲目》载称:气味甘、苦、寒、无毒。主治腹中痞积,溃煮食,一、二日即下恶物,忌杂食一月 （2）食用:《吕氏春秋》云:菜之美者,有去梦之萱 （3）观赏
萍科 *Marsileaceae*	四叶萍 *Marsilea quadrifolia*	（1）药用:《本草纲目》载称:气味甘、苦、寒、无毒。主治暴热,下水气,利小便;捣涂热疮,捣汁饮,治蛇咬伤毒入腹内;栝楼等分为末,人乳和为丸,止消渴;食之已劳 （2）食用:《本草纲目》:可糁蒸为茹,又可苦酒淹就酒。《吕氏春秋》:菜之美者有昆仑,宜择生于水中者食之
槐叶萍科 *Salviniaceae*	槐叶萍 *Salvinia natans*	（1）全草药用,清热利湿,治虚劳发热,湿疹,外敷治丹毒,疔疮和烫伤 （2）可作饲料、鱼饵料和绿肥
满江红科 *Axollaceae*	满江红 *Axolla imbricata*	（1）药用:李时珍云:主痈疽入膏手,能发汗,利尿,祛风湿,治顽癣 （2）可作饲料和有机肥,与固氮蓝藻共生可固氮肥田 （3）收集晒干,渗杂于木屑中以熏杀蚊虫
毛茛科 *Ranunculaceae*	扬子毛茛 *Ranunculus sicboldii*	叶供药用,治蛇咬伤和症疾
	石龙芮 *Ranunculus sceleratus*	用于散淤化结,治淋巴结核等,为有毒植物
金鱼藻科 *Ceratophyllaceae*	金鱼藻 *Tophnum demersum*	（1）全草药用,有治吐血之效 （2）饲料和鱼饵科
伞形科 *Vunberlliferac*	水芹 *Oenanthe japonica*	全草入药,有清热解毒,利尿,止备和降压之效
蓼科 *Polygonaceae*	水蓼 *Polygonum hydropiper*	全草药用,有消肿,解毒,利尿,止痢之效
	酸模叶蓼 *Polygonum lapathifolium*	茎叶制农药及曲药,幼嫩茎叶作饲料,种子可榨油
苋科 *Amaranthaceae*	空心莲子草 *Alternanthera philoxeroides*	（1）全草药用,有清热利尿,凉血解毒之效 （2）饲料

（续表）

柳叶菜科 *Onagraceae*	丁香蓼 *Ludwigia prostrata*	全草药用,有清热利尿之功,疗效显著,也可作观赏
菊科 *Compositae*	鲤肠 *Eclipta prostrate*	全草入药,气味甘酸平无毒,主治血痢,针灸疮发,洪血不止者傅之立已;汁涂眉发,生建而繁;乌发,益肾阻;止备化脓,通小肠,鲜草洗净,沸水浸泡,饮其汁
半边莲科 *Llbeliaceae*	半边莲 *Lobelia chinensis*	全草药用,有凉血解毒,利尿消肿之效,治晚期血吸虫病,肝硬化腹水,肝炎,胃炎水肿,毒蛇咬伤,狂犬病等
玄参科 *Scrophulariaceal*	陌上菜 *Lindernia procumbven*	可作观赏
水鳖科 *Hydrocharitaceae*	苦草 *Vallisneria spiralis*	（1）全草药用,可治妇女白带 （2）养鱼饵料
泽泻科 *Alismataceae*	矮慈菇 *Sagittaria pygmaea*	（1）全草可作猪、鸭、鹅的饲料 （2）可作观赏
眼子菜科 *Potovnageton*	菹草 *Potamogeton crispns*	（1）药用:李时珍的《本草纲目》载称:气味甘,大寒,滑,无毒,主治去暴热热痢,止渴,则捣叶报之,患热肿毒并丹毒者,可切捣敷之,厚三分,干时换之,其效无比 （2）食用:在《陆玑诗疏》、《本草纲目》记载:和米蒸粥,油盐调食,人饥可以当谷食,采其叶和嫩茎,洗净,煮沸片刻,取出切碎,油盐调食,其味佳美
	眼子菜 *Potovnageton distinctus*	（1）草食性和杂食性鱼类的食料 （2）可作观赏
雨久花科 *Pontederiaceae*	鸭舌草 *Monochiria vaginalis*	（1）全草药用,有清热解毒,定喘,消肿之效 （2）良好的饲料
浮萍科 *Lemnaceae*	浮萍 *Lemna minor*	（1）全草入药,发汗利尿,治感冒发烧无汗,斑疹不适,水肿,小便不利,皮肤湿热等 （2）饲料和鱼饵科
莎草科 *Cyperaceae*	短叶水蜈蚣 *Kyllinga brevifolia*	全草药用,有疏风,解毒,消肿,止痛之效
	荸荠 *Eleocharis Auberosa*	（1）药用:开胃,解毒,消宿食,健肠胃 （2）食用:生食,熟食或提淀粉

（续表）

莎草科 Cyperaceae	异形莎草 *Cyperus difformis*	饲料,全株可造低级编草篮
	水莎草 *Scirpus yagara*	饲料,块茎药用,有破瘀血,消积聚等效
	萤蔺 *Scirpus juncoides*	饲料,全草入药,有清热解毒,凉血利尿,止咳明目之效全株可造低级编草篮
	扁秆蔗草 *Scirpus planiculmis*	饲料,全株可造低级编草篮
	碎米莎草 *Cyperus iria*	饲料,全株可造低级编草篮
禾本科 Gramineae	双穗雀稗 *Paspalum paspaeoides*	保土固堤和饲料
	菰 *Zizania cadueiflora*	（1）根状茎和肥嫩的茎可作药,治心脏病等或利尿剂 （2）茭白内成熟的黑粉病菌孢子可作黑色化妆品原料 （3）秆叶可作饲料
	稗草 *Echinochloa crusgall*	牛、马、驴、羊等的饲料
	千金子 *Leptochloa chinersis*	全草可作饲料
千屈菜科 Lythraceae	水苋菜 *Ammannia baceifera*	可供观赏
	节节菜 *Rotala indica*	（1）全株可作饲料 （2）观赏

（二）田野草本植物的资源化利用

植物是生物界的主要组成成分,是各类生态系统第一级生产力的"创造者",是人类和其他生物赖以生存的基础。据植物分类学研究,世界上现存的植物种类约50万种,其中高等植物近30万种。在众多的植物种类中,栽培植物仅占植物资源的一少部分,绝大多数仍处于野生状态,并且不同程度地被人类利用的仅有1%~2%。随着人类社会的发展,现有的栽培植物已不足以满足人类生活的需要,因此,开发利用野生植物资源是不断满足人类生产生活需要的必由之路。

人类利用植物总是始于野生的,因此,野生植物资源是人类选择有价值的栽培植物的基础。许多野生经济植物,通常内含现代栽培植物所没有或所不及的特殊成分,具有特殊食疗价值或为工业生产提供重要的原料。如从野生沙棘中提取的沙棘油,含有多种生物活性物质、维生素及多种特殊物质,有抗辐射、抗癌变、能增强机体的活力、防老防病、降低胆固醇、对多种细菌有杀伤作用。沙棘油含有大量的脂溶性维生素,参与人体新陈代谢,不仅是优良的食用油,而且是难得的高档保健药物。近年来俄罗斯已将沙棘油用作宇航员的食品配料之一,在国际市场上价格很高。

我国地域辽阔,横跨热带、亚热带、暖温带和寒带四个气候带,自然条件十分优越,野生植物资源极其丰富。植物资源中的纤维素、淀粉、天然树脂、植物油脂、天然食品添加剂、植物胶、芳香油、天然色素以及部分生物碱等,都是目前工业生产中不可代替的基本原料。随着社会的发展,科学研究手段不断前进,植物资源不可替代性就越明显,所以研究和开发利用我国丰富的植物资源,对促进我国经济建设具有极其重要的意义。

多年来我国各地陆续发现和开发了一大批野生植物资源。据资料统计,目前已知有芳香类植物56科340种;栽培的中草药植物有5 000余种,有"药用植物宝库"之称;果树植物有59科670多种,油脂植物有100多个科近千种;淀粉植物有50多个科400余种;甜味植物有10余科50多种;野菜植物有35个科300余种;色素植物有130余种;保健品植物有50多科400余种。还有如野生色素植物菘蓝、越橘、紫草、茜草,野生农药植物苦参、藜芦、川楝、露水草,等等。野生植物资源的开发利用为我国的经济建设和人民生活质量的改善起了很好的作用,已成为各地脱贫致富,发挥地方资源优势的重要途径之一。

"天生我材必有用"。生长在田野中的草本植物,也必具其有用之处。我们研究植物的重要任务之一,就是化无用为有用,发现和开发不同植物种类的各种用途,尽可能地满足人类不断提高的生产和生活的需要。田野中的草本植物是重要的食用植物资源、药用植物资源、工业用植物资源、保护和改造环境用植物资源和植物种质资源。若将田野草本植物作为资源化利用,不仅可以降低其在农田中对农作物的危害性,化无用为有用,可获得巨大的经济效益和社会效益,且为农田杂草的防除开辟了一条新的途径,将其资源化利用纳入到农田杂草的防除体系中,可有效降低化学除草剂的使用,不仅可大大降低农业生产成本,且能有效保护环境,维护农田生态系统的良性循环与生物的多样性,将对农业可持续发展具有重要意义。

第三节　田野草本植物资源及其评价

一、田野草本植物资源的特性

(一)田野草本植物资源的概念

1983年在中国植物学会成立50周年年会上,我国著名植物学家吴征镒教授把植物资源定义为:一切有用植物的总和。所谓"有用"就是对人类有益的植物,并把植物资源分为栽培植物和野生植物两大类,其中有商品价值的称为经济植物。又进一步将植物资源按用途分为：食用植物资源、药用植物资源、工业用植物资源、保护和改造环境用植物资源和植物种质资源等5类。当然，有用与无用、有益与无益，也是相对而言的。我们研究植物的重要任务之一，就是化无用为有用，发现和开发不同植物种类的各种用途，尽可能地满足人类不断提高的生产和生活的需要。

田野草本植物资源是指在田野中一定时间、空间、人文背景和经济技术条件下，对人类直接或间接有用草本植物的总和。时间性是指植物的不同生长发育时期其利用途径和价值的差异，"三月茵陈四月蒿，五月砍了当柴烧"，说的是茵陈蒿只有在早春采收才能药用，晚了就失去了药用价值，这一民间谚语充分地表达了植物资源利用价值的时间性。空间性是指植物在其分布区域内，由于环境条件的变化导致利用价值的差异，如许多名贵传统的药用植物具有明显的地域性。另外，植物的某些有用次生代谢产物也会随环境条件的变化发生量的波动。人文背景是指不同民族不同地域的人们，在长期的生产生活实践中所积累的利用植物种类及经验与方法的多样性和差异。而野生植物资源的可利用程度一般是随着人类经济条件和技术水平的变化而改变的。

（二）田野草本植物资源的特性

1. 系统性

任何植物物种在自然界中都不是单独存在的，而是形成一种系统关系，即个体离不开种群，种群离不开群落，群落离不开生态系统，植物资源具有结构上的等级性。

在自然界中，各种事物之间存在着相互联系、相互制约、相互依存的关系。自然界由各种各样的生态系统组成，每一个生态系统又包括各个组成部分，各组分之间又有着错综复杂的关系，改变其中的某一个成分，必将会对系统内的其他组分产生影响，以致影响系统性。例如，中草药等草本植物的过度采挖，植被破坏会造成水土流失，使土壤肥力下降，而土壤肥力的下降反过来会进一步导致植被的衰退和群落演替，使其他生物群落也发生变化，从而影响整个生态系统。各系统之间也彼此影响，这种影响有些是直接的，有些是间接的，有些是立即可以表现出的，有些则需要很长时期才能显露出来。

由于田野草本植物资源具有系统性，因此，我们在利用田野草本植物资源时，必须坚持从整体出发，坚持全局的观点，进行综合评价、综合治理及综合利用。

2. 可更新性

田野草本植物资源是一种生物资源，与非生物资源最主要的区别在于生物资源可以不断地更新，即通过繁殖而使其数量和质量恢复到原有的状态，属于可更新资源。例如，田野草本植物可以年复一年地被用来放牧、割草。繁缕、波斯婆婆纳等一年生草本植物可在春季萌发，经低温春化，初夏开花结实并形成种子，经休眠后第二年春季又可萌发生长；狗尾草、牛筋草等夏季一年生草本植物能在初夏种子发芽，经过夏季高温，当年秋季产生种子并成熟越冬，第二年初夏又可大量萌发生长；多年生草本植物不但能结子传代，而且能通过地下变态器官生存繁衍,如宿根或根茎、鳞茎、块根等变态器官,而地上部分每年死亡,待第二年春又从地下部分长出新枝,开花结实,如蒲公英、酸模、车前草、藕、芋、甘薯等。生物资源的更新都有一定的周期,其时间因种而异,草本植物的更新周期约100天;而乔木的更新周期可达几十年甚至上百年。虽然田野草本植物具有多种繁殖方式与大量的种子,更新周期短,但田野草本植物资源的蕴藏量是一个变数,即田野草本植物资源的可更新性有一定的条件和限度。在正确管理下,田野草本植物资源可以不断地增长,人类可以持续利用。但田野草本植物资源有其脆弱性的一面,植物个体所具有的遗传物质并不能代表该种植物的基因库,它存在于植物种群之中,当某一植物种群的个体减少到一定数量时,该种植物的基因库便有丧失的危险,从而导致该物种的灭绝,使植物多样性受到破坏。如果管理不当,破坏田野草本植物资源生长发育的基础,或者利用强度超过了其可更新能力,田野草本植物资源的数量就会愈来愈少、质量愈来愈差,继续下去,必将导致田野草本植物资源的退化、解体,以至灭绝。因此,我们利用田野草本植物资源的强度不能超过资源的更新能力。

3. 地域性

生物和非生物不同,它们不能离开特定的生态环境综合体而生存,生物与其生态环境具有辨证统一的关系。一定的生态环境综合体又是在特定的空间范围内形成和发展起来的,形成了明显的地域性。如黄河三角洲和黄河故道,在季风影响下,盐渍土水盐运动有明显的季节变化,表现为春季强烈蒸发-积盐期,初夏稳定期、雨季脱盐期,秋季蒸发-积盐期和冬季稳定期。年周期内,水盐季节变化的动态过程与盐生植物的生长发育有密切关系,分布着大量盐生植物,其中约有50种药用盐生植物,有蒿、单叶蔓荆、野菊等含油量较高的盐生植物,有盐碱地的天然灌丛之称的柽柳(*Tamarix chinensis*),均是我国十分宝贵的野生经济植物资源。资源的地域差异可视为资源的宏观空间差异。掌握资源的地域性,是人类开发利用田野草本植物资源的重要依据之一,既可以因地制宜利用田野草本植物资源,还可以人为地创造资源的最佳存在条件,培育资源,提高品质,增加数量。

4. 周期性

田野草本植物资源与生物资源一样具有周期性,即生命现象特有的时间上的层次序列,表现为植物资源的数量周期性和质量周期性两个方面。绝大多数植物资源的活动数量都有明显的周期性,随时间的变化,有明显的节律可循。如田野草本植物的日周期,白昼在太阳光的作用下,进行光合作用,物质的形成大于呼吸作用的消耗,为物质积累阶段,夜间由于仅有呼吸作用,为物质消耗阶段,因此绿色植物存在着物质积累与消耗的日交替现象。季节周期为一年内植物资源量的季节峰和谷的交替,即季节波动,如狗尾草、牛筋草等夏季一年生草本植物,在初夏种子发芽,大量生长,经过夏季高温,秋季开花结实,然后种子越冬休眠,第二年初夏时又可大量萌发生长。一般说来,凡是繁殖季节明显的生物,其资源量的峰期均出现在当年繁殖期之末,而谷期则出现在年繁殖期之前。植物资源的周期性现象提示我们,对田野草本植物资源的合理开发利用必须要按照生物的生长发育规律,适时地取,以便"不天其生";适量地取,以便"不绝其长"。

5. 有限性

由前所述,田野草本植物资源如其他生物资源一样虽属于可更新资源,但其更新的能力有一定限度,并不能无限制地增长下去。黄帝时期曾教人"劳勤心力耳目,节用水火材物"。提出了"节用"的观点。秦汉时即有了"时禁"的理念。《礼记·月令》载:"孟春之月……禁止伐木";"仲春之月……毋焚山林";"季春之月……无伐桑柘";"孟夏之月……毋伐大树";"季夏之月……乃命虞人入山行木,毋有斩伐"。田野草本植物资源的有限性一是缘于资源本身的有限性,二是由于人类对田野草本植物资源利用的强度和方式造成的。如果人类开发利用资源超过了其所能负荷的极限,就可能会导致整个资源因消耗过度而枯竭,资源濒临灭绝,破坏自然界的生态平衡。如受经济利益的驱动,我国北方个别地区对药用植物资源进行了掠夺式的采收,使一些药用植物丧失了适宜的生态环境,减弱了资源的再生能力,致使许多药用植物趋于衰退或濒临灭绝。

认识了田野草本植物资源的有限性,要求人类必须遵循客观规律,在开发利用田野草本植物资源时,按照田野草本植物资源的特性,既要珍惜有限的资源藏量,使其能够得到充分利用,创造出最大的经济效益,又要认识田野草本植物资源耗竭的条件,掌握其负荷极限,正确处理好人类与植物资源之间的"予取关系",使更多田野草本植物资源能够持续地为人类造福。

二、田野草本植物资源价值与评价方法

(一)田野草本植物资源的价值

1. 直接价值

田野草本植物资源的直接价值与资源消费者的直接利用、满足有关。相对而言,通过标价,直接价值通常比较容易觉察和衡量。

消费使用价值:指那些不经过市场流通,直接被消费者利用的自然产品的价值。这种价值很少反映在收入的账目上,但是,它们同样可以被计算在国民生产产值(GDP)的统计中。即假设这些自然产品不是被消费而是在市场上出售,就可以通过类似估计市场价格的方法给消费使用价值定价。

生产使用价值:指商业收获性的,用于市场上正式交换的产品的价值。因此,生产使用价值是田野草本植物资源价值在国民收入中的唯一反映。这些产品包括薪柴、香科、野菜、中草药、纤维、观赏植物等。这类价值的估算通常不是在零售地而是在原产地作出的(地产价格、收获价格和农场租金等)。在销售地,产品增加了运输、加工和包装的费用等,产品的

价格要高得多。田野草本植物资源作为生产使用价值的产品可区分为两类：一类是类似于野味和药用植物，可以从自然界中不断获取的；一类是作为微型"原始基因库"，用于繁殖或实验。

2. 间接价值

间接价值一般不会在经济效益中体现出来，但其价值可能远远高于直接价值，直接价值一般都是来源于间接价值，不具有消费或生产使用价值的生物物种，在生态系统中可能起更重要的作用，它们支持着具有消费及生产使用价值的物种。间接价值主要与生态系统的功能有密切的关系。

非消费使用价值：主要包括光合作用固定太阳能，通过绿色植物进入食物链；通过传粉达到基因交流；保持水土；调节气候、污染物的吸收及分解；维持生态环境的自然平衡等。

选择价值：为防止将来野生植物的不断灭绝，社会应在生物学和经济学两个方面做好准备。就野生植物利用而言，最好的准备就是拥有一个多样性安全网，即保持尽可能多的基因库，尤其是那些具有或可能具有重要经济价值的物种。自然栖息地是保留不断进化遗传物质的贮备所，因此，自然保护区可以看作是国家财富，为了人类未来的利益，至少应该保留一部分未受破坏的植物资源。

存在价值：对于有些生物物种的存在可使后代获得多方面的好处。在确定其存在价值时，伦理的准则是非常重要的，因为它反映了人们对物种和生态系统的关注、同情和责任感。

（二）资源价值的评价方法

田野草本植物资源在所有社会中都具有多种重要的经济价值，但是层次不同，估算方法也不同。有些田野草本植物资源很容易通过收获转化为经济效益，也有些资源为人类提供了不断的服务，但是在收益上却不显著。因此，需要有不同的评价方法来评价田野草本植物资源的价值。

目前，国际上对生物资源进行评价主要有三种方法：一是评价自然产品的价值，即消费使用价值，例如，薪柴、饲料、野味等，这些产品都是不经过市场流通而直接被消费；二是评价商业性收获产品的价值，即生产使用价值，例如市场上出售的野味、药用资源等；三是评价生态系统功能的间接价值，例如，流域保护、气候调节、土壤肥力、光合作用、科研、观赏等。

第二章 食用草本植物资源

第一节　野菜植物资源

食物是人类有史以来赖以生存和繁衍的根本保证。我国古代中医药学家孙思邈说："安身之本，必资于食"；"不知食宜者，不足于存生也"。地球上除了可以被人们引种的蔬菜外，还有种类丰富的可食的野生植物，其中绝大部分是一些草本植物，它们也是植物资源的组成部分，即野菜植物。野生蔬菜为天然无公害蔬菜，采食野菜是古代学者养生保健的一个重要手段。早在汉代就有人主张上山采食野生菌类健体延寿了。当今"回归自然"已成为世界医学的大趋势。"归真返璞，回归自然"是科学家们提出的响亮口号。我国地产资源丰富，自然条件复杂，所以野生植物资源具有多样性的分布规律，野菜植物资源达7 000余种。野生蔬菜不仅具有独特的野味和清香，而且具有特殊的医疗功效。"万病之源起于体液的酸中毒，只有使体液呈弱碱性，才能保持人体健康"。野生蔬菜属于碱性食物，具有调节体内酸碱平衡，促进肠的蠕动，帮助消化等多种功能，因而在维持人体正常生理活动和增进健康上有重要的营养价值，成为现代生活的珍品和经济发展的亮点。现在越来越多的野菜加工向功能性食品发展，许多野菜集药用、食用、美味于一体，真正做到了药食同源。所以开发野菜功能性食品是野菜发展的主要趋势，如开发健脾、开胃、美容、调节血脂血压、抗癌、排毒、减肥、缓解疲劳等功能性食品。

一、田野野菜资源及其特点

我国地幅辽阔，不同地区的野菜种类、资源蕴藏量种间不相同。有些野菜分布很广，而且非常常见，例如婆婆丁、马齿苋等；而有些野菜具有很强的地域性，分布范围很小，如蜂斗菜、松茸、明叶菜等；有些野菜如马兰头、落葵、大车前、决明等仅在南方分布；而有些野菜如五加、桔梗、野薄荷、龙牙草等仅在北方生长。

田野野菜的品种繁多、风味独特，可在适当的采收期取食田野草本植物的地上嫩茎叶或嫩苗、叶柄或嫩叶片、花瓣、花蕾或花序、根茎、地下根或鳞茎。具有众多优越性：

（1）原料易得，四季均有，且蕴藏量大，开发利用价值高。如能科学地开发利用野生蔬菜资源，将旧时荒年和穷人填肚充饥的野生蔬菜，变为今朝宴席和餐桌上可调剂口味的奇特菜点，不仅可以增加蔬菜的花色品种，填补淡缺，而且对于增添营养源，调整国民食物结构，适应市场的需求等方面均有一定的作用。

（2）野生蔬菜多生长在田野、林边、树丛、岸边、宅院附近，自生自长，受农药、化肥、城市污水、工矿废水等的污染少，有天然绿色佳肴的美称。随着商品经济的发展和人们膳食结构的改善，人们的消费观念正在发生巨大的变化，现今人类肉食过多，肥胖患者增多，伴随而来的心脑血管疾病成为人类生命的头号杀手。常食野生蔬菜能自然减肥、降低胆固醇，以制服这一凶恶的杀手。天然的、营养价值高的、具有保健功能的食品日益深受人们的欢迎。

（3）野生蔬菜营养价值高。蔬菜是人们最早作为食物的一类植物，是能够佐餐的植物性食物的总称；是人们维生素、矿物质、碳水化合物、蛋白质等营养物质的重要来源。具有刺激食欲，调节体内酸碱平衡，促进肠的蠕动，帮助消化等多种功能，因而在维持人体正常生理活动和增进健康上有重要的营养价值。野生蔬菜是自生自长，非栽培蔬菜，而其营养价值可与栽培蔬菜相媲美。

（4）野生蔬菜和栽培蔬菜相比，总具有一股截然不同的野味和清香。在野菜中，酸、咸、苦、辛、甘等五味均具，赤、青、黄、白、黑等五色俱全。用于鲜食、炒食、做馅、做汤、做粥、淹渍等，味道鲜美、清香宜口，别具风味。

（5）有些田野草本植物具有医疗功效，对一些疾病具有疗效。如马齿苋对痢疾杆菌、大肠杆菌等有较强的抑制作用，被称作为"天然抗生素"。马齿苋全草含大量去甲基肾上腺素和多种钾盐，还含有生物碱、香豆精类、黄酮类、强心甙和蒽醌甙等，具有清热解毒，散血消肿之功效。常食碱性的野生蔬菜，将酸中和，使体液呈碱性，从而有效地保持人体的健康。

鉴于野菜具有的上述特性，野菜的食用在采摘、烹调及贮存方法也需有特别注意的地方。在采食田野草本植物为野菜时应采集无公害的放心菜，故应特别注意采集地点，如工业区附近、公路边、农药、重金属污染区域的野菜不宜采食。在食用时因多数叶菜类野菜有一点涩味，宜先煮去涩味，即将水烧开后，放入新鲜野菜，焯水2分钟后立即捞出，再行烹调，以去除涩味。有微毒的野菜，食用前应须先浸泡，如山蒜、野百合等，煮食前先在清水中浸泡两小时，以除去有毒成分。久放的野菜不能食用，因在放置过程中会腐烂变质，且易产生有毒物质，如洁净的鲜菜亚硝酸盐含量很低，在1微克/克以下，但贮存不良时，蔬菜中的硝酸盐会转变成亚硝酸盐，且清香味散发殆尽，失去食用价值，所以野菜宜现采现食。暂不食用应放冰箱贮藏室保存。菜肴最好一次吃完。熟菜中亚硝酸盐产生高峰的时间与室温、唾液中微生物污染的程度和蔬菜本身硝酸盐含量有关。对不同种类的野菜应采用不同的烹调方法，如苦菜、山莴苣、苣荬菜等宜于生食、凉拌，洗净后蘸酱吃，使一些带苦味的野菜，生吃苦中得味，既爽口又醒脑，而榆钱等宜蒸食，如炒吃既粘又涩。

二、主要野菜资源植物

1. 马齿苋　*Portulaca oleracea* L.

【别名】　马苋、五行草、长命菜、五方草、瓜子菜、麻绳菜、马齿菜、马生菜、马舌菜、安乐菜、长寿菜、蚂蚱菜等。

【生境】　马齿苋易生于较肥沃而湿润的农田、地边、路旁等。喜肥沃土壤,耐旱亦耐涝,生活力强,为我国田间常见杂草。广布全世界温带和热带地区。

【形态特征】　马齿苋为马齿苋科1年生肉质草本植物,高10~15厘米。自基部分枝四散,茎光滑无毛,肉质,圆柱形,淡绿色或淡红色。叶互生或近对生,倒卵形或匙形,叶片肉质肥厚多汁,光滑无毛,全缘,先端钝圆或平截,有时微凹,基部楔形,全缘,上面暗绿色,下面淡绿色或带暗红色,中脉微隆起。叶柄粗短。花两性、黄色、单生或3~5朵丛生于枝顶叶腋。花期5~9月。蒴果圆锥形,成熟后自然开盖散出种子。种子甚小,扁圆形,黑色表面有细点。果期7~10月。

【营养及食用】　马齿苋含丰富的蛋白质、多糖、有机酸、矿质元素等,具有独特的营养价值,被誉为21世纪最有开发前景的绿色食品之一。马齿苋营养丰富,每百克嫩茎叶含蛋白质2.3克,脂肪0.5克,碳水化合物5.0克,粗纤维0.7克,灰分1.3克,钾340.0毫克,钙85.0毫克,磷56.0毫克,铁3.8毫克,胡萝卜素2.2毫克,维生素C 16.0毫克,维生素B_2 0.1毫克。马齿苋的氨基酸总量为22.2毫克/克,必需氨基酸总量为9.0毫克/克,天冬氨酸含量高达3.2毫克/克。此外,每百克马齿苋含 α-亚麻酸300~400毫克,是菠菜的10倍,含维生素E 12.2毫克,是菠菜的6倍多。马齿苋富含的脂肪酸、维生素C、维生素E、β-胡萝卜素、亚麻酸等,使它具有治疗、调节、营养三大功能。这些功能作用于人体,使之产生综合效应,祛病延年,去邪扶正。马齿苋还含有大量的去甲基肾上腺素(2.5毫克/克),多量钾盐(鲜品1.0%,干品17.0%),并含有较丰富的铜元素。而大量的钾元素,除了与钠元素共同调节体内水、电解质平衡以外,高钾饮食具有一定降压效果,对心肌的兴奋性有重要生理效应,人体摄入适量的钾元素能降低高血压病中风率。人体内游离铜是酪氨酸酶的重要组成部分,经常食用马齿苋能增加表皮中黑色素细胞的密度及黑色素细胞内酪氨酸酶的活性,是白癜风患者和铜元素缺乏而致须发早白患者的辅助食疗佳品。马齿苋含有丰富的维生素A样物质,故能促进上皮细胞的生理功能趋于正常,并能促进溃疡的愈合。

全株可食,马齿苋的吃法多种多样,主要有炒、炖、腌、做汤或凉拌,其鲜品、干品均可做菜、当粮。夏秋季节，采拔茎叶茂盛、幼嫩多汁者，除去根部，洗后烫软，拌入食盐、米醋、酱油、生姜、大蒜、麻油等佐料当凉菜吃，味道鲜美，滑润可口；或将马齿苋洗净烫过、切碎、晒干储为冬菜食用；也可做馅蒸食。故其有"天然绿色佳蔬"的美称。如蒜泥马齿苋：用鲜嫩马齿苋500克，大蒜头、酱油、香油各适量，将马齿苋去根和老茎，洗净后下沸水中焯透捞出，用清水冲洗数次，沥净水分，切段置盆，浇上蒜泥，淋上香油与酱油，拌匀即成，此菜具有明目，治痢的功效。

2. 大红蓼 *Polygonum orientale* L.

【别名】　荭草、狗尾巴花、大毛蓼、游龙、绿狗尾草、谷荞子、红、荭古、岿、红草、荭鼓、天蓼、芮、大蓼、水红、水红花、朱蓼、白水荭苗、蓼草、东方蓼、水蓬稞、九节龙、大接骨、果麻、追风草、八字蓼、捣花、辣蓼、丹药头、家蓼、水红花草等。

【生境】　喜温暖湿润、光照充足的环境，多生于田野肥沃湿润之地，也耐瘠薄，适应性强。

【形态特征】　大红蓼为蓼科蓼属1年生草本。根粗壮。茎直立，粗壮，节部稍膨大，中空，上部分枝多，密生柔毛。叶片宽椭圆形，全缘，两面被毛，叶脉上较密。托叶鞘筒状，顶端绿色，扩大成向外反卷的绿色环状小片，具缘毛。总状花序顶生或腋生，由多数小花穗组成。苞片卵形，具长缘毛，每苞片内生多数相继开放的粉红色花，开头似狗尾。花被5片，椭圆形。雄蕊7枚，伸出花外，花盘齿状裂。雌蕊子房上位，花柱2条柱头球形。瘦果扁圆形，黑棕色，有光泽，包在宿存的花被内。花期7~8月。果期8~10月。

【营养及食用】　春季可采嫩苗，每100克鲜菜含蛋白质1.2克、脂肪0.8克、粗纤维2.6克。食用方法为将鲜菜洗净，沸水焯过，换清水浸泡一夜，供蘸酱、凉拌或炒食。口感质嫩，稍黏滑；味略似菠菜。其果实有清热明目、健脾消食、化淤解散、利水通经的功效。

3. 荠菜 *Capsella bursa-pastoris* Medic.

【别名】　荠荠菜、地菜、荠、靡草、花花菜、护生草、羊菜、鸡心菜、净肠草、菱角菜、清明菜、香田芥、枕头草、地米菜、鸡脚菜、假水菜、地地菜、烟盒草、血压草、山萝卜苗、百花头等。

【生境】　广泛分布于温带地区，为世界广布种。多生于果园、菜地、沟边和撂荒地等环境中。

【形态特征】　荠菜为十字花科荠属1年生或2年生草本植物。荠菜根白色，圆锥形，茎直立，株高30厘米左右，单一或基部分枝。基生叶塌地丛生，浅绿色，大头羽状分裂，裂片有锯齿，叶柄背狭翅。茎生叶，披针形，基部抱茎，顶部叶肥大，叶被茸毛。开花时茎高20~50厘米，总状花

序,顶生或腋生。花小、白色、两性。萼片4个,长圆形,十字花冠。短角果扁平呈倒三角形,扁平,顶端稍凹,含种子多数,种子细小,卵圆形,黄色。

【营养及食用】　"三月三,荠菜胜灵丹",这句话足以表明荠菜的营养保健作用。荠菜质地鲜嫩,营养价值很高。每百克鲜可食部分含蛋白质5.3克,脂肪0.4克,碳水化合物6.0克,粗纤维1.4克,灰分1.8克,钙420.0毫克,为蔬菜中含钙最多者之一,铁6.3毫克,磷37.0毫克,胡萝卜素3.2毫克,核黄素0.2毫克,在蔬菜中仅次于菜苜蓿,硫胺素0.1毫克,尼克酸0.7毫克,维生素C 55.0毫克,还含有黄酮苷、胆碱、乙酰胆碱及大量的活性物质。

荠菜以嫩茎叶供食,气味清香甘甜,既能够开胃,又含有多种氨基酸,特别是味精成份谷氨酸含量较高,味道鲜美,民间一直视为食药兼用的保健品。荠菜嫩叶可作拌食或炒食,煮汤,与肉做馅,种子做饼或泡茶。如:将鲜嫩的荠菜洗净、沥净水分,切碎;精肉切成肉丁,炒熟,加入精盐、香油、花生油,拌匀成馅;再将面粉加水和成面团,擀成水饺面皮,包馅成水饺,下沸水中煮熟,捞出装碗,蘸上调料即成荠菜水饺,或者将鲜嫩的荠菜洗净,切碎,鸡蛋液打入碗内搅匀;油烧热,放入葱花煸香,投入荠菜煸炒,加入精盐炒至入味,出锅待用;锅内加适量水煮沸,将搅匀的鸡蛋液徐徐倒入锅内成蛋花,倒入炒好的荠菜,出锅即成荠菜鸡蛋汤。

常吃荠菜,对防治麻疹、皮肤角化、呼吸系统感染、软骨病、前列腺炎、泌尿系统感染等均有较好的疗效。荠菜全草均可入药,其花是止血良药,种子还可以明目去风,治疗眼病和黄疸。民间还用荠菜和粳米熬制成荠菜糊,古称"百岁羹",老年人常食用,既可防病又可延年益寿。

4. 地肤　*Kochia scoparia*（L.）Schrad.

【别名】　扫帚菜、扫帚树、绿扫、蓬头草、孔雀松等。

【生境】　地肤多生于荒地、路边、田间、河岸、沟边或屋旁。耐碱土、耐干旱,对土壤要求不严。分布于全国各地。

【形态特征】　地肤为藜科地肤属1年生草本植物。地肤株高50~100厘米,茎直立,多分枝,分枝斜上,圆柱状,淡绿色或带紫红色。幼茎、枝

有柔毛。叶互生,无柄,呈狭长披针形,先端渐尖,无毛或稍有毛,叶片全缘,叶腋生。花小、红色或略带褐红色、黄色或黄绿色,常1~3个簇生于叶腋,集成稀疏的穗状花序,花被5裂,雄蕊5个,花柱极短,柱头2个线形。胞果扁球形,果皮膜质,与种子离生,其内有一粒种子,横生,黑褐色。花期7~9月,果熟期9~10月。

【营养及食用】　地肤每百克可食部分含蛋白质5.2克,脂肪0.8克,糖类8.0克,粗纤维2.0克,灰分4.6克,胡萝卜素5.1毫克,维生素B_2 0.3毫克,维生素C 39.0毫克,维生素E 2.0毫

克，尼克酸1.6毫克，还含有丰富的氨基酸类，以及三铁皂苷等成分，且钾、镁的含量都很高，高钾有利于人体的酸碱平衡。地肤富含维生素和胡萝卜素这两种天然抗氧化剂，对心血管有很好的保护作用，它们能有效地防止游离基对人体组织所造成的伤害，有抗衰老、防治冠心病及防癌变、防肥胖的功能。

古诗云："扫帚荠，青簇簇，去年一收空倚屋。但愿今年收雨熟，场头扫帚扫尽秃"。可见地肤青嫩时食用，老干后制帚由来已久。李时珍言："地肤嫩苗可作菜茹，田野甚多，枝叶繁多，其子微细，如初眼的蚕砂，作药用名明，功能明目，子落则老，茎叶可作扫帚，故名落帚"。茎叶中含有生物碱、皂苷，花穗含甜菜碱，种子中还含有三萜皂甙、齐墩果酸及混合脂肪油，故地肤既可食用又可作为药用，是一种很好的"药食同源"保健性野菜，在国内外市场上极受欢迎。地肤的苗、叶和茎可食，可蒸食、抄食、凉拌、作汤等，如：将地肤洗净，沥净水分，加入精盐拌匀，放入面粉拌匀，蒸熟即可做成地肤团。或者将地肤洗净，沸水焯一下，捞出凉后清水洗净，切段，与肉丝煸至水干，烹入调味料，炒至入味，即可做成地肤烧肉。日本利用地肤种子加工成黑色鱼子酱是一种很受欢迎的营养保健食品。

5. 马兰 *Kalimeris indica* L.

【别名】 鸡儿肠、路边菊、鱼鳅串、泥鳅串、田边菊、蓑衣草、脾草、紫菊、马兰菊、蟛蜞菊、红梗菜、散血草等。

【生境】 马兰适应性广，可生于田野、山坡、林缘、溪岸、路旁等地，对土壤要求不高，喜冷凉湿润气候，抗寒耐热能力强，并耐涝，短期积水不会损伤植株生长。全国大部分地区均有分布。

【形态特征】 为菊科马兰属多年生草本植物，株高30~70厘米。地下有细长根状茎，匍匐平卧，白色有节。初春仅有基生叶，茎不明显，初夏地上茎增高，基部绿带紫红色，光滑无毛。茎中部叶互生，倒披针形或倒卵状长圆形，无柄，边缘有粗锯齿或浅裂，基部叶大，上部叶小，全缘。头状花序呈疏伞房状，花序单生或枝顶形成伞房状，总苞苞片2~3层，倒披针形，边缘膜质有睫毛。舌状花一层，淡紫色，管状花黄色。瘦果倒卵状矩圆形，极扁，褐色，边缘有翅，舌状花所结瘦果三棱形，冠毛短硬，并具2~3个较长的芒。

【营养及食用】 以嫩苗、嫩茎、嫩叶为食用部分，因其清香可口、风味独特，且具有多种营养和保健价值，深受消费者喜爱。浙江、安徽等省食用最为普遍。马兰有红青梗之分，但以红梗香味浓郁。

马兰每百克可食部分含钙146.0毫克，磷69.0毫克，钾530.0毫克，胡萝卜素3.3毫克，维生素B$_2$ 0.05毫克，维生素C 4.6毫克，维生素E 2.6毫克，其上述营养成分均高于菠菜。另外，马兰还含有丰富的氨基酸、挥发油（主要成分包括酸龙脑酯、甲酸龙脑酯、倍半萜烯、二聚戊烯)等。

嫩叶可作拌食或炒食,或做汤,亦可晒制成干菜香味浓郁,营养丰富。因其略涩味,食用时一般需用开水焯下,再换清水浸泡,除去涩味后炒食、凉拌均可,清香味美。如香干马兰:将豆腐干洗净,切成细粒;马兰头洗净,入沸水中焯透,捞出放入凉开水内,冷却后沥净水分,切粒。将豆腐干粒、马兰头末及调料一起拌匀后即可食用。或者将马兰头洗净切段,精肉切肉丝,入锅煸炒至熟,加入适量清水烧沸,加精盐等调料,出锅即成马兰肉丝汤。

6. 蒲公英 *Taraxacum mongolicum* Hand.

【别名】 黄花地丁、婆婆丁、奶汁草、蒲公草、食用蒲公英、尿床草、西洋蒲公英、黄化三七等。

【生境】 多生于路旁、田野、山坡,世界各地均有生长。

【形态特征】 蒲公英为多年生草本菊科植物,株高10~25厘米,含白色乳汁,全身被白色疏软毛。主根垂直,圆锥形,肥厚。叶皆为基生,莲座状,平展,叶片广披针形或倒披针形,大头羽状裂或倒向羽状裂,顶裂片三角形,钝或稍钝,侧裂片三角形。顶生头状花序,总苞钟形,淡绿色,先端有或无小角,有白色蛛丝状毛;外层总苞片披针形,边缘膜质,舌状花黄色,先端5齿。瘦果倒披针形,褐色,冠毛白色。花期5~8月,果期6~9月。其独特的种子构造使蒲公英传播到世界的每一个角落。

【营养及食用】 蒲公英是一种营养丰富的野菜,主要食用部位为叶。每百克嫩叶含蛋白质3.6克,脂肪1.2克,碳水化合物11.0克,粗纤维2.1克,灰分3.1克,钙216.0毫克,磷115.0毫克,铁12.4毫克,维生素B_2 0.4毫克,尼克酸1.9毫克,维生素C 47.0毫克,胡萝卜素7.4毫克。蒲公英中的氨基酸含量均高于大多同类野生植物,至少含有17种氨基酸,其中有7种是人体无法体内合成,必须通过食物补充的必需氨基酸。蒲公英中还含有多种矿物质元素,如Na,K,Cu,Zn,Co和Mn等,其中K的含量最高,是Na含量的8倍,因此蒲公英是难得的高钾低钠盐食品。经测定,蒲公英中铜、铁、镁、锰、锌含量均很高,这些人体必需微量元素,对体内多种酶具有活化作用。蒲公英抗癌的主要功能成分是硒和蒲公英多糖。蒲公英中含有稀有的抗肿瘤活性物质硒元素,每百克中含量高达14.7微克。蒲公英中色素的主要成分为β-胡萝卜素、叶黄素等类胡萝卜素。类胡萝卜素可以在人体中转化为维生素A,具有良好的抗氧化、抗衰老效能。尤其是β-胡萝卜素具有较强的抗氧化作用,对某些肿瘤和心血管疾病有一定的预防作用。同时,在人体中转化的维生素A还可以提高暗适应能力,保护夜间视力。蒲公英中含有大量的黄酮类物质,具有较强的抑制酪氨酸酶的作用,起到保护皮肤、美白去皱、消除雀斑和色素斑的作用;蒲公英含有丰富的钙和磷,有清热安神,除烦止渴的功效,同时,其丰富的钙含量、合适的钙磷比例,是老年人因缺钙而引起的骨质疏松和骨质增生的补钙佳品。

此外,蒲公英中还含有多种具有保健功能的化学成分,如胆碱、葡萄糖苷、菊糖、果胶、叶黄素、肌醇、天冬酰胺、苦味质、皂苷、树脂、蒲公英甾醇等药用化学成分,尤其果胶的含量在蔬菜中是少见的,可以满足人体对可溶性膳食纤维素的需求。

蒲公英在欧洲和亚洲已被食用了几个世纪,其嫩叶、茎、未开花的花蕾、根状茎均可食用。嫩幼苗,开水焯后,冷水漂洗,炒食、凉拌、做汤皆可,花序可做汤。如可将蒲公英与粳米熬制蒲公英粥,或者将蒲公英去杂,洗净,入沸水中焯透,捞出,冷水中漂洗干净,沥净水分,切碎,加入精盐、蒜泥、香油,拌匀即可食用。

7. 仙人掌 *Opuntia* L.

【别名】 仙巴掌、霸王树、火焰、仙人扇、玉芙蓉、火掌、仙肉、牛舌头等。

【生境】 多生于村边、石上、海滨沙滩等干燥地区,常有栽培。

【形态特征】 仙人掌科仙人掌属肉质多年生植物,常丛生成大灌木状,高0.5~3.0米。茎下部近木质,圆柱形,上部肉质,扁平,倒卵形至椭圆形,鲜绿色,老茎灰绿色。刺座间距2~6厘米,被褐色或白色绵毛,不久脱落,刺密集。夏季开花,花黄色,单生或数朵丛生于扁化茎顶部边缘。雄蕊多数,数轮排列,花药2室。雌蕊1,花柱白色,圆柱形,通常中空,柱头6裂。浆果红色,肉质,卵圆形,紫红色,果肉可食。种子多数。

【营养及食用】 每百克仙人掌含维生素C 16毫克,铁2.7毫克,蛋白质1.6克,还含有大量的纤维素。灰分中含24%碳酸钾。仙人掌高钾、低钠、低糖。仙人掌营养价值之高出乎人们意料之外,200克仙人掌就能满足正常人一天维生素A需求量的50%以上,铁需求量的70%,完全满足维生素C的需要。食用仙人掌是含有维生素B_2和可溶性纤维最高的蔬菜之一。食用仙人掌还含有人体必需的8种氨基酸和多种微量元素,以及抱壁莲、角蒂仙、玉芙蓉等珍贵成分,不仅对人体有清热解毒、健胃补脾、清咽润肺、养颜护肤等诸多作用,还对肝癌、糖尿病、支气管炎等病症有明显治疗作用。其含有大量的维生素和矿物质,具有降血糖、降血脂、降血压的功效。

仙人掌四季可采,其嫩茎可以当做蔬菜食用。其叶片去刺去皮后,水煮、切片、加油、放入调料即成凉菜,或热炒则不需水煮直接切后烹饪。果去硬毛实则是一种口感清甜的水果。老茎可加工成具有除血脂、降胆固醇等作用的保健品、药品。

在墨西哥有许多种烹调仙人掌的方法,如蒸炸煮炒,淹渍烧烤,或作料凉拌,无所不能。

其中，辣炒仙人掌、蛋煎仙人掌和仙人掌沙拉是最为著名的几种。一些饼食点心、菜肴脍炙人口，就是用当地的仙人掌科植物的花卉烹制出来的。

8. 委陵菜 *Potentilla* L.

【别名】 白草，生血丹、扑地虎、毛鸡腿子、野鸡膀子、蛤蟆草、山萝卜、翻白草、白头翁、虎爪菜、老鸦翎、老鸹爪、痢疾草等。

【生境】 委陵菜多生于向阳山坡、路边、田旁、荒地、山林草丛中，喜温暖湿润的环境，耐贫瘠、耐旱、耐热、不耐寒，对土壤要求不严，以肥沃的沙质土壤为宜，喜阳光充足，在空气较干燥、土壤湿润的环境中生长旺盛。

【形态特征】 委陵菜为蔷薇科委陵菜属多年生草本植物，高30~60厘米。根纺锤圆柱状，茎匍匐或直立，分枝处生不定根，密生灰白色绵毛。掌状或羽状复叶，有小叶3~12对，茎生叶较少，小叶卵圆状长圆形，边缘有锯齿，羽状深裂，裂片三角形，常反卷，上面被短柔毛，下面密生白色绒毛；托叶和叶柄基部合生。花单生，花瓣5枚，通常黄色，雄蕊多数，花丝不等长，花药黄色；雌蕊多数，聚生，子房卵形而小。花期6~8月。瘦果长卵形，种子细小，呈褐色。果熟期8~9月。

【营养及食用】 委陵菜每百克鲜品含粗蛋白9.1克、粗脂肪4.0克、粗纤维21.8克、粗灰分7.2克、胡萝卜素4.8毫克、维生素B_2 0.74毫克、维生素C 34.0毫克。每百克块根含蛋白质12.6克、脂肪1.4克、碳水化合物7.3克、粗纤维3.2克、灰分3.0克、钙123.0毫克、磷334.0毫克、铁24.4毫克、尼克酸3.3毫克；根还含鞣质9%，糖及淀粉10% ~20%。

春季采嫩苗，幼苗沸水焯过后可炒食，根可生食或煮食。

9. 鼠曲 *Gnaphalium affine* D. Don.

【别名】 清明菜、米麴、鼠耳、无心草、黄蒿、佛耳草、追骨风、绒毛草、毛耳朵、水菊、绵絮头草等。

【生境】 鼠曲草喜生于海拔较低的土地、田间、草地、荒地、路边、河岸等湿润环境，对土壤要求不严格。分布于我国华东、华南、华北、西南、西北、华中及台湾诸省。

【形态特征】 鼠曲为菊科鼠麴属2年生草本植物，株高10~50厘米，茎成簇直生并不分枝或少分枝，表面布满白色绵毛。叶互生，叶片倒披针形，顶端略尖，基部渐狭，叶缘全缘，无叶柄。两面都有灰白色绵毛。头状花序多数，在顶端密集成伞房状,总苞球状钟形,金黄色总苞片3层,干膜质,花黄色,外层总苞片较短,宽卵形,内层长圆形,外围的雌花花冠丝状,中央的两性花花冠筒状,顶端5裂。花期4~5月。瘦果矩圆形,外形有乳突,还有黄白色冠毛,果期8~9月。

【营养及食用】　每百克鼠曲草嫩茎叶含蛋白质3.1克,脂肪0.6克,粗纤维2.1克,灰分2.4克,糖类7.0克,钙218.0毫克,磷66.0毫克,铁7.1毫克,胡萝卜素B_2 2.2毫克,尼克酸1.4毫克。鼠曲草含有丰富的微量元素,K元素除与体内Na元素共同协调,调节体内水分和电解质平衡以外,有利于维持机体的酸碱平衡和正常血压,对降低高血压病中风率起到有效的预防作用;鼠曲草中富含的Ca元素,是骨骼、牙齿的构成成分,能维持神经肌肉的兴奋性,并参与血凝等,是膳食补钙的良好途径;Fe,Cu的含量也较高,是食疗补Fe,Cu的一种好资源;胡萝卜素能抑制血栓形成、抑菌、抑制肿瘤细胞的生长;B族维生素中的硫胺素等硫化物,具有降血脂、抗癌、抗氧化等作用;核黄素具有减缓中老年人眼睛自然退化的作用等,维生素C可保护细胞和细胞膜免受自由基侵袭。另外,鼠曲草中氨基酸含量丰富,具8种必需氨基酸品种。

鼠曲草嫩茎叶及花均可食,因其采摘时间为清明节,故名清明菜。开水烫后炒食或与米粉一起煮食。味道清香扑鼻,沁人心脾,营养丰富,同时具有食疗的作用,能治支气管炎、高血压、风湿性腰痛哮喘,是民间喜爱的传统保健野生蔬菜。浙南地区多清明前后采集,制作成"清明果",味道鲜美。

10. 酢浆草　*Oxalis corniculata* L.

【别名】　酸酸草、斑鸠酸、三叶酸、黄花酢浆草、盐酸仔草、酸箕、满天星、老鸭嘴等。

【生境】　酢浆草广布于世界各地,我国南北各地都有分布。喜生于房前屋后、山坡草池、河谷沿岸、路边、田边、荒地或林下阴湿处等。

【形态特征】　酸浆草为酢浆草科酢浆草属多年生草本植物。酢浆草茎匍匐,多分枝,叶柔弱,常平卧,节上生不定根,被疏柔毛。掌状复叶互生,叶柄细长,指状三小叶,倒心脏形,叶片正中叶脉明显,四季常绿。伞形花序腋生,由1至数朵花组成,总花梗与叶柄等长,花黄色。花瓣5枚,雄蕊10,花丝下部联合成筒,花柱5,离生,柱头头状。花期较长,从夏到秋。蒴果圆柱形,种子多褐色,有5棱,熟时裂开将种子弹出。种子小,扁卵形,褐色。

【营养及食用】　四季均可采食,以秋冬季营养最为丰富。每百克鲜茎叶含蛋白质3.1克、脂肪0.5克、糖5.0克、钙156.4毫克、磷125.0毫克、铁5.6毫克、钾463.8毫克、镁131.7毫克、胡萝卜素5.2毫克、维生素B_2 0.3毫克、维生素C 127.0毫克、维生素E 4.1毫克,氨基酸总量为2.5克。其中磷和维生素C含量为食用茎叶菜中的佼佼者,食用酢浆草有很好的补脑作用。茎叶含草酸,味酸、寒,无毒。

酢浆草嫩茎叶采收可生食、炒食,也可做粥、做汤,或可作沙拉菜的配料。如将酢浆草洗净,入沸水中焯一下,于凉水中浸泡2小时,沥净水分,切段;将锅内油烧热,依次投下葱花、酢浆草煸炒,加入精盐炒至入味,出锅即成。此菜具有清热利湿,活血化痰,消肿解毒的功效。民间常用于治疗吐血、咽喉肿痛、痢疾等病症。此外还有润肤容颜、明目、延年益寿的作用。

11. 水芹 *Oenanthe javanica* DC.

【别名】　水英、细本山芹菜、牛草、楚葵、刀芹、蜀芹、野芹菜、沟芹等。

【生境】　水芹多生于我国中南部、长江流域和珠江三角洲一带水田、溪沟、池沼、浅水低洼地方及其他阴湿的地方。水芹喜湿润,耐肥、耐涝及耐寒性强。适温15~20℃,能耐0℃以下的低温。

【形态特征】　水芹为伞形科水芹属多年生匍匐植物。水芹全株无毛,株高50~60厘米。根状茎短而匍匐,具成簇的须根,内部中空,节部有横隔。茎下部伏卧,有时带紫色,节处生匍匐枝及多数须根,匍匐枝长,有节,节上生根和叶。茎上部直立,分枝,表面具棱,内部中空。叶呈三角形,叶边缘有层次不齐的圆齿,类似芹菜叶。下叶有长柄,柄基加宽成鞘,抱茎;上叶叶柄渐短,部分或全部成鞘,鞘的边缘为宽膜质。叶片互生,奇数,二回羽状复叶,小叶对生,卵形,浅绿色,叶缘锯齿状。复伞形花序,花小,白色,有长柄,常与叶对生,总苞片通常不存在,有时1~2枚小形早落。双悬果椭圆形,果棱肥厚,钝圆。花期7~8月,果期8~9月。

【营养及食用】　水芹每百克嫩茎叶含蛋白质2.5克,脂肪0.6克,碳水化合物4.0克,粗纤维3.8克,胡萝卜素4.3毫克,维生素C 47.0毫克,维生素B_2 0.3毫克,尼克酸1.1毫克,钙154.0毫克,磷9.8毫克,铁23.3毫克。其营养十分丰富,含铁量为普通蔬菜的10~30倍,胡萝卜素、维生素C、维生素B_2含量远高于一般栽培蔬菜。

水芹叶的营养价值远胜过茎,水芹叶子和茎杆相比,叶的蛋白质是茎杆的0.5倍、脂肪为1.7倍、胡萝卜素为28倍、维生素B_2为4倍、尼克酸为3倍、维生素C为3倍,钙盐为2倍。

水芹主要以嫩茎和叶柄作蔬菜食用,其色泽翠绿鲜艳,质地细嫩,香气浓郁,营养丰富,含有较多的蛋白质、多种矿物质、维生素、芹菜素和挥发油等。于4~6月采摘10厘米以上的嫩茎叶,洗净,沸水焯后,换清水浸泡片刻,再行炒食、凉拌、做馅,亦可盐渍。根还可腌制酱菜。其幼嫩的基部叶片辛辣,可用于沙拉或当做香料与菜肴添饰物。

中国自古食用水芹。两千多年前的《吕氏春秋》中称,"云梦之芹"是菜中的上品。水芹也被江苏一带人民称作"路路通",通常在春节期间被作为一道必不可少的佳肴端上餐桌,被寄予了人们美好的心愿和祝福。水芹的叶、茎含有挥发性物质,别具芳香,能增强人的食欲。水芹汁有很好的润肤效果,经常使用能有效去除面部皱纹,还有降血糖作用。经常吃些芹菜,可以中和尿酸及体内的酸性物质,对预防痛风有较好效果。

　　水芹含铁量较高,能补充妇女经血的损失,是缺铁性贫血患者的佳蔬,食之能避免皮肤苍白、干燥、面色无华,而且可使目光有神,头发黑亮。水芹含有锌元素,是一种性功能食品,能促进人的性兴奋,西方称之为"夫妻菜",曾被古希腊的僧侣列为禁食。

12. 萹蓄 *Polygonum aviculare* L.

　　【别名】　蚂蚁草、猪圈草、路边草、七星草、扁竹、竹叶草、扁竹蓼、乌蓼、铁片草等。

　　【生境】　萹蓄常生长于荒地、田边、路旁、沙滩及盐碱地。全国各地均有分布。

　　【形态特征】　萹蓄株高30厘米左右。叶和茎均为绿色,茎基部有分枝,茎匍匐或斜上,基部分枝甚多,具明显的节及纵沟纹;幼枝上微有棱角。单叶互生,无柄,叶披针形或狭椭圆形,顶端稍尖,基部楔形,叶边全缘,托叶鞘膜质,下部绿色,上部透明无色,叶脉明显,易破裂。花小、白色或淡红色,花单生或数朵簇生于叶腋,遍布于全植株。花被5深裂。瘦果卵形,黑褐色,无光泽,其上密生小点。瘦果包围于宿存花被内,仅顶端小部分外露,卵形,具3棱,长2~3毫米,黑褐色。花期6~8月。果期9~10月。

　　【营养及食用】　每百克萹蓄含水分81.9克,糖类4.6克,粗脂肪0.7克,蛋白质4.3克,粗灰分1.7克,粗纤维4.0克。维生素C 112.8毫克,维生素E 5.3毫克,胡萝卜素0.3毫克。氨基酸总量为4.2克。无机盐、微量元素如钾505.0毫克,镁222.6毫克,铜0.2毫克,锰0.6毫克,钙282.4毫克,磷91.2毫克,铁4.6毫克等。另外,还含有萹蓄苷、槲皮苷、香豆酸、黏液质、糖类等。

　　春季采其嫩茎叶,开水烫后可以凉拌、炒食,或面粉混合蒸食,做汤,也可做干菜贮存食用。如蒸萹蓄,将鲜嫩萹蓄苗洗净,沥净水分,放入盆内,加少许精盐、味精,拌匀;在笼屉上铺白布,把拌好的萹蓄撒在纱布上,上面再放一层纱布,用旺火蒸熟,晾凉后,放入盘内;然后将大蒜去皮,洗净,捣成蒜泥,放入盘内,加少许精盐、味精、酱油、香油、红油兑成汁,浇在萹蓄上,拌匀即成。具清热、利湿,杀虫,利尿功效。

13. 打碗花 *Calystegia hederaca* Wall.

　　【别名】　小旋花、兔耳草、面根藤、狗儿蔓、蒿秧、斧子苗、喇叭花等。

　　【生境】　为旋花科打碗花属多年生草本,多生于田野、路旁、溪边及草丛中。

　　【形态特征】　根状茎白色,茎细弱,长0.5~2.0米,茎蔓生、缠绕或匍匐,纤细,茎部分枝。单叶互生,叶柄长,基部叶全缘、近椭圆形。茎上部叶片近三角形或戟形、侧裂片展开,通常

2裂,中裂披针形卵状三角形,顶端钝尖,基部叶片呈心形。花单生,花梗较叶柄长,两片苞片,近卵圆形,绿色。花冠漏斗状,淡红白色,花期5~8月。子房上位,柱头线形2裂。蒴果卵圆形,光滑无毛,种子黑褐色,果期8~10月。在我国大部分地区不结果,以根扩展繁殖。

【营养及食用】　打碗花每百克可食部分含蛋白质0.2克,脂肪0.5克,碳水化合物5.0克,粗纤维3.1克,钙422.0毫克,磷40.0毫克,铁10.0毫克,胡萝卜素5.2毫克,维生素B_2 0.6毫克,尼克酸2.0毫克,维生素C 54.0毫克。打碗花嫩茎、叶含钙、铁、维生素B、胡萝卜素都居野菜之前列,比家种蔬菜高,且其根含17%淀粉。根状茎具有健脾益气,利尿,调经,止带之功效,用于脾虚消化不良,月经不调,白带,乳汁稀少,是良好的药用保健蔬菜。

4~5月间采摘嫩茎叶,沸水焯后可炒肉、炒鸡蛋、炖肉、做汤。根茎亦可食用,可于秋后到清明时将根状茎挖出后,洗去泥土杂质,煮食或炒食,亦可酿酒或制饴糖。

14. 车前草 *Plantago asiatica* L.

【别名】　牛么草子、车轱辘草子、车轮菜、车前实、虾蟆衣子、猪耳朵穗子、凤眼前仁、大车前等。

【生境】　为车前科多年生草本植物,多生于田野、荒地、路旁、沟旁及河边。

【形态特征】　车前株高10~20厘米,光滑或稍有毛。根状茎粗短,有众多须根。叶基生或莲座状,丛生,直立或展开,叶片椭圆形、宽椭圆形或具疏短柔毛,有5~7条弧形脉;叶柄长2~10厘米,基部扩大成鞘。花序数个,自叶丛中生出,直立或斜上,高20~30厘米,被短柔毛;穗状花序可达20厘米,密生小花;苞片三角形,背面突起;花冠筒状,膜质,淡绿色,先端四裂,裂片外卷。花期7~8月。蒴果椭圆形,有毛,盖裂。果期9~10月。蒴果卵状圆锥形,成熟后约在下方2/5处周裂,下方2/5宿存。种子4~8枚或9枚,近椭圆形,黑褐色。

【营养及食用】　车前草叶可食,每百克嫩叶含蛋白质4.0克,脂肪1.0克,碳水化合物10.0克,粗纤维3.3克,灰分2.3克,钙3.1毫克,磷175.0毫克,铁25.3毫克,钾486.6毫克,镁86.3毫克,胡萝卜素5.8毫克,维生素B_2 0.2毫克,维生素C 23.0毫克,维生素E 3.6毫克。天冬氨酸0.4毫克,谷氨酸0.3毫克,半胱氨酸0.05毫克,苯丙氨酸0.3毫克。车前草除了蛋白质、脂肪、多种维生素和矿物质外,还含有桃叶珊瑚甙、熊果酸、β-谷甾等药用成分,且车前草叶片具有清热利尿、明目、祛痰止咳和渗湿止泻之功效,并具有抗菌作用,故车前草是一种良好的药用保健蔬菜。

　　每年4~5月份采摘嫩茎叶或幼苗,先用开水烫软,再用清水泡几小时后捞出,凉拌、炒食、做馅、做汤或与面蒸食。如用新鲜车前草叶60克,小米或粳米100克,葱白1根可做车前草粥,将车前草叶洗净、切碎,同葱白煮汁后去渣,然后放入粳米加适量水煮粥,具有利尿、明目、祛痰的功效;车前200克、大枣30克、枸杞20克制汤,具有清热滋阴功效。

15. 水蓼 *Polygonum hydropiper* L.

【别名】 蓼子草、消毒草、水辣蓼、水胡椒、水公子、辣花子、辣蓼、水红花公等。

【生境】 水蓼喜生于田野、水边或山谷湿地,全国各地均有分布。

【形态特征】 水蓼为蓼科1年生草本植物,株高40~80厘米。茎直立或倾斜,有分枝无毛。节部膨大,叶互生,为披针形,顶端渐尖,基部楔形,全缘,叶两面均有腺点,发出辛辣气味,无柄或有短叶柄,托叶鞘膜质筒状,膜质,紫褐色。穗状花序,顶生或腋生。花被4~5裂,卵形或长圆形,淡绿色或淡红色,有腺状小点;雄蕊5~8;雌蕊1,花柱2~3裂。瘦果卵形,扁平,表面有小点,黑色无光,包在宿存的花被内。花期7~8月。

【营养及食用】 每百克可食部分含胡萝卜素7.9毫克,维生素C 235.0毫克,维生素B$_2$ 0.4毫克,钙10.0毫克,磷2.2毫克。

　　水蓼嫩茎叶是人们喜食的山野蔬菜,每年可在3~4月份采摘幼苗。如水蓼炒肉丝:将水蓼嫩茎叶洗净,入沸水中焯一下,捞出,投凉水后沥净水分,切段,然后将猪肉洗净切丝,放入烧热油锅中煸炒,加入酱油、葱花、姜末至肉熟,加入水蓼炒至入味,加盐推匀,出锅即成。

16. 小根蒜 *Allum macrostemon* Bge.

【别名】 小根菜、小么菜、大脑瓜儿、薤根、大头菜子、野蒜、小独蒜、宅蒜、薤白头、山蒜等。

【生境】 小根蒜在我国东北、江西、福建、浙江、江苏、四川、贵州等诸多省份都有分布。目前,日本、朝鲜、韩国、俄罗斯等国家也都有引种栽培。小根蒜多生长于山坡、丘陵、山谷、干草地、荒地、林缘、草甸以及田间,常成片生长,形成优势小群,具有耐瘠、耐低温等特点,适应性很强。小根蒜属喜阴植物,特别是发芽和幼苗期适宜较低的温度,有利于其发芽出苗。

【形态特征】 小根蒜为多年生草本植物,高30~60厘米。鳞茎卵圆形或球形,地下鳞茎白色。叶互生,苍绿色,叶细长呈管状,微有棱,具叶鞘,叶3~5枚,先端渐尖,基部鞘状抱茎,平滑无毛。夏季抽生花茎,花茎由叶丛中抽出,单一,直立,顶生伞形花序,半球形或球形,密生紫黑色小球芽,又杂生少数的花,花小,淡紫色。花被6片,长圆状披针形。雄蕊长于花被,花丝细长,下部略扩大。子房上位,球形。果为蒴果,倒卵形,先端凹入。花期6~8月,果期7~9月。

【营养及食用】　每百克可食部分含蛋白质3.4克,脂肪0.4克,碳水化合物25.0克,钙100.0毫克,磷53.0毫克,铁4.6毫克,胡萝卜素0.1毫克,维生素B$_2$ 0.1毫克,尼克酸1.0毫克,维生素C 36.0毫克。

小根蒜于秋、冬、春均可采收,除根外均可食用。其用法同葱、蒜,可作菜肴的调味品,或直接作菜食用。

小根蒜的地下鳞茎,又称薤白,含蒜氨酸、甲基蒜氨酸、大蒜糖等药用物质,薤白白净透明、皮软肉糯、脆嫩无渣、香气浓郁,自古被视为席上佐餐佳品。小根蒜作为一种野生蔬菜,可以加工成多种食材。制成保鲜菜,在早春或深秋季节上市,可以丰富蔬菜品种。把小根蒜脱水干制,可以保持周年供应,方便食用。小根蒜具有类似大蒜、葱的特征风味,可用于制作系列新型调味品,如:风味酱、蒜粉、蒜泥等。小根蒜具有可食性和安全性,且具有良好的抑菌能力,符合作为食品防腐剂源的要求。将小根蒜制成食品防腐剂,加入或喷淋到食品表面,能起到良好的防腐保鲜作用。

17. 鸭舌草 *Monochoria vaginalis* Presl. ex Kunth

【别名】　肥菜、合菜、猪耳菜、马皮瓜、肥猪草、黑菜、薢草、接水葱、鸭儿嘴、水玉簪、少花鸭舌草等。

【生境】　多生于潮湿地区或水稻田中,全国大部分地区均有分布。

【形态特征】　鸭舌草根状茎极短,具柔软须根。茎直立或斜向上,有分枝,高40厘米左右,全株光滑。叶基生或茎生,叶片形状和大小变化较大,由心形、宽卵形、长卵形至披针形。叶片卵

形至卵状披针形,先端渐尖,基部圆形或浅心形。叶柄极长,中下部鞘状,中部常膨大。总状花序从叶鞘膨大部分抽出,有花3~6朵,花梗初直立,后下弯,花为蓝色并略带红色。秋季开花。蒴果长卵形,基部有一轮宿存花被,先端有短喙。种子多数,灰褐色,具纵条纹。

【营养及食用】　鸭舌草营养丰富,每百克可食部分含蛋白质0.6克,脂肪0.1克,胡萝卜素6.1毫克,维生素C 78.0毫克,维生素B$_2$ 0.4毫克,尼克酸0.6毫克,钙40.0毫克,磷80.0毫克。

食用方法是于春夏季节,采摘嫩茎叶,开水烫后,单炒或配肉或配其他菜一起炒食。或开水汆后,加调味品凉拌。

18. 藜 *Chenopodium album* L.

【别名】 灰菜、灰藜、落藜、胭脂菜、飞扬草、白藜、灰条菜、小灰菜等。

【生境】 分布于全球温带及热带以及中国各地,生长于海拔50米至4 200米的地区,多生于田间、路旁、居民点和低湿地,量大,很容易采到,具有开发利用价值。

【形态特征】 藜为1年生草本植物,株高50~120厘米。茎直立,粗壮,圆柱形,具棱和绿色纵条纹,分枝较多。单叶互生,具长柄,菱状卵形,基部楔形,上部渐窄,先端钝或尖,边缘具不整齐的锯齿,有时缺刻状,叶背通常有粉粒,上部叶较小,呈披针形,近全缘。圆锥花序,花两性,数个集成团伞花簇,多数花簇排成腋生或顶生的圆锥状花序;黄绿色;花被片5,宽卵形或椭圆形,具纵隆嵴和膜质的边缘,先端或微凹,雄蕊5,柱头2。花期7~9月。胞果圆球形,完全包于花被内或顶端稍露,果皮薄,和种子紧贴;种子横生,双凸镜形,光亮,表面有不明显的沟纹及点洼,胚环状。果皮有皱纹,果熟期8~10月。

【营养及食用】 藜每百克嫩茎、叶含蛋白质3.5克,脂肪0.8克,碳水化合物6.0克,粗纤维1.2克,钙209.0毫克,磷70.0毫克,铁0.9毫克,胡萝卜素5.3毫克,维生素B_2 0.3毫克,尼克酸1.4毫克,维生素C 69.0毫克,维生素E 2.8毫克,氨基酸总量4.8克,另外,还含有齐墩果酸、β-谷甾醇等。

采嫩茎叶,先用开水烫后再过凉水,然后凉拌、炒时或做汤。如:将藜洗净,入沸水中焯一下,捞出,放凉水中冲洗,沥净水分,故入盘中,加入精盐、味精、酱油、香油,拌匀即成凉拌藜或者将藜、韭菜洗净,切碎,放在盆中,加入精盐、味精、植物油、油豆腐(或炒熟的肉丁或炒熟的鸡蛋),拌匀成馅;再将面粉和成面团,揪成小面剂,擀成小饼,放馅摊匀,馅上面再放一个小饼,二层饼包好,边缘压紧,上锅烙熟即可做成藜馅饼。

但在大量食用藜时,有人会发生过敏现象,即日光性皮炎或皮肤痒感。茎端有红色粉粒的红心红叶更易引起反应,避免采食。

19. 刺儿菜 *Cephalonoplos segetum* Kitag.

【别名】 小蓟、刺菜、曲曲菜、刺角菜、刺刺芽、青青菜、野红花等。

【生境】 多生于山坡、摺荒地、耕地、路边、草地或灌丛中,为最常见田野草本植物,各地均有分布。

【形态特征】 刺儿菜为菊科多年生草本植物,刺儿菜株高20~50厘米。根状茎细长,白色,

肉质。茎直立，具白色绵毛，上部有少数分枝有纵沟棱，无毛或被蛛丝状毛。叶互生，长椭圆形或椭圆状披针形，边缘具伏生的齿裂，具刺，两面被疏或密的蛛丝状毛，上部叶较小。头状花序单生于茎顶，雌雄异株，管状花，花冠紫红色。瘦果椭圆形或长卵圆形，稍扁，冠毛羽状。花期7~8月，果期8~9月。

【营养及食用】 刺儿菜每百克嫩茎叶含蛋白质4.5克，脂肪0.4克，碳水化合物4.0克，粗纤维1.8克，钙254.0毫克，磷40.0毫克，铁19.8毫克，胡萝卜素5.9毫克，维生素B_2 0.3毫克，尼克酸2.2毫克，维生素C 44.0毫克，维生素E 2.3毫克，维生素K_1 7.9毫克，显著高于一般绿色蔬菜，而维生素K_1含量，决定了它具有止血、促进肝细胞恢复功能，以及防癌、治癌的功效。刺儿菜的无机盐和微量元素含量丰富，其中钙的含量比大白菜高5倍，硒的含量高达36微克，硒在抗氧化、抗衰老、提高免疫能力方面作用显著。在灾荒年，人们称它"含有大半粮食"，因为它蛋白质含量很高，救活了许多人的生命。传统中医学认为，刺儿菜味甘性凉，入肝脾二经，可清火疏风，解胸膈烦闷，开胃下食，止血降压，补血化痰，解毒消肿，具有明显的保健作用，是药食同源的保健蔬菜。

幼苗可食，于4~5月采高10~15厘米的嫩幼苗，沸水焯水，换清水浸泡后，炒食、做馅、做汤、煮菜粥、腌制等，如：先将刺儿菜洗净，入沸水中焯一下．投凉后捞出，沥净水分，切段。将锅内油烧热，加入葱花煸香，再加刺儿菜、精盐炒至入味，点入味精，出锅即成。或者以熟肉丁、韭菜、刺儿菜制馅，制作刺儿菜蒸包。

20. 野生紫苏 *Perilla frutescens*（L.）Britt. var. acuta Kudo

【别名】 赤苏、红苏、红紫苏、香苏、鸡冠紫苏、荏子、酥麻、苏麻等。

【生境】 多生于山地、路边、村落宅旁。分布于全国20多个省（自治区、直辖市）。

【形态特征】 野生紫苏为唇形科紫苏属一年生草本植物，株高70~120厘米，全株具有独特芳香味，直根系发达、再生力强。茎直立，横断面为四棱形，密生细柔毛，紫色或绿紫色。单叶对

生，叶片紫色，叶卵圆或阔卵圆形，顶端锐尖，边缘锯齿状，叶面常呈泡泡皱缩状。总状花序顶生或腋生，花萼钟状，花白色至紫红色。上唇微缺，下唇3裂。小坚果近球形，灰褐色，内含种子1粒。种皮极薄。花期8~9月，果期9~10月。

【营养及食用】 野生紫苏嫩茎叶、种子均具有较高的营养价值。每百克嫩茎叶含蛋白质3.8克，脂肪1.3克，碳水化合物6.4克，粗纤维1.5克，胡萝卜素9.1毫克，维生素B_2 0.4毫克，尼克酸1.3毫克，维生素C 47.0毫克、钙3.0毫克、磷44.0毫克、铁23.0毫克。每百克种子含维生素E 0.4毫克，维生素B_2 0.3毫克，蛋白质25.0克。野生紫苏种子成分为脂肪油45.3%，亚油酸42.6%，α−亚麻酸22.4%，还含有维生素B_1和氨基酸类化合物。

每年春季可采集嫩茎叶,用开水焯后炒食、凉拌或做汤。李时珍在《本草纲目》中载:"紫苏嫩时采叶,和蔬茹之或盐及梅卤作殖食甚香,夏月作熟汤饮之"。种子油可食用,紫苏油可由苏子榨取,苏子含有35%~45%的紫苏油。紫苏油富含 ω−3 必需脂肪酸 α−亚麻酸。

野生紫苏是一种时尚蔬菜和保健品,是国家卫生部首批颁布的既是食品又是药品的60种药食物品之一。紫苏是人们喜欢的芳香蔬菜,嫩叶可生食、炒食、腌渍、做汤。从古到今,紫苏都是民间食用中的调味精品,享有食疗珍品之称。保健食用可直接用开水冲泡紫苏叶饮用,也可用新鲜紫苏叶拌咖喱或加入沙拉中食用。经常食用紫苏叶或饮用紫苏茶,对关节炎能起到预防作用。紫苏的提取物——迷迭香酸具有非常好的祛除自由基抗炎效果,能抗氧化、抗病毒活性、抗炎、抗血栓、抗血小板聚集和抗菌,是已经获得美国FDA认可的公众安全食品原料。日本在紫苏研究与开发中一直处于领先地位,日本通过品种改良选育出菜用紫苏品种,并将紫苏叶作为高档营养蔬菜食用。

21. 蔊菜 *Rorippa indica* L.

【别名】　辣米菜、野油菜、野芥草、野菜花等。

【生境】　蔊菜多生于荒地、路旁及田园中。

【形态特征】　蔊菜茎直立柔弱,高0.5~1.0米。茎基部有分枝,茎下部叶有柄,羽状浅裂,长2~10厘米,顶生裂片宽卵形,侧生裂片小;茎上部叶无柄,卵形或宽披针形,先端渐尖,基部渐狭,抱茎,边缘见齿牙或不整齐锯齿状,稍有毛。总状花序,花冠十字。长角果条形,含种子多粒。种子细小、卵形、褐色。

【营养及食用】　每百克蔊菜可食部分含胡萝卜素4.2毫克,维生素B₂0.6毫克,维生素C 98.0毫克。3~6月采摘嫩茎叶可炒食,做汤,亦可以沸水焯后加调料作凉拌菜等。品味辛辣,具有一定食疗功效。蔊菜所含的蔊菜素,有止咳祛痰、清热及活血通经的功效,且蔊菜素对肺炎球菌、金黄色葡萄球菌、绿脓杆菌及大肠杆菌均有抑制作用,可作为肺痈、疮、疖、感冒等病的辅助食疗。蔊菜还有促进胃肠蠕动的作用,能健胃理气,常用于腹内积滞、大便不畅、食欲不振等病症的辅助食疗。

22. 飞廉 *Carduus crispus* L.

【别名】　飞廉蒿、老牛错、刺打草、飞轻、天荠、伏猪、伏兔、飞雉、木禾、雷公菜、大力王、枫头棵、飞帘等。

【生境】　多生于山地、山坡、田野、路旁。

【形态特征】　飞廉茎直立,高80~100厘米,

具纵条纹及绿色的薄翼,茎与薄翼上有刺密生。叶互生,叶羽状深裂,裂片边缘有刺,叶片正面绿色,微有毛,背面初时有蛛丝状毛,后渐变无毛。上部叶渐小。头状花序2~3枚,生于枝顶或单生于叶腋,花序柄短,具刺及蛛丝状毛。总苞钟形,苞片多层,花筒状,紫红色。瘦果长椭圆形,淡褐色,具纵纹,冠毛白色。花期7~8月,果期8~9月。

【营养及食用】　飞廉每百克嫩叶含蛋白质1.5克,脂肪1.4克,碳水化合物4.0克,粗纤维1.4克,胡萝卜素3.1毫克,维生素B_2 0.3毫克,维生素C 31.0毫克。

4~5月幼苗刚出土时采集嫩苗,沸水焯后,用清水浸泡,可炒食、做汤、做馅,亦可盐渍。夏季亦可采其花序柄炒食或盐渍。

23. 鸭跖草　*Commelina communis* L.

【别名】　鸡舌草、鼻斫草、碧竹子、青耳环花、碧蟾蜍、竹叶草、耳环草、地地藕、竹鸡草、竹叶菜、淡竹叶、碧蝉花、水竹子、露草、帽子花、三筴子菜、三角菜、牛耳朵草、鸭食草、水浮草、鸭子菜、菱角伞、兰花草、野靛青、靛青花草、萤火虫草、鸭脚青、挂兰青、鸦雀草、兰紫草、哥哥啼草、竹叶活血丹、蓝花水竹菜等。

【生境】　多生于溪边、路旁、田边、宅旁、山谷及山坡林下阴湿处。全国大部分地区均有分布。

【形态特征】　鸭跖草为一年生草本植物。鸭跖草茎横断面近圆形,基部横卧地面,节上生根。叶互生卵状披针形,先端短尖,全缘,无柄或近乎无柄,叶片似竹叶为广披针形,较厚而柔软,叶柄呈梢状。茎梢着花,基部下延有膜质短叶鞘,白色,有绿纹,鞘口有白包纤毛。总苞片呈佛焰苞状,总苞片内聚伞花序,有花数朵,微伸出佛焰苞。每花有花瓣2片,花两性,两侧对称,花瓣3,蓝色或深蓝色。花早晨开放,午后萎缩。蒴果椭圆形,种子4枚,暗褐色,具不规则窝孔,种子表面有皱纹,花期7~9月,果期9~10月。

【营养及食用】　鸭跖草每百克嫩茎叶含蛋白质2.8克,脂肪0.3克,碳水化合物5.0克,粗纤维1.2克,钙206.0毫克,磷39.0毫克,铁5.4毫克,胡萝卜素4.2毫克,维生素B_2 0.3毫克,尼克酸0.9毫克,维生素C 87.0毫克,维生素E 2.9毫克,另外,全草含左旋黑麦草内酯、无羁萜、β-谷甾醇、胡萝卜苷、D-甘露醇等,花瓣中含花包苷、鸭跖黄酮苷、鸭跖兰素等。

采其嫩茎叶作汤菜或炒食。亦可制成干菜。如:将鲜嫩的鸭跖草洗净,入沸水中焯一下,投凉后用清水冲洗,沥净水分,切段;将猪肉洗净,切块;将锅内油烧热,放入猪肉煸炒,加入精盐和少量水,炒至肉熟而入味,投入鸭跖草炒至入味,点入味精,出锅装盘即成鸭跖草炒猪肉。

24. 水葫芦　*Eichhornia crassipes* (Mart.) Solms.

【别名】　凤眼莲、水浮莲、布袋莲、凤眼蓝、水荷花等。

【生境】　主要分布在河道、池塘、沟渠，是亚热带和温带地区河、湖水面广泛生长的一种水草。

【形态特征】　水葫芦为多年生浮水草本植物，高20~70厘米。多须根，悬垂于水中（或根生于泥中），嫩根为白色，老根偏黑色。茎极短，具长匍匐枝，节上生根，根系发达，靠毛根吸收养分，主根分蘖下一代。叶基生莲座状，每株有叶6~12片，叶单生，直立，叶片卵形至肾圆形，顶端微凹，全缘，光亮而滑。叶柄长短不等，中下部膨胀成葫芦状的泡囊，承担叶花的重量，悬浮于水面生长，秆（茎）灰色，泡囊稍带点红色。花茎多棱角；花序穗状，花蓝紫色，呈多棱喇叭状，上方的花瓣较大；花瓣中心生有一个明显的鲜黄色斑点，形如凤眼，也像孔雀羽翎尾端的花点，非常耀眼、靓丽。蒴果卵形。花期6~9月，果期8~10月。

【营养及食用】　水葫芦含有丰富的蛋白质。一株去除了水分的干水葫芦含20%蛋白质。水葫芦含有丰富的氨基酸，包括人类生存所需又不能自身制造的8种氨基酸。水葫芦有害部分仅限于其根须部，食用时需将根须除去。水葫芦的味道其实非常清香鲜美。水葫芦可爆炒、烧汤等，口感适宜，汤的滋味尤其令人回味，可与小白菜比美。水葫芦的花和嫩叶还可直接食用，其味道清香爽口，并有润肠通便的功效，有报道马来西亚等地的土著居民常以水葫芦的嫩叶和花作为蔬菜。

25. 白茅 *Imperaia cylindrical*（L.）Beauv.

【别名】　茅针、茅根等。

【生境】　多生于林地、山坡、沙地、路旁。广布于全国。

【形态特征】　白茅为禾本科多年生草本植物，株高20~80厘米。根状茎白色，横走于地下，密集，节部生有鳞片，先端尖有甜味，在适宜的条件下，根状茎可长达2~3米以上，能穿透树根，断节再生能力强。秆丛生，直立，单叶互生，集于基部，老时基部常有破碎呈纤维状的叶鞘。叶片扁平，条形或条状披针形，夏季开花，圆锥花序圆柱状。花银白色，分枝密集，小穗长3~4毫米，具柄。颖果椭圆形，暗褐色。被白色长柔毛。

【营养及食用】　白茅嫩花可食，味甜。根洁白，6月采根，剥去皮毛，生嚼，其汁甜，亦可煮水喝。根还可压汁制糖或酿酒等。

26. 酸模叶蓼 *Polygonum lapathifolium* L.

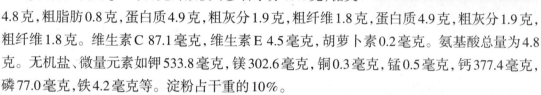

【别名】 旱苗蓼、大马蓼、柳叶蓉、斑蓼、水红花母、夏蓼、蓼吊子等。

【生境】 酸模叶蓼常生长于田野、山谷、溪边、河滩、田边、湿地。我国大部分地区均有分布。

【形态特征】 酸模叶蓼为1年生草本植物,株高30~150厘米。茎直立,上部分枝,粉红色,节部膨大。叶片披针形或宽披针形,表面绿色,常有黑褐色新月形斑块。叶全缘,边生粗硬毛。托叶鞘筒状,膜质,淡褐色无毛。叶柄有短刺毛。由数个花穗构成圆锥花序。花被淡红色或白色。瘦果扁平,两面微凹,黑褐色,有光泽。花期6~8月,果期7~10月。

【营养及食用】 每百克鲜酸模叶蓼含水分83.0克,糖类4.8克,粗脂肪0.8克,蛋白质4.9克,粗灰分1.9克,粗纤维1.8克,蛋白质4.9克,粗灰分1.9克,粗纤维1.8克。维生素C 87.1毫克,维生素E 4.5毫克,胡萝卜素0.2毫克。氨基酸总量为4.8克。无机盐、微量元素如钾533.8毫克,镁302.6毫克,铜0.3毫克,锰0.5毫克,钙377.4毫克,磷77.0毫克,铁4.2毫克等。淀粉占干重的10%。

酸模叶蓼为常见的野生蔬菜之一,其嫩苗可做菜,根茎和果实可磨粉蒸馍、烙饼,味道甜香。如采其嫩茎叶做酸模叶蓼蒸鸡,即将鸡宰杀后去毛、内脏,剁去爪,洗净,用沸水氽去血水,捞在凉水内冲洗干净;将酸模叶蓼嫩茎叶洗净,切段待用;然后把鸡放入盆内,腹部向上,塞入酸模叶蓼、葱段、姜片,注入清汤,加入精盐、料酒、胡椒粉,用棉纸封口,上笼蒸至鸡肉熟烂,揭去棉纸,拣去葱段、姜片,加味精调好口味即成,具有补虚暖胃,强筋骨,活血功效。

27. 苦苣菜 *Sonchus oleraceus* L.

【别名】 苦菜、滇苦菜、田苦卖菜、尖叶苦菜、苦马菜、滇苦苣菜、大齿蒲公英、牛口刺、苦卖、取麻菜等。

【生境】 苦苣菜喜水、嗜肥、不耐干旱,喜潮湿、肥沃而疏松的土壤,常生于耕地、田边、路旁、堆肥场、居民点周围的隙地、果园、疏林下及各种弃耕地或撂荒地上。几乎遍布我国各省区,目前世界各国均有分布。

【形态特征】 苦苣菜为1年或2年生草本植物,高50~100厘米,全草有白色乳汁。茎直立,单一或上部有分枝,中空,无毛或中上部有稀疏腺毛。叶片柔软无毛,长椭圆状广倒披针形,深羽裂或提琴状羽裂,裂片边缘有不整齐的短刺状齿至小尖齿;茎生叶片基部常为尖耳廓状抱茎,基生叶片基部下延成翼柄。头状花序在茎端排列成伞房状。总苞钟形总苞片

3层,外层的卵状披针形,内层的披针形。舌状花黄色。瘦果,长椭圆状倒卵形,压扁,红褐色或黑色,每面有3条纵肋,肋间有细横级,冠毛白色。花果期3~10月。

【营养及食用】 苦苣菜含有较多的维生素C,在100克鲜草中,叶含维生素C 11~68毫克,茎中含维生素C 11.0毫克、含胡萝卜素14.5毫克。秋季苦苣菜中的维生素C、胡萝卜素含量比春、夏季高。

苦苣菜嫩茎叶可作蔬菜食用,可将苦苣菜洗净后用开水烫一下,捞出稍晾干水分,用旺火单炒或与肉炒食,有降血压作用。《救荒本草》载"苦苣菜,俗名天精菜今处处有之"。它是一味药食兼用的植物。《神农本草经》云:苦苣菜有"主五脏,久服安心益气,聪察少卧,轻身耐老"作用,又可疗"肠澼脾渴热,中疾恶疮。久服耐饥寒,高气不老"。近几年来苦苣菜受到国际保健食品界的高度重视。研究表明,苦苣菜是一种出色的保健食品。苦苣菜的白浆中含"苦苣菜精"、树脂、大量维生素C以及各种类黄酮成分。据说常食含苦苣菜的食品可防治多种细菌或病毒引起的感染症以及提高人体免疫能力。国外也开发出多种苦苣菜保健食品,其中包括含苦苣菜汁饮料、苦苣菜营养饼干、苦苣菜色拉酱等。

28. 野薄荷 *Mentha haplocalyx* Brig.

【别名】 夜息香、土薄荷等。

【生境】 多生于河边、沟边、路边、小溪边、山野湿地,我国南北均产,尤以江苏产者为佳。

【形态特征】 野薄荷为多年生草本植物,高30~60厘米,地下茎匍匐生长,地上茎四棱,叶对生,呈卵形,毛茸茸的叶片呈锯齿状。叶片长圆状披针形,先端锐尖,侧脉约5~6对。轮伞花序腋生,球形,具梗或无梗,花冠淡紫色。小坚果卵球形。花期7~9月,果期10月。

【营养及食用】 每百克野薄荷含水分84.3克,糖类5.2克,粗脂肪0.9克,蛋白质3.7克,粗灰分1.3克,粗纤维2.1克,钾350.1毫克,镁132.5毫克,铜0.2毫克,锰0.9毫克,钙241.8毫克,磷55.0毫克,铁6.1毫克,锌0.7毫克,维生素C 37.6毫克,维生素E 2.5毫克,胡萝卜素0.1毫克,氨基酸总量为3.1克。另外,还含有野薄荷油,主要成分为薄荷醇、薄荷酮、薄荷霜、莰烯、蒎烯等。于春夏采摘,采摘嫩茎叶,开水烫后凉拌、炒食、炸食或作清凉调料。

野薄荷主要食用部位为茎和叶,也可榨汁服,具有医用和食用双重功能。如可作薄荷粥:取鲜薄荷30克或干品15克,清水1升,用中火煎成约0.5升,冷却后捞出薄荷留汁;用150克梗米煮粥,待粥将成时,加入薄荷汤及少许冰糖,煮沸即可,具有清新怡神,疏风散热,增进食欲,帮助消化功效。薄荷豆腐:豆腐2块,鲜薄荷50克,鲜葱3条,加2碗水煎,煎至水减半,即趁热食用,可治疗伤风鼻塞、打喷嚏、流鼻涕等症功效。薄荷鸡丝:鸡胸脯肉150克,切成细丝,加蛋清、淀粉、精盐拌匀待用。薄荷梗150克洗净,切成同样的段。锅中油烧至5成热,将拌好的鸡丝倒入过下油。另起锅,加底油,下葱姜末,加料酒、薄荷梗、鸡丝、盐、味精略炒,淋上花椒油即可,具有消火解暑功效。薄荷糕:取糯米、绿豆各500克,薄荷15克,白糖25克,桂花少许。先将绿豆煮至烂熟,再加入白糖、桂花和切碎的薄荷叶做成馅备用。把糯米焖熟,放入盒内晾凉,然后用糯米饭包豆沙馅,用木槌压扁即成,具有清凉,疏风散热,清咽利喉功效。鲜薄荷鲫鱼汤:活鲫鱼1条,剖洗干净,用水煮熟,加葱白1根,生姜1片,鲜薄荷20克,水沸即可放调味品和油盐,汤肉一起吃。每天吃1次,连吃3~5日,可治小儿久咳。薄荷汤:将薄荷叶清洗干净,切碎,用开水烫一下,放少许盐,香油,具有解毒败火功效。

29. 紫菀　*Aster tataricus* L.

【别名】　紫苑、小辫儿、夹板菜、驴耳朵菜、软紫菀、青苑、紫倩、返魂草、山白菜等。

【生境】　多生于喜温暖湿润环境,怕干旱,耐寒性较强,冬季气温−20℃时根可以安全越冬。对土壤要求不严,除盐碱地和沙土地外均可生长。

【形态特征】　紫菀株高150厘米左右,茎直立,单一,不分枝或上部少分枝,粗壮,疏生粗毛,基部有枯叶及不定根。叶互生,厚纸质。基生叶

丛生,叶片较大,花期枯萎,边缘有锯齿,长圆形或椭圆状匙形。茎生叶无柄,披针形,全缘或有浅齿。头状花序,排列成复伞房状。花冠蓝紫色。花期7~9月,果期9~10月。

【营养及食用】　紫菀嫩幼苗可食用。每百克鲜品中含蛋白质318.0克、脂肪0.2克、碳水化合物518.0克、钙2.8毫克、磷0.5毫克。

每年5~6月份采集幼嫩苗及嫩茎叶食用。以开水焯后,换凉水浸泡,可以炒食、煮粥、和面蒸食,或盐渍。

30. 繁缕　*Stellaria media*（L.）Cyr.

【别名】　鹅儿肠、鸡肠菜、滋草、五爪龙、狗蚤菜、鹅馄饨、圆酸菜、野墨菜、和尚菜、乌云草、鹅肠草、抽筋草等。

【生境】　多生于山地灌木丛、路旁、水边湿地、田野及耕地,全国各地都有分布（仅新疆、黑龙江未见记录）。

【形态特征】　繁缕为1~2年生草本植物。繁缕株高15~60厘米。茎质柔软,绿色,圆柱形,下部节上生根,上部叉式分枝,茎中有一条维管束,茎表一侧有细毛一列。叶对生,卵形、椭圆形

或披针形顶端锐尖,全缘,上部叶无柄,下部叶有柄,两面均光滑无毛。聚伞花序腋生或顶生,上开多数小花;花柄纤弱,一侧有毛,花后渐次向下,至果实开裂时复直立。萼5片,卵状长椭圆形,稍钝头,绿色,有腺毛。花瓣5片,白色,短于萼或等长,2深裂。蒴果卵形,6瓣裂,种子黑褐色,圆形,表面有瘤状突起。南方,花期2~5月,果期5~6月。北方,花期7~8月,果期8~9月。

【营养及食用】　每百克繁缕可食部分含水分91.6克,脂肪0.3克,蛋白质1.8克,纤维素1.4克,钙150.0毫克,磷10.0毫克,维生素C 67.3毫克,维生素E 6.3毫克,胡萝卜素1.0毫克。另外,还含有多种氨基酸,营养成分丰富,并且还有清热解毒、利尿消肿等功效。繁缕食用部分为嫩梢。其味似豌豆尖,但比豌豆尖更柔嫩鲜美。无论炒食、凉拌、煮汤(放入开水中数秒钟后即可起锅食用)皆具良好风味。《本草纲目》名为鹅肠菜,曰:"繁缕即鹅肠,非鸡肠也。下湿地极多。正月生苗,叶大如指头,细茎引蔓,断之中空。有一缕如丝,作蔬甘脆。3月后渐老,开细瓣白花。结小实大如稗粒,中有细小如葶苈子"。

31. 艾蒿 *Artemisia argyi* Levt. et Vant.

【别名】　香艾、蕲艾、艾、灸草、艾绒、艾叶、蒿枝、艾青等。

【生境】　艾蒿多生于生于山坡草地、路旁、耕地及林缘沟边等地。

【形态特征】　艾蒿为菊科蒿属多年生草本或略成半灌木状,植株有浓烈香气。主根明显,侧根多,常有横卧地下根状茎及营养枝。茎单生,有明显纵棱,褐色或灰黄褐色,基部稍木质化。叶互生。叶柄有狭翼。中、下部叶片羽状深裂,侧裂片常2对,裂片常3裂,表面疏被毛,

背面毛密生,无假托叶,上部叶片为较规则的羽状深裂,侧裂片2(或1)对,锯齿缘。花为紫红色。由许多小的头状花序果组成总状花序,直径2.5~3.5毫米,无梗或近无梗,每数枚至10余枚在分枝上排成小型的穗状花序或复穗状花序,并在茎上通常再组成狭窄、尖塔形的圆锥花序,花后头状花序下倾;总苞片3~4层,覆瓦状排列,外层总苞片小,草质,卵形或狭卵形,背面密被灰白色蛛丝状绵毛,边缘膜质,中层总苞片较外层长,长卵形,背面被蛛丝状绵毛,内层总苞片质薄,背面近无毛;花序托小;雌花6~10朵,花冠狭管状,紫色,花柱细长,伸出花冠外甚长,先端2叉;两性花8~12朵,花冠管状或高脚杯状,外面有腺点,檐部紫色,花药狭线形,花柱与花冠近等长或略长于花冠,先端2叉,花后向外弯曲,叉端截形,并有睫毛。花果期9~10月,有瘦果呈长圆形。

【营养及食用】　艾蒿叶含有多种维生素、脂肪、矿物质和微量元素。每百克鲜菜含蛋白质3.7克、脂肪0.7克、碳水化合物9.0克、胡萝卜素4.4毫克、维生素C 23.0毫克。此外,艾蒿中还含有Sr、Cr、Co、Ni、Mn、Cu、Zn、Fe、Na、K、Ca、Mg等微量元素。

冬、春季可采摘鲜嫩的艾蒿叶子和芽,作蔬菜食用,即将其嫩苗洗净,沸水焯过,换清水浸泡一夜,供蘸酱、凉拌、炒、做馅或做汤食用,口感质嫩而具蒿香。也可在清明前后用鲜嫩的艾蒿和糯米粉按1:2的比例和在一起,包上花生、芝麻及白糖等馅料(部分地区会加上绿豆蓉),再将之蒸熟即可。在韩国,人们做韩国料理时经常使用艾蒿来增添料理的味道和营养。

32. 白三叶　*Trifolium repens* L.

【别名】　白车轴草、荷兰翘摇、白三草、车轴草等。

【生境】　白三叶喜温暖湿润气候,耐短时水淹,不耐干旱,不耐盐碱。喜光,在阳光充足的地方,生长繁茂,竞争力强。

【形态特征】　白三叶为多年生草本植物。寿命长,可达10年以上,也有几十年不衰的白三叶草地。主根入土不深,侧根发达,细长,每节

根可生出不定根,茎匍匐,茎节能生不定根,主茎不明显。嫩叶掌状三出复叶于匍匐茎上互生;托叶膜质,合生,抱茎,叶柄狭长,小叶柄甚短,叶片宽倒卵形或近倒心形,基部楔形或近圆形,先端微凹或近圆形,边缘有细微锯齿,表面常见一个白色"人"字斑,无毛,背面疏被毛;幼叶叶片对折。荚果倒卵状椭圆形,有3~4粒种子;种子细小,近圆形,黄褐色。花期5月,果期8~9月。

【营养及食用】　鲜菜含粗蛋白3.2%、粗脂肪0.5%、粗纤维2.5%、无氮浸出物3.8%。春、夏季采摘嫩叶食用。开水焯后,冷水漂洗,炒食、做汤。

33. 泥胡菜　*Hemistepta lyrata* Bunge.

【别名】　小牛箍口、奶浆藤、剪刀草、石灰菜、绒球、花苦荬菜、苦郎头、糯米菜等。

【生境】　生于海拔550~2 000米间的路旁荒地、农田或水沟旁,分布于中国南北各地。

【形态特征】　泥胡菜为菊科1年或2年生草本植物,高30~80厘米,具肉质圆锥形的根,主根发达,侧根较少,主要分布在30厘米左右的土层中。茎直立,具纵纹,光滑或有白色丝状毛。基

生叶莲座状,有柄,叶片提琴状羽状分裂。头状花序具长花序梗,总苞直径约2厘米,总苞片5~8层,各层苞片背面先端下具1紫红色鸡冠状附片。花冠筒部纤细,檐部5裂片线形。果实长约2毫米,冠毛白色。花期4~5月,果期6~7月。

【营养及食用】　泥胡菜嫩叶可食，因其菜采摘时间为清明节，故名清明菜。开水烫后炒食或与米粉一起煮食。

34. 苣荬菜 *Sonchus arvensis* L.

【别名】　苦菜、苦麻子、败酱草（北方地区）、小蓟（黑龙江）、取麻菜、牛舌头等。

【生境】　多野生于荒山坡地、海滩、农田、路旁，苣荬菜适应性广，抗逆性强，耐旱、耐寒、耐贫瘠、耐盐碱。

【形态特征】　苣荬菜为菊科苦苣菜属多年生草本植物，高20~70厘米。直根系，茎直立，茎分枝，中空，折断可见白色乳状汁液。单叶互生，

披针形或长圆状披针形，茎生叶基部渐狭成柄，边缘具疏浅裂。茎生叶无柄，基部耳状抱茎。两性花，黄色，夏秋季开花，头状花序，有长梗，总苞片2~3层，暗绿色，花冠舌状。雄蕊5，雌蕊1，子房下位。花柱纤细，柱头2裂。瘦果长圆形，冠毛白色。开花期在7月至翌年3月，结果期在7~10月。种子较小，呈白色或黄褐色，成熟的种子具伞状白色冠毛。

【营养及食用】　民间食用苣荬菜已有2 000多年的历史，多在3~4月间采食幼苗及嫩茎、叶，营养成分丰富，含有糖、脂肪、蛋白质、矿物质及多种维生素。苣荬菜嫩茎叶含水分88%，蛋白质3%，脂肪1%，氨基酸17种，其中精氨酸、组氨酸和谷氨酸含量最高，占氨基酸总量的43%。这3种氨基酸都对浸润性肝炎有一定疗效。精氨酸还具有消除疲劳，提高性功能的作用；谷氨酸能在体内与血氨结合，形成对机体有益的谷氨酰胺，解除组织代谢过程中产生的氨的有害作用，并参加脑组织代谢，使脑机能活跃。苣荬菜还含有铁、铜、镁、锌、钙、锰等多种元素。其中钙、锌含量分别是菠菜的3倍、5倍，是芹菜的2.7倍、20倍。而钙、锌对维持人体正常生理活动，尤其是儿童的生长发育具有重要意义。此外，苣荬菜富含维生素。据测，每百克鲜样中含维生素C 58.1毫克，维生素E 2.4毫克，胡萝卜素3.4毫克。另外，还含有蒲公英甾醇、甘露醇、苦味素、转化糖胆碱、皂苷等。由于苣荬菜的保健功能日益受到人们的重视，在山东各地已开始进行人工种植。

苣荬菜的吃法多种多样，可凉拌、做汤、沾酱生食、炒食或做饺子包子馅，或加工酸菜或制成消暑饮料。味道独特，苦中有甜，甜中有香。如将苣荬菜洗净，入沸水中焯透，捞出后用清水漂洗去苦味，沥净水分，切碎，于盘内加入精盐、蒜泥、香油等拌匀制成凉拌苣荬菜食用，也可制作成苣荬菜包子。

35. 天胡荽 *Hydrocotyle sibthorpioides* Lam.

【别名】　满天星、破铜钱、落得打、金钱草、明镜草、铺地锦、盆上芫茜、星秀草、鸡肠菜、滴滴金、翳草、肺风草、翳子草、盘上芫茜、细叶钱凿口等。

【生境】 天胡荽喜生于潮湿农田、路旁、草地、山坡、墙脚、河畔、溪边。

【形态特征】 天胡荽为匍匐生根型多年生矮小草本植物,天胡荽有气味。主根不发达,茎细长而匍匐,平铺地上成片,茎节上生根。叶互生,圆形或肾形,不分裂或5~7深裂至中部,边缘有钝锯齿,上面绿色,光滑或有疏毛,下面通常有

柔毛,叶柄细长。单伞形花序与叶对生,生于节上,总苞片4~10枚,倒披针形,每个伞形花序有花5~15朵,花无柄或有短柄;无萼齿,花瓣卵形,绿白色。花期5月。双悬果略呈心形,侧面扁平,光滑或有斑点,中棱略锐。

【营养及食用】 植物具有特殊香味,嫩蔓芽叶可炒食或煮汤,有无公害保健型野香菜之称。

36. 葎草 *Humulus scandens* (Lour.) Merr.

【别名】 拉拉秧、割人藤、八仙草、锯子草、五爪龙、降龙草、拉拉藤、大叶五爪龙、拉狗蛋等。

【生境】 葎草主要生长在海拔500~1 500米的沟边、路旁、荒地、田边、林地、草地、果园、沙荒地、住宅附近及垃圾堆等处,全国各地大部分地区均有分布。

【形态特征】 葎草为一年或多年生缠绕草本植物。茎枝和叶柄有倒刺,茎蔓性,六棱形,绿色或微带紫色。叶纸质,对生,叶片近肾状五角形,掌状深裂,裂片3~7,边缘有粗锯齿,两面有粗糙刺毛,下面有黄色上腺点,叶柄长5~20厘米。花单性,雌雄异株,雄花小,淡黄绿色,排列成长15~25厘米的圆锥花序,花被叶和雄蕊各5,雌花排列近圆形的穗状花序,每2朵花外具一卵形,有白刺毛和黄色小腺点的苞片,花被退化为一全缘的膜质片。果实为瘦果,淡黄色,扁圆形,通常群生。

【营养及食用】 每百克鲜葎草含水分82.0克,糖类6.7克,粗脂肪0.5克,蛋白质4.6克,粗灰分2.4克,粗纤维2.2克。维生素C 123.2毫克,维生素E 4.3毫克,胡萝卜素4.8毫克。氨基酸总量为4.3克,含有天冬氨酸、谷氨酸、亮氨酸等18种氨基酸。无机盐、微量元素如钾459.3毫克,镁171.8毫克,铜0.2毫克,锗1.3毫克,钙547.5毫克,磷94.0毫克,铁12.6毫克,锌1.1毫克等。另外,还含有大波斯皂苷、脂肪族化合物、鞣质及树脂等。

采其嫩苗可做菜,炒食或做汤等。如将鲜嫩葎草洗净,沥净水分,放入盆内,加少许精盐、面粉拌匀;在笼屉上铺白纱布,把拌好的葎草撒在纱布上,上面再盖一层纱布,用旺火蒸熟,晾凉后放入盘内;将大蒜去皮,洗净,捣成蒜泥,放入盘内,加少许精盐、熟芝麻、醋、白

糖、香油、红油兑成汁,浇在葎草上即成蒸葎草。

37. 三叶鬼针草 *Bidens pilosae* L.

【别名】 鬼钗草、小鬼针、粘身草儿鬼等。

【生境】 鬼针草常生长于山地、路边及荒野。全国大部分地区均有分布。

【形态特征】 三叶鬼针草1年生草本植物,高25~100厘米。茎直立,四棱形,疏生柔毛或无毛,中下部叶对生,叶片3~7深化裂至羽状复叶,很少下部为单叶,小叶片质薄,卵形或卵状椭圆形,有锯齿或分裂,下部叶有长叶柄,向上逐渐变短。上部叶互生,3裂或不裂,线状披针形。头状花序,有长梗。总苞片7~8,匙形,边缘有细软毛。外层托片狭长圆形,内层托片狭披针形。舌状花白色或黄色,4~7朵或有时没有,部分不育。管状花黄褐色,5裂。瘦果线形,成熟后黑褐色,有硬毛。冠毛芒刺状,3~4枚。花果期9~11月。

【营养及食用】 每百克鲜鬼针草含水分87.7克,糖类2.3克,粗脂肪0.3克,蛋白质3.4克,粗灰分1.7克,粗纤维2.2克。维生素C 32.4毫克,维生素E 3.0毫克,胡萝卜素0.2毫克。氨基酸总量为2.0克。含无机盐、微量元素如钾76.0毫克,镁46.9毫克,铜0.3毫克,锰0.8毫克,钙252.0毫克,磷60.3毫克,铁5.3毫克等。含17种氨基酸,其中8种为人体必需氨基酸,总游离氨基酸含量达139.9克/千克,必需氨基酸总量57.1克/千克。鬼针草所含氨基酸与传统名贵药材亚香棒虫草、冬虫夏草相比,在种类上多了胱氨酸,在含量上脯氨酸、谷氨酸高于两者。

可采其嫩茎叶做菜。如鬼针草炒肉丝。将鬼针草拣去杂质、洗净,入沸水中焯一下,捞出后用清水冲洗干净,沥净水分,切段,猪肉洗净、切丝;将肉丝炒至熟后加入料酒、精盐、味精、酱油、葱花、姜末而入味,投入鬼针草炒至入味,出锅即成。此菜具健脾滋阴,活血化淤功效。荤炒还可以加鸡丝、鱼丝、腊肉、虾仁等。另外,以鬼针草为主料还可制做鬼针草小豆腐等。

38. 紫花地丁 *Viola yedoensis* Makino.

【别名】 地丁草、独行虎、紫地丁、光瓣堇菜、早开堇菜等。

【生境】 紫花地丁喜生长于山野草坡、路旁、草地、田埂、林缘或灌丛等,喜半阴的环境和湿润的土壤,但在阳光下和干燥的地方也能生长。耐寒、耐旱,对土壤要求不严。分布于我国大部分地区,如辽宁、河北、河南、山东、安徽、江苏、浙江、福建、江西、湖南、湖北等地。

【形态特征】　紫花地丁是堇菜科堇菜属的多年生草本植物，株高6~14厘米，全株有短白毛，无地上茎，地下茎很短，主根较粗，呈长圆锥形，无匍匐枝。叶基生，狭披针形或卵状披针形，基部近截形或浅心形而稍下延于叶柄上部，顶端钝，或下部叶三角状卵形，基部浅心形。托叶膜质，离生部分全缘。花两侧对称，具长梗。萼片5片，卵状披针形，基部附器短，矩形，花瓣5片，紫堇色，侧瓣无毛，最下面一片有矩，细管状，常向顶部渐细，直或稍下弯。蒴果椭圆形，熟时3裂。花期3~4月，果期5~8月。

【营养及食用】　每100克鲜紫花地丁含水分88.0克，糖类3.8克，粗脂肪0.4克，蛋白质3.0克，粗灰分1.3克，粗纤维1.2克，钾375.6毫克，镁132.0毫克，铜0.4毫克，锰1.6毫克，钙158.4毫克，磷39.6毫克，铁5.8毫克，锌0.9毫克，硒3.0微克，氨基酸总量为2.9克。

嫩苗可食用，可炒食、做汤、和面蒸食或煮菜粥，如紫花地丁鸡蛋汤，将鲜嫩紫花地丁用沸水焯一下，投凉，清水洗净，沥净水分，切碎，鸡蛋液打入碗内搅匀；将锅内油烧热，放入葱花煸香，投入紫花地丁煸炒，加入精盐炒至入味，出锅待用；锅内放适量水煮沸，将搅匀的鸡蛋液徐徐倒入锅内成蛋花，倒入炒好的紫花地丁，出锅即成，可有清热解毒、凉血、消肿，滋阴润燥的功效。

39. 牛膝 *Achyranthes bidentata* L.

【别名】　怀牛膝、对节草等。

【生境】　牛膝喜欢潮湿环境，多生长于山坡林间、路边或荒野。除我国东北地区外，全国各地都有分布。

【形态特征】　牛膝为多年生草本植物，高70~120厘米，根圆柱形，土黄色。茎直立，有棱角或四棱形，绿色或带紫红色，有白色贴生毛或开展柔毛，或近无毛，分支对生，节部膨大。叶片椭圆形或椭圆状披针形，少数倒披针形，先端尾尖，基部楔形或阔楔形，两面有贴生或开展柔毛，叶柄有柔毛。穗状花序顶升及腋生。总花梗长1~2厘米，有白色柔毛，花多数密生，花期直立，花后反折，贴向穗轴。胞果长圆形，黄褐色，光滑；种子长圆形，黄褐色。

【营养及食用】　每百克牛膝含水分86.1克，糖类2.4克，粗脂肪0.3克，蛋白质2.8克，粗灰分2.2克，粗纤维1.9克。维生素C 30.1毫克，维生素E 1.8毫克，胡萝卜素2.3毫克。氨基酸总量1.7克。无机盐、微量元素如钾372.0毫克、镁177.6毫克、铜0.2毫克，锰1.1毫克，钙153.6毫克，磷68.3毫克，铁6.3毫克等。

采其嫩茎叶做菜。如牛膝炖猪蹄，将牛膝用纱布包好，扎紧；将猪蹄去毛，洗净，入沸水内汆透，捞出。用凉水冲洗干净，与纱布包在一起放入沙锅，摆上葱段，姜片，浇上米酒，加入精盐、味精略煮片刻即可。具活血化淤,通经活络功效。

40. 龙葵 *Solanum nigrum* L.

【别名】 乌甜仔菜、苦葵、天茄子、水茄、牛酸浆、野葡萄、老鸦眼睛草、天泡草、老鸦酸浆草、天泡果、山海椒、黑天天、黑星星、黑油油等。

【生境】 龙葵喜温暖潮湿的地区,多生于农田、路旁、耕地旁及林缘沟边等地。

【形态特征】 龙葵为茄科1年生草本植物,株高50~100厘米。幼苗下胚轴发达,微带暗紫色,被短毛。茎直立,多分枝。叶卵形,互生,叶质地柔而薄,有柄,全缘或有不规则的波状粗齿。四季开花,小花白色,具花柄,由5~10朵花组成,在节间处着生一伞形花序,下垂。花萼圆筒形,5裂。花冠5裂,裂片长卵形。雄蕊5枚,生于花冠筒口,花丝分离,内面具细柔毛。子房球形,2室花柱下部密生柔毛。浆果球形,熟时黑色,有光泽。种子近卵形,压扁状。花果期9~10月。

【营养及食用】 龙葵果实为多肉浆果,成熟时外皮呈紫色。龙葵果是龙葵的主要食用部分,果肉酸甜,营养丰富,含糖量高,且含有丰富的氨基酸和维生素 A,C,B_1,B_2 等,尤其是 A,C 的含量特别丰富。同时含有多种矿物质和有机酸,其中 K,Na,Ca,Mg,Fe,P,I 等的含量丰富,每百克果汁含有机酸13克。此外,龙葵果还具有解热、利尿、镇咳、抑菌等功效。适量食用可起到调节神经、解除疲劳、去除湿热等作用,特别适合体力劳动者食用,是一种比较好的滋补食品,也可作为水果鲜食,或浆果拌糖生食,制汤。龙葵的幼苗、嫩梢、嫩茎、嫩叶也可食用,每百克含胡萝卜素0.9毫克,V_B 20.1毫克,V_C 137.0毫克,含有丰富的营养成分,用于炒肉丝或煮蛋花汤,口感好,令人吃了回味无穷,很受广大消费者欢迎。因龙葵中含龙葵素、茄碱等有毒物质,故不可生食,食用前需用开水漂烫和浸泡去除毒素。

41. 水苦荬 *Veronica undulate* Wall.

【别名】 水莴苣、仙桃草、苔菜、水苦菜等。

【生境】 水苦荬多生长于水沟边、田边或山坡湿地。全国各地均有分布。

【形态特征】 水苦荬为一至多年生草本植物。根状茎倾斜,多节,茎直立,高15~40厘米,肥壮多水分,中空,有光泽。叶对生,无柄,无托叶,色黄绿至淡绿,背面有光泽,草鞋状披针形,两侧波状,边缘具不规则的锯齿,先端钝尖,基部心形,中脉明显,下陷,在背面隆起。穗形总状花序腋生,花柄几平展。萼深4裂,裂片狭椭圆形至狭卵形,绿色,宿存。花冠淡紫色或白色,具淡紫色条纹,花冠管短,先端4裂,最上裂片较大,易脱。雄蕊2,插生于冠管上近轴1裂片之两侧,药白色,2室顶端合生,内向直裂。子房上位,2室,中轴胎座,胚珠多数;花柱白色,楔形,柱头膨大或仅微2裂,有毛,白色。蒴果球形,绿色,具小突尖。

【营养及食用】　每百克水苦荬含水分94.1克,糖类0.7克,粗脂肪0.1克,蛋白质1.7克,粗灰分1.1克,粗纤维1.2克。维生素C 44.6毫克,维生素E 13.1毫克,胡萝卜素1.8毫克。氨基酸总量为1.5毫克。无机盐、微量元素如铁1.8毫克,锰1.3毫克,铜0.1毫克,锌0.4毫克,钾115.0毫克,钙127.0毫克,镁20.6毫克,磷40.3毫克等。

幼嫩叶可食用,沸水焯后再用清水浸泡,凉拌、炒食、做馅均可。如将水苦荬洗净,入沸水中焯透,捞出洗净,沥净水分,切段,乌鱼去鳞、腮、内脏,洗净;将锅烧热,投猪油后烧热,下葱花、姜末煸炒,投入乌鱼,加入料酒、精盐、胡椒粉和适量水,烧至鱼熟,加入水苦荬,烧至入味,点入味精,出锅即成水苦荬乌鱼汤。水苦荬还具清热利湿,止血化瘀之功效,对感冒、跌打损伤等有一定疗效。

42. 猪殃殃　*Galium aparine* L. var. *tenerum*（Gren. et Godr.）Reichb.

【别名】　拉拉藤、细叶茜草、活血草、拉拉秧、锯锯藤、锯锯草、活血草等。

【生境】　猪殃殃喜生长于农田、荒地、路旁、田边土壤肥沃处。全国各地均有分布。

【形态特征】　猪殃殃为蔓状或攀蔓状1年生草本植物。茎纤弱,四棱形,多分支,有倒生小刺。叶6~8片轮生,无柄,叶片膜质,边缘及下面中脉有倒生小刺。夏季开花,聚伞花序腋生,花小,白色或带淡黄色,花冠4裂,有细小密刺。果小,稍肉质,2心皮稍离生,各成一半球形,被密集钩刺,果梗直。4月初见花,4~5月果实渐次成熟落地,植株枯死,种子经夏季休眠后萌发。

【营养及食用】　每百克猪殃殃含水分88.8克,糖类1.3克,蛋白质2.5克,粗脂肪0.2克,粗灰分1.1克,粗纤维2.2克。维生素C 116.3毫克,维生素E 7.0毫克,胡萝卜素0.2毫克。氨基酸总量为2.1毫克。无机盐、微量元素如铁2.2毫克,锰0.2毫克,铜0.1毫克,锌0.6毫克,钾129.0毫克,钙110.0毫克,镁33.6毫克,磷49.3毫克等。

嫩苗可食用。将猪殃殃择净,入沸水中焯透,投凉,捞出洗净,沥净水分,切碎,放盘内,加入精盐、味精、蒜泥、香醋、香油,拌匀即成凉拌猪殃殃。

43. 狗尾草　*Setaria* Beauv.

【别名】　绿狗尾草、谷莠子、狗尾草、毛莠莠、光明草、阿罗汉草、狗尾半支、犬尾草、西

日达日等。

【生境】　在全国均有分布，为常见田野杂草。

【形态特征】　狗尾草为禾本科草本植物。秆直立或基部膝曲叶鞘松驰，边缘具较少的密绵毛状纤毛。叶舌极短，边缘有纤毛。叶片扁平，长三角状狭披针形或线状披针形，先端长渐尖，基部钝圆形，通常无毛或疏具疣毛，边缘粗糙。圆锥花序紧密呈圆柱状或基部稍疏离，直方或稍弯垂，主轴被较长柔毛，刚毛粗糙，直或稍扭曲，通常绿色或褐黄到紫红或紫色。小穗2~5个簇生于主轴上或更多的小穗着生在短小枝上，椭圆形，先端钝。果为颖果，胚乳粉质丰富，胚小。全球约140种，分布在温带和热带地区，我国约有17种，其中最常见的有狗尾草（*S.viridis* Beauv.）、金色狗尾草（*S.glauca* Beauv.）、棕叶狗尾草（*S. palmifolia* Stap. f*）、粟（*S. italic* Beauv.）。

【营养与食用】　狗尾草富含多糖和酚类物质，其种子粒中含有48.0%~50.0%的淀粉。以粟为例，粟蛋白质含量为7.3%~17.5%，平均为11.4%，脂肪含量平均为4.3%，淀粉含量为70.9%，还含有钙、磷、镁、钾、钠、硫、氯等元素，且钙含量异常高。

狗尾草作为蔬菜食用，早在明代田艺蘅《留青日札》中就曾有过记载，当时称之为"御麦"。清代高润生说粟米"可为佳肴"。由于其富含维生素，近年来在烹调中使用广泛，适合于煎、炸、熘、烩、炒或作馅，且口感鲜嫩，有"黄金食品"之称。

44. 乌敛莓 *Cayratia japonica*（Thunb.）Gagnep.

【别名】　五爪龙、五叶莓、地五加、野葡萄、母猪蔓等。

【生境】　乌敛莓喜生长于山坡、路旁草丛或灌木丛中。我国东北、华南、华中等地均有分布。

【形态特征】　乌敛莓为草质藤本植物。茎具卷须，幼枝有柔毛，后变无毛。鸟足状复叶，小叶5，椭圆形至狭卵形，长2.5~7厘米，顶端急尖或短渐尖，边缘有疏锯齿，两面中脉具毛，中间小叶较大，侧生小叶较小。聚伞花序腋生或假腋生，具长柄，花小，黄绿色，具短柄，外生粉状微毛或近无毛，花瓣4，顶端无小角或有极轻微小角。浆果卵形，成熟时黑色。

【营养及食用】　每百克乌敛莓含水分80.2克，糖类6.0克，粗脂肪0.7克，蛋白质4.5克，粗灰分2.6克，粗纤维3.2克。维生素C 86.7毫克，维生素E 7.6毫克，胡萝卜素19.8毫克，氨基酸总量为3.9克。无机盐、微量元素如钾328.0毫克，镁397.2毫克，铜0.2毫克，锰1.7毫克，钙675.8毫克，磷136.2毫克，铁15.1毫克，锌0.8毫克等，另外，还含有阿拉伯聚糖、黏液质、

β-谷甾醇、黄酮类、乌敛色苷等。

嫩苗可食用，凉拌、炒、炖皆可。如将乌敛莓嫩叶洗净，入沸水内焯一下，投凉，捞出洗净，沥净水分，切段；将猪肉洗净，切成小块；在锅内放猪肉和适量水，烧至肉熟，加入料酒、精盐、葱段、姜片，用文火炖至入味，投入乌敛莓烧至入味，点入味精，出锅即成乌敛莓炖肉。

45. 紫云英 *Astragalus sinicus* L.

【别名】　翘摇、红花草、草子等。

【生境】　紫云英喜温暖湿润条件，有一定耐寒能力，对土壤要求不严，以砂质和黏质壤土较为适宜，全生育期间要求足够的水分，其冬怕旱春怕涝，且耐盐性差，种子发芽最适温度20~25℃。

【形态特征】　紫云英为是豆科黄芪属越年生草本植物。冬长根，春长叶，冬季生长较慢，开春温度上升便勃发猛长。根系发达，主根大而壮，侧根多而入土较浅，根上着生许多棒状或扇形的根瘤。茎呈圆柱形，中空，柔嫩多汁，有疏茸毛。叶多数为奇数羽状复叶，花为伞形花序，一般腋生，荚果两列，联合成三角形，种子肾状，种皮光滑。

【营养与食用】　紫云英叶蛋白是一种营养价值很高的植物性蛋白质，其氨基酸组成也比较稳定，同时还含有丰富的叶黄素、维生素和微量元素。

紫云英可炒食或作蜜。作野菜，可帮助食物消化与促进溃疡的愈合，缓解胃肠黏膜炎症病变的刺激症状，宜空腹食服。紫云英蜜又名红花草蜜或草子蜜，是我国南方春季主要蜜种，具有大自然清新宜人的草香味，甜而不腻，鲜洁清甜，色泽为浅琥珀色。紫云英有清热解毒、祛风明目、补中、润燥、消肿利尿之功效，对风痰咳嗽、喉痛、火眼（结膜炎）、痔疮等有一定的辅助疗效，是虚火旺盛人士之保健佳品。

46. 一年蓬 *Erigeron annuus*（L.）Pers.

【别名】　千层蓬、治疟草、女菀、千张草、墙头草、长毛草、地白菜、油麻草等。

【生境】　一年蓬广泛分布于吉林、河北、河南、山东、江苏、浙江、安徽、江西、湖北、湖南、四川等省，常生长在农田、路旁、旷野、山坡、林缘及林下等。

【形态特征】　一年蓬为1年生或2年生草本菊科植物，茎直立，高30~100厘米，上部有分枝，整株被短柔毛覆盖。叶互生，基生叶矩圆形或宽卵形，边缘有粗齿，基部渐狭成具翅的叶柄，中部及上部叶较小,矩圆形或披针形,具短柄或无叶柄,边缘有不规则的齿裂,最上部叶通常条形、全缘、具睫毛。头状花序排列三层,革质,密被长的直节毛,舌状花二层,白色或淡蓝色,舌片条形,两性花筒状,黄色。花期5~11月。瘦果偏平,边缘有棱。

【营养及食用】　一年蓬的嫩茎叶不仅可以食用,而且对胃肠炎有较好的疗效,是一种药食同疗植物。

47. 酸浆　*Physalis alkekengi* L.

【别名】　灯笼草、羊姑娘、红姑娘、洛神珠、挂金灯、金灯、锦灯笼、泡泡草等。

【生境】　酸浆属于耐阴植物,适宜在较凉爽、湿润、通透性好的土壤条件下生长,对气候适应性较强,既能在较强的光照条件下生长,又能在较阴蔽的环境下生存,多生于山坡、林缘、林下、田野、路旁和宅旁等。

【形态特征】　酸浆为茄科多年生草本植物,高30~100厘米,基部常匍匐生根,茎直立,常被有柔毛。茎下部叶互生,在上部者呈假对生,长卵形、宽卵形或菱状卵形,顶端渐尖基部偏斜,全缘,波状或有粗齿,有柔毛。花单生于叶腋,白色,下垂。花萼有柔毛,5裂,钟状,以后逐渐膨大为卵形包被在浆果外面,颜色初时绿色,成熟后橙红色,状如红灯笼,所以酸浆俗称红姑娘、灯笼草、锦灯笼。酸浆果球形,种子肾形,淡黄色,每果内含种子210~320粒,花期6~8月份,果期8~10月份。

【营养及食用】　酸浆属果实口味酸甜,适宜食用,是酸浆属植物的主要食用部位。酸浆果实中含有丰富的营养成分,据测定,每百克新鲜浆果含蛋白质5.4克、脂肪2.9克、纤维素2.9克、抗坏血酸84.4毫克、β－胡萝卜素1.1毫克,其氨基酸种类有17种之多,必需氨基酸含量占总氨基酸的31.0%,其必需氨基酸含量与总氨基酸含量的比值高于日常食用的许多水果。果实中还含有多种矿物质以及果胶质、黏液质等,对维持人体的健康非常有益。

酸浆的嫩茎叶可作菜食,与其他水果相比,酸浆果有易贮藏、不变味的优点。酸浆果口感味略苦、酸、甜,有垫牙感,具清热、解毒、利尿的功能。

48. 萝藦　*Metaplexis japonica*（Thunb.）Makino

【别名】　天浆壳、飞来鹤、赖瓜瓢、羊角菜、羊奶婆、奶浆藤、奶浆草、婆婆针线包等。

【生境】　萝藦到处都有,路边、村落、田野均有其踪迹。

【形态特征】　萝藦草含有白色乳汁,蔓生,叶青绿色而厚,叶对生,卵状心形,顶端渐尖,背面粉绿色、无毛。总状聚伞花序腋生,有长的总花梗。花萼有柔毛,花冠白色,近辐状,内面有柔毛。副花冠杯状,5浅裂;花柱延伸成线状,长于花冠。柱头2裂。蓇葖果单生,长角状纺锤形,平滑。花期7~8月,果期9~10月。

【营养及食用】 萝藦嫩茎叶含有丰富的蛋白质、脂肪、糖类、胡萝卜素等多种维生素及纤维素等成分。

萝藦嫩叶和嫩果可食用,在我国已有数千年历史。我国最早有关萝藦食用的记载可见于《诗经》、《尔雅》等古籍。《毛诗草木鸟兽虫鱼疏》云:"芄兰,一名萝藦,幽州人谓之雀瓢,蔓生;叶青绿色而厚,断之有白汁;其仔长数寸,可瓢子"。唐孙思邈《千金食治》亦云:"萝藦:味甘,平,无毒。一名苦凡。其叶厚大,作藤生,摘之有白汁出。人家多种,亦可生吱,亦可蒸煮食之。补益与枸杞叶同"。《本草拾遗》亦云其茎汁:"此汁烂丝,煮食补益"。宋王怀隐《太平圣惠方》中还有以萝藦为原料的食补方:"治五劳七伤、阴囊下湿痒。萝藦粥方:萝藦菜半斤,羊肾一对(去脂膜),粳米二合。细切,煮粥,调合如常法,空腹食之"。《食物本草》云:"萝藦……煮叶食之,主虚劳,补益精气,强阴道"。《救荒本草》云:"救饥,采嫩叶,煤熟,换水浸去苦味、邪气,淘净,油盐调食"。

一般于夏秋季采摘萝藦嫩叶食用。因其性味甘平,故食法多样。如可水焯后调味凉拌食,可配鸡蛋做汤菜食,亦可配肉片炒食,因其叶片大,还能用其制叶包菜肴等等。其幼嫩之果则可水焯后凉拌,可挂糊油炸,可做拔丝菜等等,皆形美色艳,别具一格。如萝藦根炖肉,即用萝藦根15~25克,猪肉50~100克。将原料加适量水炖熟,食肉饮汤,可治产妇无奶水。

49. 灰绿藜 *Chenopodium glaucum* L.

【别名】 黄瓜菜、山芥菜、山菘菠、山根龙等。

【生境】 生长于低海拔地区的田间、路旁、盐碱地、河湖边、宅边、水渠沟旁、平原荒地、山间谷地。广布于东北、华北、西北及浙江、湖南等省。

【形态特征】 灰绿藜为藜科1年生草本植物,高10~45厘米。茎通常由基部分枝,斜上或平卧,有沟槽与条纹。叶片厚,带肉质,椭圆状卵形至卵状披针形,顶端急尖或钝,边缘有波状齿,基部渐狭,表面绿色,背面灰白色、密被粉粒,中脉明显,叶柄短。花簇短穗状,腋生或顶生;花被裂片3~4,少数为5。胞果伸出花被片,果皮薄,黄白色。种子扁圆,暗褐色。

【营养及食用】 灰绿藜是常见的一种野菜,在中国历史上,多有咏藜佳句传世:"寄语故山友,慎无厌藜羹"(苏轼)、"三年国子师,肠肚集藜觅"(韩愈)、"藜羹美何诗糁"(陆游）。其嫩茎叶可供炒食、凉拌、做馅或做汤，亦可制成干菜食用。

50. 益母草　*Leonurus heterophyllus* Sweet.

【别名】　小胡麻菜、野天麻、田芝麻棵、油耙菜、坤草、苦草、益母艾等。

【生境】　益母草喜冷凉、湿润的环境，耐寒性较强，－7~5℃不致冻坏，生长适温为15~22℃。对土壤要求不严格，以肥沃、排水良好的沙质壤土为好，多生长在荒野、草原、山坡及路旁等湿润处。

【形态特征】　益母草为1年或2年生草本植物。幼苗期无茎，基生叶圆心形，边缘5~9浅裂，每裂片有2~3钝齿。花前期茎呈方柱形，上部多分枝，四面凹下成纵沟，表面青绿色，质鲜嫩，断面中部有髓。叶交互对生，有柄，叶片青绿色，质鲜嫩，揉之有汁；下部茎生叶掌状3裂，上部叶羽状深裂或浅裂成3片，裂片全缘或具少数锯齿。伞花序腋生，小花淡紫色，花萼筒状，花冠二唇形。花萼内有小坚果4。花果期6~9月。

【营养与食用】　益母草营养非常丰富，嫩茎叶中含有蛋白质、碳水化合物、脂肪、维生素等物质。

通常食用益母草嫩茎叶。益母草的食用方法很多，可与红糖熬制成益母草膏；或可与黄豆沫煮成羹；或可与熟猪肉、红枣、葱白、香附、鸡肉等煲汤；或也可与大米、红糖煮粥。

51. 蛇莓　*Duchesnea indica*（Andr.）Focke

【别名】　三匹风、地莓、一点红、蛇含草、宝珠草、野杨梅、地杨梅、哈哈果、小草莓、鸡冠果、紫苏草、红顶果、三爪龙等。

【生境】　蛇莓性喜温和湿润的气候，适应性强。对土壤要求不严，沟边、溪旁、滩地较湿润的地方皆可。

【形态特征】　蛇莓为多年生草本植物，植株低矮，只有10~15厘米。匍匐枝细长，茎节着地生根，生长茂盛的可长达1米。能结出直径10厘米的红色聚合果，生长在膨大的球形花托上。

【营养及食用】　蛇莓味甘美，含有许多特异生化成分，如木栓酮、羽扇豆醇、β-香树脂素、甲氧基去氢甾固醇，特别是种子中的油脂53.0%是营养保健价值很高的亚油酸，非皂化物质有烃、醇、甾醇、β-谷甾醇占总甾醇含量的89.5%。亚油酸能促进人体肝脏把胆固醇分解为胆汁酸使其排泄。蛇莓种子中的亚油酸系一种很特异的磷质亚油酸,能阻止胆固醇沉积在血管壁上,对防止动脉粥样硬化很有效。蛇莓果实中的维生素E能抵抗氧化、消除自由基,有益于防止衰老,常吃蛇莓,有助健身益寿延年。

52. 刺苦草 *Vallisneria spinulosa* Yan

【别名】　无

【生境】　刺苦草主要分布于湖泊、水库、塘堰中,通常生长于水深0.5~2米的水域。

【形态特征】　刺苦草为水鳖科苦草属,是典型的沉水草本植物。刺苦草无直立茎,具横走的匍匐茎。匍匐茎顶芽向上生长分蘖成新植株,匍匐茎顶端膨大形成块茎。叶基生,叶片窄,呈长带状,叶片的长度与水深浅有关,水越深,则叶片越长。叶缘有锯齿。花单性,雌雄异株。雄花具卵形佛焰苞,其内有多个极小的雄花。每个雄花具萼片3枚,无花瓣,雄蕊1~3枚。雄花成熟后,苞鞘顶部破裂,花粉浮于水面,水媒传粉。雌花单生,生于管状的佛焰苞内,苞具长柄,将花伸到水面。每个雌花具萼片3枚,花瓣3片,每片又分2裂,雌蕊1枚。受精后,花柄卷曲成螺旋状,缩回水中孕育果实。果长圆柱形或3棱形,果有小刺。种子多数,种子上具5翅。

【营养及食用】　刺苦草以根状块茎供食,其根状块茎俗称"土虾子"、"水洋参"。块茎营养丰富,据检测,每百克鲜品中含淀粉25.9克,粗脂肪1.8克,还原糖1.1克,镁94.3毫克,钙26.4毫克,铁10.8毫克,锌8.5毫克。块茎以炒食为主,肉质脆嫩,味甘爽口,对心血管、高血脂和高血压等疾病有食疗作用。刺苦草中还含有较高的Ca,Fe,Zn等人体易缺矿质元素,故可作为矿质营养源。目前已将其作为保健食疗的特种蔬菜。

53. 黄花苜蓿 *Medicago falcate* L.

【别名】　菜苜蓿、野苜蓿、镰荚苜蓿等。

【生境】　黄花苜蓿主要分布在海拔600~2 000米之间的沙质或沙壤质土壤上,在河滩、沟谷等低湿生境,干旱山坡、岩石陡坡和林缘灌丛,以及农田、路旁等。抗寒性、耐旱性强,具有一定的耐盐性。喜温暖湿润气候,生长适温为12~17℃。

【形态特征】　黄花苜蓿为豆科1或2年生草生植物。黄花苜蓿根粗壮,茎斜升或平卧,长30~60厘米,多分枝。三出复叶,小叶倒披针形、倒卵形或长网状倒卵形,边缘上部有锯齿。总状花序密集成头状,腋生,花黄色,蝶形。荚果稍扁,荚果直或略弯呈镰刀形,被伏毛,含种子2~4粒。

【营养及食用】　黄花苜蓿是一种自古就已食用,品质好、安全性强,营养丰富的优质野菜。黄花苜蓿的主要食用部分为嫩茎叶,其营养丰富,每百克鲜品中主要营养成分有蛋白质

5.0克,脂肪0.4克,碳水化合物8.0克,粗纤维素2.4克,胡萝卜素3.8毫克,维生素B_1 0.1毫克,维生素B_2 0.4毫克,维生素C 92.0毫克,钙332.0毫克,磷115.0毫克,还含有维生素B_6、维生素D、维生素E及钾、镁、铁等。与西红柿相比较,蛋白质含量是其7倍,维生素B_2含量是其18倍,胡萝卜素含量是其10倍,维生素B_6含量是其3倍,其他有关指标都高于一般蔬菜的含量。

可取黄花苜蓿嫩茎叶,直接炒食用,味道鲜美。此外,在扬州等地区还有一种传统的腌制食用方法,是将嫩茎叶洗净后拌盐,装入小口酒瓶内,采用木棍层层压实,再将瓶口密封,数月后食用。适量食用鲜黄花苜蓿或腌渍后的黄花苜蓿具有排毒养颜的功能,也是高胆固醇、冠心病人良好的保健蔬菜。

54. 黄鹌菜 *Youngiajaponica*(L.)DC.

【别名】 野芥菜、苦菜药、黄花菜、野青菜、毛连连等。

【生境】 黄鹌菜生于田野、路边,分布于我国长江以南各地及陕西等地。

【形态特征】 黄鹌菜为菊科黄鹌菜属1年生或2年生草本植物,高约20~80厘米。花期4~5月。

【营养及食用】 始载于《食物本草》,江南各地采作野菜食,又供药用,四季可采。黄鹌菜含有蛋白质、碳水化合物、多种维生素、矿物质等。黄鹌菜性味甘、微苦、凉,具有通气、利肠胃、清热解毒、利尿消肿之功效。民间常用黄鹌菜拌玉簪花,将黄鹌菜、葱丝、玉簪花盛盘内,加盐、味精、香油拌匀即成,鲜香适口。或将黄鹌菜洗净,焯水捞起,用清水漂洗;油烧热,下盐、生姜片、大蒜片炒一下,加高汤烧沸,放入白菜心、马耳形红辣椒推匀,再放黄鹌菜、水豆粉烩熟,起锅即成黄鹌菜烩小白菜。还如黄鹌菜鳢鱼片汤,将黄鹌菜洗净,净锅内放鲜汤、料酒、胡椒粉烧沸,下鱼片烧至沸,打净浮沫,放入黄鹌菜煮熟,起锅加葱花等即成,咸鲜滑嫩,清热利尿,利脾胃肠,解毒消肿。

55. 荻 *Miscanthus sacchariflorus*(Maxim.)Benth.

【别名】 野苇子、红紫、柴笋等。

【生境】 荻多生于山坡、撂荒多年的农地、农耕地的田边或堤埂、古河滩、固定的沙丘群,以及荒芜的低山孤丘上,常形成大面积的草甸,繁殖力强,耐瘠薄土壤。主要分布于东北、华北、西北及四川等地。

【形态特征】 荻为多年生禾本科植物,形状象芦苇,秆直立,无毛,具多节,株高120~150厘米。

根状茎粗壮,被鳞片,地下茎蔓延。下部叶鞘长于节间,叶舌先端钝圆,具小纤毛。叶子长形。主轴长不足花序的1/2,小穗成对生于各节,一柄长,一柄短,均结实,同形,披针形,每小穗含2小花,仅第二花结果,基盘具白色丝状长柔毛,长为小穗的2倍。花期7~8月,果期8~9月。

【营养及食用】 荻笋是荻的嫩茎(俗称柴笋、芦笋),富含人体多种氨基酸、各种微量元素及纤维素等,因其口感细腻、味道鲜美、久煮不烂、脆嫩可口,倍受广大消费者的青睐。自古以来长江中下游地区的广大群众就有采食荻笋的习惯,并作为宴请宾客的佳肴。荻主要成分荻苇草含苞有荷尔蒙的前驱物质,通过透皮吸收的技术,在GT超级穿透载体携带下,渗入微血管中,经血液循环来刺激内分泌腺体分泌人体所需要的荷尔蒙,并使荷尔蒙的分泌量达到相对平衡的状态,达到双向调节的作用,使机体功能回复到较佳状态,达到恢复青春靓丽、延年益寿、抗衰防老的目的。

56. 菱 *Trapa* spp.

【别名】 水菱、风菱、乌菱、芰实、菱角、龙角和水栗等。

【生境】 水生,喜温暖湿润、阳光,不耐霜冻。

【形态特征】 菱为1年生浮叶水生草本植物,又称"水中落花生"。叶两型,水上叶菱形,互生,叶柄上有浮囊;沉浸叶羽状细裂。菱花自叶腋中由下而上依次发生。花单生于叶腋,白色或淡红色。花瓣4,雄蕊4,子房下位,2室,每室柱头头

状,花盘鸡冠状。果实"菱角"为坚果,垂生于密叶下水中果皮革质,绿色或紫黑色,内含种子1粒,子叶一大一小,以小柄相连。花期6~7月,果期9~10月。嫩果色泽为青、红或紫色,老熟后硬壳成黑色,果肉乳白色。

【营养及食用】 据《中国蔬菜栽培学》记载,每百克鲜菱果实中含水分69.2克,蛋白质3.6克,脂肪0.5克,碳水化合物24.0克,粗纤维1.0克,钙9.0毫克,磷49.0毫克,铁0.7毫克,胡萝卜素0.01毫克,硫胺素0.2毫克,核黄素0.05毫克,尼克酸1.9毫克,抗坏血酸5.0毫克。菱果肉含有较高的蛋白质、氨基酸及B族和E族维生素,而脂肪含量极低,是一种理想的食药同源的保健食品。尤其是维生素E,B_5和B_6含量特别高,故生吃菱果肉,是人体补充维生素B和E的理想来源。

菱的果实可作水果或蔬菜,生、熟食皆可,幼嫩的水中茎也可作为蔬菜食用。用鲜菱肉酿酒,出酒率可达15%,浓度可达55度。果肉干物质中蛋白质的含量为14%,淀粉为69%、灰分为4%。菱角淀粉还可作为一种新型的食用淀粉资源。

57. 酸模 *Rumex acetosa* L.

【别名】 山菠菜、野菠菜、酸溜溜、牛舌头棵、水牛舌头、山大黄、牛耳大黄、酸姜、酸不

溜、酸木通、鸡爪黄连等。

【生境】　山坡、路边、田野、荒地或沟谷溪边湿处。全国大部分地区有分布。

【形态特征】　酸模为多年生草本植物,高30~80厘米,细弱,不分枝。根状茎粗短,须根多数,断面黄色,并可发出多条地上茎。茎直立单叶互生,叶片质薄,椭圆形或披针状长圆形,先端急尖或圆钝,基部箭形,全缘或微波状,两面均有粒状细点。基生叶具长柄,茎生叶由下向上,柄渐短,直至无柄。托叶鞘膜质,斜截形,顶端有睫毛,易破裂而早落。花单性异株,圆锥花序顶生,分枝疏而纤细,花簇间断着生,每一花簇有花数朵,生于短小鞘状苞片内,苞片膜质,长三角状卵形,花梗短,中部具关节。花被片6,带红色,雄花内轮3片宽椭圆形,外轮3片稍小,直立;雄蕊6,花丝极短,花药长。雌花内轮3片近圆形,直立,果时显著增大呈翅状,圆心形,膜质,淡紫红色,脉纹明显,背面中脉基部仅有不明显的小瘤状突起,外轮3片较小,反曲。瘦果椭圆形,有3锐棱,两端尖,黑褐色,有光泽。花期6~8月。果期7~9月。

【营养及食用】　每百克酸模嫩叶含水分92.0克,胡萝卜素3.2毫克,维生素C 70.0毫克,蛋白质1.8克,脂肪0.7克,碳水化合物2.0克,钙440.0毫克,磷80.0毫克。此外,酸模还含有丰富的维生素A、维生素C及草酸。

可取酸模嫩叶直接炒食用或凉拌,味道酸美。因其含草酸而致此植物尝起来有酸溜口感,常被作为料理调味用。如凉拌酸模叶:即将酸模叶去杂洗净,入沸水锅焯一下,捞出洗净,挤干水切段放入盘内,加入精盐、味精、酱油、白糖、麻油,拌匀即成。又如酸模炒肉丝:将酸模叶去杂洗净,入沸水锅焯一下,捞出洗净切段。猪肉洗净切丝。锅烧热放入猪肉煸炒至水干,加入酱油、葱花、姜末煸炒至肉熟,放入料酒、精盐和适量水炒至入味,加入酸模叶煸炒,点入味精推匀出锅即成。具滋阴润燥的功效。

58. 碎米荠 *Cardamine hirsute* L.

【别名】　野荠菜、雀儿菜、白带菜、米花香荠菜等。

【生境】　生于海拔1 000米以下的山坡、路旁、荒地和耕地的阴湿处。分布于辽宁、河北、陕西、甘肃、河南及长江以南各地。

【形态特征】　碎米荠为十字花科1年或2年生草本植物,高15~35厘米,无毛或疏生柔毛。茎直立或斜升,分枝或不分枝,下部有时呈淡紫色。叶为羽状复叶,基生叶有柄,小叶2~5对,顶生小叶卵圆形,有3~5圆齿,侧生小叶较小,歪斜;茎生小叶2~4对,狭倒卵形至线形,表面和边缘都有疏柔毛。花白色。长角果线形,果瓣开裂,无脉,果柄纤细。种子每室1行,长方形,褐色。花期2~4月,果期3~5月。

【营养及食用】　碎米荠为我国田间常见野菜,始见于《野菜谱》,云:"碎米荠,如布谷,想为民饥天雨粟,官仓一日一开放,造物生生无尽藏,救饥,三月采,止可作齑"。碎米荠含有蛋白质、脂肪、碳水化合物、多种维生素、矿物质,可采其全草直接炒食用,可凉拌,做蛋汤等,味道鲜美,俗称野荠菜,其营养与药用价值高。

59. 牛繁缕 *Malachium aquaticum*（L.）Fries.

【别名】　鹅儿肠、鹅肠菜等。

【生境】　牛繁缕多生于农田、荒地、路旁及较阴湿的草地等,广布全国。

【形态特征】　牛繁缕为石竹科1年生植物,全株光滑,仅花序上有白色短软毛。茎多分枝,柔弱,常伏生地面。叶卵形或宽卵形,顶端渐尖,基部心形,全缘或波状,上部叶无柄,基部略包茎,下部叶有柄。花梗细长,花后下垂。花瓣5,白色,2深裂几乎达基部。蒴果卵形,5瓣裂,每瓣端再2裂。花期4~5月,果期5~6月。

【营养及食用】　每百克鲜品含水分91.6克,蛋白质3.6克,脂肪0.3克,纤维素1.2克,钙0.2毫克,磷0.03毫克,还含有多种维生素等成分。可取其嫩茎叶直接炒食用,可凉拌、做汤等。

60. 刺苋 *Amaranthus spinosus* L.

【别名】　簕苋菜、野苋菜、土苋菜、猪母菜、野勒苋、刺刺草、野刺苋莱、酸酸苋、刺苋菜等。

【生境】　多生于荒地或园圃地,分布于华东、中南、西南及陕西等地。

【形态特征】　刺苋多年生直立草本植物,高0.3~1.0米。多分枝,有纵条纹,茎有时呈红色,下部光滑,上部稍有毛。叶互生,无毛,在其旁有2刺。叶片卵状披针形或菱状卵形,先端圆钝,基部楔形,全缘或微波状,中脉背面隆起,先端有细刺。圆锥花序腋生及顶生,花单性。雌花簇生于叶腋,呈球状;雄花集为顶生的直立或微垂的圆柱形穗状花序。花小,刺毛状苞片约与萼片等长或过之,苞片常变形成2锐刺,少数具1刺或无刺。花被片绿色,先端急尖,边缘透明。萼片5,雄蕊5,柱头3,有时2。胞果长圆形,在中部以下为不规则横裂,包在宿存花被片内。种子近球形,黑色带棕黑色。花期5~9

月,果期8~11月。

【营养及食用】 每百克刺苋嫩茎叶含蛋白质5.5克,脂肪0.6克,碳水化合物8.0克,钙610.0毫克,磷93.0毫克,胡萝卜素7.2毫克,维生素B 20.3毫克,维生素C 153.0毫克。

可采其嫩茎叶直接炒食用,如刺苋烧猪肉:将刺苋去杂洗净切段,猪肉洗净切块。锅烧热,放入猪肉煸炒,炒至水干,烹入料酒,加入葱、姜煸炒,加入精盐和少量水炒至肉熟而入味,投入刺苋烧至入味,点入味精,出锅装盘即成。此菜由刺苋与滋阴润燥、补中益气的猪肉相配而成,可为人体提供丰富的蛋白质、脂肪等多种营养成分,可用于治疗甲状腺肿大,并适用于阴虚干咳、口渴、咽喉肿痛、浮肿、便血、痔疮、带下等病症,但妇女经期及孕妇忌用。又如炒刺苋菜:将刺苋去杂洗净切段。油锅烧热,下葱花煸香,投入刺苋煸炒,加入精盐,炒至入味,出锅装盘即成。具清热解毒、利湿消肿的功效。

61. 碱蓬 *Suaeda glauca* Bge.

【别名】 碱蒿、盐蒿等。

【生境】 生于海滩、河谷、路旁、田间等处盐碱地上。

【形态特征】 碱蓬是1年生草本植物,株高20~60厘米。茎直立,有红色条纹,多级分枝,枝细长,斜伸或开展。叶线形,对生。3月上中旬~6月上旬都可出苗,出土子叶鲜红。7~8月为花期,9~10月为结实期,11月初种子完全成熟。成熟时植株火红,极具观赏价值。

【营养及食用】 碱蓬营养丰富,富含脂肪、蛋白质、粗纤维、矿物质、微量元素和多种维生素。例如:碱蓬蛋白含量比白菜高30%,脂肪含量高1.4~1.5倍,碳水化合物高20%。含有胡萝卜素、维生素及其他微量元素Ca,P,Fe,Zn,Se等。碱蓬籽中粗脂肪含量13.9%,毛油萃取率达93.0%。毛油经脱胶、脱色、脱酸等步骤后获得的精炼油的酸价达一级芝麻油标准,过氧化值达国家色拉油标准,其亚油酸含量均高于花生油、豆油、菜子油、棉籽油等食用植物油,是一种高级食用油。

可取碱蓬嫩茎叶,直接炒食用,味道鲜美。

62. 反枝苋 *Amaranthus retroflexus* L.

【别名】 野苋菜、苋菜、西风谷等。

【生境】 反枝苋多生于农田、宅旁、路边或荒地。除西藏、青海、新疆、四川西部以外均有分布。

【形态特征】 反枝苋为1年生草本植物,茎直立,高20~80厘米,有分枝,茎直立,粗壮,淡绿色,有时具带紫色条纹,稍具钝棱,密生短柔毛。叶互生有长柄,叶片菱状卵形或椭圆状卵形,先端锐尖或尖凹,有小凸尖,基部楔形,有柔毛。圆锥花序顶生及腋生,直立,由多数穗状花序形成,顶生花穗较侧生者长。苞片及小苞片钻形,白色,先端具芒尖。花被片白色,有1淡绿色细中脉,先端急尖或尖凹,具小突尖。胞果扁卵形,环状横裂,包裹在宿存花被片内。种子近球形,棕色或黑色。

【营养及食用】　每百克反枝苋含水分86.5克,糖类3.7克,粗脂肪0.6克,蛋白质4.2克,粗灰分2.2克,粗纤维1.1克。维生素C 158.8毫克,维生素E 2.0毫克,胡萝卜素17.8毫克。氨基酸总量3.1克。无机盐、微量元素如钾426.6毫克,镁287.9毫克,铜0.1毫克,锰0.5毫克,钙434.7毫克,磷65.8毫克,铁86.9毫克等。因苋菜中没有草酸,多含的钙质很容易被人体吸收,且其钙含量约为菠菜的3倍,比豆制品高6~10倍,是幼儿、老人的优良营养保健菜肴。而丰富的铁可以合成细胞中的血红蛋白,有造血和携带氧气的作用,被誉为"补血菜"。苋菜中含有多种氨基酸,尤其含赖氨酸,是人体所必需的,而玉米、小麦、大米等谷物中含量较少,因此常吃苋菜对人体的健康很有益的。

在4~8月开花前采集幼苗或幼嫩茎叶,洗净,水焯后可凉拌、热炒、制馅、做汤等。如拌反枝苋,将反枝苋去根、老茎,洗净后入沸水中焯透,捞出,用清水冲洗数次,沥净水分,切段,放入盘中;把大蒜瓣捣成蒜泥,浇在反枝苋上,少加精盐,淋上香油,吃时拌匀即成。具清热,解毒,利尿,止痛,明目功效。食之可增强抗病能力,能润肤美容。也可制干菜,即将鲜嫩茎叶或幼苗直接晒干,或沸水浸烫后,捞出沥出水分,晒干,贮藏。

63. 绿苋　*Amaranthus viridis* L.

【别名】　老牛鞋、皱果苋、野咸菜、细苋、白苋、野苋等。

【生境】　主要分布于我国东北、华东、华南地区和云南省。绿苋常生长于田野、山坡、路旁、田边。

【形态特征】　绿苋为1年生草本植物,高80~150厘米。叶卵状椭圆形披针形,长4~10厘米,宽2~7厘米,除绿色外,常呈红色,紫色,黄色或绿紫杂色,无毛;叶柄长2~6厘米。花单性或杂性,密集成簇,花簇球形,腋生或密生成顶生下垂的穗状花序。胞果矩圆形,盖裂,种子近圆形或倒卵形,黑色或浅黑棕色。

【营养及食用】　每百克绿苋含水分83.6克,糖类4.9克,粗脂肪0.7克,蛋白质4.8克,粗灰分2.6克,粗纤维1.5克。维生素C 104.8毫克,维生素E 4.4毫克,胡萝卜素21.6毫克。氨基酸总量4.8克。无机盐、微量元素如钾552.7毫克,镁433.0毫克,铜0.2毫克,锰0.5毫克,钙497.0毫克,磷81.3毫克,铁8.2毫克等。

采其嫩茎叶做菜。如绿苋烧猪肉,将绿苋去杂,洗净,切段,将猪肉洗净、切块;将锅内油烧热,放入猪肉煸炒,加入精盐和少量水炒至肉熟而入味,投入绿苋炒至入味,点入味精,出锅装盘即成。具滋阴润燥、补中益气功效。

64. 羊蹄 *Rumex japonicus* Heutt.

【别名】 东方宿、连虫陆、鬼目、败毒菜根、羊蹄大黄、土大黄、牛舌根、牛蹄、牛舌大黄、野萝卜、野菠菱、癣药、山萝卜、牛舌头、牛大黄等。

【生境】 生于田野、路旁、河滩、沟边湿地。

【形态特征】 羊蹄为多年生草本植物，高60~100厘米。根粗大，断面黄色。茎直立，通常不分枝。单叶互生，具柄；叶片长圆形至长圆状披针形，基生叶较大，先端急尖，基部圆形至微心形，边缘微波状皱褶。总状花序顶生，每节花簇略下垂；花两性，花被片6，淡绿色，外轮3片展开，内轮3片成果被；果被广卵形，有明显的网纹，背面各具一卵形疣状突起，其表面有细网纹，边缘具不整齐的微齿；雄蕊6，成3对；子房具棱，1室，1胚珠，花柱3，柱头细裂。瘦果宽卵形，色光亮。花期4月，果期5月。

【营养及食用】 羊蹄根富含淀粉。郑水庆、陈万生等从羊蹄根中分离鉴定得出8个单体化合物，可为很好的食用淀粉植物资源。

65. 大巢菜 *Vicia sativa* L.

【别名】 野苕子、薇菜、野豌豆、薇、垂水、巢菜、野麻豌、箭舌豌豆、救荒野豌豆、春巢菜、普通苕子、野菜豆、黄藤子、苕子、肥田草等。

【生境】 大巢菜性喜温凉气候，抗寒能力强，生于农田、山坡、路边及草地。中国大部地区均有分布。

【形态特征】 大巢菜为豆科野豌豆属1或2年生草本植物。主根明显，长20~40厘米，有根瘤。茎柔嫩有条棱，有细软毛或无毛，匍匐向上或半攀缘状。偶数羽状复叶，小叶6~10对，呈矩形或倒卵圆形，先端凹入，中央有突尖；顶端有分枝的卷须，缠于他物上。托叶半箭形或戟形，有1~3枚披针形裂齿。蝶形花1~2朵，腋生，紫红、粉红或白色，花梗极短或无。子房被黄柔毛，短柄，花柱背面顶端有茸毛。荚果成熟时为黄色或褐色，含种子5~12粒，种子扁圆或钝圆。

【营养及食用】 大巢菜每百克鲜嫩茎叶含水分80.0克，蛋白质3.8克，脂肪0.5克，碳水化合物9.0克，钙270.0毫克，磷70.0毫克等，营养丰富，可采大巢菜的嫩茎叶做汤或炒食。

66. 野慈菇　*Sagittaria trifolia* L.

【别名】　长瓣慈菇、狭叶慈姑、三脚剪、水芋等。

【生境】　生于水洼地。分布于东北、华北、西北、华东、华南、西南等地。

【形态特征】　野慈菇为多年生草本植物，高50~100厘米。根状茎横生，较粗壮，顶端膨大成球茎，长2~4厘米，径约1厘米。土黄色。基生叶簇生，叶形变化极大，多数为狭箭形，通常顶裂片短于侧裂片，顶裂片与侧裂片之间缢缩；叶柄粗壮，长20~40厘米，基部扩大成鞘状，边缘膜质。7~10月开花，花梗直立，高20~70厘米，粗壮，总状花序或圆锥形花序；花白色。10~11月结果，同时形成地下球茎。

【营养及食用】　野慈菇的地下球茎（干）每100克含淀粉55.0克，蛋白质5.6克，脂肪0.2克，碳水化合物25.7克，钙8.0毫克，磷260.0毫克，铁1.4毫克，营养丰富，可取其地下球茎炒食、做汤或蒸食。其地下球茎也是很好的食用淀粉植物资源。

67. 苦草　*Vallisnerianatans*（Lour.）Hara.

【别名】　蓼萍草、扁草、扁担草、鸭舌草、面条草、裙带草等。

【生境】　低海拔地区湖泊浅水中。

【形态特征】　苦草为水鳖科沉水、无茎草本植物，有纤匐枝匍匐茎自节向下生须根，向上生成束的叶片，在水底形成群落。叶长而狭，线形或狭带状，绿色半透明，全缘或只尖端有锯齿。花单性异株，雄花多数，微小，生于一卵形、3裂、具短柄的佛焰苞内，花被片3，雄蕊1~3。雌花单生于一管状、3齿裂的佛焰苞内，此苞生于一极长、线形的花茎之顶，使雌花浮于水面，雄花成熟后即逸出苞外飘浮于水面，授粉作用便在水面上举行，等到雌花受精后，此长花茎即旋卷把未成熟的子房拖入水底而结果。果线形，包藏于佛焰苞内，有种子多颗。

【营养及食用】　苦草中蛋白质含量较高，其营养丰富，可用作蛋白质来源。雄花和雌花花序中的粗蛋白含量较高，分别为21.8%和16.1%（干重）。氨基酸种类齐全，含量丰富。有研究表明，苦草中所含的17种氨基酸总含量高达147.8克/千克。其中，必需氨基酸含量占总氨基酸的37.2%。非必需氨基酸含量为92.8克/千克，必需氨基酸与非必需氨基酸含量之比为0.6。甘氨酸、谷氨酸、丙氨酸、精氨酸和天冬氨酸，5种鲜味氨基酸含量占总氨基酸含量的41.0%。可取其植株炒食、做汤或蒸食。

68. 野茭白 *Zizania aquatica* L.

【别名】　茭儿菜、野茭瓜、水笋、茭白笋、脚白笋、菰、菰菜等。

【生境】　多生长于河滩及水沟浅水处,我国南北各地均有分布。

【形态特征】　野茭白为禾本科菰属多年生宿根性挺水生草本植物,具根茎,须根系,基部节上着生不定根,每个分蘖茎和地下茎的节上着生3~30条根,根长5~50厘米。茎有地下茎和地上茎,地下茎为中空扁圆形匍匐茎,横生于低湿地或浅水内,其先端芽转向地上生长形成分株,分株逐步形成新的株丛;地上茎茎秆直立,茎基部呈短缩状,部分短缩茎长在湖沼潮湿泥土中,其节上产生分蘖株,每个分蘖株都会形成各自的短缩茎;7月中旬至9月的夏、秋季,地上茎节生长伸长到第8~10节,抽穗开花结实,株高1.5~2.8米。叶分叶鞘、叶片、叶舌三部分,叶鞘肥厚且长于节间,基部常具有横脉纹;叶片扁平呈长披针形,先端尖;叶舌膜质,略呈三角形;无叶茸。花为圆锥花序,分株多数簇生。

【营养及食用】　野茭白是一种春季野生水生蔬菜品种,抗病力很强,富含多种营养成分,被食用的历史悠久,曾为救荒菜。分析表明每百克鲜野茭白肉中,含水分95.0克,蛋白质1.2克,脂肪0.1克,碳水化合物2.4克,膳食纤维0.9克,维生素A 2.0毫克,维生素C 6.0毫克,胡萝卜素10.0毫克,尼克酸0.5毫克,核黄酸0.04毫克,钙53.0毫克,磷24.0毫克,铁0.2毫克,同时含有十余种氨基酸,且茭肉中的有机氮素以氨基酸形态存在,故其味道鲜美,是一种极具开发潜力的野生物种。

野茭白属于野生资源,是一种纯天然食品,在其生长过程中不使用农药、化肥等人工合成物质。野茭白茎细嫩、色洁白、质肥嫩、清香、甘甜,江南一带临水小镇许多饭店都把野茭白炒咸菜、野茭白炒肉丝、火腿丁鸡蛋野茭白汤、腊肉炒野茭白、清烧野茭白等作为特色菜,其烹法有滑炒、烧汤、红烧、凉拌等。也可将剥好的野茭白洗净,放水锅里煮熟,蘸酱油而食,清香甘甜,十分可口。野茭白烧咸肉、野茭白炒青咸菜在上海都是畅销野味菜。

69. 附地菜 *Trigonotis peduncularis*（Trev.）Benth.

【别名】　鸡肠、鸡肠草、地胡椒等。

【生境】　多生于田野、路旁、荒草地或丘陵林缘、灌木林间,全国各地都有分布。

【形态特征】　附地菜为1年生草本植物,株高5~30厘米。茎基部分枝纤细、直立或斜生,具平伏细毛。单叶互生,下部叶具短柄;叶片匙形、椭圆或披针形,端圆钝或急尖,基部狭窄,叶两面均被平伏粗毛。夏季淡蓝色小花,卷伞花序细长,总状顶生;小花梗长3~6毫米;花药长约2毫米,萼片长卵形,先端尖,花冠管状,喉部有5鳞片,上部5裂,裂片卵圆形,雄蕊5,着生花冠管上部;子房上位,4深裂,花柱基生。小坚果三角状四边形,具细毛。

【营养及食用】　赵永光等对附地菜的基本营养成分进行了分析,含量分别为水分86.4%,灰分2.2%,粗纤维1.2%,粗蛋白0.3%,粗脂肪0.4%,Vc 0.09%,总糖0.2%。Fujita等通过气相色谱和质谱研究,从附地菜的挥发油中确定了74种化合物,包括21种脂肪酸、20种醇类化合物、14种碳氢化合物、2种羰基化合物和7种其他化合物。Song等在附地菜中发现一种新的无环二萜。Otsuka等从附地菜中分离出来一种类似于木酯素的二元酸双酯。

全株幼嫩茎叶可食,早春4~5月份采集,食用味道鲜美。

第二节　饮料植物资源

凡是在果实、根、茎、花和叶等植物器官中,有一种或多种可作为原料加工成饮料的植物,都可以称为饮料植物。

一、饮料植物种类与营养成分

在饮料植物中,根据提取植物器官的不同,可分为花、果、根、叶茎类饮料四类。根据利用植物的营养器官和所含营养成分的不同,应选择不同的提取方法和提取工艺。提取植物有效成分的方法主要有:压榨法、溶剂萃取法、超声波法、超临界流体萃取法和微生物发酵法等。

饮料植物中含有的多种营养成分,如多种维生素(如维生素A、维生素B、维生素C、维生素D、维生素E、维生素K、维生素P等)、胡萝卜素、叶酸、氨基酸(包括多种人体必需氨基酸)、蛋白质、糖类、微量元素、SOD、单宁、果胶、淀粉、脂肪等。

二、研究现状及发展趋势

对饮料植物的研究和开发,国外进行得较早。俄罗斯对桦树汁的应用研究已有100多年历史,用于制作饮料和药剂,并率先开发出了包括沙棘饮品在内的一系列产品;日本也开发了艾茶、松针茶等保健茶。

我国起步较晚。开发和利用较早的是享有"水果之王"之称的中华猕猴桃以及山楂。

山西太原综合食品饮料厂和有关科研单位研制以沙棘果汁为原料的"沙维康"健身饮料,已逐步进入国际市场。现已开发利用的饮料植物有:野葡萄、菊花、酸枣、沙枣、沙棘、野山楂、越橘、猕猴桃等。很多野生植物除可以作为饮料、药用外,还可以综合利用。如刺梨除作饮料外,还能制成蜜饯、水果罐头、刺梨酒,夏季用其树叶泡茶,有健脾、解暑作用,种子还是食用油料;槭树汁可用于制作饮料、酒、糖果、糕点;蓝靛果浆制饮料、酿酒或制果酱等,果实入药可清热解毒;黑果茶藨浆果含维生素A、维生素B、维生素C、维生素P等,主要用来制果汁、果酱、果酒;又分蘖是一种含高蛋白、低脂肪,具有天然营养又无毒副作用的植物,它含有多种维生素和氨基酸,还含有铁、镁、钾、钙、锌、硒等微量元素,又分蘖饮料色泽美观,风味独特,可作为运动员饮用的高档饮料;酸枣果含有丰富的有机糖、酸和维生素C、维生素D,可加工成酸枣糕、酸枣酒、酸枣饮料等,不仅风味独特,且具有降血压之疗效。目前已开发100多种植物作为生产饮料的原料。

天然花卉饮料正走俏欧洲。这种花卉饮料不含刺激性物质,不仅颜色、香味令人赏心悦目,而且具有滋润肌肤,美容养颜和提神明目之功效,常饮能使人延缓衰老,所以特别受到女性消费者的青睐。现在欧洲市场上流行的有玫瑰花、向日葵花、菩提花饮料。我国已成功地研发出从万寿菊中提取叶黄素的新技术和万寿菊的优良品种。

三、主要饮料资源植物

(一)植物营养器官(根、茎、叶)源饮料

1. 水葫芦　*Eichhornia crassipes*(Mart.)Solms.

【别名】【生境】【形态特征】　见本章第一节。

【饮料价值】　水葫芦含有丰富的蛋白质和氨基酸,一株去除了水分的干水葫芦含20%蛋白质,以及人体生存所需又不能自身制造的8种氨基酸。去根水葫芦作为一种新近开发的饮料,因其清爽圆润的口感和含有丰富微量元素,在短短时间内就卖出十几万瓶,并有望从"世界十大害草"之一的水葫芦中提取出营养素,加工提炼食品、保健品、药品及饲料添加剂。

2. 猪毛菜　*Salsola collina* Pall.

【别名】　扎蓬棵、刺蓬、三叉明棵、猪毛缨等。

【生境】　猪毛菜分布于东北、华北、西北、西南、河南、山东、江苏、西藏等省区;朝鲜、蒙古、巴基斯坦、中亚细亚、俄罗斯东部及欧洲等国家均有分布。猪毛菜适应性、再生性及抗逆

性均强,为耐旱、耐碱植物,有时成群丛生于田野路旁、沟边、荒地、沙丘或盐碱化沙质地,为常见的田间杂草。

【形态特征】　1年生草本植物,高可达1米。茎近直立,通常由基部多分枝。叶条状圆柱形,肉质,先端具小刺尖,基部稍扩展下延,深绿色或有时带红色,光滑无毛或疏生短糙硬毛。穗状花序,小苞叶2,狭披针形,先端具刺尖,边缘膜质;花被片5,透明膜质,披针形,果期背部生出不等形的短翅或草质突起。胞果倒卵形,果皮子膜质;种子横生或斜生。

【饮料价值】　以猪毛菜汁为原料,调配适量的全脂牛奶粉,经保加利亚乳杆菌和嗜热链球菌混合菌种共同发酵酿制成一种猪毛菜乳酸菌饮料,并确定了最佳生产工艺。该饮料具有浓厚的发酵乳香味和猪毛菜的特有清香味。

3. 野薄荷　*Mentha haplocalyx* Brig.

【别名】【生境】【形态特征】　见本章第一节。

【饮料价值】　野薄荷有清凉浓郁香气,其气味有强劲的穿透力,清凉且醒脑,能提神解郁、消除疲劳,少量使用还可以镇定安神、帮助睡眠,且有散热解毒、健胃消胀、消炎止痒、防腐去腥等功效。用在饮料中可以改善风味,增强口感,还可配酒、冲茶等。如以红枣50%,南瓜25%,野薄荷12%,阿斯巴甜0.015%,柠檬酸0.03%,饮料复合稳定剂0.08%,可溶性固形物8.0%,pH值4.3,制成薄荷型红枣南瓜保健饮料,营养丰富、风味独特;以薄荷精油为辅料,经β-环糊精包合后,加入到啤酒发酵罐中,糖化麦汁,添加啤酒酵母发酵研制薄荷风味啤酒;用新鲜薄荷叶少许,清洗干净,沸水冲泡,放入适量白砂糖,自然冷却制成薄荷凉茶,日饮3~5杯,饮用后通体舒坦,精力倍增。取薄荷油10克,米酒、黄酒各50毫升,将薄荷油与米酒、黄酒兑在一起,制成薄荷酒,早晚空腹饮用;用薄荷叶泡茶喝,泡法同普通茶叶一样,饮用有清凉感,是清热利尿的良药。

4. 地肤　*Kochia scoparia*（L. ）Schrad.

【别名】【生境】【形态特征】　见本章第一节。

【饮料价值】 可开发出一系列营养丰富的饮料,如我国的一些地方也利用地肤苗的叶(花期前)加工成保健用茶叶,具有清热解毒,利尿通淋之功效。

5. 鼠曲 *Gnaphalium affine* D. Don.

【别名】【生境】【形态特征】 见本章第一节。

【饮料价值】 新鲜鼠曲草经浸提取得汁液,用蛋白糖代替白砂糖,辅以柠檬酸、磷酸混合酸,调节口味,制成清凉解暑的饮料,特别适合于缺钙及糖尿病人适用,有补钙、降血糖、降血脂之功效。其保健饮料制作流程如原料采摘(鼠曲草)—选料—处理—粉碎—浸提—过滤(分离)—滤液—真空—浓缩—浓缩汁—调配—灭菌—装罐—封口—冷却—成品。

也可将鼠曲草提取物添加到啤酒中,可赋予传统啤酒以保健作用。

6. 蒲公英 *Taraxacum mongolicum* Hand.

【别名】【生境】【形态特征】 见本章第一节。

【饮料价值】 以野生蒲公英为原料,采用浸提工艺,辅以绿茶,制成蒲公英茶饮料。蒲公英茶饮料成品为淡黄色,具有蒲公英和绿茶的复合香味,酸甜适中,后味微苦,无异味;澄清透亮,无沉淀。

日本学者还研究发现,蒲公英根中含有大量的类固醇、豆类固醇、旋覆花粉以及多种维生素,是国际上一种最新的保健食品——蒲公英咖啡的主要原料。蒲公英中含有的蒲公英咖啡,口感与咖啡因相似,且对人体无毒副作用,德国人喜欢把切成碎片的蒲公英根须煮水,当咖啡饮用。

7. 益母草 *Leonurus heterophyllus* Sweet.

【别名】【生境】【形态特征】 见本章第一节。

【饮料价值】 益母草营养非常丰富,益母草可与红糖、山楂、茶叶等煮成茶饮。具活血化瘀之功效。

（二）植物繁殖器官（花、果实、种子）源饮料

1. 荠菜 *Capsella bursa-pastoris* Medic.

【别名】【生境】【形态特征】　见本章第一节。

【饮料价值】　荠菜花作茶，具凉血止血、清热利尿之功效。荠菜种子也可作茶饮用，能治眼痛，有明目作用。

2. 酸浆 *Physalis alkekengi* Linn.

【别名】【生境】【形态特征】　见本章第一节。

【饮料价值】　酸浆果中含有18种氨基酸，有21种微量元素和矿物质，8种维生素以及胡萝卜素、果胶质、黏液质等营养物质，可作无污染、风味独特、营养丰富的饮料资源开发。以酸浆为原料，经过酒精发酵、醋酸发酵和调配等工艺，研制出酸浆果醋饮料，味道可口。如王立江等以酸浆为原料，采用表面法发酵，通过选果、清洗、榨汁、澄清、调整成分、酒精发酵、醋酸发酵、过滤、加热、灭菌和调配等工序制成风味独特、营养保健的酸浆果醋。且以酸浆为原料制出的酸浆果酒色泽好，澄清透明，酒味浓郁，酒体丰满，具有酸浆的特殊清香。

3. 马兰 *Kalimeris indica* L.

【别名】【生境】【形态特征】　见本章第一节。

【饮料价值】　马兰花作茶，具清热解表、健脾去积、消肿解毒、消炎利尿之功效。

4. 刺儿菜 *Cephalonoplos segetum* Kitag.

【别名】【生境】【形态特征】　见本章第一节。

【饮料价值】　刺儿菜花作茶饮用，具有凉血、止血之功效。

5. 车前 *Plantago asiatica* L.

【别名】【生境】【形态特征】　见本章第一节。

【饮料价值】　车前子可作茶饮用。车前子为车前草所结种子，秋季采收。性味甘、寒，具有清热利尿、祛痰止咳之功效。车前草和忍冬藤制作的保健饮料具有解热、泻火多种保健功效，是夏季防止上火、中暑的最佳饮品。此外，还可配制车前草苹果汁保健饮料、马齿苋车前草复合保健饮料、车前草桃果复合饮料、车前草白花蛇舌草复合保健饮料。而且以车前草和鲜奶为主要原料，以蔗糖为辅料制成的酸奶，可以在营养上使原料营养互补、增效。

6. 蒲公英 *Taraxacum mongolicum* Hand.

【别名】【生境】【形态特征】　见本章第一节。

【饮料价值】　蒲公英花作茶饮用，具清热解毒，消肿散结，利尿通淋之功效。

7. 龙葵 *Solanum nigrum* L.

【别名】【生境】【形态特征】　见本章第一节。

【饮料价值】　龙葵浆果的果肉酸甜，含有较高的糖分、有机酸、矿物质和多种维生素。龙葵有清热解毒，化痰止咳，利尿，降压的功能，可作饮料资源开发。龙葵果经过加工后可制成果汁、果酒、果醋、果酱、罐头等食品，如将龙葵果搅打过滤后用水稀释3.5倍，加入0.7%柠檬酸、21.0%白砂糖，软化温度70℃，软化时间40分钟，即可得色正味美、营养丰富的龙葵果汁；或采用野生龙葵果实为原料，经分选、破碎、发酵、压榨、再发酵，精心调配而成的低度营养型果酒；或以发酵乳和龙葵汁为主要原料，制造出一种营养美味的新型果味保健乳酸菌饮料；或以龙葵果为原料，采用酵母菌和醋酸菌连续液态发酵的生产工艺可生产龙葵果醋。民间

也常用浆果泡酒，治疗气管炎，其祛痰镇咳作用甚佳。但未熟果含有龙葵碱，不宜食用，一旦误食会瞳孔放大、头晕、恶心、口干舌燥、丧失知觉与说话能力，急性者引起致命的呼吸系统麻痹、腹部抽筋、呕吐、腹泻等症状。

8. 打碗花 *Calystegia hederaca* Wall.

【别名】【生境】【形态特征】 见本章第一节。

【饮料价值】 打碗花花作茶,具调经活血、滋阴补虚,还具止痛之功效。

9. 稗 *Echinochloa crusgalli*(L.)Beauv.

【别名】 稗草、稗子等。

【生境】 稗喜生于沼泽和水湿之地,为水稻田中常见杂草。与水稻的伴生性强,极难清除,为水稻田危害最严重的恶性杂草,亦发生于潮湿旱地,危害棉花、大豆等秋熟旱作物。广布全球温暖地带和我国南北各地。

【形态特征】 稗为1年生草本植物。秆基部倾斜或膝曲,光滑无毛,高50~130厘米。叶片长线形,无叶舌,叶鞘开裂。圆锥花序尖塔形,较开展,粗壮,主轴具棱,分枝10~20个,基部被有疣基硬刺毛。小穗密集于穗轴的一侧,第一颖小,约为第二颖的1/3,具3或5脉,第二颖有长尖头,具5脉,第一花之外稃具5~7脉,先端延伸成5~30毫米的芒,内稃与外稃近等长,膜质透明;第二小花外稃平凸状,平滑光亮,边缘卷抱同质的内稃。

【饮料价值】 稗营养价值较高,可酿酒及食用,在湖南有稗子酒为最好酒之说。

第三节 饲用植物资源

一、研究饲用植物资源的重要性

饲用植物与人类生产的关系,也有着悠久的历史。当人类从渔猎进入牧畜时代,便与牧草发生联系,开始认识牧草并进入初期的评价。随着人类社会的进步和生产的发展,对饲用植物的认识逐步深入,从对国外引种栽培到野生植物的调查、驯化、选育,化学成分的分析,营养价值的评定,生物学和生态学特性的观测等等方面取得了较丰硕的结果。弄清饲用植物资源、其利用现状和存在的问题,揭示各种植物的饲用价值和特性,以便经济有效地进行利用,为生产不断提供种源,具有重要意义。

二、主要饲用资源植物

（一）禾草类饲用资源植物

禾本科野生植物历来以粮食之邦之称。在人类粮食作物中几占95％，而作牲畜牧草饲料的约有60属，200余种，如鹅冠草属、雀麦属、黑麦属、燕麦属、鸭茅属、羊茅属等。例如全国广播的田野常见的野生植物——稗草，其营养价值高，粗蛋白质占干物质的9.4％，粗脂肪占2.5％，粗纤维占36.2％，无氮浸出物占33.9％，粗灰分占10.3％。稗草籽实的粗蛋白和几种主要氨基酸含量与玉米、高粱、大麦、燕麦相近，具有相同的精饲料价值。狗尾草经测定，其含有钙、磷、镁、钾、钠、硫、氯等元素，且钙含量异常高，为奶牛牧草。

主要禾本科分属检索表：

1. 花序轴无明显的分枝，形成穗状花序或穗状圆锥花序。
　2. 穗状花序。
　　3. 小穗两侧压扁，含数花至多数花，第一颖除在顶生小穗者外均退化，第二颖位于背轴的一方，略长于或短于小穗……黑麦草属 *Lolium* L.
　　3. 小穗圆柱形或肿胀，含3~4（5）花，两颖均存在；穗轴成熟时逐节断落或整个穗轴自基部断落……山羊草属 *Aegilops* L.
　2. 穗状圆锥花序。
　　4. 小穗下托有刚毛或长柔毛。
　　　5. 小穗下托有绿色、黄色或紫色的刚毛，刚毛宿存；小穗椭圆形……狗尾草属 *Setaria* Beauv.
　　　5. 小穗基部密生白色长丝状柔毛，将小穗完全隐藏；具根茎……白茅属 *Imperata* Cyr.
　　4. 小穗下无刚毛或柔毛。
　　　6. 两颖基部合生，先端无芒，外稃背部具芒，无内稃……看麦娘属 *Alopecurus* L.
　　　6. 两颖基部分离，先端具芒或小尖头，中部脊上常有硬纤毛；外稃无芒，内稃与外稃近等长或短于外稃……梯牧草属 *Phleum* L.
1. 花序轴上有明显的分枝，分枝呈指状、总状或圆锥状排列。
　7. 花序轴分枝排列成指状或伞房状。
　　8. 外稃具芒，边缘具长柔毛；小穗单生，含2~3（4）花，排列在穗轴分枝的一侧；4~10个分枝簇生于顶，呈毛刷状……虎尾草属 *Chloris* Swartz.
　　8. 外稃无芒。
　　　9. 小穗含3~6花，紧密排列于穗轴分枝的一侧；通常3~4个分枝簇生于秆顶，有时1或2个单生于花序之下方……䅟属 Eleusine Gaertn.
　　　9. 小穗含1两性花。

10. 小穗两侧压扁,单生,成2行排列于穗轴的一侧;3~6个分枝簇生于秆顶;匍匐茎发达……狗牙根属 *Cynodon* Rich.

10. 小穗背腹压扁,双生或数个簇生,其中下边一小穗无柄;分枝2至多数簇生秆顶,有时1~2条单生花序之下方……马唐属 *Digitaria* Hall.

7. 花序轴分枝呈总状或圆锥状排列。

11. 小穗含2至多花,如为2花,则上部有退化花。

12. 小穗成两行排列于穗轴分枝的一侧;外稃先端钝圆而无芒;分枝细长,由多数分枝组成圆锥花序……千金子属 *Leptochloa* Beauv.

12. 小穗散生于穗轴的分枝上。

13. 颖长于小花,两颖相等;外稃具芒,芒白稃体背部伸出,膝曲、扭转……燕麦属 *Avena* L.

13. 颖短于小花;外稃如有芒则芒劲直、顶生。

14. 外稃基盘延长,基盘上密生长丝状毛;植株高大,具长匍匐根状茎……芦苇属 *Phragmites* Trin.

14. 外稃基盘短钝,无毛,如有毛则短于外稃;植株较小。

15. 叶鞘闭合;外稃具5~9脉,有芒,稀无芒……雀麦属 *Bromus* L.

15. 叶鞘不闭合或仅在基部闭合而边缘互相覆盖,无芒。

16. 外稃具5脉,脉上有柔毛……早熟禾属 *Poa* L.

16. 外稃具3脉或脉不明显。

17. 外稃脉不明显,先端膜质有缺刻,背部圆形;小穗圆筒形或稍压扁……碱茅属 *Puccinellia* parlatore

17. 外稃具3脉,背部具脊;小穗两侧压扁……画眉草属 *Eragrostis* Beau.

11. 小穗含1花,如为2~3花,则下部的花为雄性或退化。

18. 小穗脱节于颖之上(即小穗脱落后,颖仍残留于小穗柄上),含3花,下部2花为雄性;根茎有香味……茅香属 *Hierochloe* R. Br.

18. 小穗脱节于颖之下(即颖随小穗一起脱落),含1~2花,如为2花,则下部1花退化。

19. 小穗两侧压扁,颖半圆形,肿胀成船形;小穗成两行覆瓦状排列于穗轴分枝的一侧……菵草属 *Beckmannia* Host.

19. 小穗背腹压扁,颖不肿胀成船形。

20. 结实花的稃体膜质透明,较颖薄;花序轴分枝的顶端有3小穗,2有柄,1无柄;具粗壮分枝的匍匐茎……金须茅属 *Chrysopogon* Trin.

20. 结实花的稃体坚韧,较颖厚；第一颖较小或退化。
  21. 花序不着生于穗轴分枝的一侧；小穗具长柄,排列为开展的
    圆锥花序……稷属 *Panicum* L.
  21. 小穗排列于穗轴分枝的一侧；分枝为穗状或穗形总状
    花序。
  22. 颖及外稃先端渐尖或有芒,第一颖存在；无叶舌……稗属
    Echinochloa Beauv.
  22. 颖及外稃均无芒,第一颖缺；具叶舌……雀稗属 *Paspalum* L.

毒麦(黑麦草属)　　　　节节麦(山羊草属)　　　　白茅(白茅属)

蜡烛草(梯牧草属)　　　虎尾草(虎尾草)　　　　野燕麦(燕麦属)

雀麦(雀麦属)　　　　碱茅(碱茅属)　　　　大画眉草(画眉草属)

茅香(茅香属)　　　　竹节草(金须茅属)　　　野稷(稷属)

芦苇(芦苇属)　　　　马唐(马唐属)　　　　狗牙根(狗牙根属)

早熟禾（早熟禾属）　　　　千金子（千金子属）　　　　菵草（菵草属）

绿狗尾（狗尾草属）　　　看麦娘（看麦娘属）　　　双穗雀稗（雀稗）

稗（稗属）　　　　牛筋草（䅟属）

（二）其他植物饲用资源植物

1. 大巢菜　*Vicia sativa* L.

【别名】【生境】【形态特征】　见本章第一节。

【饲用价值】　大巢菜固氮能力强而早，一般在2~3片真叶时就形成根瘤，有一定的固氮能力，营养生长阶段的固氮量占全生育的95％以上。生长繁茂，产量高。鲜草干燥率22.0％，叶量占51.3％。茎叶柔嫩，营养丰富，适口性好，马、牛、羊、猪、兔和家禽都喜食，可作优质饲料资源。

2. 荠菜　*Capsella bursa-pastoris* Medic.

【别名】【生境】【形态特征】　见本章第一节。

【饲用价值】　荠菜全草质地鲜嫩，柔软，无特殊气味，富含水分，其干鲜比为1:7，茎、叶和花序的鲜重比为36:28:36。荠菜营养价值较高，为中等饲用植物，青草牛、马、羊均最喜食；干草马、牛最喜食，羊喜食。因其萌发返青早，产量高，可作为家畜的早春饲草，到了每年的晚秋，因其重复大量繁殖，还可重复利用。另外，荠菜还是优良的猪饲料，始花期质地鲜嫩，适口性好，易消化，营养丰富，鲜草蛋白质含量3.0％，风干后蛋白质含量为21.5％，而且富含钙及维生素C。做为猪饲料，以青生喂为宜，或放牧自行采食。现蕾开花后，茎、叶粗老，应切碎或发酵后饲喂。但开花后期，因其茎、叶质地粗老、硬化，其饲用价值降低。

3. 牛繁缕　*Malachium aquaticum*（L.）Fries.

【别名】【生境】【形态特征】　见本章第一节。

【饲用价值】　牛繁缕茎叶鲜嫩，水分足，营养丰富，口感好，可作兔子和猪等的优质饲料。

4. 艾蒿　*Artemisia argyi* Levt. et Vant.

【别名】【生境】【形态特征】　见本章第

一节。

【饲用价值】 艾蒿又是一种天然、多营养的生态绿色饲料添加剂,应用于水产养殖中,它具有诱食、增色、促进鱼虾生长、改善鱼虾产品品质、防治多种疾病等功能。

艾叶可散发出特殊的馨香味。据现代医学及营养学综合分析研究发现,艾叶不但是常用的中草药,而且因其富含蛋白质、维生素、脂肪、矿物质微量元素、挥发油、叶黄素、叶绿素、纤维素、生物碱、绿原酸、黄酮、甙和酚类等多种营养物质,在其含有的18种氨基酸中与鲜、香味相关的苯丙氨酸、组氨酸、缬氨酸、谷氨酸、亮氨酸、天门冬氨酸、异亮氨酸、赖氨酸、蛋氨酸等占氨基酸总量的75%左右,是畜禽水产动物的良好饲料和饲料添加剂,具有促进动物生长、提高生产性能、改善动物产品品质、防治疾病等作用。如淡水鱼中的鲤、鲫、鲢、草鱼及淡水虾等喜食具有芳香气味的植物性饵料。艾叶中的挥发油散发出的清香味对鱼虾的嗅觉有强烈的刺激作用,其蛋白质中的苯丙氨酸、亮氨酸具有甜味,缬氨酸、异亮氨酸等带侧链的氨基酸具有巧克力香味,蛋氨酸的衍生物常有肉味。这些气味分别迎合草食性、滤食性、肉食性鱼类的爱好,能起到诱食作用。饲料中添加8%艾叶粉对草鱼的诱食效率最高。艾叶作饲料添加剂可有效地补充、完善、平衡饲料各类营养素的水平,使配合饲料的营养水平趋向全价化,从而提高饲料在鱼虾体内的消化和吸收,促进生长,较好地发挥生产性能。纪伟旭等(2006)报道,在饲料中添加2.5%的艾叶,可使池塘中一龄鲤鱼的增重率提高10%~16%。艾叶中所含有的生物碱、绿原酸、甙、酚、鞣酸、维生素等物质,具有提高动物机体免疫水平、杀菌、驱虫等作用,艾叶能抑杀伤寒杆菌、痢疾杆菌、大肠杆菌、皮肤真菌,并具有止血、安胎等药理作用。日本20世纪50年代曾从中国进口艾叶制作馨香枕头和动物保健饲料的添加剂。据柳富荣(2003)报道,艾叶可防治鱼虾的出血病、赤皮病、粘细菌的感染性疾病,可防治鱼类浮头,用于泛塘急救等。用作饲料防腐保鲜剂。艾叶中含有的叶黄素、胡萝卜素等是天然的优质增色剂,可用作淡水鱼的增色剂,如有报道在鲫鱼饲料中添加2%的艾叶粉,鲫鱼的色泽提高4个级别,与野生鲫鱼的色泽相同。研究表明,用艾叶作鱼虾的饲料添加剂可不同程度地提高养殖鱼虾的肉质。Cole等(1998)指出,用艾叶作添加剂能提高鱼肉的品质,这与艾叶中含有与香、鲜有关的氨基酸相关。吴坚书(2002)在网箱养殖鲤鱼的饲料中添加2%的艾叶粉,结果表明,试验组鱼的瘦肉率比对照组提高8.8%,腹腔脂肪减少2.8%。烹调鱼肉,汤的鲜、香味可与野生鲤鱼相媲美。

5. 白三叶 *Trifolium repens* L.

【别名】【生境】【形态特征】 见本章第一节。

【饲用价值】 白三叶是饲喂畜禽的一种优质收草,白三叶营养丰富,粗蛋白质含量高。干物质消化率75%~80%。据中国农科院畜牧研究所分析,白三叶干物质中含粗蛋白质24.7％，粗脂肪2.7％，粗纤维12.5％，粗灰分13.0％，无氮浸出物47.1％，钙1.7％，磷0.3％。白三叶草是各种畜禽的优质青绿饲料，湖北省长阳县火烧坪乡的养猪户，长期以来就有利用三叶草喂猪的习惯。无论是鲜草、青贮或制成草粉，都可以降低成本，收到提高经济效益的良好效果。

　　白三叶草粉除含有较高的粗蛋白外，也是畜禽良好的维生素补充饲料，在蛋鸡日粮中添加5％的白三叶草粉，会大大提高其产蛋量和蛋的质量。因为蛋黄中的色素主要是叶黄素、其次为玉米黄质，此外还有胡萝卜素，核黄素等。而白三叶草粉中含有丰富的叶黄素、胡萝卜素、核黄素及B族维生素等，为蛋黄着色提供了丰富的原料，所以添加白三叶草粉后蛋黄颜色变深。

6. 苦草　*Vallisnerianatans*（Lour.）Hara.

　　【别名】【生境】【形态特征】　见本章第一节。

　　【饲用价值】　苦草中蛋白质和鲜味氨基酸含量多，并含有P，K，Zn，Fe，Mn，Cu等微量元素，营养丰富，口感好，是鱼类和家禽的理想饲料。匍匐茎可作为鹅冬春的产蛋用饲料而毋须补饲料。据分析，鲜苦草的营养成分为水92.9％，粗蛋白质0.9％，粗脂肪0.2％，无氮浸出物4.9％，粗纤维0.2％，粗灰分0.9％。俗话说："要想河蟹长得好，蟹池苦草少不了"。苦草是河蟹、青虾、草食性鱼类和底栖动物的重要饵料，且其冬芽个体大、数量多、肉质鲜嫩，也是野生禽类的良好食物，特别是一些珍禽，如白鹳、天鹅和白头鹤等越冬的重要食物。此外，苦草的蛋白质含量很高，可直接将其中的粗蛋白提取生产蛋白饲料应用于饲养业。

7. 满江红　*Azolla imbricate*（Roxb.）Nak.

　　【别名】　红浮飘、紫藻、三角藻、蕨状满江红、红萍等。

　　【生境】　常见于稻田或水池中。主要分布于长江以南地区。

　　【形态特征】　满江红漂浮于水面，植物体小而呈三角形；叶小、互生、梨形或卵形，每叶深裂为腹、背两裂片，背叶露出水面，能进行光合作用

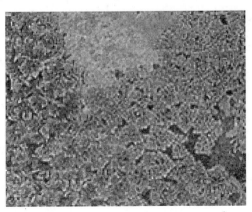

和固氮作用,称同化叶,腹片和水面接触,具有浮载萍体和吸收水分、营养物质的作用,称浮载叶或吸收叶。颈是植株的主体,上面有叶片覆盖,向内侧向形成侧芽和分枝,腹面分化成根和孢子果;孢子果发生在侧枝第一叶的叶腋间,其中大孢子果内含有一个大孢子发育的雌配子体,小孢子果内的部分小孢子囊发育为许多雌配子体。

【饲用价值】 满江红因其与固氮藻类共生,能固定空气中的游离氮,具有较高的营养成分,故可作为畜禽饲草利用,是畜禽的优良饲草来源。据对风干满江红的分析,满江红营养价值很高,含粗蛋白质21.0%以上,粗脂肪2.6%,粗纤维14.6%,无氮浸出物50.9%,此外,满江红个体大小适中,不需切碎加工,即可直接生投喂鱼,是草、鳊、鲤、鲫等鱼类鱼种与成鱼的优良适口饲料。如采用人工粒饲料养鱼,搭配投喂满江红,则可促进颗粒饲料的消化利用,加快鱼类生长,增强体质和抗病能力。

8. 菹草 *Potamogeton crispus* L.

【别名】 虾藻、虾草、麦黄草、虾须草等。

【生境】 生于池塘、湖泊、溪流中,静水池塘或沟渠较多。分布于中国南北各省。

【形态特征】 菹草为眼子菜科多年生沉水草本植物,有细长的根茎。沉水茎稍扁平,细长约1米,有稀疏分枝,短。叶绿褐,无柄,互生,线形,长3~5厘米,先端钝圆,基部近圆形或略狭。边缘曲波状,有小锯齿,脉3条,中脉明显。托叶膜质,长约4毫米,易碎。夏于茎顶上部长出短穗状花序,长1~1.5厘米。花梗长2~6厘米,花被4片,雄蕊4,顶端有缘,花期4~5月,淡黄褐色小花。子房1室,小核果,卵形有喙,含1粒种子。此草侧枝顶端还长出新芽,并迅速生根进行营养繁殖。

【饲用价值】 可作鹅鸭鱼的饲料。虾藻冬季生长缓慢,早春加快,夏季最旺,植株幼嫩易折,常被风浪推打至岸边而易采捞。每公顷可产鲜草150吨左右,其风干样营养成分含量为水分11.5%,粗蛋白质10.5%,粗脂肪2.7%,无氮浸出物43.2%,粗纤维11.2%,粗灰分20.9%,钙1.2%,磷0.3%。

9. 地肤 *Kochia scoparia*（L.）Schrad.

【别名】【生境】【形态特征】 见本章第一节。

【饲用价值】 地肤中粗蛋白含量高,富含Fe、Cu、Zn、Mn及胡萝卜素、维生素C等,营养较全,饲用价值较高,可作家禽、家畜喜食的青饲料与干饲料。其风干样中含干物质90.6%、粗蛋白

18.3%、粗脂肪2.4%、粗纤维14.9%、粗灰分10.2%、钙1.1%、磷0.3%、无氮浸出物44.1%,其中赖氨酸0.3%、胱氨酸0.4%、蛋氨酸0.06%、苏氨酸0.3%、异亮安酸0.6%、亮氨酸0.7%,精氨酸0.05%,缬氨酸0.3%、组氨酸0.08%、酪氨酸0.2%、苯氨酸0.7%以及Fe、Cu、Zn、Mn等。如喂牛可提高奶牛的产奶量和乳脂率。且由于地肤具有消炎收敛,治疗红白痢、清湿热等功效,是一种具有营养、保健双重功效的中草药饲料或添加剂。

10. 紫云英 *Astragalus sinicus* L.

【别名】【生境】【形态特征】 见本章第一节。

【饲用价值】 紫云英茎叶多汁,精蛋白质含量丰富,富含多种矿物质和维生素,营养价值高,富硒能力好,适口性好,是猪、牛的良好饲料。紫云英叶蛋白是一种营养价值很高的植物性蛋白质,其氨基酸组成也比较稳定,同时还含有丰富的叶黄素、维生素和微量元素,如作为蛋鸡的饲料,可大大提高蛋黄颜色的等级和商品价值。在紫云英开花初期刈割饲用时,以紫云英为主搭配少量精饲料喂猪,可取得良好的效果。紫云英除青饲外,还可制成青贮料或干草粉后饲喂。随着我国畜牧业的发展,可充分利用冬闲田发展紫云英,作为牛、羊、猪、禽、鱼等的饲草,以减少饲料粮的消耗。

11. 一年蓬 *Erigeron annuus*（L.）Pers.

【别名】【生境】【形态特征】 见本章第一节。

【饲用价值】 以1年蓬做饲料添加剂饲喂母猪,母猪存活率提高,还能治疗肠炎痢疾,长期添加无毒副作用,可保护胃肠道有益微生物。根据一年蓬的药理,有些地区还常将它用于群养家禽的病毒性肝炎、痢疾等防治。

12. 小藜 *Chenopodium serotinum* L.

【别名】 灰灰菜等。

【生境】 小藜常生长在田野、荒地、道旁和垃圾堆,分布于中国大陆的除西藏外各省区等地。

【形态特征】 小藜为苋科藜属1年生草本植物,高20~50厘米。茎直立,单一或多枝,具角棱及绿色条纹。叶互生,叶柄细长而弱,叶片椭圆形或狭卵形,通常3浅裂,中裂片两边近

平行,先端钝或急尖,并具短尖头,边缘具波状锯齿,侧裂片位于中部以下,通常各具2浅裂齿,上部的叶片渐小,狭长,有浅齿或近于全缘。叶片两面略被粉粒。花序腋生或顶生,花簇细而疏,形成圆锥状花序。花两性,花被近球形,5片,浅绿色,边缘白色,背面具微纵隆脊井密被粉粒,向内弯曲。雄蕊5,伸出于花被外。胞果全体包于花被内,果皮与种子贴生。种子扁圆,黑色,有光泽,表面具六角形细注。花期4~5月,果期5~7月。

【饲用价值】　幼苗、嫩茎叶和花穗均可作牛、马、羊、猪等的可口饲料。

13. 猪毛菜 *Salsola collina* Pall.

【别名】【生境】【形态特征】　见本章第二节。

【饲用价值】　猪毛菜可作为饲料使用,由于猪毛菜嫩苗时为骆驼、羊等所喜食,因此在青鲜季节尽可能在猪毛菜多的草场上放牧,或经常调剂放牧场,保证在猪毛菜多的草场上经常放牧,为骆驼和羊自然采食利用尽可能多的猪毛菜。猪毛菜粉碎后还作为干草粉为饲料加工提供原料,既解决了饲料加工时另购置干草粉的问题,又可大大降低饲料的加工成本。

14. 加拿大一枝黄花 *Solidago canadensis* L.

【别名】　黄莺花、麒麟草、幸福花、黄花草、蛇头王、满山草、百根草等。

【生境】　加拿大一枝黄花适应性很强,在长江中下游和西南诸省区扩散,蔓延迅速,喜生于农田的抛荒地、建筑工地、房屋周围、各种撂荒地、管理粗放的绿地、果园和废弃地,以及田边地头、公路两旁、铁道两边、河边、河滩和沟渠边等。

【形态特征】　加拿大一枝黄花为菊科多年生草本植物,高30~80厘米。地下根须状。茎直立,光滑,分枝少,基部带紫红色,单一。单叶互生,卵圆形、长圆形或披针形,先端尖、渐尖或钝,边缘有锐锯齿,上部叶锯齿渐疏至全近缘,初时两面有毛,后渐无毛或仅脉被毛;基部叶有柄,上部叶柄渐短或无柄。头状花序,聚成总状或圆锥状,总苞钟形;苞片披针形;花黄色,舌状花约8朵,雌性,管状花多数,两性;花药先端有帽状附属物。瘦果圆柱形,近无毛,冠毛白色。花期9~10月,果期10~11月。

【饲用价值】　加拿大一枝黄花是牛、羊、马、鹿的优良草料,种子则是金翅雀、麻雀等鸟类的可口食物。加拿大一枝黄花也是极好蜜蜂饲料,为较好的秋季蜜粉源。天气好,没有寒潮来,流蜜比较稳定,花粉充足,不仅可以采足饲料,还可以多繁殖一代越冬蜂。如上海南汇饲养的浆蜂,利用海滩涂里大面积的一枝黄花,创下平均每群摇蜜60~75千克的纪录。

15. 水葫芦　*Eichhornia crassipes*（Mart.）Solms.

【别名】【生境】【形态特征】　见本章第一节。

【饲用价值】　水葫芦在其生长过程中因聚集了大量的营养元素。这些营养元素又是动植生长所必需的。因此,将水葫芦干燥后制造成颗粒饲料或肥料。以单位面积产量计算,水葫芦生产的蛋白质比大豆还高6~10倍。将水葫芦加工后掺入牛饲料中,其所含的蛋白质和无机成分可与棉籽粉和大豆粉相媲美,是营养丰富而全面的优质饲料,有"经典饲料"之称。朱磊等报道,在水葫芦蛋白质中含有各种动物所必需的氨基酸,可直接饲喂或调制青贮饲料。上海青浦区将水葫芦加工成草粉饲料饲养獭兔,并把兔粪和水葫芦的压滤液作为沼气使用。

16. 葎草　*Humulus scandens*（Lour.）Merr.

【别名】【生境】【形态特征】　见本章第一节。

【饲用价值】　葎草的营养价值较高,含有丰富的蛋白质、矿物质、微量元素、维生素等营养物质,且含有大量的葡萄糖甙、胆碱、葎草酮等生物活性成分,具有天然药物的作用。因其具有草量高、适应性强、营养丰富、适口性好、药用价值高等特点,葎草是一种良好的饲料资源,具有较高的开发前景。目前,葎草在畜禽生产上已有所研究。对猪、鸡、牛、羊、兔等畜禽饲喂试验表明,添加一定量的葎草干粉,可明显提高动物对环境的适应能力,调节营养平衡,增强消化吸收机能。研究发现,用葎草粉饲喂生长期的猪、獭兔、妊娠母兔,结果日增重显著均高于对照组,而料重比降低了11.4%。在家禽饲料中添加葎草,结果提高了产蛋率。腹泻是家兔的主要疾病,约占家兔总发病率的60%。日后有望应用葎草治疗畜禽腹泻和其他一些炎症等,发挥葎草的药用价值,减少抗生素的用量,大大提高畜产品的安全性。

17. 苦苣菜 *Sonchus oleraceus* L.

【别名】【生境】【形态特征】　见本章第一节。

【饲用价值】　苦苣菜的茎叶柔嫩多汁,含水量高达90%,无刺、无毛、稍有苦味,含有较多的维生素与蛋白质,是一种良好的青绿饲料。猪、鹅、兔、鸭、山羊、绵羊喜食。试验表明,每日用650克苦苣菜饲喂家兔,其采食率可达77%。除青饲外,还可晒制青干草,制成草粉。苦苣菜的干草也是马、牛、羊的好饲草,其适口性均可定为喜食级。

18. 空心莲子草 *Alternanthera philoxeroides*（Mart.）Grise.

【别名】　喜旱莲子草、水花生、空心苋、水蕹菜、革命草、空心莲、螃蜞菊等。

【生境】　空心莲子草适应广泛,水田、湿地、旱地中均可生长。广泛分布于世界温带及亚热带地区,普生于我国黄河流域以南地区。

【形态特征】　空心莲子草为苋科莲子草属多年生宿根草本植物,一般株高30厘米,其根系属不定根系,可发育成长1厘米左右的肉质贮藏根,即宿根,有根毛,水生型植株无根毛。茎基部匍匐,茎秆圆筒形、中空、坚实,茎上生节,节能生根,表面灰绿色,有时带紫红色。叶对生,长圆形至倒卵状披针形,先端圆钝,具短尖,基部楔状,两面均有短绒毛。头状花序,单生于叶腋,花被片数5片,雄蕊5枚,白色或粉红色,花期5~11月,一般不结实,以茎节进行营养繁殖。

【饲用价值】　空心莲子草全株鲜草含水分90.3%、蛋白质1.3%、脂肪0.2%、粗纤维2.0%、灰分1.5%,并含有丰富的6-甲氧基木犀草素、7α-L-鼠李糖甙和维生素以及Ca,P,Fe,K,Mg等矿质元素。空心莲子草营养比较丰富,可以作为饲料。如可将该草及其他高产水生植物打成草浆饲喂鱼苗,不过由于空心莲子草含有皂甙,应用时要加2%~5%的食盐,放置数小时后再投喂。江苏省南通市曾报道,用空心莲子草养殖梅花鹿。也可为小龙虾养殖的饲草。

19. 黄花苜蓿 *Medicago falcate* L.

【别名】【生境】【形态特征】 见本章第一节。

【饲用价值】 黄花苜蓿营养价值高,其粗蛋白质、粗脂肪、粗灰分含量和蛋白消化率高,且其维生素和矿物质含量也很丰富,含多种氨基酸,特别是动物必需的氨基酸含量高,是优等牧草。黄花苜蓿的适口性好,牛、马、羊等家畜均喜食。幼嫩的黄花苜蓿是补充畜、禽蛋白质和维生素的良好饲料,能促进幼畜发育,增加母畜的产奶量,并有催肥作用。以黄花苜蓿与优良的禾本科牧草混和,建立人工草地或改良天然草地能够有效地防止家畜发生膨胀病,可提高草地的饲用价值。

20. 苍耳 *Xanthium sibiricum* Patr.

【别名】 羊带归、疔疮草、野茄子、粘粘葵、苍子棵、道人头、爵耳、地葵、虱麻头、痴头婆、猪耳等。

【生境】 广布于全国各地,适应性强,易于散布,各种环境都适宜生长,尤其在荒野、路边、田边最多。

【形态特征】 苍耳为1年生草本植物,高达1米,茎直立,常从基部分枝,具有短硬毛。单叶互生,三角状卵形或心形,基部浅心形,先端短尖,两面均贴生粗伏毛,边缘有缺刻及粗大齿牙,基脉3出。花单性,头状花序腋生或顶生。雄头状花序球形,密生柔毛,花药黄色带紫。雌头状花序椭圆形,位于雄花序下方,雌花1~2朵,总苞片2~3列,外侧1列小,内侧2列大,联合成2室的纺锤形总苞体。成熟时具有瘦果的总苞体变坚硬,绿色、淡黄色或红褐色,外面疏生有钩刺,苞刺长1~2毫米,总苞体(即种子)连喙长约1.5厘米。瘦果(即种仁)倒卵形,稍扁,表面有纵向纹理。花期7~8月,果期9~10月。

【饲用价值】 苍耳叶、花、果蛋白质平均含量为20%,是大米、玉米的2.5倍,含铁121.7毫克/千克,是玉米的100倍,含脂肪14.0%、钙1.4%。苍耳大量的蛋白质、脂肪、糖、钙、铁等营养物质含量超过了饲料的营养价值标准,可作为饲料中的保健成分添加其中。以苍耳为保健粉的饲料喂猪,发现猪生长速度快,抗病性强,肉质好,并且口感得到了提高。

21. 碱蓬 *Suaeda glauca* Bge.

【别名】【生境】【形态特征】 见本章第一节。

【饲用价值】 碱蓬植株及种子提取油脂后的渣子是很好的饲料蛋白源，经微生物发酵后有更高的利用效率，例如：碱蓬籽油渣作原料，发酵生产假丝酵母等蛋白饲料。同时，碱蓬亦可直接作为动物饲料，将碱蓬植株作为牲畜混合饲料的一部分，取代传统的干草饲料，不仅能够降低饲养成本，而且可以提高牧产品的绿化程度，牲畜的肉质及增重幅度不受影响。

22. 大米草 *Spartina anglica* Hubb.

【别名】 食人草。

【生境】 大米草为C4植物，湿生，不耐荫蔽与干旱，气温在5℃以上，营养体即能进行光合作用。耐盐碱、耐淹、耐污性强，能在其他植物不能生长的海滩中潮带生长。我国20世纪60~80年代曾从英、美等国引进，后逸生滩涂危害。

【形态特征】 大米草为多年生草本植物，具根状茎，株丛高20~150厘米。根有两类，即一为长根，数量较少，不分歧，入土深度可达1米以下，

另一为须根，向四面伸展，密布于30~40厘米深的土层内。秆直立，不易倒伏。叶舌为一圈密生的纤毛，叶片狭披针形，被蜡质，光滑，两面均有盐腺。总状花序直立或斜上，呈总状排列，穗轴顶端延伸成刺芒状，小穗狭披针形，含1小花，脱节于颖之下，颖及外稃均被短柔毛，第一颖短于外稃，具1小脉，第二颖长于外稃，具1~6脉，外稃具1~3脉。颖果长1厘米左右。

【饲用价值】 大米草长于海滩，各种营养成分含量丰富、齐全、平衡，具有较高的蛋白质含量和必需的微量元素，对畜禽生长具有较明显的促进作用，是一种优质、安全的饲草资源。对大米草的营养成分分析测定表明，其干草含粗蛋白质9%~13%，粗脂肪2.3%，粗纤维23%~27%，无氮浸出物46.6%，粗灰分10%~12%，钙0.2%，磷0.2%，同时还含有多种生物活性物质、氨基酸、维生素和微量元素。如果在生长旺盛的抽穗前收割，其粗蛋白质含量最高，并含有较多的铁、锌、铜、锰等微量元素和维生素，盐和碘的含量也很高。而且，大米草的特殊生长环境不利于一般的病原微生物和寄生虫的衍生，从而减少了牲畜感染的机会，有利于保证家畜的健康，进而确保食品的安全性。大米草并含有丰富的黄酮类、多糖类、小分子活性物质等，其嫩叶和根状茎有甜味，草粉清香，这有助于增加畜禽适口性，促进胃肠蠕动，增强抗病能力，提高畜禽的生产性能。

23. 荻 *Miscanthus sacchariflorus*（Maxim.）Benth.

【别名】【生境】【形态特征】 见本章第一节。

【饲用价值】　荻在开花之前，植株比较幼嫩，体内含有丰富的碳水化合物、蛋白质、脂肪、维生素、矿物质等动物生长发育所必需的营养物质。荻幼叶粗蛋白含量高达21.4%，粗脂肪达5.7%，可溶性糖含量达5.4%。成熟的茎秆中粗纤维高达31.0%，木质素达到19.1%。此外还含有钙、磷等动物营养物质。嫩荻味道鲜美，动物喜食，可制作成青贮饲料。

24. 鹅观草 *Roegneria kamoji* Ohwi.

【别名】　弯鹅观草、弯穗鹅观草、垂穗鹅观草、弯穗大麦草等。

【生境】　鹅观草多生于田野、路边、丛林中。除青海、西藏外，分布几遍全中国。

【形态特征】　鹅观草为多年生草本植物。须根深15~30厘米。秆直立或基部倾斜，疏丛生。叶鞘外侧边缘常被纤毛；叶舌截平，叶片扁平，光滑或稍粗糙。穗状花序，下垂，小穗绿色或呈紫

色，含3~10花。颖披针形，边缘为宽膜质，顶端具短芒，有3~5脉，第一颖较第二颖短。外稃披针形，边缘宽膜质，背部及基盘近无毛。内稃约与外稃等长，先端钝，脊有翼。颖果稍扁，黄褐色。

【饲用价值】　鹅观草孕穗前，茎叶柔嫩，马、牛、羊、兔、鹅均喜食。抽穗后适口性下降。以利用青草期为宜，也可调制成干草。鹅观草也是良好的水土保持植物。

25. 水绵 *Spirogyra intorta* Jao.

【别名】　脆水绵。

【生境】　大量分布于池塘、沟渠、河流等地方。

【形态特征】　水绵为多细胞植物，常见的真核生物，属绿藻门、接合藻纲、水绵科、水绵属植物。藻体是由1列圆柱状细胞连成的不分枝的丝状体。由于藻体表面有较多的果胶质，所以用手触摸时颇觉黏滑。在显微镜下，可见每个细胞中

有1至多条带状叶绿体，呈双螺旋筒状绕生于紧贴细胞壁内方的细胞质中，在叶绿体上有1列蛋白核。细胞中央有1个大液泡。1个细胞核位于液泡中央的一团细胞质中。核周围的

细胞质和四周紧贴细胞壁的细胞质之间,有多条呈放射状的胞质丝相连。

【饲用价值】　水绵有大量叶绿体,有助于光合作用。繁盛时大片生于水底,或成大团块漂浮水面。水绵可作某些鱼类的饵料。

26. 草木樨 *Metlilotus suaverolens* L.

【别名】　铁扫把、省头草、辟汗草、野苜蓿等。

【生境】　多生长于温暖而湿润的沙地、山坡、草原、滩涂及农区的田埂、路旁和弃耕地上。主要分布于内蒙古、黑龙江、吉林、辽宁、河北、河南、山东、山西、陕西、甘肃、青海、西藏、江苏、安徽、江西、浙江、四川和云南等省区。

【形态特征】　草木樨为1年生或2年生草本植物。主根深达2米以下。茎直立,多分枝,高50~120厘米,最高可达2米以上;羽状三出复叶,小叶椭圆形或倒披针形,先端钝,基部楔形,叶缘有疏齿,托叶条形;总状花序腋生或顶生,长而纤细,花小,花萼钟状,具5齿,花冠蝶形,黄色,旗瓣长于翼瓣。荚果卵形或近球形,成熟时近黑色,具网纹,含种子1粒。

【饲用价值】　从草木樨所含的营养成分看,草木樨鲜草含水分80.0%左右,氮0.5%~0.7%,磷酸0.1%~0.2%,氧化钾0.4%~0.8%。生长第1年的风干草,含水分7.4%,粗蛋白17.5%,粗脂肪3.2%,粗纤维30.1%,无氮浸出物34.6%,灰分7.0%,含有丰富的钙、磷、钾、纳、锌、铜、钴 锰、铁等矿物质和多种氨基酸,具有广泛用途,其干草为各种家畜所喜食,是重要的饲用作物,有"宝贝草"之称。草木樨开花前,茎叶幼嫩柔软,马、牛、羊、兔均喜食,切碎打浆喂猪效果也很好。它既可作青饲,青贮,又可晒制干草,制成草粉。草木樨不仅是一种良好的饲草,而且也是一种良好的蛋白质饲料。

27. 野茭白 *Zizania aquatica* L.

【别名】【生境】【形态特征】　见本章第一节。

【饲用价值】　野茭白水上部分的茎叶在6~7月份刈割,自然干燥后,既可做家畜的上等饲草,还可做野生草食动物的优质饲草。作为家畜饲草,野茭白已于20个世纪70年代出口到日本等国,国内也有一些奶牛场(公司)用其作奶牛的饲草,大大提高了产奶量;作为野生草食动物的饲草,上海、南京、杭州等地的动物园和公园,从20世纪80年代开始,用野茭白饲喂大象、河马、长颈鹿、梅花鹿等草食野生动物。

28. 浮萍　Duckweed

【别名】　水萍、水花、水帘、藻、萍子草、小萍子、浮萍草、水藓、九子萍、田萍等。

【生境】　浮萍常分布于相对平缓的水面,如水田、水塘、湖泊和水沟等。

【形态特征】　浮萍主要为青萍 *Lemna* L. 与紫萍 *Spirodela* L.。紫萍为单子叶植物纲泽泻目浮萍科多年生漂浮小草,叶状茎扁平,倒卵形或椭圆形,常2~4片聚生,少有1片,上面绿色,下面紫红色,自中央下垂10余条纤细须根,中心有明显的维管束1条,末端有根帽,佛焰苞短小,唇形扁平叶状体,呈卵圆形。紫萍和青萍在植物学性状方面的区别在于,紫萍上表面为浅绿色或黄绿色,下表面为紫红色或棕褐色,须根众多。而青萍上下表面均为青绿色或黄绿色,有须根1条。

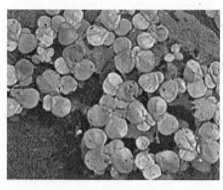　　　　

紫萍　　　　　　　　　　　　　　　青萍

【饲用价值】　浮萍生命力强,繁殖速度快,只要温度适宜就可以在2~4天内长大1倍,此生长速度是大豆的10倍。浮萍可将氮和磷污染物转化为易收获、优质和安全的高蛋白动物饲料资源。浮萍的营养价值高,蛋白含量高,叶黄素和赖氨酸含量丰富。在适宜条件下,浮萍的粗纤维和蛋白质分别占其干质量的5%~15%和35%~45%,可部分替代玉米和大豆等作为高蛋白动物饲料,如作为鱼类(鲤鱼和罗非鱼)、猪和家禽饲料的蛋白质补充成分。据文献报道,风干紫萍的粗蛋白质为30.5%,粗纤维16.5%,粗灰分21.0%,粗脂肪1.9%,钙0.6%,磷0.9%。

第一节　中草药资源

药用植物资源是指含有药用成分,具有医疗用途,可以作为植物性药物开发利用的一群植物。广义的药用植物资源还包括人工栽培和利用生物技术繁殖的个体及产生药物活性的物质。我国药用植物种类多、分布广。据统计,我国现有已鉴定的药用植物达 11 146种,分属383科,2 309属。

一、药用植物资源的分类

1. 按药用部位分类

药用植物的营养器官(根、茎、叶)、生殖器官(花、果实、种子)以及全株均可入药。据此可分为：根及地下茎类,即为地下茎,鳞茎、球茎、块茎和块根等,如丹参、山药、半夏等。全草类,系植物茎叶或全株,如野薄荷、藿香、紫花地丁等。花类,即花、花蕾、花柱等,如红花、菊花、金银花等。果实和种子类,系成熟或未成熟的果皮、果肉或果核、种仁,如五味子、酸枣仁、枸杞等。皮类,系树皮或根皮,如杜仲、厚朴、刺五加等。菌类,即为药用真菌,如茯苓、灵芝、猴头菌等。

2. 按中药功能分类

中药含有多种复杂的有机、无机化合物,所以决定了每种中药材具有一种或多种性能和功效。据此可分为：解表药类,即能疏解肌表,促使发汗用以发散表邪,解除表症的药用植物,如麻黄、防风、细辛、柴胡等。泻下药类,即能引起腹泻或滑润大肠、促进排便的中药材,如大黄、泽泻叶、火麻仁等。清热药类,即能以清解内热为主要作用的中药材,如黄连、金银花、决明子等。化痰止咳药类,即能清除痰涎或减轻和制止咳嗽、气喘的中药材,如半夏、贝母、杏仁、桔梗、枇杷叶等。利水渗湿药类,以通利水道、渗除水湿为主要功效的中药材,如茯苓、泽泻、石韦等。祛风湿药类,即能祛除肌肉、经络、筋骨的风湿之邪,解除痹痛为主要作用的中药材,如木瓜、穿石藤、徐长卿等。安神药类,即以镇静安神为主要功能的中药材,如酸枣仁、夜交藤、柏子仁等。活血祛淤药类,即以通行血脉,消散淤血为主要作用的中药材,如鸡血藤、益母草、牛膝等。止血药类,即有利于体内外止血作用的中药材,如三七、仙鹤草、小蓟、白茅根等。补益药类,即能补益人体气血阴阳不足,改善衰弱状态,以治疗各种虚症的中药材,如人参、西洋参、党参、黄芪、当归等。治癌药类,即用于试治癌症,并有一定疗效的中药材,如长春花、茜草、白花蛇舌草、天葵等。

3. 按有效成分分类

药用植物含有不同的生物活性物质,据此可分为:含糖类药用植物,如白芨黏液具有止血作用;树舌多孔菌含有多糖物质具有治癌作用;海藻多糖具有降血脂作用。甙类药用植物,甙类是由糖及糖的衍生物形成的具有生物活性物质,通常有酸类、蒽类、黄酮类,如芥子甙具有止痛、消炎作用;苦杏仁甙具有镇咳功效;柳树中水杨甙有解热镇痛作用。生物碱类药用植物,即含氮的碱性有机物,如麻黄、延胡索、贝母等。挥发油类药用植物,即一般具有发汗、理气,止痛、抑菌等功效,如丁香中的丁香油、野薄荷中的薄荷油、樟树中的樟脑等。含单宁药用植物,具有收敛、止血、抗菌作用,如五倍子、没食子、石榴(果皮)。含有机酸类药用植物,即含有羧基化合物,如植物的根、叶,特别在果实中广泛分布。含树脂类药用植物,即许多植物正常生长中分泌出的一种物质,如松香有祛风止痛功效,安息香有活血防腐功能。含油脂与脂类的药用植物,如薏苡仁酯,有驱虫、抗癌功能。蛋白质类药用植物,如栝楼根(无花粉)中提取的无花粉蛋白质,可用于人工引产与治疗绒毛膜上皮癌;菠萝蛋白酶用于抗水肿与抗炎。无机成分类药用植物,如夏枯草内钾盐有药理作用,海带、海藻所含的碘可治甲状腺增生。

二、研究现状及发展趋势

目前对药用植物资源的研究不论国内国外都非常重视,在深度和广度上都有了很大进展。不仅对现有药用植物资源在药化、药理及合理而科学地开发利用与保护等方面均有广泛的研究,还通过调查、引栽和多学科的综合研究,不断扩大新的和高疗效的资源,增加新品种,提高家种品种的产量和质量,解决供需矛盾,使药用植物资源不断丰富和充实,更好地为人类健康服务。

我国是开发利用药用植物资源最早、最完善的国家。我们的祖先在原始时代,在以野生植物为食的过程中,发现了植物有防病、治病的作用,经过古代医药学家的实践和整理逐渐形成了《本草学》,这是我们中华民族的宝贵遗产。我国古代本草书籍《本草纲目》,记载药1892种,其中有1000多种药用植物资源,在我国中医中药史上占有重要地位,也是世界医药学的一部经典巨著,对世界药用植物资源的开发利用也有巨大影响。近年来,随着现代科学技术在药用植物资源领域内的应用,使我国药用植物资源的研究日趋向综合利用的方面发展。例如人参和西洋参皆为珍贵的根类药材,生长4~6年后才能利用其根。经研究它们的地上部分均发现与根部有相似的三萜类皂甙,因此,目前对其地上部的茎、叶和花果已全面的开发利用。同时,开展了药用植物多种药理活性物质的医药用途的综合利用能提高利用率,降低成本、物尽其用。例如利用山莨菪中的多种生物碱(阿托晶、东莨菪碱、山莨菪碱、樟柳碱、红古豆醇酯、后马托品等)生产眼科散瞳药、中药麻醉剂,镇静药、解痉止痛药等多种医药产品。此外,综合利用还包括医药外的其他经济用途。如甘草除药用外,还用作食品及糖果的甜味剂、烟酒的调香发泡剂,其渣为纤维、纺织、造纸等轻化工原料及食用菌培养基,渣液可作石油钻井、灭火器及杀虫药的稳定剂,地上部分茎叶可作冬贮饲料。此外,近年来药用原料植物资源的研究与利用也有了新的进展。如对生产激素的甾体原料植物的野生资源进行了分布、生态、蕴藏量、资源的保护与更新等研究。通过调查和分析,从国产约80种薯蓣属植物中,发现甾体皂甙元类成分主要集中分布在根茎横走的根茎组种类中。另外番麻、剑麻、闭鞘姜及葫芦巴等也有利用前途的甾体原料。目前已研究了40多类的药用原料植物资源。

　　随着科学的进步,医疗卫生和保健事业的发展,越来越多国家发现化学合成药品有一定的毒副作用,甚至有些化学合成药品出现致癌、致畸、致突变和抗药作用。因此,世界上一些科学发达的国家均在积极研究和开发天然药物。如美国一个肿瘤治疗中心,在1964~1970年之间,就从全世界各大洲收集植物进行研究,其中高等植物289科,分离出48 000个提取物,低等植物99个科,分离出约1 000个提取物,获得了有医疗作用的许多活性物质,如春花碱、喜树碱等已应用于肿瘤疾病的治疗中。日本把分子生物学和分子药理学的一些成就与药用植物学研究结合起来,并注意学习和吸收中医中药的传统经验和理论,开展汉药复方的研究。俄罗斯多年来非常重视药用植物的基础研究和引种栽培技术的研究,特别对植物性强壮药的研究有了较大突破,开展了药用植物调查,设置了药用植物研究所,还根据不同的区域设置了药用植物试验站,为全面而系统地研究药用植物资源创造了极为良好的条件。印度是应用天然药物最多的国家,也是植物药材出口国之一,近年来从100多种植物中,发现有29种有避孕作用的成分。巴基斯坦从345种药用植物中筛选出抗癌活性成分。泰国也是对药用植物开发和利用比较好的国家,已经引种栽培的药用植物有豆蔻、藤黄、穿心莲、芦荟等。东欧、美洲以及中美洲一些国家对药用植物资源的研究都取得了较好的成绩。

　　有关调查统计资料表明,在未来一段时间内,增强机体免疫功能类、抗心脑血管系统疾病类、抗风湿病与类风湿病类、抗肿瘤类、抗过敏类、增强妇幼保健类、防治性病与艾滋病类、抗衰老类、防治肥胖和促进健美类、美容和药膳类等野生药用植物资源将是未来筛选、研究、开发和利用的重点领域。

三、主要中草药资源植物

1. 马齿苋 *Portulaca oleracea* L.

【别名】【生境】【形态特征】　见第二章第一节。

【药用价值】　全草入药,其性寒味酸,具有清热解毒、利湿消肿、止渴利尿等功效。可用于热毒血痢、痈肿疔疮、湿疹、便血、痔血和崩漏下血等，外用可治丹毒、毒蛇咬伤等症。《生草药性备要》中记载："治红痢症，清热毒，洗痔疮痔疔"。《滇南本草》中记载："益气、清暑热，宽中下气，润肠，消积滞，疗疮红肿疼痛"。马齿苋是常用中药，据南北朝《名医别录》、唐代《食疗本草》、明代《本草纲目》等古医书记载，马齿苋具有"清热解毒、散血消肿、止痢"之功效。我国

民间也常用鲜马齿苋与水煎液来治疗急性肠炎、痢疾、腹泻等。如急性阑尾炎，可用马齿苋、蒲公英各60克（干品），水煎，分2次服。马齿苋素有"天然抗生素"之称。

　　现代药理研究表明，马齿苋的化学成分主要有生物碱、萜类、有机酸、香豆素、黄酮、挥发油、多糖、强心甙和蒽醌类等，并富含 ω–3 脂肪酸、硝酸钾、硫酸钾及其他钾盐等。具有显著的抑菌、抗病毒、抗肿瘤、降血糖、降血脂、抗动脉粥样硬化、抑制或兴奋子宫平滑肌及增强免疫力等作用。马齿苋含有大量的去甲肾上腺素，能促进胰岛腺分泌胰岛素，调节人体内糖代谢，具有降低血糖浓度，保持血糖稳定的作用，对治疗糖尿病有良效。马齿苋全草含有较丰富的被称为 α–亚麻酸的 ω–3 不饱和脂肪酸，这种物质具有多种药理活性，可预防血小板凝聚、冠状动脉痉挛和血栓的形成，从而能有效地防治冠心病。ω–3 不饱和脂肪酸是形成细胞膜，尤其是脑细胞膜与眼细胞膜所必需的物质。含有丰富的维生素A样物质，能促进上皮细胞的生理功能趋于正常，并能促进溃疡的愈合，参与视紫质的合成，增强视网膜感光性能，也参与体内许多氧化过程。马齿苋富含的脂肪酸、维生素C、维生素E、β–胡萝卜素、亚麻酸等，使它具有治疗、调节、营养三大功能。药理实验证实，它对大肠杆菌、痢疾杆菌、伤寒杆菌均有抑制作用，对常见致病性皮肤真菌也有抑制作用。

　　近年的研究还发现，马齿苋在防治心脏病、心血管病、动脉硬化和提高免疫功能等方面部有重要的作用，对血管有显著的收缩作用，具有利尿降压作用，可防治高血压、心脏病和癌症的发生。

　　2. 紫菀　*Aster tataricus* L.

　　【别名】【生境】【形态特征】　见第二章第一节。

　　【药用价值】　紫菀为常用中药，紫菀根部入药，性味苦，温。具有温肺，下气，消痰，止嗽的功能。用于治风寒咳嗽气喘、虚劳咳吐脓血、喉痹，小便不利。《神农本草经》载："主咳逆上气，胸中寒热结气，去蛊姜、安五藏"。《名医别录》云：

"疗咳唾脓血，止喘悸，五劳体虚，补不足，小儿惊痫"。《本草从新》云："专治血痰，为血劳圣药。又能通利小肠"。

现代医学研究表明，紫菀含有萜类及其皂苷、肽类、香豆素、黄酮类、蒽醌类、甾醇及有机酸类等的化学成分，有抗肿瘤、抗菌、消炎、止咳、祛痰等功效，主治气逆咳嗽、痰吐不利、肺虚久咳、痰中带血等症，是临床常用的润肺祛痰止咳药。民间一般用作治蛇咬伤和呼吸系统感染等。近期研究发现紫菀中的槲皮素和山萘酚有显著的抗氧化活性。体外实验证明，紫菀对大肠杆菌、宋内氏痢疾杆菌、变形杆菌、伤寒杆菌、副伤寒杆菌、绿脓杆菌、霍乱弧菌等7种革兰氏阴性内致病菌及某些致病性真菌有不同程度的抑制作用。

3. 荠菜 *Capsella bursa-pastoris* Medic.

【别名】【生境】【形态特征】　见第二章第一节。

【药用价值】　荠菜性味甘平，具有和脾、利水、止血、明目的功效。用于治疗痢疾、水肿、淋病、乳糜尿、吐血、便血、血崩、月经过多、目赤肿疼等。《本草纲目》记载："荠菜味甘性平，入心肺肝经，具利尿，明目、和肝、强筋健骨、降压、消炎功效"。《名医别录》记载："主利肝气，和中"。《日用本草》记载："凉肝明目"。民间也有一些验方，如小儿麻疹火盛，用鲜荠菜30~100克（干品25~30克），白茅根20~150克，水煎，代茶常饮，单用亦可。

现代医学研究表明，荠菜所含的荠菜酸，是有效的止血成分，能缩短出血及凝血时间，其含有的香味木昔，可降低毛细血管的渗透性，起到治疗毛细血管性出血的作用。荠菜中的乙酰胆碱、谷甾醇和季胺化合物，不仅可以降低血中及肝中的胆固醇和甘油三酯的含量，而且还有降低血压的作用。荠菜所含的橙皮甙能够消炎抗菌，有增强体内维生素C含量的作用，还能抗病毒，预防冻伤，并抑制眼晶状体的醛还原酶，对糖尿病性白内障病人有疗效。荠菜中所含的二硫酚硫酮，具有抗癌作用，其丰富的维生素C可防止硝酸盐和亚硝酸盐在消化道中转变成致癌物质亚硝胺，预防胃癌和食管癌。日本国立癌症预防研究所已公布，荠菜有预防肿瘤和抑制癌肿作用。且荠菜含有大量的粗纤维，食用后可增强大肠蠕动，促进粪便排泄，从而增进新陈代谢，有助于防治高脂血症、高血压、冠心病、肥胖症、糖尿病、肠癌及痔疮等。

此外，荠菜中含有许多天然的植物化学物质。如胡萝卜素等抑制血栓形成、抑菌、抑制肿瘤细胞的生长；硫胺素等硫化物，具有降血脂、抗癌、抗氧化等作用；核黄素具有减缓中老年人眼睛自然退化的作用；萝卜素和铁的含量较为突出，是预防和治疗夜盲症及贫血的很好的食疗菜，多吃荠菜能有效防止眼干；荠菜中的醇提物还可以降血压，功效优于芦丁，而且无毒性。

4. 地肤 *Kochia scoparia*（L.）Schrad.

【别名】【生境】【形态特征】 见第二章第一节。

【药用价值】 地肤果为地肤子,性寒,味甘。地肤子中主要含萜皂苷及甾类化合物,还含有脂肪油、生物碱、黄酮以及维生素A类物质等,对医治膀胱炎、尿道炎有一定疗效。春、夏季采的嫩茎叶,称地肤苗,具有清热解毒,利尿通淋之效,治赤白痢疾、泄泻、热淋、目赤、雀盲、皮肤风热赤肿等病症。地肤的药用价值始载于《名医别录》,其中记载:"地肤,苦、寒。入肝、大肠、小肠三经,具燥湿止痢,利尿通淋,清肝明目之功效"。《本草纲目》中记载:"地肤苗叶,能益阴气,通小肠……"。《本草图经》中记载:"主大肠泄泻、止赤白痢、和气、涩肠胃、解恶疮毒"。民间也有一些验方,如热淋、尿涩:可取地肤60克或鲜品300克,水煎服,或用鲜嫩叶茎,开水烫后炒菜食用。排尿热痛频数、手足烦痛:可取地肤30克,水煎服,每日3次。血痢:可用地肤子15克,地榆炭、黄芩各9克,研细末,每次用6克,每日2次。现代医学近几年又发现其对慢性肝炎、红斑狼疮、变态反应等有良效。

5. 马兰 *Kalimeris indica* L.

【别名】【生境】【形态特征】 见第二章第一节。

【药用价值】 夏、秋采收,洗净,鲜用或晒干。全草及根,味辛,性凉,无毒。具有清热解毒、散瘀止血、消食、消积、抗菌消炎、凉血、利湿之功效。主治感冒发热、咳嗽、急性咽炎、扁桃体炎、流行性腮腺炎、传染性肝炎、胃及十二指肠溃疡、小儿疳积、肠炎、痢疾、吐血、衄血、崩漏、月经不调、乳腺炎、疟疾、黄疸、水肿、淋浊、痔疮、痈肿、丹毒、蛇咬伤,创伤出血等症。

据《本草正火》中记载:"马兰,最解热毒,能止血凉血,尤其特长"。《医林纂要》中记载有马兰补肾命,除寒湿,暖子宫,治小儿疳积。主要治疗痢疾或湿热腹泻、咽喉肿痛、湿热、黄疸、血热、吐血、便热、排尿不利、饮食积滞、脘腹胀满等。《本草纲目》记载:马兰可破宿血,养新血,止鼻吐血,断血痢,腹中急痛,痔疮等病症。民间也有一些验方,如呕血:可用马兰、鲜白茅根(去心)、莲子、红枣各120克,文火炖食。鼻出血:取马兰鲜叶30~50克,用淘米水洗净,捣烂取汁,蜂蜜适量,调匀温服。清热利湿,用于湿热炎症:用马兰30克,马齿苋、车前草各15克水煎服。吐血及皮下出血:以马兰全草适量,洗净捣烂绞汁,以温开水冲服。

现代医学研究表明,马兰具有明显的抗炎作用,其抗炎作用可能与减少炎症细胞因子的生成有关。马兰富含维生素A和维生素C，经常食用对高血压、夜盲症、急性咽喉炎等病有辅助疗效。

6. 蒲公英 *Taraxacum mongolicum* Hand.

【别名】【生境】【形态特征】　见第二章第一节。

【药用价值】　蒲公英以花和全草入药。可于开花前连根采收洗净，鲜用或晒干用。蒲公英性味甘平，无毒。具有清热解毒、利尿消肿散结之功效，适用于急性扁桃体炎、咽喉炎、眼结膜炎、流行性腮腺炎、急性乳腺炎、胃炎、肠炎、痢疾、肝炎、胆囊炎、急性阑尾炎、泌尿炎。无论煎汁口服，还是捣泥外敷，皆有效验。《本草纲目》有句云："蒲公英嫩苗可食，生食治感染性疾病尤佳"。《神农本草经》、《唐本草》、《中药大辞典》等历代医学专著均给以高度评价。《随息居饮食谱》中记载："清肺、利咳化痰、散结消痈、养阴凉血、舒筋固齿、通乳益精"。民间也有一些验方，如痢疾、肠炎、排尿不利，可用蒲公英60~100克，白糖适量，水煎服，每日2次。

现代营养医学表明，蒲公英具有广谱抑菌和明显的杀菌作用，利用蒲公英注射剂治疗各种感染疾病已达40种左右，是中药界清热解毒、抗感染作用草药的"八大金刚"之一，被誉为"天然抗生素"。

资料显示，蒲公英全草含有肌醇、天冬酰胺、苦味质、皂甙、树脂、菊糖、果胶、胆碱、蒲公英甾醇等；其根部含有蒲公英醇、甾醇、β－香树脂醇、胆矸、果糖、蔗糖及亚油酸；叶含有叶黄素、蝴蝶梅黄素、叶绿醇素等；花中含有毛茛黄素、山金车二醇、叶黄素等；花粉中含有肛谷甾醇、叶酸等。在蒲公英植株中还含有一定量的黄酮类物质，这类物质可以降低心肌耗氧量，使冠脉、脑血管流量增加，抗心律、软化血管，降血糖、血脂，抗氧化、消除体内自由基，起到抗衰老、增加机体免疫力的作用。

现代医学研究还表明，蒲公英中还含有大量的绿原酸和咖啡酸。绿原酸可催化透明质酸的分解，增强血管系统的通透性，降低炎症反应，对金黄色葡萄球菌、伤寒杆菌、痢疾杆菌有抑制和杀灭作用。蒲公英中的植物生物活性成分蒲公英甾醇和蒲公英苦素对肝、胆还起到一定的保护作用。

7. 鼠曲 *Gnaphalium affine* D. Don.

【别名】【生境】【形态特征】　见第二章第一节。

【药用价值】　鼠曲味甘性平，具有祛风湿、利湿浊、降血压、化痰止咳平喘之功效。可用于感冒咳嗽、支气管炎、哮喘、蚕豆病、风湿腰腿痛、痰喘、风湿痹痛、赤白带下、痈肿疔疮、阴囊湿痒、消化道溃疡、荨麻疹等的治疗，外用可治跌打损伤，毒蛇咬伤。

鼠曲的药用功能在传统中医药学中有许多记载，譬如：《本草纲目》谓其主"寒热、除肺中寒、大升肺气"。《本草拾遗》记载：鼠曲性味甘，平，无毒，具有止咳化痰，平喘，降血压，祛风湿等功效。《常用中草药手册》《本草拾遗》等文献资料记载鼠曲性味甘平，具有止咳化痰、平喘、降血压、祛风湿等功效。《别录》："主痹寒寒热，止咳"。《日华子本草》："调中益气，止泄，除痰，

压时气，去热嗽"。《履巉岩本草》："大治脾胃作疼"。《药类法象》："治寒嗽及痰，除肺中寒，大升肺气"。《品汇精要》："治形寒饮冷、痰嗽、经年久不瘥者"。《现代实用中药》："治非传染性溃疡及创伤，内服为降血压剂及胃溃疡之治疗药"。《南京民间药草》："泡酒服，治筋骨痛"。《民间常用草药汇编》："消喉火，解热，去毒"。民间用其鲜品捣烂外敷治蛇毒咬伤、跌打损伤、毒虫叮咬等症，炖服可治风寒感冒、咳嗽、慢性支气管炎、气喘、胃及十二指肠溃疡。如《江西民间草药》治咳嗽痰多，用鼠曲草全草15~18克，冰糖15~18克，同煎服。

现代药理证明，鼠曲草富含生物碱、甾醇、挥发油和甙类，对金黄色葡萄球菌有抑制作用。鼠曲草含有的多种功能因子，具有降血脂、降血糖、降血压、抗衰老、消炎抑菌、增强免疫等多种功效。现代医学研究和临床实验表明，鼠曲可用于咳嗽、痰喘，风寒感冒，筋骨疼痛，用量9~30克。

8. 酢浆草 *Oxalis corniculata* L.

【别名】【生境】【形态特征】　见第二章第一节。

【药用价值】　全草均可入药，其性寒、味酸，归肝、小肠经。具有清热解毒、平肝定惊、消炎止痛、利湿消肿、凉血散瘀之功效。可治疗各种出血、水泻、痢疾、肺炎、扁桃体炎、急性肝炎、腮腺炎等多种疾病。可内服，也可外用。鄂西土家医常用于内服治疗跌打青肿、咽喉肿痛、祛痰平喘、

痢疾、黄疸、尿路感染、结石、月经不调、淋浊、白带、肝热、惊风等；外用治跌打损伤、毒蛇咬伤、痈肿疮疖、脚癣、湿疹等症。

目前，有报道，酢浆草主要成分为黄酮、β-谷甾醇、胡萝卜苷、草酸、酒石酸、苹果酸、柠檬酸等，且其干燥草中的总黄酮含量高达2.2%。具有较好的抗炎、抗病毒和抑菌作用，疗效确切，绝大多数可以单味入药，一般疗程为2~5天。由于其抗炎效果显著，资源丰富，随处可采，所以在我国一些地区如江西民间一直作于治疗咽喉炎、扁桃体炎、腮腺炎的首选草药。

现代医学研究结果表明，酢浆草全草提取液对金黄色葡萄球菌、肠炎沙门氏菌、铜绿假

单胞菌、短小芽孢杆菌均有较强的抑制作用,而对乙型溶血性链球菌、大肠杆菌的抑制作用则较弱。酢浆草全草无毒性和其他不良反应,故作为外用治疗体表感染、内服抗菌消炎的良好药物,有进一步开发利用的价值。

9. 水芹　*Oenanthe javanica* DC.

【别名】【生境】【形态特征】　见第二章第一节。

【药用价值】　水芹味甘、性平。具有清热利湿、止血、降血压之功能。主治感冒发热、呕吐腹泻、尿路感染、崩漏、白带、高血压等。秦汉时期我国最早的药学专著《神农本草经》中说水芹能"止血养精,保血脉,益气,令人肥健嗜食"。唐代孟诜《食疗本草》中说水芹能"养血益力"。中医认为水芹具有清热利尿、凉血止血和平肝健胃等功能。水芹也是《本草纲目》《新华本草纲目》收载品种,为贵州苗族、仡佬族用药,具有清热解毒、利水功能,常用于治疗黄疸、水肿等。

现代医学研究表明,水芹有极高的药有价值,水芹全草含有水芹素,并含有挥发油,内服有兴奋中枢神经、升高血压、促进呼吸、提高心肌兴奋性、加强血液循环的作用,并有促进胃液分泌、增进食欲及祛痰之作用。另外,挥发油局部外搽,有扩张血管、促进循环、提高渗透性的作用。水芹素及水芹素-7-甲醚有降压作用。药理学研究表明,水芹有抗肝炎,保肝退黄、降酶和抗乙肝病毒作用;并对心血管有一定作用,抑制心脏活动,降低血压作用呈剂量依赖性变化,另外,还有降低血糖和抗过敏作用。水芹含有抑杀结核杆菌的成分,可提高机体免疫力和抗病能力,使结核杆菌逐渐减少或消失。水芹中含酸性的降压成分,临床上对原发性、妊娠性及更年期高血压均有效,是辅助治疗高血压病及其并发症的首选之品。水芹含有较多的膳食纤维和黄酮类物质,可刺激胃肠蠕动,防止便秘,还能预防结肠癌、肺癌、降血压、降血糖等。从水芹籽中分离出一种碱性成分,发现其对动物有镇静作用,对人体有安神作用,有利于稳定情绪,消除烦躁。且水芹含有利尿有效成分,可消除体内钠潴留,利尿消肿。临床上以水芹水煎可治疗乳糜尿。

水芹是高纤维食物,具有抗癌防癌的功效,它经肠内消化作用产生一种木质素(或肠内脂)物质,这类物质是一种抗氧化剂,高浓度时可抑制肠内细菌产生的致癌物质。它还可以加快粪便在肠内的运转时间,减少致癌物与结肠黏膜的接触,达到预防结肠癌的目的。英国科学家研究证实,食用水芹可抵消烟草中有毒物质对肺脏的损害,吸烟者每天吃60克就可以起到一定的预防肺癌的功效。

10. 萹蓄　*Polygonum aviculare* L.

【别名】【生境】【形态特征】　见第二章第一节。

【药用价值】　萹蓄性寒、味苦，全草入药，具有清热利尿、解毒驱虫、消炎、止泄等功效。早在《本草纲目》中就有记载，可用于"治霍乱，黄疸，利小便"。现民间广泛用其治疗泌尿系统的感染、结石及肾炎等疾病。现代药理学研究表明，萹蓄全草提取物含多种药用有效成分，主要为黄酮类化合物萹蓄甙和槲皮素甙、咖啡酸、没食子酸、绿原酸，色氨酸等。其中，绿原酸为0.4%，绿

原酸是一种重要的生理活性物质，它是许多药材和中成药的主要有效成分之一，具有抗菌、抗病毒、升高白细胞、保肝利胆、抗肿瘤、降血压、降血脂清除自由基等作用。临床上主要用于细菌性痢疾、急性肠炎及阴囊鞘膜积液的治疗。资料表明，萹蓄苦降下行，通利膀胱，苦燥又能杀虫除湿止痒，消炎抗菌作用好，对金黄葡萄球菌、弗氏痢疾杆菌、绿脓杆菌、伤寒杆菌及皮肤霉菌有抑制作用。民间有一些验方，如痢疾，可用鲜萹蓄150克或干品60克，水煎服，每日2次；急慢性肾炎、肾盂肾炎，可有萹蓄、荠菜、大蓟各9克，大力子车前草各30克，甘草3克，红枣4枚，浓煎分服，每日3次。

11. 仙人掌 *Opuntia* L.

【别名】【生境】【形态特征】　见第二章第一节。

【药用价值】　仙人掌四季可采，鲜用或切片晒干。以全株入药。仙人掌味苦，性寒，无毒，入心、肺、胃三经，具有行气活血、清热解毒之功效，能舒筋活络、散瘀消肿、解肠毒、凉血止痛、润肠止血、健胃止痛、镇咳之功效，可治心胃气痛、痞块、痢疾、痔血、咳嗽、喉痛、肺痛、乳痈、疔疮、烫火伤、蛇伤。外用治流行性腮腺炎、乳腺炎、痈疖肿毒、蛇咬伤、烧烫伤。有文献报道，以仙人掌为

药，可以避免人体内积累过多的葡萄糖、胆固醇和脂肪，从而可抑制动脉硬化和肥胖病。对非胰岛素依赖型糖尿病患者，在禁食几小时之后，服用焙热的仙人掌茎，可有效地降低血糖，改善体内利用胰岛素的效能，刺激葡萄糖从血液进入人体细胞，并转化为脂肪式能量。每天食用7~8克仙人掌纤维素，可抑制糖尿病、动脉硬化、肥胖病、结肠病。

仙人掌在我国为药用首载于我国清代《本草纲目拾遗》，有记载："仙人掌味淡性寒，功能行气活血，清热解毒，消肿止痛，润肠止血，健脾止泻，安神利尿，可内服外用治疗多种疾病"。清代刘善术著的《草木便方》中云："仙人掌苦涩性寒，五痔泻血治不难，小儿白秃麻油擦，虫疮疥癞洗安然"。《本草求原》云："仙人掌寒，消诸痈初起，洗痔"。《陆川本草》中记

载有消炎解毒,排脓生肌的作用,可用于疮痈疖肿咳嗽的治疗。《岭南采药录》云:"仙人掌焙热熨之,用于治疗乳痈初起结核"。《闽南民间草药》中说,用仙人掌鲜全草适量,共捣敷患处,治透掌疗。《广西中草药》云:"仙人掌止泻,治肠炎腹泻"。《闽东本草》云:"能去痰,解肠毒,健胃,止痛,滋补,舒筋活络,凉血止痛,疗伤止血。治肠风痔漏下血、肺痈、胃病,跌打损伤"。《湖南药物志》云:"仙人掌消肿止痛,行气活血,祛湿退热生肌"。《中国药植图鉴》云:"仙人掌外皮捣烂,可敷火伤,急性乳腺炎并治足胝。煎水服,可治痢疾"。《分类草药性》云:"专治气痛,消肿毒,恶疮"。《贵州民间方药集》云:"仙人掌为健胃滋养强壮剂,又可补脾、镇咳、安神,治心胃气痛、蛇伤、浮肿"。《图经本草》云:"仙人掌无毒,与甘草浸酒服,治肠痔、泻血"。

此外,还有报道仙人掌可以去除皮肤的厚角质层,有美白肌肤的效果,而部分牛皮癣患者由于内分泌失调,毒素淤积体内,因而仙人掌还对治疗牛皮癣有一定的辅助效果。

12. 水蓼　*Polygonum hydropiper* L.

【别名】【生境】【形态特征】　见第二章第一节。

【药用价值】　夏秋季采收,切段,晒干生用或鲜用。水蓼性温,味辛。水蓼用于行滞化湿,散瘀止血,祛风止痒,解毒。主治湿滞内阻、脘闷腹痛、泄泻、痢疾、小儿疳积、崩漏、血滞经闭痛经、跌打损伤、风湿痹痛、便血、外伤出血、皮肤瘙痒、湿疹、风疹、足癣、痈肿、毒蛇咬伤,还能驱除体内外寄生虫。自古以来对于水蓼药用有些记载,如《别录》:"蓼叶,归舌,除大小肠邪气,利中益志"。《唐本草》:"主被蛇伤,捣敷之,绞汁服,止蛇毒入腹心闷;水煮渍脚捋之,消脚气肿"。《本草拾遗》:"蓼叶,主疬癣,每日取一握煮服之;又霍乱转筋,多取煮汤及热捋脚;叶捣敷狐刺疮;亦主小儿头疮"。《本草求原》:"洗湿热癥癞,擦癣"。《植物名实图考》:"治跌打损伤,通筋骨"。《岭南采药录》:"敷跌打,洗

疮疥,止痒消肿"。《重庆草药》:"治巴骨流痰,跌打损伤"。《浙江民间常用草药》:"解毒,利尿,行气,止痢"。《四川中药志》:"治风寒太热,用水蓼、淡竹叶、姜茅草,煎服"。

现代药理分析证明,水蓼中含有水蓼二醛、异水蓼二醛、水蓼素、槲皮素、槲皮甙、槲皮黄甙、肛谷甾醇、氯化钾等成分。其中,水蓼中所含的挥发油还有显著降低血压之作用。水蓼茎叶中含有的鞣质对痢疾杆菌有一定的抑制作用。一些实验和临床证明,水蓼水煎液有抗菌抗病毒的作用,可用于治疗病毒性角膜炎、细菌性角膜炎和急性结膜炎疗效显著。水蓼的煎剂对痢疾杆菌、白喉杆菌、变形杆菌、鼠伤寒杆菌、绿脓杆菌及大肠杆菌均有抑制作用。有研究表明蓼属植物大多还具有抗生物膜脂质过氧化和清除体内过多自由基作用。

13. 绿苋　*Amaranthus viridis* L.

【别名】【生境】【形态特征】　见第二章第一节。

【药用价值】　绿苋性味甘、淡、寒。具有清热利湿、凉血止血、解毒消肿之功效。内服治疗痢疾、肠炎、咽喉肿痛、白带异常、胆结石、胃溃疡出血、便血、瘰疬、甲状腺肿、蛇咬伤等。外用治痈疽疔毒、目赤、乳痈、痔疮、皮肤湿疹等。民间也有一些验方，如治痢疾：鲜绿苋根 50~100 克，水煎服。治肝热目赤：绿苋种子 50 克，水煎服。治乳痈：鲜绿苋根 50~100 克，鸭蛋一个，水煎服，另用鲜野苋叶和冷饭捣烂外敷。

14. 打碗花　*Calystegia hederaca* Wall.

【别名】【生境】【形态特征】　见第二章第一节。

【药用价值】　打碗花味微甘，性淡平，具有调经活血、滋阴补虚之功效。能健脾益气，利尿，调经，止带。内服可治脾虚消化不良、白带多、月经不调、乳汁稀少、尿血、小儿疳积、小便频数、淋病、咯血、鼻出血、腰膝酸痛、咳嗽、疼痛等症。外用治牙痛。民间有一些验方，如月经不调、白带过多，可取打碗花、艾叶各 30 克，吴茱萸、白芍、黄芪各 20 克，官桂 15 克，研粉末制成丸，每丸 3 克，每日 3 次，每次 1 丸；消化不良：可取打碗花 10 克，党参 9 克，白术、刺五加各 12 克，焦三仙 15 克，水煎服，早、晚各 1 次。

15. 车前草　*Plantago asiatica* L.

【别名】【生境】【形态特征】　见第二章第一节。

【药用价值】　车前草味甘、性寒。车前草的化学成分主要为多糖类、黄酮及其苷类、环烯醚萜类、苯乙酰咖啡酰糖酯类、三萜类、挥发油类等。车前草最早被《神农本草经》收载入药，列为上品，称其性味甘寒，入肝肺、膀胱经，有利尿通淋、清热明目、镇咳祛痰的作用。《中国药典》记载其有清热利尿、祛痰、凉血、解毒的功效。研究表明，车前草水煎液对氧自由基有显著的清除作用,具有利尿、镇咳、平喘、祛痰、抗衰老、缓泻、降低胆固醇和血糖、杀灭病原微生物、保护肝脏、抗癌等药理作用。临床上多用于治疗水肿尿少、热淋涩痛、暑湿泄痢、痰热咳嗽、吐血、痈肿疮毒、慢性活动性肝炎、隐匿性肾炎、阴道炎等多种疾病。民间也有一些验方,如感冒:可用车前草、陈皮各30克,水煎服;慢性支气管炎:可用车前草、杏仁、桑白皮各11克,水煎服。百日咳:取干车前草30~60克,水煎煮后取浓汁,然后加入蜂蜜30克;腮腺炎、急性黄疸性肝炎、痛风性关节炎:取干车前草30~60克,加水煎煮两次后合并药液;口舌生疮:取干车前草30克,白砂糖适量;高血压:取干车前草30克,加水煎煮两次后合并药液,可代茶饮用;青光眼:取干车前草60克,加水煎煮两次后合并药液。

16. 鸭舌草　*Monochoria vaginalis* Presl. ex Kunth.

【别名】【生境】【形态特征】　见第二章第一节。

【药用价值】　鸭舌草味苦,性寒,具有清热解毒、止咳平喘之功效。内服可治疗痢疾、急性扁桃体炎、肠炎、咽喉肿痛、感冒、齿根脓肿、慢性支气管炎、百日咳、急性扁桃体炎、感冒高热、肺热咳喘、咳血、崩漏、尿血、热淋、风火赤眼等症,外用可治疗丹毒、疔疮、蛇咬伤。现代医学研究表明,鸭舌草对金黄色葡萄球菌、链球菌、大肠杆菌、白色葡萄球菌均有抑制作用。且鸭舌草中有较为丰富的抗氧化活性物质。

对于鸭舌草的药用自古以来已有许多记载,如《南宁市药物志》:"清热,解毒。治暴热及丹毒,外敷治肿疮,蛇咬"。《江苏药材志》:"治痢疾腹痛"。江西《草药手册》:"治痢疾,肠炎,齿龈脓中,急性扁桃体炎,喉痛"。《陕西中草药》:"止痛,离骨。治牙科疾患"。《唐本草》:"主暴热喘息,小儿丹肿"。《福建中草药》:"清肝凉血"。民间也有一些验方,如治吐血:鸭舌草50~100克,炖猪瘦肉服。治赤白痢疾:可取鸭舌草适量,晒干,每日泡茶服,连服3~4日。治疔疮:鸭舌草加桐油适量捣烂敷患处。治蛇、虫咬伤:鲜鸭舌草适量捣烂敷患处。

17. 藜　*Chenopodium album* L.

【别名】【生境】【形态特征】　见第二章第一节。

【药用价值】　藜全草含挥发油、齐墩果酸。叶含草酸盐;根含甜菜碱、甾醇、油脂等;种子含油5.5%~14.9%;花序含阿魏酸、香荚酸。可于6~7月份采收,鲜用或晒干用。藜味甘性平,有小毒。具有祛风解毒,清热利湿,杀虫止痒之功效。

可治痢疾、腹泻,湿疮痒疹、毒虫咬伤。如《本草纲目》载:灰菜"煎汤,洗虫疮,漱齿唇;捣烂,涂诸虫伤,去癜风"。民间也有一些验方,如治疔疮风瘙:可煮食或煎汤外洗,鲜品捣烂,外搽。治湿疹、皮肤瘙痒:可用藜60~100克,水煎,外洗。

18. 刺儿菜 *Cephalonoplos segetum* Kitag.

【别名】【生境】【形态特征】 见第二章第一节。

【药用价值】 刺儿菜味甘、性凉。夏、秋两季开花前采收,晒干用或鲜用。刺儿菜具有凉血、止血之功效,主治吐血、衄血、尿血、血淋、便血、血崩、创伤出血、功能性子宫出血等。民间有一些验方,如用刺儿菜干根20克或鲜品60克,水煎去渣,加白糖适量服,可用于治疗传染性肝炎;腮腺炎,则取鲜刺儿菜适量,醋少许,共捣取汁,涂患处;支气管哮喘,可取鲜刺儿菜、瘦肉各120克,共煮至肉烂,吃肉喝汤;而止衄血、吐血、尿血、便血、崩漏下血、外伤出血,可用刺儿菜全草200克洗净,晒干,研成粉末,每日服3次,每次2克;如外伤出血,则将粉末撒在患处,便可止血。

现代药理分析证明,刺儿菜全株含有胆碱、儿茶酚胺类、皂甙、生物碱等成分,有止血、抗菌之作用。刺儿菜煎剂对溶血性链球菌、肺炎球菌、白喉杆菌、痢疾杆菌、金黄色葡萄球菌等有抑制作用。还具有利胆、降压和降胆固醇之作用,并有消痈解毒、清热除烦、恢复肝功能、促进细胞再生的功效。对急性粒细胞白血病、淋巴肉瘤、肺癌、甲状腺肿瘤、肠癌、肝癌、膀胱癌均有抑制治疗作用。

19. 繁缕 *Stellaria media*(L.)Cyr.

【别名】【生境】【形态特征】 见第二章第一节。

【药用价值】 繁缕味甘微咸,性平。具有凉心、止痛、利尿、活血、去瘀、下乳、催生之功效。多用于治疗痢疾、肠痈、肺痈、乳痈、疔疮肿毒、痔疮肿痛、出血、跌打伤痛、产后淤滞腹痛、乳汁不下等症。主要化学成分有黄酮类、皂苷类、酚酸类、甾醇类、亚麻酸酯类、香豆素、环肽类及氨基酸等。现代药理学研究表明,具有解热与抗炎、抗菌、抗癌、抗氧化、扩张血管、降血脂等方面有药理作用。民间有一些验方,如痈疮,将繁缕焙干,研细末,用香油(或凡士林)调后,涂患处,尤其对有出血疼痛的病症更为有效;牙痛,则可将繁缕捣汁,用脱脂棉浸透,塞于病牙洞里。

20. 水葫芦 *Eichhornia crassipes*(Mart.)Solms.

【别名】【生境】【形态特征】　见第二章第一节。

【药用价值】　水葫芦能清热解暑,散风发汗,利尿消肿。主治皮肤湿疹、风疹、中暑烦渴、肾炎水肿、小便不利。据《本草纲目》记载,可医治伤寒、水肿、消渴、吐血、手脚发冷、脱肛、风热隐疹、风热丹毒、汗斑癫风、大风疠疾、毒肿初起,甚至可烧烟去蚊。《中药大辞典》中记载:水葫芦,清热解毒,祛风除湿。水葫芦可内服也可外敷。民间有一些验方,如:中暑烦渴,可用水葫芦、牛吃埔、冬瓜皮、莲叶各15~30克,水煎服。肾炎水肿、小便不利者,则可用水浮莲、猫毛草、车前草各15~30克,水煎服。水葫芦配藻莎还可治风热感冒,配升麻可透发斑疹,也可行水消肿,配蝉蜕可治皮肤瘙痒等。

21. 蔊菜 *Rorippa indica* L.

【别名】【生境】【形态特征】　见第二章第一节。

【药用价值】　蔊菜味甘淡,性凉,可用来治疗感冒、热咳、咽痛、麻疹不易透发、风湿关节炎、黄疸、水肿、疔肿、经闭、跌打损伤等症。现代药理学研究表明,蔊菜中含蔊菜素、薄菜酰胺、黄酮化合物、生物碱、有机酸。蔊菜素对肺炎球菌、流感杆菌等有抑制作用,其祛痰作用明显,其次是止咳、平喘,还具有清热、利尿、活血、通经之作用。蔊菜水煎剂对金黄色葡萄球菌、变形杆菌、绿脓杆菌、痢疾杆菌等有抑制作用。民间有一些验方,如风寒感冒,可用蔊菜50~100克,葱白9~15克,水煎服。麻疹不透,可用鲜蔊菜全草,1~2岁每次50克,2岁以上每次100克,捣汁,调食盐少许,开水冲服。

22. 飞廉 *Carduus crispus* L.

【别名】【生境】【形态特征】　见第二章第一节。

【药用价值】　飞廉全草或根入药,其性平、味苦,具有清热解毒、止血、止痢、祛风、清热、利湿、凉血散瘀之功效,主要用于治疗风热感冒、头风眩晕、风热痹痛、皮肤刺痒、尿路感染、乳糜尿、尿血、带下、跌打瘀肿、疔疮肿毒、汤火伤、腰肌扭伤等症。《神农本草经》上记载：味苦性平。《西藏常用中草药》记载：祛风、清热、利湿、凉血散癖之功效，主治风热感冒、头痛眩晕、风热痹痛、皮肤刺痒、尿路感染、乳糜尿、尿血、带下、跌打癣肿、疮疡肿毒、烫火伤等。飞廉根、籽入药，可催吐。此外初步研究表明，飞廉含有多种生物碱、黄酮、钾盐和糖类，其中有一种强生物碱叫藏飞廉次碱（Acanthoidine，$C_{16}H_{26}N_4O_2$）有明显的降压作用。民间也有一些验方，如用飞廉草50克，萹蓄、菟丝子、石苇各10克，茯苓15克，治疗乳糜尿。

23. 小根蒜 *Allum macrostemon* Bge.

【别名】【生境】【形态特征】　见第二章第一节。

【药用价值】　小根蒜中药处方用名为薤白、薤白头，即小根蒜或薤的地下鳞茎。薤白含蒜氨酸、甲基蒜氨酸、大蒜糖等药用物质，在医学上是一种常用中药，具有重要的医疗保健价值。薤白味微辣、性温，无毒，具有理气、宽胸、通阳、散结之功效，治胸痹心痛彻背、脘痞不舒、干呕、泻痢后重、疮疖等症。

　　薤白作为一种广泛用于治疗各种疾病的植物药材，目前对薤白的研究主要集中在临床效果的研究上，如冠心病、心绞痛、心肌梗塞、心率失常、心肌炎、动脉粥样硬化等病症。在药理作用研究方面，发现薤白有抑止血栓形成和动脉粥样硬化，抑止血小板聚集，抗氧化，平喘，镇痛和耐缺氧等作用。薤白还可以抑止某些细菌的生长繁殖，在中医临床应用上，具有健脾益气，活血化淤、祛痰降浊之功效。

24. 鸭跖草 *Commelina communis* L.

【别名】【生境】【形态特征】　见第二章第一节。

【药用价值】　鸭跖草性寒，味甘、淡，归肺、胃、小肠经，具有行水、清热、凉血、解毒之功效。鸭跖草的药用在《本草纲目》、《滇南本草》、《本草推陈》中均有记载。民间也有一些验方，如咽喉肿痛、梗塞不利属热证者，可用鸭跖草120克，鲜薄荷60克，捣烂，绞取汁液，每次服1杯，亦可用凉开水适量兑匀，频频含咽。

　　现代医学研究表明鸭跖草有明显的抑菌作用，它

属于无毒或低毒的物质。鸭跖草花瓣含飞燕草甙、阿伏巴甙及鸭跖草素，尚含粘液质；种子含脂肪油。鸭跖草水煎剂对金黄色葡萄球菌、八联球菌均有抑制作用，并有明显的降温作用。可主治上呼吸道感染、咽喉炎、扁桃体炎、痈肿疮毒、痢疾、热淋、小便短赤、毒蚊叮伤、水肿、脚气、小便不利、感冒、丹毒、腮腺炎、黄疸肝炎、鼻衄、尿血、血崩、白带异常、咽喉肿痛等症。如用鸭跖草配伍其他药物保留灌肠结合抗生素治疗慢性盆腔炎，疗效显著；用鸭跖草结合其他中药保留灌肠治疗难愈性尿路感染；用鸭跖草干品煎煮内服并结合外用坐浴，对治疗慢性前列腺炎有一定疗效。陈元春以鸭跖草为主治疗前列腺肥大效果显著。鸭跖草的提取物和生药粉末均有抑制血糖升高的作用，国外用鸭跖草作为一种食疗药物调节血糖，有降血糖作用。鸭跖草还可用于治疗麦粒肿、小儿上呼吸道感染高热、急性扁桃体炎、急性病毒性肝炎、丹毒、毒蛇咬伤、流行性腮腺炎，用于急性出血性结膜炎，有效率达90%。有临床报道，以鸭跖草治疗神经性呕吐快捷而有效，因其性味甘寒，其中含有花青素类成分，故可利尿解暑止呕。鸭跖草还有用于治疗高血压、水肿、下坠肿痛、感染性肺炎、外伤出血等。近年来，有人也将鸭跖草用于食疗药膳，调节人体气血，效果较好。

25. 白茅 *Imperaia cylindrical*（L.）Beauv.

【别名】【生境】【形态特征】　见第二章第一节。

【药用价值】　白茅根性寒味甘，入肺、胃、小肠经，具有凉血止血、清热利尿、生津止渴之功效。《本草纲目》中记载："白茅根可止吐衄诸血，伤寒哕逆，肺热喘急，水肿，黄疸，解酒毒"。《神农本草经》中记载："白茅根主劳伤虚羸，补中益气，除瘀血，血闭寒热，利小便"。《名医别录》中记载："白茅根可下五淋，除客热在肠胃，止渴，坚筋，妇人崩中"。现代药理研究表明，白茅根富含葡萄糖、果糖、蔗糖、苹果酸、柠檬酸、草酸、甘露醇、薏苡仁素、芦竹素、印白茅素、钾盐等，能抑制金黄色葡萄球菌、痢疾杆菌。根有利尿

通便、清热凉血之功效。常用于治疗急性肾炎、肾盂肾炎、泌尿系统感染、吐血、尿血、衄血、小儿麻疹、小便不利、热淋涩痛、湿热黄疸、胃热呕吐、热后烦渴、肺热咳嗽、肺结核、麻疹、痔疮等病症。民间有一些验方用白茅根治病，如用白茅根（鲜品）30~60克，赤小豆100克，水煎，去渣取汁，每日1剂，分2次服，对慢性肾小球肾炎所致的水肿效果尤佳。也可用白茅根（鲜品）60克，侧柏叶20克，藕节、栀子、仙鹤草各15克，水煎，去渣取汁，每日1剂，分3次服，对肺结核所致咯血效果明显。

　　此外，白茅花有止血、定痛之功效，可治疗吐血、衄血、刀伤等疾病。白茅叶有治衄血、尿血、大便下血之功效。

26. 酸模叶蓼 *Polygonum lapathifolium* L.

【别名】【生境】【形态特征】　见第二章第一节。

【药用价值】　酸模叶蓼味辛性凉，有小毒。具有祛风利湿、活血止痛之功效。可治疗风湿痹痛、痢疾、疮肿、脚气、水肿、疮毒等病。

27. 苦苣菜 *Sonchus oleraceus* L.

【别名】【生境】【形态特征】　见第二章第一节。

【药用价值】　苦苣菜性寒，味苦。《嘉佑本草》讲其利用有三：清热、凉血、解毒。主治咽喉肿痛、肠炎、痢疾、黄疸、吐血、衄血、便血、崩漏、肺结核、肺热、咳嗽、痈肿疔疮、肠痈、乳痈、痔瘘、毒蛇咬伤等症。民间常将其用于治疗黄疸性肝炎。

现代医学研究证实，它对金黄色葡萄球菌、绿脓杆菌、大肠杆菌和对白血病细胞有抑制作用。用它治疗急性黄疸型传染性肝炎、急性细菌性痢疾、慢性支气管炎、口腔炎、胆囊炎以及急慢性盆腔炎等症，都有一定的疗效。以它外敷，治刀伤、烧伤、蜂螯蛇蝎咬伤与疮疖痛肿等亦有作用。

近期研究还表明，苦苣菜有护肝、抗癌防癌的功能。它含有蒲公英甾醇、氨基酸等成分，花中含有多种黄酮化合物。据美国科学家报道，苦苣菜已跻身于美国市场上最畅销的"十大天然药用植物"之林，并已取代蒲公英而成为防止人体中毒的卫士。因苦苣菜籽实的外壳可产生一系列类似黄酮的化合物（统称"Silyarin"），这些化合物经人体吸收后，可以结合在肝细胞膜表面，捍卫细胞的健康，维护肝细胞的正常功能，可修复肝炎和肝硬化引起的肝损害，保护肝细胞免于遭受有毒的化学物质（如酒精、农药残毒）对肝脏的损害。此外，苦苣菜全草含抗肿瘤成分，在小鼠大腿肌肉接种肉癌，6天之后，皮下注射本品酸性提取物，6~48小时后杀死小鼠，肉眼及显微镜观察，均可见到肉瘤受到明显的伤害（出血、坏死等）。

28. 野薄荷 *Mentha haplocalyx* Brig.

【别名】【生境】【形态特征】　见第二章第一节。

【药用价值】　野薄荷性凉，味辛、微甘。全草入药，具有疏散风热、清暑化浊、清咽利喉、避秽解毒之功效。主治风热感冒、风温初起、头痛、

目赤、喉痹、口疮、风疹、麻疹、胸胁胀闷、外感风热、咽喉肿痛、食滞气胀、皮肤瘙痒等症。早在2 000多年前，古人就已采集薄荷供食用和药用，薄荷药用的记载最早见于《唐本草》，《千金方食治》中记载："薄荷却肾气，令人口气香洁。主辟邪毒、除劳弊"。近年的医学研究表明，内服少量薄荷或薄荷油可刺激中枢神经，使皮肤毛细血管扩张，促进汗腺分泌，增加散热，有发汗解热作用。野薄荷提取物样品对小鼠Lewis肺癌和S180荷瘤有一定的抗肿瘤作用。在消化系统治疗方面，薄荷具有护肝利胆作用。薄荷醇的刺激作用可导致气管产生新的分泌，使稠厚的黏液易于排出。薄荷醇和薄荷脑对部分皮肤外用制剂具有促进药物渗透的作用。薄荷油对小鼠和家兔均有抗早孕和抗着床的作用，及还具有较弱的抗炎镇痛作用。民间也有一些验方，如：感冒初期者，可将嫩野薄荷荷叶5克，甘草5克，用开水冲泡饮服，每日2次。也可用野薄荷叶5克，蝉蜕5克，加黄酒水煮沸，每日2~3次，可治疗荨麻疹引起的瘙痒。

29. 苣荬菜 *Sonchus arvensis* L.

【别名】【生境】【形态特征】 见第二章第一节。

【药用价值】 苣荬菜性寒味苦。全草入药，具有清热解毒、凉血利湿、消肿排脓、祛痰止痛、补虚止咳之功效，能治疗痢疾、黄疸、血淋、痔瘘、肿胀、蛇咬等症。如民间用苣荬菜30克（鲜品100克），水煎服，治疗急性肠炎、痢疾。《本草纲目》云：苣荬菜全草性味苦、凉，用于肠痈、痢疾、疾疮、遗精、白浊、乳痈、疮疖肿素、烫火伤。

现代医学实验表明，苣荬菜所含的蒲公英甾醇、胆碱等化合物对多种细菌有杀灭作用或抑制作用。因此，对急性黄疸型肝炎、咽喉炎、细菌性痢疾、感冒、慢性支气管炎、扁桃体炎、胆囊炎、慢性盆腔炎等均有一定疗效。苣荬菜有助于促进人体抗体的合成，从而增强机体的免疫功能。苣荬菜还有降低血压、降胆固醇、抗心律失常、抗肿瘤和防治癌症的作用。研究表明，苣荬菜水煎浓缩酒精提取液对急性淋巴细胞型白血病、急性及慢性粒细胞型白血病患者血细胞脱氢酶都有明显抑制作用。

30. 天胡荽 *Hydrocotyle sibthorpioides* Lam.

【别名】【生境】【形态特征】 见第二章第一节。

【药用价值】 天胡荽性平，味甘、淡、微辛，归肾、膀胱经。夏、秋季花叶茂盛时采收，洗净，阴干或鲜用。可生用，亦用鲜品。天胡荽含黄酮甙、酚类、氨基酸、挥发油、香豆素。以全草入药，具有清热利尿、化痰止咳等功效。可用于治疗急

性黄疸型肝炎、急性肾炎、百日咳、尿路结石、带状疱疹、结膜炎、丹毒、咽喉炎、扁桃体炎。民间常用其全草捣烂外敷或外擦治疗体癣、股癣、手癣、足癣等各种癣症。

31. 陌上菜 *Lindernia procumbens*（Krock.）Borbas.

【别名】　白猪母菜、六月雪、白胶墙等。

【生境】　喜湿，为稻田常见杂草。

【形态特征】　陌上菜为玄参科母草属1年生草本植物。直立无毛，根细密成丛，茎方，基部分枝，株高5~20厘米。叶无柄，叶片椭圆形至长圆形，顶端钝至圆头，全缘或有不明显的钝齿，两面无毛。花单生于叶腋，花梗纤细，比叶长，无毛。萼片基部合着，萼齿5，线状披针形。花冠粉红色或紫色，上唇短，2浅裂，下唇大于上唇，3浅裂。蒴果卵圆形。花期7~10月，果期9~11月。

【药用价值】　陌上菜始载于《中国植物志》，具清泻肝火、凉血解毒、消炎退肿之功效。可用于治疗肝火上炎、湿热泻痢、红肿热毒、痔疮肿痛等症。近期的医学研究表明，陌上菜及复方提取物对S180、EL-4肿瘤的生长有明显的抑制作用，且无剂量依赖性。临床上将由陌上菜组成的方剂用于治疗肿瘤患者特别是中晚期肿瘤患者，可明显改善患者的生活质量、延长生命周期。陌上菜的这种抗肿瘤作用有可能是通过免疫系统监视而起作用。

32. 荻 *Miscanthus sacchariflorus*（Maxim.）Benth.

【别名】【生境】【形态特征】　见第二章第一节。

【药用价值】　荻全草味甘、性凉，入肝经。始载于《本草纲目》。具清热活血之功能。用于妇女干血痨、潮热、产妇失血口渴、牙疼等症。

33. 艾蒿 *Artemisia argyi* Levt. et Vant.

【别名】【生境】【形态特征】　见第二章第一节。

【药用价值】　艾本身是一味传统的中草药，《名医别录》、《本草纲目》等都有其药用价值的记载。最早的艾叶药用作用记载于《名医别录》，两千多年前孟子就说过："七年之病，求三

年之艾"。中医认为，艾蒿可以"透诸经而治百病"，有通经活络、行气活血、祛除寒湿、回阳救逆、防病保健等功效。现代医学研究证明，艾蒿具有治疗慢性支气管炎、支气管哮喘、过敏性皮肤病、慢性肝炎、三叉神经痛、关节炎等症，还可以软化血管，抑制痢疾杆菌、伤寒杆菌等病原菌的生长。

艾蒿的药用部位是艾叶，艾叶的药用功能来源于其中所含的化学物质，经研究艾蒿的化学成分主要有挥发油、黄酮、桉叶烷、三萜类及微量化学元素等。

近年来，艾蒿的抗癌活性逐渐得到关注，取得了一定的研究成果。Seo等人分离得到6种具有抗肿瘤活性的黄酮化合物。艾蒿中的黄酮类化合物具有很强的抗氧化性，能够起到抗氧化、清除自由基和抑菌等作用。研究发现艾蒿黄酮的抗氧化效应高于维生素C，能有效清除超氧阴离子、羟基自由基、过氧化氢，抑制DNA氧化损伤，减轻或消除羟基自由基对DNA的氧化损伤。谢文利等人研究了艾蒿中粗毛豚草素的抗肿瘤作用，在30~100微克/毫升剂量范围内，粗毛豚草素对3种人肿瘤细胞的体外增殖均有抑制作用。在小鼠灌胃处理实验中，粗毛豚草素对接种的实体瘤S180、肝癌H22细胞株也表现出不同程度的抑制作用。

艾蒿作为纯天然的原料，其独特的功能在口腔护理用品中具有广阔的应用前景。如经常使用艾蒿牙膏，可以预防并根治齿槽脓漏疾患，同时对预防龋齿、口臭等也有一定效果。

34. 紫菀 *Aster tataricus* L.

【别名】【生境】【形态特征】　见第二章第一节。

【药用价值】　紫菀为常用中药，始载于《神农本草经》，列为中品，具有润肺下气，止咳祛痰之功效，主治支气管、咳嗽、肺结核和咯血等症，民间一般用作治疗毒蛇咬伤和呼吸系统感染等。药用干燥根茎及根。化学成分研究表明，紫菀含有各种萜类及其苷、肽类、黄酮类、蒽醌类、甾醇类、香豆素、有机酸类及挥发油等。

近代研究发现还具有抗癌功能，其药用范围不断扩大，需求量逐年增加。现代医学研究结果表明紫菀所含的表无羁萜醇对小鼠艾氏腹水癌、P388淋巴细胞、白血病细胞的生长有明显抑制作用。紫菀对组胺和乙酰胆碱引起的气管收缩均有显著的抑制作用，紫菀中所含的琥珀酸、山柰酚、槲皮素均有镇咳祛痰作用。而紫菀中的丁基－D－核酮糖苷可能是其祛痰的有效成分。紫菀煎剂体外实验对痢疾杆菌、伤寒杆菌、副伤寒杆菌、大肠杆菌、变形杆菌和绿脓杆菌等均有抑菌作用，并且发现紫菀中的槲皮素和山柰酚有显著的抗氧化活性。

35. 狗尾草 *Setaria* Beauv.

【别名】【生境】【形态特征】　见第二章第一节。

【药用价值】 狗尾草性平、味淡、无毒,具有除热、去湿、消肿、止痒、抗过敏等功效,可治疗痈肿、疮癣、赤眼等症。《本草纲目》中载:"芬草,秀而不实。狗尾草全草,花穗、根和种子可入药"。《四川中药志》记:"性平,味淡,无毒"。狗尾草富含多糖和酚类物质。现代医学研究证明,狗尾草的花穗尤其是其非浸出成分糖蛋白,对特发性皮炎小鼠型被动、主动致敏的皮肤反应,包括速发型与迟发型的疹痒、红肿引起风团等症状,均有与西药同等或更好的作用,且可明显抑制炎症细胞浸润,能够迅速止痒。含有的单甘油酯、双甘油酯对皮肤、微血管以及中枢神经系统有保护作用,并可防治动脉硬化和肝硬化,是脂溶性维生素(A、D、E、K)和脂溶性色素(胡萝卜素)的良好溶剂,有利于人体吸收。含有的禾胺能通过抑制肥大细胞组胺释放而具有抗过敏活性。狗尾草花穗的作用机理可能与其抑制人体内抗体的产生、抑制炎症细胞的游走与浸润有密切关系,是目疾良药。临床应用治疗急性湿疹、烧烫伤、止痒、腹痛、嗳气、鸡眼等,疗效显著。

36. 委陵菜 *Potentilla* L.

【别名】【生境】【形态特征】 见第二章第一节。

【药用价值】 委陵菜性味苦、平,具清热解毒、凉血止痢、利湿、止血之功效。内服可治疗阿米巴痢疾、细菌性痢疾、肠炎、风湿性关节炎、咽喉炎、百日咳、吐血、咯血、便血、尿血、子宫功能性出血等。外用可治疗外伤出血、痈疖肿毒、疥疮等。

现代药理研究表明其具有明显的抗糖尿病,抗菌抗病毒,保肝及镇痛作用,并在临床上用于治疗糖尿病、炎症、痢疾等疾病。如姜长玲等研究了其对血糖的影响,结果均表明委陵菜有降血糖的作用。分析其降血糖原因,多数研究认为与其中所含的黄酮类化合物有关。也有研究者认为其中的三萜类物质也可影响糖的代谢,从而

发挥降糖作用。孟令云等的研究结果表明委陵菜可显著降低高血脂模型动物家兔和大鼠血清中胆固醇(TC)、甘油三酯(TG)和低密度脂蛋白(LDL)的浓度,具有降血脂作用,其降血脂原因可能与其中含有的三萜类物质有关。边可君等的研究结果表明三叶委陵菜可以明显降低由四氯化碳致肝损伤小鼠的血清中转氨酶、肝线粒体脂质过氧化物的含量,从而达到保护肝脏的目的。另外,还有研究表明委陵菜属部分植物具有镇痛作用、抗氧化作用等。

37. 野生紫苏 *Perilla frutescens* Britt. var. acuta Kudo.

【别名】【生境】【形态特征】 见第二章第一节。

【药用价值】 《本草汇言》称紫苏"散寒气、清肺气、宽中气、下诸气、化痰气,乃治气之神药也"。现代药理研究证明,紫苏还具有顺气、平喘、消痰、润肺、疏肝、益脾、开胃、下食、通心、和血、抗炎、镇痛、解毒、舒畅和杀菌防腐等功效。可治疗外感风寒、头痛等病症。

现代医学研究证实,紫苏叶和紫苏籽中含有诸多功能成分,如萜类、黄酮及其甙类、类脂类、花青素及多糖等。紫苏中的紫苏醇可预防乳腺癌、肝癌、肺癌以及其他癌症。其含有的α-亚麻酸可以抑制人体内血小板聚集,减少血栓形成,同时还具有预防和延缓动脉硬化、健脑明目、保肝调脂、降低胆固醇、抗癌防癌等多种保健功能。紫苏籽油中含有的α-亚麻酸达50%~70%,有降血压、降血脂、抑制血小板聚集、减少血栓形成、抗乳腺癌细胞的生长和代谢作用,对结肠癌有拮抗作用,可降低其发生率;含有的生育酚(维生素E),有一定抗氧化作用。紫苏还可消炎止痛,从紫苏中提取的浓缩液可在24小时内让肿胀关节消退,而紫苏产生的特有香味的某种酶正是其抗炎功效的活性成分。

38. 紫花地丁 *Viola yedoensis* Makino.

【别名】【生境】【形态特征】 见第二章第一节。

【药用价值】 紫花地丁性寒,味微苦,其最早见于《千金方》中,并于《中国药典》1977年版开始以紫花地丁为名收载。其具有清热解毒、凉血消肿之功效。现代药理学发现其具有抑菌、调节免疫力的作用。主治黄疸、痢疾、乳腺炎、目赤肿痛、咽炎,外敷治跌打损伤、痈肿、毒蛇咬伤等症。

紫花地丁所含黄酮甙类及有机酸对金黄葡萄球菌、大肠杆菌、链球菌和沙门氏菌等都有较强的抑菌作用。所富集的微量元素,对人体内的多种酶的活性有作用,对核酸蛋白的合成、免疫过程、细胞繁殖都有直接或间接的作用,可促进上皮细胞修复,使细胞分裂增加,T细胞增高,活性增加,从而对生物体的免疫功能起调节作用,通过酶系统发挥对机体代谢的调节和控制。所含锌可抗病毒,并能刺激抗毒素的合成,提高对传染病的抵抗力。Ngan等报道,紫花地丁的二甲亚砜提取物具有较强的抗HIV-I病毒作用,它的甲醇提取物也显示其抗HIV-I病毒作用。

39. 泽泻 *Alisma orientalis*(Sam.)Juzep.

【别名】 水泻、芒芋、水泽、天鹅蛋、一枝花、如意花、天秃等。

【生境】 泽泻生于沼泽阴地,喜温暖湿润气候,不耐寒,不耐干旱,幼苗期喜荫蔽,成株期喜阳光,土壤以肥沃而稍带黏性的土质为宜。主要分布于福建、四川、江西等地。

【形态特征】 泽泻为多年生沼泽植物,高50~100厘米。地下有块茎,泽泻块茎呈类球形、椭圆形或卵圆形,黄白色表面或淡黄棕色,有不规则的横向环状浅沟纹和多数细小突起的的须根痕,底部有的有瘤状芽痕,质坚实,断面黄白色,粉性,多有细孔。叶根生,叶片椭圆形至卵形,全缘,两面均光滑无毛,叶脉6~7条。花茎由叶丛中生出,轮生状圆锥花序;小花梗长短不等,伞状排列;花瓣3,白色,倒卵形。雄蕊6,雌蕊多数。子房倒卵形,花柱侧生。瘦果多数,扁平,倒卵形,褐色。花期6~8月,果期7~9月。

【药用价值】 泽泻味甘、淡,性寒。归肾、膀胱经。具有利水、渗湿、泄热之功效。可用于治疗小便不利、水肿胀满、呕吐、泻痢、痰饮、脚气、淋病和尿血等症。李时珍《本草纲目》记载其具有"渗湿热,行痰饮,止呕吐,泻痢,疝痛,脚气"的功效。现代研究表明泽泻通过抗血栓形成、降低血脂、降低血浆黏度、具有抑制动脉粥样硬化斑块形成的作用,达到抗动脉粥样硬化的功效,起到延缓衰老,防病延年的目的;同时泽泻还具有利尿、解痉、保肝、抗炎、免疫调节、降血糖等作用。有学者研究还发现,泽泻汤具有减轻内淋巴积水,降血脂,提高脑血流量,利胆等药理作用。

以泽泻为主的方剂在临床上应用很广,在古医籍上的记载也很多,可以单方服用也可组成复方。如:治冒暑霍乱,小便不利,头晕引饮可用"泽泻、白术、白茯苓各三钱,水一盏,姜五片,灯心十茎,煎八分,温服"(《纲目》三白散);治妊娠遍身浮肿,上气喘急,大便不通,小便赤涩可用"泽泻,桑白皮(炒)、槟榔、赤茯苓各五分,姜水煎服"(《妇人良方》泽泻散)等,利尿作用显著。而现代临床则应用泽泻汤多在原方基础上加减治疗梅尼埃(美尼尔)病、中耳炎、鼻炎、高血压病、高脂血症、泌尿系结石、水肿等病症。

近年,还出现了以泽泻为主要成分的食疗产品,主要用于减肥及冠心病、高血压病、糖尿病、脑血管疾病的预防。如以泽泻、山楂、糯米为主要原料生产的保健降脂米醋,具有化痰降脂、降压、降低胆固醇、柔肝等保健功能。

40. 一年蓬 *Erigeron annuus*（L.）Pers.

【别名】【生境】【形态特征】 见第二章第一节。

【药用价值】 一年蓬性平、味淡,具有清热解毒、抗疟疾、助消化之功效。主治消化不良、急性胃肠炎、疟疾、传染性肝炎、淋巴结炎、血尿等

症。外用可治齿龈炎、蛇咬伤。在临床中发现一年蓬对伴有明显口臭的急性扁桃体炎患者效果特别显著,且鲜品似比干品更有效。

41. 猪毛菜 *Salsola collina* Pall.

【别名】【生境】【形态特征】 见第二章第二节。

【药用价值】 据《中药辞海》记载"猪毛菜性凉,味淡,主治高血压病、头痛"。全草入药,民间用于治疗烫伤及狂犬咬伤。《新华本草纲要》中记载猪毛菜"苦、涩、凉",具"清热解毒、止血生肌"之功效。《全国中草药汇编》记载"猪毛菜味淡凉,降血压,主治高血压病"。

现代医学研究表明猪毛菜浸膏对麻醉动物静脉注射有明显而持久的降压作用。其降压作用可能与抑制血管运动中枢,扩张血管等作用有关。猪毛菜有明显的镇静作用,能减少小白鼠自由活动,延长戊巴比妥钠催眠作用,在一定条件下对条件反射有抑制作用。猪毛菜碱有抗利尿作用,其抗利尿作用主要是由于重吸收增强。毛菜定碱和猪毛菜碱在引起降压时,无论剂量大小均能使肠管和子宫节律收缩加强。在俄罗斯,猪毛菜是肝脏保护剂保健食品"Heparon"的主要成分之一,用来缓解酒精、药物及各种毒素引起的肝部不适,猪毛菜45％乙醇提取物对CCl_4造成的大鼠肝炎的保肝作用较强,能使肝脏组织构造正常化,消除过多的酶和胆红素,抑制脂质过氧化,激活谷胱甘肽依赖系统,改善肝脏排泄和抗毒素功能。猪毛菜同时被认为是种温和的利胆剂。对胆道疾病中过量的脂质、高胆固醇血症和动脉硬化有效,能抑制胆结石的形成。

42. 猪殃殃 *Galium aparine* L. var. tenerum (Gren. et Godr.) Reichb.

【别名】【生境】【形态特征】 见第二章第一节。

【药用价值】 猪殃殃性寒,味辛。以全草入药,有凉血解毒、消肿等功能,民间常用于治疗感冒、牙龈出血、泌尿系统感染、跌打损伤等症。《中华本草》记载,猪殃殃具有清热、利胆之功效,用于治疗胆病、伤口化脓、骨病、脉热及遗精等症。传统医学认为猪殃殃具有清湿热、散瘀、消肿、解毒功能,可用于治疗淋浊、尿血、跌打损伤、肠痈、疖肿、中耳炎等症,现代临床则用于肿瘤尤其是白血病的治疗。现代研究表明猪殃殃可作为治疗肿瘤的中药处方及中药方剂,说明其可能含有抑杀肿瘤细胞的祛邪成分,有进一步开发成相关抗肿瘤新药的潜质。

43. 益母草 *Leonurus japonieus* Houtt.

【别名】【生境】【形态特征】　见第二章第一节。

【药用价值】　益母草味辛、微苦,性微寒。益母草是一种常见的活血化瘀药,是历代中医用来治疗妇科疾病的良药。益母草入药始见《神农本草经》,列为上品,历代本草均有记载。益母草具有活血调经、去瘀生新、利尿、消肿等功效,主治月经不调、胎漏难产、行经腹痛及产后瘀阻等症,素有"血家圣药"、"经产良药"之称。无论胎前产后,皆可随证选用,为女性养生保健、治疗经产之良药,取名益母草可谓实至名归。

现代研究表明,益母草的主要成分有益母草碱甲、益母草碱乙,另外还有水苏碱、氯化钾、月桂酸、油酸等,能显著增强子宫肌肉的收缩力和紧张性。对于冠心病、高血脂病、痛经、月经不调、肾炎水肿等病症有良好的作用。现代药理学研究还表明它在免疫系统相关疾病中有着广泛的疗效和应用前景。近年的研究表明,益母草作为一种常见的活血化瘀药,可显著干预失血性休克大鼠的血液流变性异常,改善血液微循环与淋巴微循环。同时,还可干预失血性休克大鼠的器官损伤。其作用机制与降低自由基损伤、减少NO生成与释放有关。若以马齿苋联合益母草用药,不但有活血祛淤功能,还增加清热解毒,抑菌消炎,抑制子宫出血等功效,有效预防流产后生殖道感染的发生。

益母草在临床多用于血脉阻滞、月经不调、经闭、痛经、产后血滞腹痛、恶露不尽以及跌伤内损瘀血作痛等症的治疗,疗效可靠。治疗一般月经不调和行经腹痛等,可单用本品煎服,或与炼蜜等熬膏服,也可与当归、赤芍、川芎、丹参、香附等配伍同用。若治疗产后恶露不净、血滞腹痛,用生汤加益母草其功效最佳。若治难产或胞衣不下,则可与麝香、当归、川芎、乳香、没药、黑荆芥等同用。此外,益母草还有利尿消肿和清热解毒之功效。特别是对治疗下焦有瘀热的尿道炎、膀胱炎、急慢性肾炎等泌尿系统疾病。一般多与白茅根、云茯苓、白术、冬瓜皮、桑白皮、车前子(草)等配伍,功效卓著。还可与金银花、蒲公英、紫花地丁、地肤子等配伍治疗肿毒疮疡、皮肤痒疹等。

44. 蛇莓 *Duchesnea indica*(Andr.)Focke.

【别名】【生境】【形态特征】　见第二章第一节。

【药用价值】　蛇莓以全草入药,味甘、苦,性寒,有小毒,入肺、肝、大肠经。具有清热解毒、消肿散瘀、收敛止血、凉血之功效,可用于治疗热病惊厥、咽喉肿痛、咳嗽吐血、疔疮痈肿、蛇虫咬伤、湿疹、痢疾及烫火伤等症。蛇莓药理作用研究表明,蛇莓具有广谱的抗肿瘤作用,明显的免疫促进作用,较强的抑菌、抗氧化作用。临床上用于治疗各种肿瘤性疾病、肝炎、白血球减少症等,且毒副作用小。

45. 野西瓜苗 *Hibiscus trionum* L.

【别名】 香铃草、秃汉头、和尚头、小秋葵、山西瓜秧、野芝麻、灯笼花、黑芝麻、尖炮草、天泡草、打瓜花等。

【生境】 野西瓜苗分布广泛,多生于山野、平原或丘陵、田埂等土壤肥沃地区。

【形态特征】 野西瓜苗为一年生直立或平卧草本植物,因叶呈掌状裂,再羽状深裂,叶外形极像西瓜,而被形象地称为野西瓜苗。其茎高25~70厘米,柔软,有白色星状粗毛。茎下部叶圆形,不分裂,上部叶掌状3~5深裂。花单生叶腋,小苞片12枚线形。萼钟状,裂片三角形。花冠5瓣,淡黄色倒卵形,具紫色心。花期7~10月。蒴果长圆状球形,被粗硬毛。种子肾形黑色。

【药用价值】 据《宁夏中药志》载,野西瓜苗"味甜,性甘"。以根、全草、种子入药。具有清热解毒,祛风除湿,止咳,利尿功能,可用于风湿痹病,感冒咳嗽,腹泻痢疾,还用于水火烫伤、疮毒。其种子具有润肺止咳,补肾功能,可用于肺痨咳嗽,肾虚头晕,耳聋耳鸣等。野西瓜苗始载于《救荒本草》。《江苏植药志》记载:"可治腹痛"。《贵州植药调查》记载:"甘、寒,可治风热咳嗽、关节炎、烫火伤"。《东北常用中草药手册》记载:"具清热去湿,止咳"。内服煎汤,外用研末油调涂。民间治急性关节炎常用野西瓜苗25~50克(鲜品100~150克),水煎服。

46. 铁苋菜 *Acalypha australis* L.

【别名】 血见愁、海蚌念珠、叶里藏珠、野麻草、人苋、撮斗装珍珠等。

【生境】 常生于山坡、沟边、路旁、田野。分布几乎遍于全国,长江流域尤为多见。

【形态特征】 铁苋菜为1年生草本植物,高30~60厘米,被柔毛。茎直立,多分枝。叶互生,椭圆状披针形,顶端渐尖,基部楔形,两面有疏毛

或无毛,叶脉基部3出。花序腋生。有叶状肾形苞片1~3,不分裂,合对如蚌。通常雄花序极短,着生在雌花序上部,雌花序生于苞片内。蒴果钝三棱形,淡褐色,有毛。种子黑色。花期5~7月,果期7~11月。

【药用价值】 铁苋菜全草作为药用,具有清热解毒、消积、止痢和止血之功效,可用于治疗痢疾、咳嗽、吐血、便血、崩漏、创伤出血等症。其止血作用对于因热、肝经湿热、湿毒及脾虚,病势轻浅者疗效好。《本草推陈》云:"铁苋菜为有效的止痛药、痢药、止血药"。适用于吐血、下血、刀疮、跌打损伤,故又有名血见愁,有着良好的止血作用。

47. 酸浆 *Physalis alkekengi* L.

【别名】【生境】【形态特征】 见第二章第一节。

【药用价值】 酸浆全身皆宝,其植物的干燥宿萼或带果实的宿萼,味酸、苦,性寒,是2005年版药典中规定的药用部位,具有清热解毒、利咽化痰、利尿等作用,内用于治疗咽痛、音哑、痰热咳嗽、小便不利、气管炎和咽炎等,外用治疗疱疮、湿疹等,它对化脓性扁桃腺炎、疱疹性咽炎具有较好的疗效。酸浆的根为根状茎,味苦、性寒,有清热、利水功能,可治疟疾、黄疸、疝气。酸浆茎叶味酸、苦、性寒,有清热解毒、利尿功能,可治咳嗽、黄疸、疟疾、水肿、疔疮、丹毒等。

《神农本草经》最早将酸浆收录,并列为中品,云:"酸浆,味酸平,主热烦满,定志益气,利水道,产难,吞其实,立产,一名醋浆,生川泽"。《新修本草》中云:"酸浆,味酸,平寒,无毒。……荆楚川泽及人家园中,五月采,阴干。处处人家多有,叶亦可食。子作房,房中有子如梅李大,皆黄赤色,小儿食之,能除热,亦主黄病,多效"。

现代医药学研究发现,酸浆还具有扩张呼吸器官、降血脂、抗炎、抗乙肝病毒、利尿、催眠、麻醉和避孕的作用,对治肾与膀胱病、食管癌症、糖尿病有功效。临床上应用花萼和果实治疗咽炎、淋病、痢疾及高血压等病。有研究还表明,酸浆花萼的天然色素有较明显的抑菌作用。酸浆类胡萝卜素有较强的抗氧化活性,能显著抑制羟基自由基,并能有效抑制红细胞膜的氧化损伤,保护细胞膜,显著抑制H_2O_2所致的红细胞溶血,对体外温育和H_2O_2诱导的肝匀浆丙二醛(MDA)生成也有抑制作用,同时可减轻V_C-Fe^{2+}系统诱导的肝线粒体肿胀,且对羟基所致氧化损伤抑制作用随时间延长增加。

48. 蛇床 *Cnidium monnieri* L.

【别名】 野茴香、野胡萝卜子、蛇米、蛇栗等。

【生境】 生于山坡草丛中,或田间、路旁。我国大部分地区均有分布。

【形态特征】 蛇床为1年生草本植物,高20~80厘米。根细长,圆锥形。茎直立或斜上,圆

柱形,多分枝,中空,表面具深纵条纹,棱上常具短毛。根生叶具短柄,叶鞘短宽,边缘膜质,上部叶几全部简化鞘状;叶片轮廓卵形至三角状卵形,二至三回三出式羽状全裂;末回裂片线形至线状披针形,具小尖头,边缘及脉上粗糙。复伞形花序顶生或侧生,总苞片6~10,线形至线状披针形,边缘膜质,有短柔毛;伞辐5~8;小总苞片多数,线形,边缘膜质,具细睫毛;小伞形花序具花15~20;萼齿不明显;花瓣白色,先端具内折小舌片;花柱基略隆起。分生果长圆形,横剖面的五角形,主棱5,均扩展成翅状,每棱槽中有油管1,合生面2,胚乳腹面平直。花期4~6月,果期5~7月。

【药用价值】 蛇床子为伞形科植物蛇床的干燥成熟果实,始载于《神农本草经》,味辛、苦、温,具有温肾壮阳,燥湿,祛风,杀虫之功效。临床上以外用为主,多用于治疗外科、妇科、皮肤诸疾。

从古至今中药蛇床均被历代医家视为治疗皮肤病、瘙痒症的要药,可广泛治疗诸如小儿癣、恶疮、皮肤湿疹、过敏皮炎、头疮、妇女阴痒、滴虫阴道炎等,多有显效。清代名医陈士铎其《本草新编》中曾说:"蛇床功用颇奇内外俱可施治而外治尤良"。

现代医学研究发现蛇床尚有类似激素样作用,能提高机体免疫力,促进机体骨髓造血功能,保护肾上腺皮质,因而具有延缓衰老,减轻化疗毒副反应之效。近年来也多用治疗男性阳痿、性功能减退、女性宫寒不孕等病症。蛇床子素是一类最先从伞形科植物中提取分离出的天然香豆素类化合物,蛇床的干燥成熟果实蛇床子中含量较高,故而得名。药理学研究已证明蛇床子素对机体免疫系统、神经系统、内分泌系统、骨骼系统、心血管系统、呼吸系统、消化系统、生殖系统等具有十分广泛的药效作用,为蛇床子开辟了更为广阔的临床应用前景,也为深入阐明其药效机理提供了更为丰富的药物化学和药理依据。

49. 蚊母草 *Veronica peregrina* L.

【别名】 水蓑衣、仙桃草等。

【生境】 多生于河旁或湿地,东北、华东、华中、西南都有分布。

【形态特征】 蚊母草为1~2年生草本植物,无毛,或有腺毛,高12~18厘米。茎直立,基部分枝,呈丛生状。叶对生,倒披针形,下部叶有短柄,上部叶无柄,全缘或有细锯齿。花单生于苞腋,苞片线状倒披针。花萼4深裂,裂片狭披针形。花冠白色,略带淡紫红色。蒴果扁圆形,无毛,或有时沿脊疏生短腺毛,顶端凹入,宽大于长,宿存花枝短,种子长圆形,扁平,无毛。子房往往被虫寄生形成虫瘿而肿大,成桃形。花期4~5月。

【药用价值】　蚊母草果内寄生虫未出时,采全草烘干入药,有活血、止血、消肿、止痛之功效,可治吐血、咯血、便血、跌打损伤、淤血肿痛等症。

50. 婆婆纳　*Veronica didyma* Tenore.

【别名】　狗卵草、双珠草、双铜锤、双肾草、卵子草、石补钉、菜肾子、将军草、脾寒草、桑肾子等。

【生境】　多生长于田野、路边、林地及荒地,华北、华东、华中、西南均有分布。婆婆纳适应生境范围广,适应性强,耐低温、耐高温、耐干旱,不但在低山、平地、草坡、岩石等贫瘠土地上能够生长良好,而且在阳光充足或在潮湿的地方均能生长。

【形态特征】　婆婆纳为1年生草本植物,高10~25厘米。茎铺散,多分枝,被长柔毛,纤细。叶对生,具短柄。叶片心形至卵形,先端钝,基部圆形,边缘具深钝齿,两面被白色柔毛。总状花序顶生,苞片叶状,互生。花梗略短于苞片,花萼4裂,裂片卵形,顶端急尖,疏被短硬毛。花冠淡紫色、蓝色、粉色或白色,筒部极短,裂片圆形至卵形。雄蕊短于花冠,子房上成直角,裂片先端圆,宿存的花柱与凹口齐或稍长。种子背面具横纹。花期3~10月。

【药用价值】　婆婆纳味甘,淡,性凉,入肾经。春夏秋均可采收,洗净晒干。全草入药,具补肾强腰,解毒消肿之功效。主肾虚腰痛,疝气,睾丸肿痛,妇女白带,痈肿等。自古对其功用有些记载,如《百草镜》:治疝气,腰痛;《民间常用草药汇编》:固肾,止吐血,治小儿膀胱疝气;《四川中药志》:治妇女白带;《湖南药物志》中治睾丸肿:婆婆纳、黄独,水煎服。

51. 泥胡菜　*Hemistepta lyrata* Bunge.

【别名】【生境】【形态特征】　见第二章第一节。

【药用价值】　泥胡菜味苦,性凉,全草入药,具有清热解毒、消肿祛淤之功效。据资料报道,泥胡菜含有多种有机酸、糖苷、谷甾醇、三十一烷烃、芹菜素、生物碱、多肽、鞣质等化学成分。临床上可用于治疗菌痢,肠炎,乳痈,疔疮,跌打损伤,痔漏,痈肿、疔疮、乳腺炎、颈淋巴结炎、外伤出血及无名肿毒等症。四川民间有用于治疗白内障,疗效较好。研究结果表明,泥胡菜水提取液对金黄色葡萄球菌、巴氏杆菌、链球菌、沙门菌、大肠埃希菌都有较强的抗菌作用。泥胡菜作为一种抗菌中草药,具有来源广、价格便宜、四季可以采集,对多种病原菌均具有较强的抗菌作用等优点,是一种很有开发前景的抗菌中草药,或也可将其有效成分提取出来研制成各类制剂用于兽医临床,治疗多种细菌性疾病。

52. 葎草　*Humulus scandens*（Lour.）Merr.

【别名】【生境】【形态特征】　见第二章第一节。

【药用价值】　葎草味甘、苦,性寒。具有清热解毒、消瘀、利尿、消肿、抗菌消炎、健胃抑菌、抑制病毒等功能,起到提高人和动物免疫力、防治疾病、促进生长的作用及功效。主治肺热咳嗽、肺痈、虚热烦渴、热淋、水肿、小便不利、湿热泻痢、热毒疮疡、皮肤瘙痒等症。

葎草始载于《名医别录》,名为勒草、黑草,曰:"味甘,无毒"。"勒草,生山谷。如栝楼"。"主瘀血,止精溢盛气"。《唐本草》中称葛葎蔓,"主五淋,利小便,止水痢,除疟,虚热口渴,煮汁及生汁服之"。"味甘苦,寒,无毒。入肺、肾、大肠"。"(葎草)生故墟道旁。叶似草麻面小薄,蔓生,有细刺。俗名葛蔓。古方亦时用之"。《圣济总录》称葛葎草,"治诸癣,并面上风刺"。《本经逢原》名为割人藤,"蔓生道旁,多刺勒人,故又名葛勒蔓,专主五淋利小便,散瘀血。直到《本草纲目》正式定名为葎草,李时珍曰:"此草茎有细刺,善勒人肤,故名勒草。讹为来莓,皆方音也。《别录》勒草即此,今并为一","葎草,润三焦,消五谷,益五脏,除九虫,辟瘟疫,敷蛇、蝎伤"。

现代药理学研究分析表明,葎草的化学成分较为复杂,全草含有木犀草素、葡萄糖苷、胆碱、天门冬酰胺、挥发油、鞣质及树脂等多种物质。叶含大波斯菊苷、牡荆素。果实含葎草酮及酒花酮。其主要成分有黄酮类、挥发油、萜类、甾醇类、氨基酸及微量元素等。研究表明,100%葎草鲜草煎剂对肺炎球菌、大肠杆菌有抑制作用。葎草煎剂体外实验对金黄色葡萄球菌、白喉杆菌、痢疾杆菌、乙型溶血性链球菌、大肠杆菌、炭疽杆菌、伤寒杆菌有抑制作用。20世纪90年代日本学者发现葎草提取物中的 α－酸和异仪 α－酸具有抗骨质吸收作用,能治疗骨质疏松,此外还有降压、镇痛等作用。葎草中含有高含量的硒(Se)元素,体外实验表明,硒能在很多环节上影响癌症的起始阶段和促进阶段,防止生物膜脂质过氧化。

目前临床上应用葎草治疗婴幼儿腹泻、急性细菌性痢疾、痔疮、血精、带状疱疹、肺结核、骨质疏松、胆石症、胆囊炎疼痛、湿疹、预防中暑、治疗皮肤瘙痒、急性肾炎、霉菌性阴道炎、小儿包皮龟头炎、痱子等。葎草与其他药合用还可用于治疗前列腺肥大、尿滞留、盆腔炎、慢性肾炎以及血栓闭塞性脉管炎等。

53. 萝藦　*Metaplexis japonica*（Thunb.）Makino.

【别名】【生境】【形态特征】　见第二章第一节。

【药用价值】　萝藦根和全草味甘、辛,性平。入肾、肝二经。有补肾益精、解毒疗疮、通下乳汁等功用。可治虚劳损伤、阳痿早泄、白带过多、乳汁不通、丹毒疮肿等症。其果实性味甘、辛、温,有补益精气、生肌止血、解毒等功用,可治虚劳、阳痿等症。李时珍《本草纲目》云:"主治虚劳,补益精气,强阴道。叶煮食,功同子"。《本草汇言》云:"萝藦,补虚劳,益精气之药也。此药温

平培补,统治一切劳损力役之人,筋骨血脉久为劳力疲痹者,服此立安。然补血、生血,功用归、地;壮精培元,力堪枸杞;化毒解疗,与金银花、半枝莲、紫花地丁其效验亦相等也"。《千金方》:"补益虚损,极益房劳:用萝藦四两,枸杞根皮、五味子、柏子仁、酸枣仁、干地黄各三两,为末,酒下服"。其果实也具同效,如《名医别录》云其果"补益精气,强盛阴道"。《本草推陈》言其果"适用于老人元阳虚弱,阳痿遗精"。

现代医学研究表明,萝藦根含酯型甙,从中分得妊烯甙元成分苯甲酰热马酮、萝藦甙元、异热马酮、肉珊瑚甙元、萝藦米宁、二苯甲酰萝藦醇、去酰萝藦甙元、去酰牛皮消甙元、夜来香素、去烃基肉珊瑚甙元等。其茎叶也含妊烯类甙,在其水解物中有加拿大麻糖、洋地黄毒甙,以及肉珊瑚甙元、萝藦甙元、苯甲酰热马酮、夜来香素、去烃基肉珊瑚甙元等。其果实含混合甙约0.3%,其糖分为多种脱氧糖:D-加拿大麻糖、D-沙门糖、L-夹竹桃糖、D-洋地黄毒甙。甙元是酯型妊烯类化合物,水解后产生热马酮、去酰牛皮消甙元、萝藦甙元、肉珊瑚甙元、乙酸、桂皮酸等。其乳汁含蛋白酶,蛋白酶可有助于蛋白质的分解和消化吸收。近期研究还表明,萝藦还具有抗肿瘤、调节免疫、降血糖、降血脂、抗生育、消除自由基和抗肿瘤等作用。

54. 龙葵 *Solanum nigrum* L.

【别名】【生境】【形态特征】　见第二章第一节。

【药用价值】　龙葵的整个植株均可药用,以叶多、色绿、茎枝嫩者为佳,于夏、秋季采集整株(含根)的龙葵,除去杂质,干燥后入药。整株中含龙葵碱、澳茄胺、龙葵定碱等多种有抗肿瘤作用的生物碱,还含有皂甙、维生素C、树脂等化学成分,其性寒,味苦、微甘,有小毒,有清热解毒、利水消肿、活血、利尿的功能。可用于治疗尿路感染、毒蛇咬伤、白带、疮肿、皮肤湿疹、老年慢性气管炎和支气管炎、前列腺炎、痢疾、发烧等症,还可广泛用于宫颈癌、胃癌、乳腺癌、肝癌、肺癌、食管癌、膀胱癌、癌性胸腹水等各种肿瘤的治疗。用药时,可以煎汤内服,也可以采用适量捣敷或

煎水洗。

从李时珍的《本草纲目》起，就有《中药志》、《植物志》等20多种书籍记载了龙葵的药用价值。现代医学研究表明，龙葵全草含苷类生物碱（质量分数约0.04%）、龙葵含多糖、矿物质、维生素、色素、氨基酸等成分。其中，起关键作用的化学成分为生物碱，其在细胞活性作用方面发挥重要作用，可抑制肿瘤细胞生长、诱导肿瘤细胞凋亡；其次为多糖，其对机体的免疫系统有增强作用，存在于免疫激活过程的各个环节。龙葵中的生物碱主要包括澳洲茄碱、澳洲茄边碱、β–澳洲茄边碱等，水解后的苷元是澳洲茄胺。随着龙葵中抗癌活性成分的发现，龙葵的研究已经逐渐成为一个热点。近年的研究表明，龙葵抗肿瘤机制主要是通过直接作用于肿瘤的细胞毒作用抑制肿瘤细胞的生长及增殖；调节多种癌基因、抑癌基因，激活细胞凋亡系统，促进肿瘤细胞凋亡；降低细胞膜SA（唾液酸）水平，抑制NK管新生、抑制肿瘤细胞转移；增强机体免疫能力，提高NK细胞数量及活性。而且龙葵中所含的龙葵多糖也具有抗肿瘤和调节人体免疫力的双重作用。此外，在长期的临床应用中，发现龙葵除了具有抗肿瘤作用外，还具有多种药用功效，主要包括抗炎与抗休克、抑菌抗病毒、解热镇痛和祛痰止咳等作用以及保肝、降压、升血糖等功效。

55. 鳢肠 *Eclipta prostrata* L.

【别名】　金陵草、猢狲头、墨菜、乌心草、白花蟛蜞等。

【生境】　鳢肠喜湿耐旱，适应性极强，主要生长在田间以及田边、河边、路旁、荒地等处，全国各省都有。

【形态特征】　鳢肠为1年生草本植物，株高8~60厘米。茎紫红色，直立斜伸或平卧，通常自基部分枝，折断后流出的汁液很快变为蓝黑色。全株被白色粗毛。叶对生，叶片长圆状披针形或披针形，顶端尖或渐尖，边缘有细锯齿或波状，无柄或有极短的柄。头状花序腋生或顶生。总苞球状钟形，苞片绿色革质，5~8片排成2层，长圆状披针形，背面及边缘被白色短伏毛。花序外围的2层为雌性花，舌状白色，中央多数是两性花，管状黄绿色，顶端4齿裂。花柱分枝钝，有乳头状突起。雌花四棱形，两性花扁三棱形，顶截形。瘦果暗褐色。花期7~11月。

【药用价值】　鳢肠全草入药，性凉，味甘酸。鳢肠为常用中药，其干燥地上部分称墨旱莲。药典记载墨旱莲具有滋肝补肾、凉血止血之功效。在临床上可用于治疗菌痢、生殖泌尿系统炎症和肝硬化等症，鳢肠与其他药材合用还可以对抗链霉素毒性反应、治疗脂溢性脱发和多种出血症。化学成分研究表明，鳢肠除含有特征的化学成分多联噻吩和香豆草醚类外，还含有三萜皂甙、生物碱及黄酮等类型化合物。鳢肠还具有保肝、抗蛇毒、免疫调节、抗诱变等多种药理活性。在用大鼠和小鼠所做的体内实验中，发现鳢肠新鲜叶的乙醇提取物对四氯化碳引起的肝毒性具有保护作用，可降低丙氨酸氨基转移酶（ALT）的活性，对HBV DNA聚合酶有较好的抑制作用。有文献报道鳢肠免疫调节作用的分子基础是其中的黄酮类成分——木犀草素和槲皮素，它们可显著促进T淋巴细胞、B淋巴细胞转化并增强IL-2的产生。鳢肠的抗炎作用是通过降低毛细血管通透性，抑制PGE的合成或释放，直接对抗炎症介质的作用及抑制白细胞的游走。鳢肠还对酪氨酸酶有明显的激活作用，美国学者发现鳢肠和其他中药配伍治疗白斑具有较好疗效。

56. 苦草 *Vallisneria* L.

【别名】【生境】　见第二章第一节。

【形态特征】　药材苦草属植物为水鳖科苦草属（*Vallisneria* L.）多种植物统称，有6~10种，分布于热带和亚热带地区。其中，苦草［*V.natans*（Lour.）Hara］是典型的沉水植物，另称刺苦草（*V.spinulosa* Yan.）和密刺苦草（*V.denseserrulata* Makino.）等。

【药用价值】　苦草可燥湿止带、行气活血。据《本经逢原》记载，"苦草，香窜，味苦伐。胃，气窜伤脑，膏粱柔脆者服之，减食作泻，过服则晚年多患头风。昔人畏多产育，以苗子三钱，经行后，曲淋酒服，则不受妊，伤血之性可知"。《本草纲目》记载，苦草"妇人白带煎汤服。又主好嗜干茶不已，面黄无力，为末，和炒脂麻不时干嚼之"。苦草全草的化学成分含脱植基叶绿素a、苞苣甾醇、β-谷甾醇、二十烷醇、磷脂酰胆碱、磷脂酰乙醇胺、磷脂酰甘油和磷脂酰肌醇等。现代医学研究表明，苦草中棕榈酸有抑制细胞周期和诱导细胞凋亡诱导活性作用。苦草中的硬脂酸有多种药理作用，包括止血凝血、免疫调节、抗细菌抗肿瘤、清热止咳、消肿解毒、降压强心、抗血栓、清肝明目、镇静催眠、安胎通乳、活血止痛。苦草中的棕榈酸乙酯是降压药天山雪莲花、强心药山茱萸、心血管药半夏和抗肿瘤药商陆等的有效成分。苦草中的β-谷甾醇有降低胆固醇、消炎作用和促进血纤维蛋白溶酶原激活因子产生等功效。磷脂类化合物有营养功能，如磷脂酰甘油可降低低密度脂蛋白及总胆固醇水平，治疗神经失调。

57. 空心莲子草 *Alternanthera philoxeroides*（Mart.）Grise.

【别名】【生境】【形态特征】　见第二章第三节。

【药用价值】　空心莲子草味苦性寒、无毒，已收入《中国药典》的民间中药，具有清热解毒、凉血利尿之功效，主治血症、淋浊、疔疮、湿疹、毒蛇咬伤等病症。

现代药理研究还表明,空心莲子草可广泛应用于治疗多种病毒感染导致的疾病,包括病毒性肝炎、带状疱疹、流行性出血热病毒、柯萨奇病毒、单纯疱疹病毒和登革病毒等。研究显示,其抗病毒有效成分为香豆精类化合物;其保肝活性成分主要有植物甾醇类、黄酮类、三萜类、氨基酸、甜菜碱、硝酸钾和蟛蜞菊内酯等化合物,其中,据国外报道蟛蜞菊内酯为抗肝细胞

病毒的主要成分。空心莲子草是一种对病毒性肝炎有较好治疗前景的中草药,是一种有价值的护肝药物。此外,空心莲子草对脑膜炎双球菌、白喉杆菌、金黄色葡萄球菌、肺炎双球菌、弗氏痢疾杆菌、绿脓杆菌、伤寒杆菌、流感杆菌、酵母杆菌和绿色链球菌等也均有一定的抑制作用。

58. 一枝黄花　*Solidago decurrens* Lour.

【别名】　黄莺、麒麟草等。

【生境】　多生长在河滩、荒地、路旁以及农村住宅四周。

【形态特征】　中药"一枝黄花"与"加拿大一枝黄花"在形态特征上很相似,其主要区别为:一枝黄花是乡土植物,发生量小,不常见,其根状茎无或不发达,叶脉羽状,正面较光滑,头状花序排列成总状或圆锥状花序,头状花序不着生于花序分枝的一侧,不呈蝎尾状,瘦果光滑,有时顶端略有疏柔毛。而加拿大一枝黄花根状茎很发达,离基三出脉,正面很粗糙,头状花序排列成圆锥状花序,头状花序着生于花序分枝的一侧,呈蝎尾状,瘦果全部具细柔毛。

【药用价值】　一枝黄花作为泌尿疾病和消炎镇痛治疗药,在欧洲已有几百年药用历史,为《欧洲药典》收录的常用植物药。现代研究证实,一枝黄花的药用部位主要是枝叶和花序,包含的主要成分有皂苷、挥发油和黄酮等,临床应用主要是治疗尿路感染,并兼有治疗外伤感染、抗疲劳、利尿、促进循环和辅助治疗糖尿病的作用。Mccune等的研究发现,一枝黄花乙醇提取物具有很强的抗氧化和自由基消除能力,其黄酮类成分能有效减轻细胞的过氧化胁迫,阻止低密度脂质的过氧化,预防和治疗多种疾病。其挥发油主要的抗菌成分大香叶烯D(Germacrene D),对大肠杆菌和枯草芽孢杆菌具有显著的抑制作用。最近几年在利用方面国外研究的较多的是一枝黄花萃取物中的倍半萜,发现其具有类似于抗生素、性诱剂外激素等化学制剂的作用机理。此外,研究还发现在其提取物中具有多种能抑制DNA聚合

酶和蛋白质合成酶活性的物质。

59. 黄花苜蓿 *Medicago falcate* L.

【别名】【生境】【形态特征】　见第二章第
一节。

【药用价值】　黄花苜蓿味甘，性平，具有宽
中下气、健脾和胃、化石利水、清热解毒等功效。
主治胸腹胀满，消化不良，浮肿等病症。黄花苜
蓿的药用及保健功能，古代就已有所认识，明代
李时珍所著《本草纲目》就有这样的记载："苜
蓿，安中利人，可久食，利五脏，轻身健人，洗去脾
间邪热气，通小肠诸恶热毒，煮和酱食，亦可作羹。利大小肠。干食益人"。药理学研究表
明，苜蓿含有胡萝卜素、植物皂素、苜蓿素、大豆黄酮、卢瑟醇、苜蓿多糖、苜蓿酸等药理成分，
其中苜蓿中所含的黄酮、异黄酮成分具有雌激素、抗氧化、抗肿瘤等多种活性，其重要作用在
于可以改变体内自身激素的生物作用。苜蓿皂苷具有抗胆固醇、抗动脉硬化的活性，能够防
止内、外源性胆固醇在肠中的吸收，促进胆固醇降解和增强网状内皮系统功能，可加速低密
度脂蛋白胆固醇的非受体清除。植物皂素能和人体胆固醇相结合而促进胆固醇的排泄，从
而降低人体内胆固醇的含量，有利于冠心病的防治。苜蓿多糖具有免疫增强作用。因含有
大量的胡萝卜素，它是细胞代谢和亚细胞结构必不可少的重要成分，有促进生长发育的功
能。现代科学研究还发现，胡萝卜素可显著的增殖肠道有益菌群，主要是指改善肠道消化功
能的双歧杆菌，它同黄花苜蓿内含有的大量粗纤维素协同作用，非常有利于肠胃消化。

60. 黄鹌菜 *Youngiajaponica*（L.）Dc.

【别名】【生境】【形态特征】　见第二章第
一节。

【药用价值】　黄鹌菜具有甘、微苦、凉等性
味，有清热解毒、利尿消肿、止痛之功效。主治咽
炎、乳腺炎、牙痛、小便不利、肝硬化腹水、感冒、
结膜炎、尿路感染、白带、风湿性关节炎等症。外
治可用于疮疖肿毒等，以鲜品捣烂敷。《中药大辞
典》："治感冒、乳腺炎、结膜炎、疮疖、尿路感染、
白带、风湿关节炎"。《新华本草纲要》："全草又用于痢疾、感冒、尿路感染，外用治疗蛇咬、
乳痈"。黄鹌菜作为民间常用中草药，应用十分广泛。如民间用于治狂犬病，选用鲜黄鹌菜
30~60克，洗净，绞汁泡开水服，每日1剂，渣外敷。治乳腺炎，用黄鹌菜、马兰头各50克，加水
及甜酒煎温服，每日2次。治咽喉炎，用黄鹌菜15克，薄荷叶8克，荆芥、山豆根、桔梗各6克，

水煎服。现代药理研究表明,黄鹌菜在抗癌以及抗病毒方面有独特的效果,其主要化学成分有丰富的萜类、酚类物质,如单宁酸等。

61. 合萌 *Aeschynomene indica* L.

【别名】 夜合、水柏枝、合明草、田皂角、羽皂角等。

【生境】 生于温暖湿润的塘边、溪边和平原水稻田埂边。分布于华北、东南、西南地区。

【形态特征】 合萌为豆科植物半灌木状草本植物。茎直立,圆柱形,质软中空。双数羽状复叶,小叶20对以上,矩圆形,全缘,总状花序腋生,花少数,具膜质苞片和小苞片。花萼二唇形,花冠黄色带紫纹,旗瓣近圆形,雄蕊10,子房无毛有柄。荚果条状矩圆形,有6~10荚节。种子肾形,黑褐色。花期7~8月,果期9~10月。

【药用价值】 合萌的根、叶、茎的木质部(中药名为梗通草)均可药用。《中国药用植物志》载合萌"苦涩凉,清热利湿,祛风明目,消肿解毒"。《河南中草药手册》谓合萌有"清热解毒,止血,止痒,利尿,去湿,祛风,杀虫"功能。民间有应用合萌治疗肾炎水肿的经验,用之临床,发现合萌的确能发挥利水消肿,清热解毒,去湿止血之功,疗效显著。

62. 斑地锦 *Euphorbia maculata* L.

【别名】 美洲地锦、血筋草、铺地锦、血见愁等。

【生境】 斑地锦为旱生植物,生长在平原或低山区的道路旁、原野荒地、田间、果苗圃、人工草坪、蔬菜地和住宅旁。

【形态特征】 斑地锦为大戟科大戟属1年生小草本植物。茎柔细,弯曲,匍匐地上,高10~30厘米,分枝多,有白色细柔毛。叶通常对生,椭圆形或倒卵状椭圆形,先端尖锐,基部近圆形,不对称,边缘上部有疏细锯齿,上面无毛,中央有紫斑,下面貌细柔毛。叶柄极短。花序腋生,被毛。蒴果三棱状球形,被有白色细柔毛。种子卵形而有角棱,花期3~5月,果期6~9月。

【药用价值】 斑地锦的药用始载于宋代《嘉佑本草》,具清热凉血,消肿解毒之功能。主要用于调气和血,治疗痈肿恶疮,外伤出血,血痢,崩中等症。现代医学研究结果表明,斑地锦主要含黄酮类、香豆素类、有机酸类、有机醇及鞣质等化学成分。斑地锦提取液有明显的降压作用,而且降压作用迅速。其鲜草汁、水煎剂以及水煎浓缩乙醇提取物等体外实验均有抗病原微生物作用,对金黄葡萄球菌、溶血性链球菌、白喉杆菌、大肠杆菌、伤寒杆菌、痢疾杆菌、绿脓杆菌、肠炎杆菌等多种致病性球菌及杆菌有明显抑制作用,同时具有中和毒素作用,还有止血作用及抗炎、止泻作用。其制剂若与镇静剂、止痛剂或抗组胺剂合用时,可产生解痉、镇静或催眠作用。最新研究表明,斑地锦水提液对急性炎症也有较强的抑制作用,能显著缩短小鼠眼血液凝血时间,止血作用明显。

63. 大米草 *Spartina anglica* Hubb.

【别名】【生境】【形态特征】　见第二章第三节。

【药用价值】　研究表明,大米草的药理活性成分可能是甾醇类化合物、有机酸、黄酮类物质、酚类化合物、生物碱类化合物、皂甙类物质,其中最主要的活性物质是多糖和黄酮类物质。大米草含有丰富的黄酮类化合物,黄酮类化合物是泛指具有15个碳原子的多元酚化合物,是植物长期自然选择过程中产生的次级代谢产物,也是药物的重要组成成分,具有清除自由基、抗菌、降血糖、抗癌和抗肿瘤等生物活性。同时,还发现大米草黄酮对羟自由基具有清除作用,其羟自由基清除能力低于抗坏血酸,略高于芦丁。另外,大米草多糖水解产物具有较强的抗氧化活性。

64. 浮萍 Duckweed

【别名】【生境】【形态特征】　见第二章第三节。

【药用价值】　药用浮萍为浮萍科植物紫萍（ *Spirodela polyrhiza*（ L.）Schleid.）或青萍（ *Lemna minor* L.）。中国药典（2000年版）收载紫萍为浮萍的

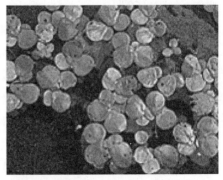

正品。浮萍味辛,性寒,有发汗解表、透疹止痒、利水消肿、清热解毒之功效,可用于风热表证、麻疹不透、隐疹瘙痒、水肿癃闭、疮癣丹毒和烫伤等病症。《本草衍义补遗》云:"水浮,发汗尤胜麻黄"。《本草纲目》:"浮萍,其性轻浮,入肺经,达皮肤,所以能发扬邪汗

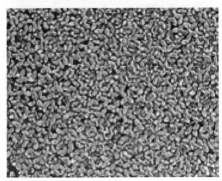

也"。《本草正义》:"浮萍,其质最轻,气味虽薄,虽曰发汗,性非温热,必无过滤之虑"。《本草崇原》中论述浮萍"下水气者,太阳之气外达皮毛,则膀胱之水气自下也"。《本经逢原》中认为浮萍"下水捷于通草"。《本草求真》:"水肿不消,小便不利,用此舒肌通窍,俾风从外散,湿从下行"。《本草经疏》则云:"血热则须

发焦枯而易堕，（浮萍）凉血则荣其清而须发滓长矣"。现代医学研究发现，紫萍中含有黄酮化合物（芹菜素、木犀草素、芹菜素-7-O-葡萄糖苷和木犀草素-7-O-葡萄苷）、豆甾醇、单棕榈酸甘油酯、胡萝卜苷和棕榈酸等活性物质。研究结果表明，紫萍提取物可有效地保护内皮细胞免受氧化损伤；青萍煎剂有解热作用；紫萍和青萍皆有利尿作用，且均有明显的排钠排钾作用。由浮萍提取液可以制得叶绿素铜钠，对某些疾病如传染性肝炎、慢性肾炎和急性胰腺炎有治疗作用，而且还可用于治疗灼烧，通过给机体补充微量元素铜，可增进造血机能及促进因放射线损伤机体的康复。此外，浮萍还具有收缩血管和抗感染作用。

现代学者在借鉴前人经验的基础上，将浮萍应用在临床治疗上，取得了更好的效果。譬如，周世群运用"丹参浮萍汤"加减治疗法研究了丹参浮萍汤治疗青春期痤疮的疗效，获得良好疗效。王集智等的研究发现，用桂枝浮萍汤治疗荨麻疹，有效率达到80%以上。刘桂华等通过自制的浮萍散面膜进行治疗痤疮的试验，取到了很好的疗效，为处于青春期的男女青年们祛除粉刺痤疮提供了一种简单有效的方法。

65. 黄花蒿　*Artemisia annua* L.

【别名】　臭蒿、草蒿、香丝草、酒饼草、马尿蒿、苦蒿、黄香蒿、黄蒿、野筒蒿、鸡虱草、秋蒿、香苦草、野苦草、青蒿等。

【生境】　常生于山坡、林缘、农田、田边。

【形态特征】　黄花蒿为1年生草本植物，茎直立，高50~150厘米，多分枝，无毛，基部及下部叶在花期枯萎，中部叶呈卵形，3次羽状深裂，裂片及小裂片矩圆形或倒卵形，开展，顶端尖，基部

裂片常抱茎，下面色较浅，两面被短微毛，上部叶小，常一次羽状细裂。头状花序极多，球形，有短梗，排列成复总状或总状，总苞无毛，总苞片2~3层，外层狭矩圆形，绿色，内层椭圆形，除中脉外边缘宽膜质。花托长圆形，花筒状，外层雌性，内层两性，瘦果矩圆形。

【药用价值】　黄花蒿为重要的药用植物，富含挥发油、倍半萜、黄酮和香豆素等活性成分。其挥发油在植物体内的量约为0.2%~0.5%。据《中华人民共和国药典》记载，中药青蒿为菊科植物黄花蒿*Artemisia annua* L.的干燥地上部分，其气香特异，味苦、辛，性寒，归肝、胆经，具有清热解暑、除蒸截疟之功，主治暑邪发热、阴虚发热、夜热早凉、骨蒸劳热、疟疾寒热、湿热黄疸。20世纪70年代我国首次从黄花蒿中分离出抗疟单体——青蒿素，在救治脑型疟疾方面具有高效、速效、低毒、使用安全等特点，为抗疟特效药，同时对血吸虫病、艾滋病并发症等也有较好疗效。

66. 菱　*Trapa* spp.

【别名】【生境】【形态特征】　见第二章第一节。

【药用价值】　中医认为，菱角除食用外，其果肉、茎、叶、果柄、果皮以果肉制成的淀粉（菱粉）都可用来治疗多种疾病。如叶煎服可治目蒙，壳可治腹泻、脱肛、痔疮、黄水症、天疱疮，鲜茎煎服可治酒醉，菱蒂研汁外涂可治青年扁平疣，菱粉可补脾胃、强腰膝、健力益气、行水、解毒、治胃溃疡及多发性疣赘。据《本草纲目》记载："菱能补脾胃，强股膝，安中补五脏、解丹石

毒、补中延年，健力益气，菱粉粥有益胃肠，可解内热"。《齐民要术》中称"食之安中补脏，除百病、益精气、耳目聪明、轻身耐老"。民间用菱角治疗溃疡、胃癌及食道癌等疾病收到一定的疗效。一般清热生津多生用，益气健脾多熟用，或用菱实粉。

现代医学研究表明，菱主要包含淀粉、蛋白质、多糖，此外，菱还含有黄酮类化合物。其中，多糖分别由阿拉伯糖，鼠李糖，木糖，甘露糖，半乳糖，葡萄糖，乳糖和蜜二糖组成，其中以葡萄糖，半乳糖，甘露糖和木糖为主。多糖具有复杂多样的生物活性和功能，如多糖有免疫调节功能可作为广谱免疫促进剂，作为药物可以治疗风湿病、慢性病毒性肝炎、癌症等；还具有抗感染、抗放射、抗凝血、降血糖、降血脂，促进核酸与蛋白质的生物合成等作用。此外，菱中含有的黄酮类化合物能防治高血压及动脉硬化，对心血管系统疾病有显著的疗效，还有解毒、抗炎、抗菌及抗病毒、解痉作用。

67. 苍耳　*Xanthium sibiricum* Patr.

【别名】【生境】【形态特征】　见第二章第一节。

【药用价值】　苍耳叶、花、果实、根、蠹虫均可入药。苍耳果实名为苍耳子，有祛风湿、通鼻窍之功效。《本草备要》云："苍耳子辛苦、温，善发汗，散风湿，上通脑顶，下行足膝，外达皮肤，可治头痛目眩、齿痛、鼻渊、肢挛疼痛、瘰疬疮疥、偏身瘙痒……"。实验证明苍耳子有降血糖的作用；苍耳子煎汁对溶血性金黄葡萄球菌、肺炎双球菌有明显抑制作用。苍耳子除治疗鼻科疾病有特殊疗效外，在治疗慢性化脓性中耳炎、慢性气管炎、下肢溃疡、类风湿性关节炎、腮腺炎、荨麻疹、疟疾、腰腿痛、顽固性牙痛、治疗寻常疣扁平疣、面神经炎、白癜风，舒肝解郁、养血柔肝、祛风、消炎、镇痛、抗溃疡、抗腹泻、治疗瘙痒症等方面也都有很好功效，此外苍耳子水煎

剂有明显的免疫作用。苍耳子经粉碎、分离纯化得到的苍耳子凝集素对人A、B、O型血和人精子均有凝集作用，并且这种凝集素具有较强的耐热性，反复冻融对其活性影响甚小。苍耳叶的药用价值始载于《名医别录》，谓："叶苦辛，微寒，有小毒，主膝痛，溪毒，生安陆川谷

及六安田野，实熟时采"。《千金方食治》记载茎叶："味苦辛，微寒，有小毒"。《千金方》云："苍耳叶绞取汁以渍之，治热毒"。苍耳花也有药用功效，《本草纲目》中记载苍耳花可治疗白癜顽癣。现代研究发现苍耳花粉、苍耳挥发油可治疗慢性鼻炎。另外，苍耳根味微苦、性平，具清热解毒、利湿的功效，民间常用于治疗疔疮、丹毒、缠喉风、阑尾炎、宫颈炎、尿路感染、痢疾、乳糜尿、高血压、糖尿病、小儿蛔虫等症。近年又发现苍耳根中含有具有抗癌作用的糖苷，而且根醇提取物对白色念珠菌有抑制与杀灭作用。

苍耳鲜草（或干品）也是一种常用中药，可治疗痢疾、中耳炎、鼻炎、功能性子宫出血、顽固性湿疹、血吸虫病，恶性疟疾、麻风病、恶疽肿痛、虫咬性皮炎、流行性腮腺炎等均有很好疗效。苍耳鲜草还可治疗各种皮肤病症，对皮肤癌有一定疗效，古方中常以苍耳嫩叶治面上黑斑，江南一带的民间常用苍耳煎汤治疗风疹、全身湿疹、瘙痒等，效果十分显著。因此苍耳还具有一定的美容作用。

苍耳蠹虫是寄生于苍耳茎中的鳞翅目昆虫幼虫。古代医药著作《圣济总录》、《本草纲目》等记载了苍耳蠹虫可作为一种外科药物，治一切疔肿及无名肿毒恶疮，有神效。民间常将其研末调涂、捣敷或用香油浸后外敷，疗效良好。目前，苍耳蠹虫已在临床上用于治疗疖痈、甲沟炎、乳腺炎、颜面疔疮、耳疖、鼻前庭疖，痔疮，苯中毒性再生障碍性贫血等疾病，均取得了很好的疗效。

68. 芦苇 *Phragmites communis*（L.）Trin.

【别名】　苇、芦、芦笋等。

【生境】　常生长在灌溉沟渠旁、河堤沼泽地等。

【形态特征】　芦苇为多年生水生或湿生的高大禾草，地下有发达的匍匐根状茎。茎秆直立，秆高1~3米，节下常生白粉。叶鞘圆筒形，无毛或有细毛。叶舌有毛，叶片长线形或长披针形，排列成两行。圆锥花序分枝稠密，向斜伸展，具长、粗壮的匍匐根状茎，以根茎繁殖为主。

【药用价值】　芦的根、茎与叶均有药用价值。《本草经集注》中记载："芦根，又名苇根，味甘，性寒，主治消渴止热，止小便利"。芦茎的药效记载是："甘，寒，无毒，治霍乱呕逆，肺痈烦热，痈疽"。芦苇叶简称芦叶，《本草纲目》和《中药大辞典》云："味甘、性寒、无毒，主治上吐下泻、吐血、肺痈、发背、霍乱呕逆、清肺止呕等"。现代医学研究表明，芦根中有维生素B_1、B_2、C以及蛋白质、脂肪、酯、碳水化合物等，还含有氨基酸、脂肪酸、甾醇类、酚类、苯醌类、木质素类、黄酮类、生物碱类、脂肪酸及多糖类等物质。芦叶中主要有黄酮类化合物。

69. 马蹄金 *Dichondra repens* Forst.

【别名】　荷苞草、肉馄钝草、金锁匙、小马蹄金、黄疸草、金钱草、小金钱草、玉馄钝、小元宝草、铜钱草、落地金钱、小半边钱、小铜钱草、小金钱、小灯盏、金马蹄草等。

【生境】 马蹄金主要分布于台湾以及中国大陆的长江以南等地,多生在路旁、山坡草地或沟边。喜光及温暖湿润气候,耐低温,耐践踏。能依靠匍匐茎繁茂生长,在−8℃的低温下能安全越冬,42℃的高温下可安全越夏。

【形态特征】 马蹄金为旋花科马蹄金属多年生匍匐草本植物。茎细长,匍匐生长,节间着地可生出不定根,主根不发达。单叶互生,叶柄细长,并变化很大。叶片绿色、圆形或肾形,先端宽圆形或微缺,基部心形,呈"马蹄"型。叶上表皮气孔少,下表皮气孔多。叶片上表皮光滑下表皮具有平伏二叉状表皮毛。幼叶与叶柄幼嫩时,柔毛多呈银白色。花期3~5月。花小,两性,单生于叶腋,花萼5裂,背面被毛,倒卵形,绿色,呈覆瓦状排列,宿存,花冠钟状,黄绿色深5裂。子房上位,密被白色长柔毛,2心皮合生2心室,柱头2枚,雄蕊5枚与花冠裂片间生。果瓣球形,种子1~2粒。

【药用价值】 马蹄金味苦、辛而性微寒,入肺、肝二经,具有清热、解毒、利胆排石等功效,是贵州省资源丰富的民族民间药。民间用于治疗急性黄疸型肝炎、胆结石、痢疾、膀胱结石、水肿、自喉、肺出血、风火眼痛等症。现代药理学研究证明,马蹄金主要含有 β−谷甾醇、香荚兰醛、正三十八烷、麦芽酚、乌苏酸、东莨菪素、伞形花内酯以及黄酮类、黄酮醇类、异黄酮类等多种黄酮成分,总黄酮的含量为0.9%。此外,还含挥发油类、糖类及微量元素。马蹄金提取物具有镇痛、抗炎及抑菌、保肝降酶、解热利胆、抗脂质过氧化、免疫功能等功效。

70. 小飞蓬 *Conyza canadensis* L.

【别名】 一枝篙、蛇舌草、竹叶艾、鱼胆草、苦篙、小白酒草、小蓬草、小白酒草、小飞莲等。

【生境】 小飞蓬广泛分布于东北、华北、华东和华中的果、桑、茶园中,也可生长于河滩、渠旁、农田、路边、宅旁及废弃地等。

【形态特征】 小飞蓬为1或2年生草本植物,全株绿色。茎直立,有细条纹及脱落性粗糙毛。上部分多枝,小枝柔弱。基部叶近匙形,上部叶线形或线状披针形,无明显的叶柄,全缘或有齿裂,边缘有睫毛。头状花序,再密集呈圆锥状或伞房圆锥状花序;总苞半球形,总苞片2~3层,线状披针形。缘花雌性,细管状,无舌片,白色或微带紫色,盘花两性,微黄色。瘦果长圆形,略有毛,冠毛1层,污白色,刚毛状。

【药用价值】 小飞蓬含有挥发油类、鞣质类、黄酮类、多糖类等化学物质。全草药用,具有清热解毒、祛风止痒等作用,民间用于治疗因牛奶造成的儿童过敏腹泻、口腔炎、中耳炎、结膜炎及风火牙痛、风湿骨痛等。据研究发现，小飞蓬还具有较强的抗氧化活性，在抗老化、抗突变、调血脂等方面具有一定的临床应用价值。

71. 三叶鬼针草 *Bidens pilosae* L.

【别名】【生境】【形态特征】 见第二章第一节。

【药用价值】 鬼针草的药用价值始载于唐朝《本草拾遗》，"鬼钗草，味苦平，无毒，主蛇及蜘蛛咬，杵碎傅之，亦杵绞汁服。生地畔，有桠，方茎，子作钗脚，着人如衣针，北方呼之为鬼针"。《中药大辞典》载鬼针草"苦、平，无毒。功能：清热解毒、散瘀消肿。主治：疟疾、腹泻、痢疾、肝炎、急性肾炎、胃痛、噎膈、肠痈、咽喉肿痛、跌打损伤、蛇虫咬伤"。另外《泉州本草》也有"消瘀，镇痛，敛金疮"等记载。经现代研究发现鬼针草全草含有黄酮甙、氨基酸，茎叶含挥发油、皂甙、生物碱、鞣质、胆碱、无机盐和微量元素，以及近期分离出槲皮素、异槲皮素和槲皮素苷等多种具有良好活性的化合物。近年发现可用于治疗感冒、甲状腺肿、前列腺炎、慢性气管炎、肺气肿、冠心病、慢性胃溃疡、慢性盆腔炎、附件炎、子宫脱垂、神经衰弱等，对原发性高血压亦有较好疗效。药理实验证明，还具有预防脂质代谢紊乱和动脉粥样硬化引起的心脑血管疾病，抗肝纤维化、治疗糖尿病等多种作用。

72. 泽漆 *Euphorbia helioscopia* L.

【别名】 漆茎、猫儿眼睛草、五凤灵枝、五凤草、绿叶绿花草、凉伞草、五盏灯、五朵云、白种乳草、五点草、五灯头草、乳浆草、肿手棵、马虎眼、倒毒伞、一把伞、乳草、龙虎草、铁骨伞、九头狮子草、灯台草、癣草等。

【生境】 多生于山沟、路边、田野、湿地。全国大部分地区均有分布。

【形态特征】 泽漆为1年或2年生草本植物，高10~30厘米，全株含乳汁。2片子叶一出土同时平展，短圆形，深绿色，背面紫红色，子叶背面和幼茎上有稀疏的白色绒毛，叶缘锯齿状，呈紫红色。基部分枝2~10个，斜生。叶无柄，肉质，叶片倒卵形或匙形，茎健壮无毛，直立，圆形，下部淡紫红色，上部淡绿色。切断茎叶有白色乳汁流出，茎顶端有5片轮生的叶状苞，与茎叶相似。花期4~5月。花序为聚伞状顶生，有5个伞梗，每伞梗分出2~3个小伞梗，每小伞梗又分为两叉状，杯状总苞钟形，顶端4裂，子房3室，花柱3个。蒴果表面平滑。种子卵形，暗褐色，表面有网纹。

【药用价值】 据《中药大辞典》记载,泽漆性味辛苦、凉、有毒。《本草纲目》中记载,泽漆有利水消肿、消炎退热等功效。长期以来作为民间草药,有化痰治咳、逐水、消肿、散结、杀虫、治疗宫颈癌和食道癌、梅毒等功效。

泽漆主要含槲皮素-5,3-二-D-半乳糖甙、泽漆皂甙、三萜、丁酸、泽漆醇、β-二氢岩藻甾醇等化合物。药理研究证明其有利尿消肿、化痰散结、杀虫止痒等作用。临床上用于治疗食道癌、肝癌、咳喘、水肿、肺结核、淋巴结核等症。近年来泽漆在临床上又有新的应用,如用于治疗丝虫性乳糜尿、急性肾炎、骨伤科疾病,疗效较佳。泽漆配伍黄药子、牡蛎、浙贝可用于治疗淋巴肉瘤等。此外,还有报道泽漆对结核杆菌和金黄色葡萄球菌、绿浓杆菌、伤寒杆菌有抑制作用。

73. 羊蹄 *Rumex japonicus* Houtt.

【别名】【生境】【形态特征】 见第二章第一节。

【药用价值】 羊蹄性寒,味苦,入心、肝、大肠经,有小毒,具清热通便、凉血止血、杀虫止痒之功效。羊蹄的药用始载于《神农本草经》,列为下品,仅简单记载了其性味功效。"羊蹄,味苦、寒,主头秃疥瘙,除热,女子阴蚀"。可见早在公元1~2世纪,羊蹄就被古代劳动人民用作治疗疥癣之药。梁代陶弘景的《名医别录》谓:"羊蹄,无毒。主治浸淫疽痔,杀虫。"其中的"疽",中医是指局部皮肤肿胀坚硬而皮色不变的毒疮。唐《新修本草》将羊蹄列于草部下品,曰:"根,味辛、苦,有小毒。万华方云:疗虫毒,……"。《经史证类大观本草》引《图经本草》曰:"今人生采根,醋磨涂癣,速效。亦煎作丸服之。其方以新采羊蹄根,不限多少……"。《本草纲目》的附方中羊蹄及含羊蹄的方子可治大便卒结、肠风下血、喉痹不语、面上紫块、痛疡风驳、头风白屑、头上白秃、癣久不建、湿癣、疥疮有虫等症。《中药大辞典》综合历代医家所论性味功能主治,认为羊蹄味苦、寒,有清热、通便、利水、止血、杀虫之功效,主治大便燥结、淋浊、黄疸、吐血、肠风、功能性子宫出血、秃疮、疥癣、痈肿、跌打损伤。

现代药理研究表明,羊蹄根及根茎含有结合及游离的大黄素、大黄素甲醚、大黄酚酸模素等,具有抗真菌、抗肿瘤、抗病毒和抗氧化等作用。其中酸模素有抗氧化作用,其含有的大黄酚能明显缩短兔的血凝时间,其鞣质亦有收敛止血作用。羊蹄根煎剂有抗病毒作用,羊蹄根煎剂浓缩后的酒精提取物对急性淋巴细胞型白血病、急性单核细胞型白血病和急性粒细胞型白血病患者的血细胞脱氢酶都有抑制作用。

74. 酸模 *Rumex acetosa* L.

【别名】【生境】【形态特征】 见第二章第一节。

【药用价值】 酸模的药用最早记载于《本草经集注》，"陶隐居（即陶弘景）云：又一种极相似，而味酸，呼为酸模。……陈藏器云：酸模叶酸美，小儿折食其英……叶似羊蹄，是山大黄，一名当药"。可见当时就将酸模和羊蹄归为同类生药，因酸模的茎叶味酸而加以区别。元代的《食物本草》中记载有酸模，云："酸模，一名山羊蹄，一名山大黄……所在有之，状似羊蹄叶而小，茎

叶俱细，味酸美可食。节间生子，若益母草状"。《本草纲目》载："平地亦有。根叶花形并同羊蹄，但叶小味酸为异。其根赤黄色"；"气味酸、寒，无毒。根微苦……去汗斑，同紫萍捣擦，数日即没"。《本草拾遗》载："根主暴热腹胀，生捣绞汁服，当下痢，杀皮肤小虫"。《中药大辞典》记载："酸模，性味酸、寒，具有清热、利尿、凉血、杀虫之功效，用于治疗热痢、淋病、小便不通、吐血、恶疮、疥癣等症"。

现代药理研究表明，酸模主要含有蒽醌类化合物，以及还有有机酸类、黄酮类、二苯乙烯类、鞣质及酸模素等化学成分。酸模水提取物有抗真菌（发癣菌类）作用，酸模全草提取液对金黄色葡萄球菌、大肠杆菌有抑制作用。从根中分离出的大黄素、大黄酚等蒽醌类对甲型链球菌、肺炎链球菌、流感杆菌及卡他球菌有不同程度的抑制作用。酸模根热水提取对小鼠移植性实体瘤S-180有显著的抗肿瘤活性，特别是口服给药，肿瘤移植后第五周的抑制率达92.4%。

75. 碎米荠 *Cardamine hirsute* L.

【别名】【生境】【形态特征】 见第二章第一节。

【药用价值】 碎米荠味甘、性温、无毒。具清热利湿、安神、止血之功效。主治湿热泻痢、热淋、白带、心悸失眠、虚火牙痛、小儿疳积、吐血、便血、疔疮等症。《中华本草》：可煎汤（15~30克）内服，亦可适量捣敷外用。

76. 牛繁缕 *Malachium aquaticum*（L.）Fries.

【别名】【生境】【形态特征】 见第二章第一节。

【药用价值】 牛繁缕味甘、淡，性平。具清热解毒，活血消肿之功效。可治肺炎、痢疾、高血压、月经不调、痈疽痔疮等症。内服能驱风、解

毒,外敷治疗疮,新鲜苗捣汁服,有催乳作用。

77. 田旋花　*Convolvulus arvensisi* L.

【别名】　小旋花,中国旋花,箭叶旋花、野牵牛、拉拉菀等。

【生境】　喜生于耕地、荒坡草地、村边路旁等。主要分布于东北、华北、西北及山东、江苏、河南、四川、西藏等地。

【形态特征】　田旋花为多年生草本植物,近无毛。根状茎横走。茎平卧或缠绕,有棱。叶片戟形或箭形,全缘或3裂,先端近圆或微尖,有

小突尖头;中裂片卵状椭圆形、狭三角形、披针状椭圆形或线性;侧裂片开展或呈耳形。花1~3朵腋生,花梗细弱,苞片线性,与萼远离。萼片倒卵状圆形,无毛或被疏毛;缘膜质。花冠漏斗形,粉红色、白色,外面有柔毛,褶上无毛,有不明显的5浅裂。雄蕊的花丝基部肿大,有小鳞毛。子房2室,有毛,柱头2,狭长。蒴果球形或圆锥状,无毛。种子椭圆形,无毛。花期5~8月,果期7~9月。

【药用价值】　田旋花味辛,性温,有毒,入肾经,具祛风止痒、止痛之功能。主治风湿痹痛、牙痛、神经性皮炎等。可用6~10克煎汤内服,亦可取其适量,酒浸涂患处。现代药理研究表明,田旋花主要含有 β-甲基马栗树皮革素,地上部分含黄酮甙,甙元为槲皮素、山萘酚、正烷烃、正烷醇、α-香树脂醇、菜油甾醇、豆甾醇及 β-谷甾醇;地下部分含咖啡酸、红古豆碱等。近期研究表明,其地上部分的70%醇浸膏(静脉注射时转换成水溶液)10毫克/千克,能使麻醉猫血压下降25%~50%,持续1小时,降压原理为向肌性,扩张离体兔耳血管,使心率变慢。

78. 凹头苋　*Amaranthus ascendens* Loisel.

【别名】　野苋菜、光苋菜等。

【生境】　多生于农田、路边,为田野常见杂草,除内蒙古、宁夏、青海、西藏外,全国广泛分布。

【形态特征】　凹头苋为1年生草本植物,高10~30厘米,全体无毛。茎伏卧而上升,从基部分枝,淡绿色或紫红色。叶片卵形或菱状卵形,顶端凹缺,有1芒尖,或微小不显,基部宽楔形,全缘

或稍呈波状。花成腋生花簇,直至下部叶的腋部,生在茎端和枝端者成直立穗状花序或圆锥花序。苞片及小苞片矩圆形,花被片矩圆形或披针形,淡绿色,顶端急尖,边缘内曲,背部有

1隆起中脉。雄蕊比花被片稍短,柱头3或2,果熟时脱落。胞果扁卵形,不裂,微皱缩而近平滑,超出宿存花被片。种子环形,黑色至黑褐色,边缘具环状边。花期7~8月,果期8~9月。

【药用价值】　凹头苋味甘、淡,性凉。具清热利湿之功能。可用于肠炎,痢疾,咽炎,乳腺炎,痔疮肿痛出血,毒蛇咬伤等的治疗。夏、秋采收全草或根,鲜用或晒干,秋季果熟时采收种子。民间有一些验方,如治痢疾:鲜野苋根50~100克,水煎服。治肝热目赤:野苋种子50克,水煎服。治乳痈:鲜野苋根50~100克,鸭蛋一个,水煎服,或用鲜野苋叶和冷饭捣烂外敷。治痔疮肿痛:鲜野苋根50~100克,猪大肠一段,水煎,饭前服。治毒蛇咬伤:鲜野苋全草50~100克,捣烂绞汁服;或鲜全草一两,杨梅鲜树皮9克,水煎调泻盐9克服。

79. 野老鹳草　*Geranium carolinianum* L.

【别名】　老鹳嘴、老鸦嘴、贯筋、老贯筋、老牛筋等。

【生境】　常见于路旁、田野、荒地、堤岸上。

【形态特征】　野老鹳草株高20~50厘米,茎密被倒向短柔毛。叶在茎上部互生,下部对生,肾圆形,5~7深裂,每裂片再3~5浅裂,表面散生短伏毛,背面沿脉有短伏毛。伞形聚伞花序,2~6花,成对集生茎顶端或叶腋,萼片5,花瓣5,粉红色,与花瓣等长或略长。蒴果,长约2厘米,被短糙毛,先端有长喙,开裂时5果瓣向上拳卷。

【药用价值】　野老鹳草味辛、苦,性平。归肝经、肾经、脾经。具祛风湿,通经络,止泻利之功能,主治风湿痹痛,麻木拘挛,筋骨酸痛,泄泻痢疾等症。内服可用9~15克煎汤,或浸酒,或熬膏。也可取适量捣烂加酒炒热外敷或制成软膏涂外敷。

80. 苘麻　*Abutilon theophrasti* Medic.

【别名】　白麻、青麻、野棉花、叶生毛、磨盘单、车轮草、点圆子单、馒头姆、孔麻、磨仔盾、毛盾草、野火麻、野芝麻、紫青、绿箐、野苘、野麻、鬼馒头草、金盘银盏等。

【生境】　苘麻喜温,较耐寒,常见于路旁、田野、荒地、堤岸上。分布于全国各地。

【形态特征】　苘麻为1年生草本植物,高1~2米。茎直立,具软毛。叶互生,圆心形,先端尖,基部心形,边缘具圆齿,两面密生柔毛,叶柄长。花单生于叶腋,粗壮。花萼绿色,下部呈管状,上部5裂,裂片圆卵形,先端尖锐。花瓣5,黄色,较萼稍长,瓣上具明显脉纹,雄蕊简甚短,心皮15~20,顶端平截,轮状排列,密被软毛,各心皮有扩展、被毛的长芒2枚。蒴果成熟后裂开。种子肾形、褐色,具微毛。花期7~8月。果期9~10月。

【药用价值】　苘麻味苦,性平。《本草纲目》云:"苘麻,今之白麻也,多生卑湿处,人亦种之。叶大如桐叶,团而有尖,六、七月开黄花,结实如半磨形,有齿,嫩青,老黑,中子扁黑,状如黄葵子,其茎轻虚洁白,北人取皮作麻。其嫩子。小儿亦食之"。《福建民间草药》云:"叶:治痈疽肿毒"。《上海常用中草药》云:"全草:解毒,祛风。治痢疾、中耳炎、耳鸣、耳聋、关节酸痛"。

81. 刺苋 *Amaranthus spinosus* L.

【别名】【生境】【形态特征】　见第二章第一节。

【药用价值】　刺苋《滇南本草》中记载:"性微温,味咸"。《福建中草药》云:"甘,凉。入肺,肝二经"。具清热解毒,利尿,止痛,解毒消肿,清肝明目,散风止痒,杀虫疗伤之效。可治痢疾,目赤,乳痈,痔疮,胃出血,便血,痔血,胆囊炎,胆石症,湿热泄泻,带下,小便涩痛,咽喉肿痛,湿疹,痈肿,牙龈糜,蛇咬伤等症。但《广西中药志》中记载:"虚痢日久及孕妇忌服"。《福建药物志》云:"根据民间经验,本品有小毒,服量过多有头晕、恶心、呕吐等副作用。经期、孕期禁服"。

82. 牛筋草 *Eleusine indica*（L.）Gaertn.

【别名】　千千踏、千金草、忝仔草、千人拔、穆子草、牛顿草、鸭脚草、粟仔越、野鸡爪、粟牛茄草、扁草、水枯草、油葫芦草、蟋蟀草、千斤草、稷子草等。

【生境】　多生于农田、荒地及道路旁,广布于南北各省区。

【形态特征】　牛筋草为禾本科1年生草本植物,高15~90厘米。须根细而密。秆丛生,直立或基部膝曲。叶片扁平或卷折,无毛或表面具疣状柔毛;叶鞘压扁,具脊,无毛或疏生疣毛,口部有时具柔毛。穗状花序,常为数个呈指状排列(罕为2个)于茎顶端。小穗有花3~6朵。颖披针形,脊上具狭翼。种子矩圆形,近三角形,有明显的波状皱纹。花果期6~10月。

【药用价值】　牛筋草的带根全草入药,《闽东本草》云:"味甘淡,性凉,入肺、胃二经"。牛筋草含荭草素、木犀草素-7-O-芸香糖苷、小麦黄素、特荆素、三色堇黄酮苷等。具清热、利湿之效,主治暑发热、小儿急惊、黄疸、痢疾、淋病、小便不利,并能防治乙脑。自古以来对其药用价值有一些记载,如《百草镜》:"行血,长力";《福建民间草药》:"利尿,清热,消疝气";《民间常用草药汇编》:"强筋骨,治遗精";《闽东本草》:"治小儿急惊,石淋,腰部挫伤,肠风下血,反胃,喘咳";《上海常用中草药》:"活血补气,治脱力劳伤,肺结核"。民间也有许多验方,如《闽东本草》治高热,抽筋神昏者:鲜牛筋草四两,水三碗,炖一碗,食盐少许,十二小时内服尽;《纲目拾遗》治脱力黄,劳力伤:牛筋草连根洗去泥,乌骨雌鸡腹内蒸热,去草食鸡;江西《草药手册》治湿热黄疸:鲜牛筋草100克,山芝麻50克,水煎服;《福建中草药》治伤暑发热:鲜牛筋草100克,水煎服;《福建民间草药》治疝气:鲜牛筋草根四两,荔枝干十四个,酌加黄酒和水各半,炖一小时,饭前服,日两次;《闽南民间草药》治乳痈初起,红肿热痛:牛筋草头50克,蒲公英头50克,煮鸡蛋一个服,并将草渣轻揉患处。

83. 看麦娘 *Alopecurus aequalis* Sobol.

【别名】　牛头猛、山高粱、道旁谷等。

【生境】　较喜湿,多生于农田、荒地及道路旁。

【形态特征】　看麦娘为禾本科1年生草本植物,秆少数丛生,细瘦,光滑,节处常膝曲,高15~40厘米。叶鞘光滑,短于节间,叶舌膜质,叶片扁平。圆锥花序圆柱状,灰绿色,小穗椭圆形或卵状椭圆形,颖膜质,基部互相联合,具3脉,脊上有细纤毛,侧脉下部有短毛。外稃膜质,先端钝,等大或稍长于颖,下部边缘相连合,芒长约于稃体下部1/4处伸出,隐藏或外露。花药橙黄色。颖果。花、果期4~8月。

【药用价值】　全草入药,味淡,性凉。具有利湿消肿,清热解毒的功效。口服可用于治疗水肿,水痘。外用可用于治疗小儿腹泻,消化不良等症。

84. 大巢菜 *Vicia sativa* L.

【别名】【生境】【形态特征】　见第二章第一节。

【药用价值】　大巢菜味甘,性寒,无毒。具有清热利湿、和血祛瘀之功效,可治黄疸、浮肿、疟疾、鼻衄、心悸、梦遗、月经不调等症。《本草拾遗》载:"调中,利大小肠"。《草本便方》:"活血,破血,止血,生肌。治五黄疸肿,利脏热。截疟,平胃,明耳目"。《海药本草》:"主利水道,下浮肿,润大肠"。

《品汇精要》:"益气,润肌,清神,强志"。《四川中药志》:"生血。治肾虚遗精,腰痛,湿热黄肿"。民间有一些验方,如治疗疮:取鲜大巢菜,盐卤捣敷(江西《草药手册》)。

85. 马唐 *Digitaria sanguinalis*（L.）Scop.

【别名】 羊麻、羊粟、马饭、抓根草、鸡爪草、指草、蟋蟀草等。

【生境】 多生于农田、苗圃、山坡草地和荒野路旁。分布几遍全国。

【形态特征】 马唐为1年生草本植物，秆基部常倾斜，着土后易生根，高40~100厘米。叶鞘常疏生有疣基的软毛，稀无毛。叶片线状披针形，两面疏被软毛或无毛，边缘变厚而粗糙。总状花序细弱，3~10枚，通常成指状排列于秆顶，穗轴中肋白色，约占宽度的1/3。小穗披针形，双生穗轴各节，一有长柄，一有极短的柄或几无柄；第1颖钝三角形，无脉，第2颖长为小穗的1/2~3/4，狭窄，有很不明显的3脉，脉间及边缘大多具短纤毛。第1外稃与小穗等长，有5~7脉，中央3脉明显，脉间距离较宽而无毛，侧膜甚接近，有时不明显，无毛或于脉间贴生柔毛，第2外稃近革质，灰绿色，等长于第1外稃。花、果期6~9月。

【药用价值】 马唐味甘，性寒。入肝，脾二经。有明目润肺之功效。主治目暗不明、肺热咳嗽等症。《名医别录》："主调中，明耳目"。《本草拾遗》："马唐，生南土废稻田中。节节有根，著土如结缕草，堪饲马，马食如糖，故名马唐。煎取汁，明目润肺"。

86. 野慈菇 *Sagittaria trifolia* L.

【别名】【生境】【形态特征】 见第二章第一节。

【药用价值】 全草入药，《四川中药志》中记载其："性寒，味辛，有小毒"。入肺、肝、肾三经。具解毒疗疮、清热利胆之功效。主治黄疸、瘰疬、蛇咬伤。如治黄疸病：水慈姑、倒触伞各一两，煨水服（《贵州草药》）。又如治蛇伤：一野慈姑、一支蒿。捣绒，包患处（《四川中药志》）。

87. 水绵 *Spirogyra intorta* Jao

【别名】【生境】【形态特征】 见第二章第三节。

【药用价值】 水绵具清热解毒功能，主治丹毒，赤游，漆疮，烫火伤等症。外用捣烂敷患处。有报道，在我国云南一些兄弟民族地区，将水绵晒干作为食物。

88. 丁香蓼 *Ludwigia prostrata* Roxb.

【别名】　丁子蓼、红豇豆、喇叭草、水冬瓜、水丁香、水苴仔、水黄麻、水杨柳、田蓼草、红麻草、银仙草、田痞草、水蓬砂、水油麻、山鼠瓜、水硼砂等。

【生境】　多生于水田、沟畔湿处及沼泽地等,长江以南各省都有分布。

【形态特征】　丁香蓼为1年生草本植物,高20~70厘米。茎近直立或基部平卧地上后斜升,节上生根,有纵棱,多分枝,枝带四方柱形,稍带红紫色,无毛或有短毛。单叶互生,叶片披针形至椭圆状披针形,先端渐尖,基部渐狭,全缘,近光滑无毛,叶柄短。花单生于叶腋,无柄,基部有1对小苞片。花萼4裂,萼筒与子房贴生,宿存。花瓣4,黄色,椭圆形。雄蕊4。子房下位,4室。花柱单一,柱头头状,胚珠多数,纵直排列成4行。蒴果圆柱状,直或微弯,稍带暗紫色,成熟时室背成不规则破裂。种子多数,细小,黄棕色,倒卵形或椭圆形,光滑无毛。花期7~8月,果期9~10月。

【药用价值】　秋季结果时采收,切段,鲜用或晒干。丁香蓼性味苦、凉。具清热解毒,利尿通淋、化瘀止血之功效。主治肠炎,痢疾、传染性肝炎、肾炎水肿、膀胱炎、白带异常、痔疮等症。外用可治痈疖疔疮,蛇虫咬伤。研究表明,丁香蓼中的没食子酸和诃子次酸三乙酯对宋内、舒氏、鲍氏、志贺等痢疾杆菌及金葡球菌、绿脓杆菌等有较好的抑菌作用。

89. 苔藓 Bryophyta.

【别名】　无。

【生境】　苔藓植物分布广泛,从南北两极到赤道。裸露的岩石,干热的沙漠,各种类型的森林、沼泽和各种水体都有苔藓植物的分布。

【形态特征】　苔藓植物是一种小型的绿色植物,结构简单,仅包含茎和叶两部分,有时只有扁平的叶状体,没有真正的根和维管束。

【药用价值】　苔藓植物是潜在的植物活性产物宝库,其含有的萜类、黄酮类、脂肪酸和一些生物活性物质是药用苔藓植物的有效成分,其药理活性包括血管增压、强心、抗菌、抗凝血、神经保护、肌肉松弛、释放过氧化物及酶抑制等多种作用。从苔藓植物中筛选抗菌、防腐、抗癌、防治心血管疾病、抗凝血和降血脂等药物具有广阔的前景。

90. 通泉草 *Mazus japonicus*(Thunb.)O. Kuntze.

【别名】　脓泡药、汤湿草、猪胡椒、野田菜、绿蓝花、五瓣梅、猫脚迹、尖板猫儿草等。

【生境】　生于农田、田边或路旁。

【形态特征】　通泉草为玄参科矮生草本植物，常无毛，茎基部分枝。基生叶倒卵状匙形或卵状倒披针形，上部常无齿，基部楔形，下延成具翅的叶柄；茎生叶对生或互生。总状花序生茎枝顶，有疏生的多朵花；花萼裂片卵形，无脉或不明显；花冠淡紫色或蓝色，二唇形，下唇开展，3裂；雄蕊4，2个较长。蒴果包于宿存的萼内。

【药用价值】　据《全国中草药汇编》记载，通泉草味苦，性平。以全草入药。春夏秋可采收，洗净，鲜用或晒干。具止痛、健胃、解毒之功效。可用于治疗偏头痛、消化不良；外用可治疗疮、脓疱疮、烫伤。

91. 狗牙根 *Cynodon dactylon*（L.）Pers.

【别名】　百慕大草、爬地草、绊根草、铺地草等。

【生境】　喜生于排水良好的田间、道旁、河岸、丘陵以及山地，主要分布在黄河流域以南各省。狗牙根喜热而不耐寒。气候寒冷时生长差，最适生长温度为24~35℃；当日均温下降至6~9℃时，生长缓慢；当日均温为−3~2℃时，其茎、叶落地死亡。狗牙根以根茎越冬，第2年则靠根茎上的休眠芽萌发生长。

【形态特征】　狗牙根为多年生草本植物，具细韧的须根和短根茎。茎匍匐地面，可长达1米，节间着地即能生根。植株低矮，直立秆高10厘米。叶线条形，扁平，先端渐尖，边缘有锯齿，浓绿色；叶鞘具脊，鞘口有柔毛；叶舌短，具小纤毛。5~7月抽出穗状花序，小穗排列于穗轴一侧，含一小花。颖果，椭圆形。狗牙根结实力极差，种子成熟脱落后有自播能力，以根茎繁殖为主。

【药用价值】　狗牙根根状茎性平，味苦微甘。具有解热利尿、舒筋活血，止血，生肌之功能，主治湿痿痹拘挛、半身不遂、劳伤吐血、跌打、刀伤、臁疮等症。可以25~50克煎汤服用，也可捣敷外用。自古以来对其药用有些记载，如《滇南本草》："走经络，强筋骨，舒筋活络。半身不遂，手足筋挛，痰火痿软，筋骨酸痛，泡酒用之良效"；"捣敷久远臁疮，生肌；敷刀伤、跌打损伤，止血收口，能接筋骨"。《分类草药性》："治产后中风，疗风疾，消肿毒气"。《重庆草药》："退火解热，生肌止血。治风湿，劳伤吐血，狗咬伤"。

92. 石龙芮 *Ranunculus sceleratus* L.

【别名】　水堇、姜苔、水姜苔、彭根、鹘孙头草、胡椒菜、鬼见愁、野堇菜、黄花菜、小水杨梅、清香草、野芹菜、假芹菜、水芹菜、猫脚迹、鸡脚爬草、水虎掌草、和尚菜、胡椒草、黄爪草等。

【生境】　多生长于自然沼泽、湿地，为常见野生湿地植物，分布几遍全国。

【形态特征】　石龙芮为1年或2年生草本植物，高10~50厘米。须根簇生。茎直立，上部多分枝，无毛或疏生柔毛。基生叶有长柄，叶片轮

廓肾状圆形，基部心形，3深裂，有时裂达基部，中央深裂片菱状倒卵形或倒卵状楔形，3浅裂，全缘或有疏圆齿；侧生裂片不等2~3裂，无毛；茎下部叶与基生叶相同，上部叶较小，3全裂，裂片披针形或线形，无毛，基部扩大成膜质宽鞘，抱茎。聚伞花序有多数花；花两性，小，无毛；萼片5，椭圆形，外面有短柔毛；花瓣5，倒卵形，淡黄色，基部有短爪，蜜槽呈棱状袋穴；雄蕊多数，花药卵形；花托在果期伸长增大呈圆柱形，有短柔毛；心皮多数，花柱短。瘦果极多，有近百枚，紧密排列在花托上，倒卵形，稍扁，无毛。花期4~6月，果期5~8月。

【药用价值】　石龙芮为消肿药、解毒药。味苦、辛，性寒，有毒。入心、肺经。具清热解毒、消肿散结、止痛、截疟之功能，主治痈疖肿毒、毒蛇咬伤、痰核瘰疬、风湿关节肿痛、牙痛、疟疾等症。在开花末期5月份左右采收全草，洗净鲜用或阴干备用。可用干品3~9克煎汤内服，或可炒研为散服，每次1.0~1.5克。也可取适量捣敷或煎膏涂患处及穴位外用。民间有一些验方记载，如《淮南万毕术》治蛇咬伤疮：石龙芮汁涂之；《食疗本草》治结核气：石龙芮日干为末，油煎成膏磨之；《濒湖集简方》治血疝初起：石龙芮捋按揉之；《上海常用中草药》治疟疾：石龙芮鲜全草捣烂，于疟发前六小时敷大椎穴；《昆明民间常用草药》治乳痈肿痛，疮毒：石龙芮根捣敷等。

现代医学研究表明，石龙芮全植物含原白头翁素、胆碱、生物碱、不饱和甾醇、没食子酚鞣质、黄酮类，以及多种色胺衍生物，其中有5-羟色胺。新鲜叶含原白头翁素能引起皮炎、发泡，如加热或久置，变为白头翁素，可丧失其辛辣味或刺激性。原白头翁素对革兰阳性及阴性菌和霉菌都具有良好的抑制作用，如对链球菌、大肠杆菌、白色念珠菌都有抑制作用。原白头翁素还有抗组胺作用，如喷雾呼入1%原白头翁素，可降低豚鼠因吸入组胺而致的支气管痉挛窒息的死亡率；并可使静脉注射最小致死量组胺的小鼠免于死亡。豚鼠离体支气管灌流实验证明，1%原白头翁素能对抗0.01%组胺引起的支气管痉挛。先用1%白头翁素后，在1~2小时内可全防止致痉量的组胺对支气管的痉挛作用。1%原白头翁素可拮抗组胺对豚鼠离体回肠平滑肌的收缩作用。

但值得注意是石龙芮有毒，内服宜慎。《南方主要有毒植物》中记载：石龙芮，全株有毒。中毒症状为口腔灼热，随后肿胀，咀嚼困难，剧烈腹泻，排出黑色腐臭粪便，有时带血，脉搏缓慢，呼吸困难，瞳孔散大，严重者10余小时内死亡。解救方法早期可用0.2%高锰酸钾溶液洗胃；服鸡蛋清或面糊及活性炭；静脉滴注葡萄糖盐水；腹剧痛时可用阿托

品等对症治疗。

93. 槐叶蘋 *Salvinia natans*（L.）All.

【别名】 蜈蚣漂、大浮萍、蜈蚣萍等。

【生境】 槐叶蘋生于池塘、水田、静水溪河，为稻田常见杂草。广布长江以南及华北、东北各地。

【形态特征】 槐叶蘋为1年生退化型浮水性蕨类植物。槐叶蘋浮生水面，植株甚象槐叶。茎细长，横走，无根，密被褐色节状短毛。三叶轮生，成三列，二列叶漂浮水面，一片细裂如丝，在水中形成假根，密生有节的粗毛，浮水叶在茎两侧紧密排列，形如槐叶，叶片长圆形或椭圆形，先端圆钝头，基部圆形或略呈心形，中脉明显，侧脉约20对，脉间有5~9个突起，突起上生一簇粗短毛，全缘，上面绿色，下面灰褐色，生有节的粗短毛。孢子果4~8枚聚生于水下叶的基部。

【药用价值】 据《全国中草药汇编》记载，槐叶蘋味辛，性寒。以全草入药，具清热解毒、活血止痛之功效，可用于痈肿疔毒、瘀血肿痛、烧烫伤的治疗。全年可采，鲜用或晒干，用适量捣烂敷，或焙干研粉调敷患处。

94. 扬子毛茛 *Ranunculus sieboldii* Miquel.

【别名】 辣子草、地胡椒。

【生境】 多生于低湿地、沟边及路旁，为路埂一般性杂草。主要分布于西南沿长江流域。

【形态特征】 扬子毛茛为1~多年生有毒草本植物，须根伸长簇生。遍体被白色或淡黄色柔毛，基部分枝，常匍匐地上。叶为三出复叶；叶片宽卵形，中央小叶具长或短柄，宽卵形或菱状卵形，3浅裂至深裂，裂片上部边缘疏生锯齿，侧生小叶具短柄，不等的2裂。叶片两面均被极稀疏之毛，边缘稍多。花果期甚长，自春至秋均可开花，花对叶单生，具长柄；萼片5，初绿后黄，花后反折，舟形，背面被毛；花瓣5，黄色，狭椭圆形，有长爪，基部蜜腺被有鳞片。雄蕊和心皮均多数，药鲜黄色。聚合果球形，瘦果扁卵形，具小弯尖，始终绿色，味辣。

【药用价值】 扬子毛茛性热，味苦，有毒。全草药用，捣碎外敷，可治蛇咬伤和疟疾。如《分类草药性》云：治一切恶疮，包鱼口，外治蛇咬。《四川中药志》：治跌打损伤。《重庆草药》：可以截疟。《湖南药物志》：治瘰肿。但使用时，注意不能敷在未伤的皮肤上，否则刺激起泡。

95. 满江红 *Azolla imbricate*（Roxb.）Nak.

【别名】【生境】【形态特征】 见第二章第三节。

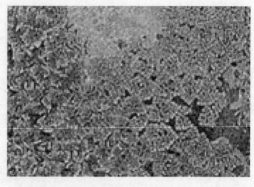

【药用价值】《四川中药志》载满江红："性寒，味辛，无毒"。夏季捞取，晒干。内服可取其3~9克煎汤，外用则以煎水洗或热熨。全草供药用，能发汗、利尿、祛风湿、透疹。可治风湿疼痛，风瘙瘾疹，麻疹透发不出，癣疮，火伤等症。《分类草药性》云："治红白风丹，皮肤瘙痒，风瘫"。《民间常用草药汇编》："以布包熬水外熨，能发出已收没的麻疹"。《四川中药志》："发汗利水，祛风胜湿，治暴热身痒，利小便；止消渴，治风湿顽癣"。民间有一些验方，如《贵州民间方药集》治风湿痛，发汗驱风：红浮漂四十个。取20个捣烂焙热，趁热包于风湿痛处，包后用针（先消毒）刺患处周围出气，以免内窜，同时将另20个红浮漂捣烂，煮甜酒内服。《贵州中医药方验方》治火烧伤：红浮漂，晒干研末，以桐油调敷。

96. 稗草 *Echinochloa crusgalli*（L.）Beauv.

【别名】【生境】【形态特征】 见第二章第二节。

【药用价值】 稗味甘、微苦，性微寒，无毒。稗根及幼苗可药用，稗子益气、健脾，根、苗止血。主治创伤出血。如肺结核咳血，可取稗草子9克，白茂6克，水煎服；刀伤出血，取鲜稗草连根捣烂外敷，或干草焙研细末，撒于伤口，血可止。

97. 砖子苗 *Mariscus umbellatus* Vahl.

【别名】 玛玛机机（藏名）。

【生境】 喜生湿地，主要分布于我国西南、华南、华东、湖北、陕西地区。

【形态特征】 砖子苗根状茎短，直立，高10~50厘米，锐三棱形，光滑。叶鞘褐色或红棕色。叶苞片5~8枚，长于花序，斜展；顶生长侧枝聚伞花序简单，具有长短不齐的6~12个辐射枝，枝端为圆筒形或长圆形穗状花序，由密生平展的小穗组成。小穗排列紧密，辐射展开，钻状，小穗轴具宽翅，翅披针形，白色透明。鳞片膜质，长圆形，锐顶，边缘常内卷，淡黄色或绿白色。雄蕊3，花药短，线形，药隔稍突起，红色。柱头3，细长。小坚果狭长圆形，

三棱形,初黄色,具密的细点。

【药用价值】　砖子苗为西藏常用中草药,藏名玛玛机机,为莎草科植物密穗砖子苗的全草。砖子苗性平,味苦辛,具有止咳化痰、宣肺解表的功效。主治风寒感冒,咳嗽痰多。于7~9月采收,取3~10克煎汤内服。

98. 半夏 *Pinellia ternata*（Thunb.）Breit.

【别名】　水玉、地文、和姑、害田、示姑、羊眼半夏、地珠半夏、麻芋果、三步跳、泛石子、老和尚头、老鸹头、地巴豆、无心菜根、老鸹眼、地雷公、狗芋头等。

【生境】　多生于山地、农田、溪边或林下。

【形态特征】　半夏为多年生草本植物,高15~30厘米。块茎球形。叶2~5,幼时单叶,2~3年后为三出复叶;叶柄近基部内侧和复叶基部生有珠芽;叶片卵圆形至窄披针形,中间小叶较大,两侧小叶轮小,先端锐尖,两面光滑,全线。花序柄与叶柄近等长或更长;佛焰苞卷合成弧曲形管状,绿色,上部内面常为深紫红色;花序顶生;其雌花序轴与佛焰苞贴上,绿色;雄花序附属器长鞭状。浆果卵圆形,绿白色。花期5~7月,果期8月。南方一年出苗2~3次,故9~10月间仍可见到花果。

【药用价值】　半夏味辛、性温,有毒。入脾、胃、肺经。具燥湿化痰、降逆止呕、消痞散结之功能。主治咳喘痰多、呕吐反胃、胸脘痞满、头痛眩晕、夜卧不安、瘿瘤痰核、痈疽肿毒等症。可以取半夏3~9克煎汤内服,也可取适量,生品研末,水调敷,或用酒、醋调敷。民间也有一些验方,如对于湿痰,寒痰证,《和剂局方》中对治痰湿壅滞之咳嗽声重、痰白质稀者,常配陈皮、茯苓同用,如二陈汤;《古今医鉴》中对治湿痰上犯清阳之头痛、眩晕,甚则呕吐痰涎者,则配天麻、白术以化痰息风,如半夏白术天麻汤。半夏味苦降逆和胃,为止呕要药。各种原因的呕吐,皆可随证配伍用之,对痰饮或胃寒所致的胃气上逆呕吐尤宜,常配生姜同用,如小半夏汤(《金匮要略》)。半夏辛开散结,化痰消痞。治痰热阻滞致心下痞满者,常配干姜、黄连、黄芩以苦辛通降,开痞散结,如半夏泻心汤(《伤寒论》)等。

现代医学研究表明,半夏块茎含挥发油,内含主成分为3-乙酰氨基-5-甲基异噁唑、丁基乙烯基醚、茴香脑、苯甲醛、β-榄香烯等,还含β-谷甾醇、左旋麻黄碱、胆碱及葡萄糖苷等,此外,还含有多种氨基酸、皂苷及少量多糖、脂肪、直链淀粉等。药理研究表明,半夏可抑制呕吐中枢而止呕,各种炮制品对实验动物均有明显的止咳作用。半夏的稀醇和水浸液或其多糖组分、生物碱具有较广泛的抗肿瘤作用。水浸剂对实验性室性心律失常和室性早博有明显的对抗作用。半夏有显著的抑制胃液分泌作用,水煎醇沉液对多原因所致的胃溃疡有显著的预防和治疗作用。此外,煎剂可降低兔眼内压,半夏蛋白有明显的抗早孕活性。现代临床还用半夏或配伍他药治诸多疾病,如半夏配生姜、茯苓煎服,治疗病毒性心肌炎;生半夏加陈醋,温开水调匀,敷患处,治疗颈部淋巴结炎;制半夏先煎,加醋及鸡子清,搅匀,徐徐含咽,1日1剂,可用于治疗痰火互结,咽部充血水肿之实证失音症等。但值得注意的是,据《南方主要有毒植物》记载:"半夏,全草有毒"。其中毒症状为食少量可使口舌麻木;服多量则致喉舌烧痛,肿胀,呼吸迟缓而不整,痉挛,最后麻痹而死亡。其解毒方法有如可服用蛋清、面糊、果汁或稀醋等。

99. 附地菜 *Trigonotis peduncularis*（Trev.）Benth.

【别名】【生境】【形态特征】 见第二章第一节。

【药用价值】 附地菜性甘、辛、温。全草入药,有健胃、消肿、止血的功效。夏秋两季采收,拔取全草,除去杂质,晒干备用。主治胃痛、吐酸、吐血、跌打和骨折等,用量为50~100克,研粉冲服;外用适量,取鲜附地菜,捣烂敷患处。《名医别录》:"主毒肿,止小便利"。《药性论》:"洗手足水烂,主遗尿"。《食疗本草》:"作灰和盐,疗一切疮,及风丹遍身如枣大痒痛者,捣封上,日五、六易之;亦可生食,煮作菜食益人,去脂膏毒气;又烧敷疳匿;亦疗小儿赤白痢,可取汁一合,和蜜服之甚良"。《贵州草药》:"驱风,镇痛"。民间有一些验方,如《食医心镜》止小便利:附地菜500克于豆豉汁中煮,调和什羹食之,作粥亦得。《补缺肘后方》治热肿:附地菜敷之。《肘后备急方》治漆疮瘙痒:附地菜捣涂之。《贵州草药》治手脚麻木:附地菜100克,泡酒服。

100. 杠板归 *Polygorum perfoliatum* L.

【别名】 贯叶蓼、蛇倒退、蛇不过、老虎刺、犁尖草、猫爪刺、犁头刺藤、雷公藤、霹雳木、方胜板、倒金钩、烙铁草、倒挂紫金钩、河白草、括耙草、龙仙草、鱼尾花、刺犁头、急改索、退血草、虎舌草、利酸浆、拦蛇风、有刺粪箕笃、犁头藤、三角藤、大猛脚、五毒草、火轮箭、蛇牙草、南蛇风等。

【生境】 多生于荒野、山谷、灌木丛中或水沟旁。

【形态特征】 杠板归为蓼科1年生草本植物。茎攀援,多分枝,长1~2米,具纵棱,沿棱具稀疏的倒生皮刺。叶三角形,顶端钝或微尖,基部截形或微心形,薄纸质,上面无毛,下面沿叶脉疏生皮刺;叶柄与叶片近等长,具倒生皮刺,盾状着生于叶片的近基部;托叶鞘叶状,草质,绿色,圆形或近圆形,穿叶。总状花序呈短穗状,不分枝顶生或腋生;苞片卵圆形,每苞片内具花2~4朵；花被5深裂，白色或淡红色，花被片椭圆形，结果时增大，呈肉质，深蓝色；雄蕊8，略短于花被；花柱3，中上部合生；柱头头状。瘦果球形，黑色，有光泽，包于宿存花被内。花期6~8月，果期7~10月。

【药用价值】 全草入药，始载于《万病回春》，曰："杠板归，四、五月生，至九月见霜即无。叶尖青，如犁头尖样，藤有小刺。有子圆黑如睛。治蛇咬伤，又宜杠板归，不拘多少"。南药《草药学》云："入肺、小肠经"。现收载《中华人民共和国药典》（2010年版）。性酸、苦、平，具有清热解毒、杀虫止痒、祛风止咳、利水消肿之功效，民间广泛用于治疗水肿、黄疸、疟疾、痢疾、百日咳、溃疡、丹毒、瘰疬、湿疹、疱疹、疥癣及毒蛇咬伤等，疗效确切。民间有一些验方，如《江西民间草药》治缠腰火丹（带状疱疹）：鲜扛板归叶，捣烂绞汁，调雄黄末适量，涂患处，1日数次。《福建中草药》治痈肿：鲜杠板归全草100~150克，水煎，调黄酒服。《闽东本草》治乳痈痛结：鲜扛板归叶洗净杵烂，敷贴于委中穴；或与叶下红共捣烂，敷脚底涌泉穴，右痛敷左，左痛敷右。《单方验方调查资料选编》治慢性湿疹：鲜扛板归200克，水煎外洗，每日1次。《贵阳民间药草》治黄水疮：蛇倒退叶（为细末）50克，冰片五分，混合，调麻油涂搽。《江西民间草药》治痔疮：杠板归20~100克，猪大肠不拘量，同炖汤服。《万病回春》治蛇咬伤：杠板归叶不拘多少，捣汁酒调，随量服之，用渣搓伤处。

杠板归含有酚类、有机酸、生物碱、氨基酸、鞣质、黄酮、蒽醌、甙类、糖类、植物甾醇及三萜类等化学成分。现代药理证明，杠板归具有抗炎抑菌、治咳祛痰、治疗疖疮、抗癌、抗病毒、治疗带状疱疹等作用。杠板归在治疗痔瘘术后具有良好的防止感染和止血的综合应用。在临床上，常用于治疗疱疹、口腔溃炎、疥疮、外痔、蜇伤性皮炎等。

101. 爵床 *Justicia procumbens* L.

【别名】 小青草、六角英、赤眼老母草、节节寒、麦穗癀、鼠尾癀、孩儿草、野万年青、大鸭草、毛泽兰等。

【生境】 多生于旷野草地和路旁的阴湿处。分布山东、浙江、江苏、江西、湖北、四川、云南、广东、福建及台湾等地。

【形态特征】 爵床为爵床科1年生草本植物。叶对生，卵形、长椭圆形或广披针形，全缘，先端尖，上面暗绿色，下面淡绿色，两面均有短柔毛。穗状花序顶生或腋生，花小，萼片5，线状披针形或线形，边缘呈白色薄膜状，外围有苞片2枚，形状与萼同；花冠淡红色或带紫红色，较萼略长，上部唇形，上唇先端2浅裂，下唇先端3裂较深；雄蕊2枚着生于花筒部，花丝基部及着生处四周有细绒毛，药2室，1室不孕，并呈距状而下垂；雌蕊1，有毛，子房卵形，2室，花柱丝状，柱头头状，不明显。蒴果线形，先端短尖，基部渐狭，全体呈压扁状，淡棕色，表面上部具有白色短柔毛。种子卵圆形而微扁，黑褐色，表面具有网状纹凸起。花期8~11月。

【药用价值】　夏秋采集，鲜用或晒干。爵床性寒，微苦，具有清热解毒、利水消肿、消滞刹疳、活血消痛、止痛之功效。可用于感冒发热、咳嗽吐黄痰、咽喉肿痛、疟疾、痢疾、黄疸、肾炎浮肿、筋骨疼痛、小儿疳积、痈疽疔疮、跌打损伤等。《唐本草》云："疗血胀气"。《本草汇言》云："解毒，杀疳，清热"。《本草汇言》云："治疳热，退小儿疹后骨蒸，止血痢，疗男子酒积肠红"。《纲目拾遗》云："理小肠火。治小儿疳积，赤目肿痛，伤寒热证，时行咽痛"。《闽东本草》云："退寒热，利水湿，截疟疾，疗淋疝，解烦热"。

爵床主要含有木脂素及其苷类化学物质，其木脂素的主要结构类型为芳基萘内酯型，包括1-苯代萘内酯与4-苯代萘内酯两种结构类型。现代药理证明，爵床具有抗肿瘤、抗病毒、抗血小板凝集等作用。爵床在临床上主要用于治疗小儿厌食症、女性急性尿路感染、顽固性久泻等，此外，还可用于治疗小儿上感高热惊厥、小儿肝火烦躁、夜惊、温热病初起火热炽盛、湿热毒邪蕴结大肠而致的急性痢疾、病毒性肝炎和抗乙肝、利湿消肿、肝硬化腹水、带状疱疹等。

102. 野茭白　*Zizania aquatica* L.

【别名】【生境】【形态特征】　见第二章第一节。

【药用价值】　《本草纲目》记载，野茭白有"去烦热、止渴，除目黄、利大小便、止热痢"的功效。既能利尿祛水、辅助治疗四肢浮肿、小便不利等症，又能清暑解烦而止渴，还能解除酒毒、治酒醉不醒、除痹补五脏。野茭白的根茎能补充人体的营养物质，具有健壮机体的作用；叶制成粉冲水饮用可治疗多种疾病，有净血功效；也可制成保健食品和饮料。

103. 水蜈蚣　*Kyllinga brevifolia* Rottb.

【别名】　三荚草、金钮草、金钮子、红背叶、无头土香、球子草、疟疾草、金牛草等。

【生境】　多生长于水边、路旁、水田及旷野湿地等处。主要分布于华东、华中、华南、西南各省区。

【形态特征】　水蜈蚣为莎草科多年生草本植物，全株光滑无毛。根状茎柔弱，匍匐平卧于地下；形似蜈蚣，节多数，节下生须根多数，每节上有一小苗。茎瘦长，秃净，高10~50厘米，三棱形，芳香。叶质软，狭线形，长短不一，末端渐尖，下部带紫色，鞘状。夏季从秆顶生一球形、黄绿色的头状花序，具极多数密生小穗，下面有向下反折的叶状苞片3枚，所以又有"三荚草"之称。花颖4枚，呈舟状的卵形，脊无翼，具小刺，2列，相对排列于轴上，背浅绿色，先端尖,下部2枚具不发育花,中部1枚具发育花,上端的仅具雄蕊;花无被,雄蕊3,花丝细长丝状,药椭圆形;雌蕊1,花柱细长,与花丝等长,柱头二歧。瘦果呈稍压扁的倒卵形,褐色。花期夏季。果期秋季。

【药用价值】　水蜈蚣味辛,性平。具有疏风解表、清热利湿、止咳化痰、去瘀消肿作用。《民间常用草药汇编》称其能"散风,除陈寒,止咳嗽",《南宁市药物志》云:"去瘀,消肿,止痛,杀虫,舒筋,活络"。民间主要取其清热利湿作用。生活在闽南、江浙地区的人经常把该种植物捣碎后敷在伤口上,因为它有消肿、消炎、止痛作用,对恶性脓疮治疗效果尤其明显。民间有一些验方,如《岭南采药录》治时疫发热:水蜈蚣、威灵仙,水煎服。《福建民间草药》治赤白痢疾:鲜水蜈蚣全草50~80克,酌加开水和冰糖15克,炖一小时服。《湖南药物志》治疮疡肿毒:水蜈蚣全草、芭蕉根,捣烂,敷患处。《广西药植图志》治跌打伤痛:水蜈蚣500克捣烂,酒200克冲,滤取酒100克内服,渣炒热外敷痛处。《常用中草药手册》治皮肤瘙痒:水蜈蚣煎水外洗。《江西草药》治疟疾:水蜈蚣50克水煎,于疟发前8~4小时服。《浙江民间常用草药》治小儿口腔炎:水蜈蚣根茎50克,水煎,冲蜂蜜服。

现代研究结果表明,水蜈蚣主要含有酚类化合物、黄酮类化合物、生物碱类化合物、有机酸、鞣质、挥发油等。水蜈蚣能使血液中疟原虫消灭或减少。体外试验还表明水蜈蚣对大肠杆菌、溶血性链球菌和金黄色葡萄球菌有明显抑制作用。

104. 稻槎菜 *Lapsana apogonoides* Maxim.

【别名】　黄花菜、鹅里腌、回茅等。

【生境】　多生于田野、荒地、沟边,华东及中南等省区均有分布。

【形态特征】　稻槎菜为1年或2年生细弱草本植物,高10~30厘米,有细毛。叶多在根部丛生,有柄,羽状分裂,顶端裂片最大,近卵圆形,顶端钝或短尖,两侧裂片向下逐渐变小;茎生叶较小,通常1~2,有短柄或近无柄。头状花序果时常

下垂,通常再排成稀疏的伞房状;总苞椭圆形,外层总苞片卵状披针形,内层总苞片5~6,椭圆状披针形。瘦果椭圆状披针形,等于或长于总苞片,多少压扁,成熟后黄棕色,无毛,背腹面各有5~7肋,顶端两侧各有1钩刺,无冠毛。花果期1~6月。

【药用价值】　稻槎菜味苦、性寒,无毒,有清热解毒、发表透疹之功效。主治咽喉肿痛、痢疾、疮疡肿毒、蛇咬伤、麻疹透发不畅等。古书中有一些记载,如《救荒本草》曰:"生稻田中,以获稻而生,故名。似蒲公英叶。又似花芥菜叶,辅地繁密,春时抽小葶,开花如蒲公英而小,无蕊,乡人茹之"。《新华本草纲要》曰:"清热凉血,消痈解毒的功能。用于咽喉炎、痢疾、乳痈、麻疹不退"。民间也有一些验方,如用全草捣汁或煎汤,洗涤并湿敷用于热疗疮痛;或用全草6~9克,水煎代茶,能促使小儿麻疹早透早发,防止并发症。

105. 铜钱草 *Centella asiatica*（L.）Urban.

【别名】 崩大碗、马蹄草、雷公根、蚶壳草、落得打、香菇草、积雪草、半边碗等。

【生境】 铜钱草性喜温暖潮湿，以半日照或遮阴处为佳，忌阳光直射。

【形态特征】 铜钱草水陆两栖皆可，株高5~15厘米。走茎发达，节间长出根和叶。叶圆形盾状，具长柄、波浪缘；沉水叶具长柄，圆盾形，直径2~4厘米，缘波状，草绿色。夏秋开小小的黄绿色花。花期4月，果期7月，蒴果近球形。

【药用价值】 据《中国药典》记载，铜钱草性微寒，味苦、辛，归肝、脾、肾经，具清热除湿、解毒利尿之功效，主治湿热黄疸、中暑腹泻、砂淋血淋、痈肿疮毒、跌扑损伤等症。夏、秋两季采收，除去泥沙，晒干。民间有一些验方，如外感暑热、鼻咽，取铜钱草、旱莲草、青蒿（均鲜）各适量，共捣烂取汁，用冷开水冲服。对于外感风热，则用鲜积雪草60克，白颈蚯蚓4条，共捣烂，水煎后取汁，一日分3次服。

106. 香附子 *Cyperus rotundus* L.

【别名】 香头草、回头青、雀头香、莎草根、雷公头、香附米、猪通草、三棱草根、苦羌头等。

【生境】 生于荒地、路边、沟边或田间向阳处。分布于华东、中南、西南及辽宁、河北、山西、陕西、甘肃、台湾等地。

【形态特征】 香附子为莎草科多年生草本植物。茎直立，三棱形。叶丛生于茎基部，叶鞘闭合包于上，叶片窄线形，先端尖，全缘，具平行脉，主脉于背面隆起，质硬。花序复穗状，3~6个在茎顶排成伞状，基部有叶片状的总苞2~4片，与花序几等长或长于花序。小穗宽线形，略扁平。颖2列，排列紧密，卵形至长圆卵形，膜质，两侧紫红色，有数脉，每颗着生1花，雄蕊3，药线形，柱头3，呈丝状。小坚果长圆倒卵形，三棱状。花期6~8月，果期7~11月。

【药用价值】 香附为常用中药，为莎草科植物莎草 *Cyperus rotundus* L. 的干燥根茎。于春、秋季采挖根茎，用火燎去须根，晒干。始载于南北朝时期陶弘景的《名医别录》，列为中品，迄今已有1 500多年。香附子性辛微苦甘，平。入肝、三焦经。香附子原名"莎草"，《唐本草》始称香附子。《本草纲目》列入草部芳草类，名"莎草香附子"，并云："莎叶如老韭叶而硬，光泽有剑脊棱，五、六月中抽一茎三棱中空，茎端复出数叶，开青花成穗如黍，中有细子，其根有须，须下结子一、二枚，转相延生，子上有细黑毛，大者如羊枣而两头尖，采得燎去毛，暴干货之"。主治消化不良，月经不调，经闭痛经，寒疝腹痛，乳房胀痛等。李时珍称之为

"气病之总司、女科之主帅"，王好古称之为"妇人之仙药"。《别录》："主除胸中热，充皮毛，久服利人，益气，长须眉"。《唐本草》："大下气，除胸腹中热"。《汤液本草》："治崩漏"。《滇南本草》："调血中之气，开郁，宽中，消食，止呕吐"。《本草纲目》："散时气寒疫，利三焦，解六郁，消饮食积聚，痰饮痞满，跗肿，腹胀，脚气，止心腹、肢体、头、目、齿、耳诸痛，痈疽疮疡，吐血，下血，尿血，妇人崩漏带下，月候不调，胎前产后百病"。

现代医学研究表明，香附子含有葡萄糖、果糖、淀粉、挥发油。挥发油中主要为香附子烯、香附醇、异香附醇、β－蒎烯、莰烯、1,8－桉叶素、柠檬烯等。研究表明，不同剂量的香附挥发油均能明显协同戊巴比妥钠对小鼠的催眠作用，对正常家兔有麻醉作用，且香附挥发油有轻度雌激素样活性，对金黄色葡萄球菌有抑制作用。香附总生物碱、甙类、黄酮类和酚类化合物的水溶液亦有强心和减慢心率作用，并且有明显的降压作用。

107. 乌蔹莓 *Cayratia japonica*（Thunb.）Gagnep.

【别名】【生境】【形态特征】　见第二章第一节。

【药用价值】　乌蔹莓的全草或根可入药，味苦酸，性寒。入心、肝、胃三经。全草含阿聚糖、粘液质、硝酸钾、甾醇、氨基酸、酚性成分、黄酮类。根含生物碱、鞣质、淀粉、粘液质、树胶。果皮中分出乌蔹莓素。乌蔹莓具清热解毒、消肿活血之功效，可用于疖肿、痈疽、疔疮、丹毒、痢疾、咳血、尿血，毒蛇咬伤的治疗。民间有一些验方，如治发背、臀痈、便毒：用乌蔹莓全草水煎2次过滤，将两次煎汁合并一处，再隔水煎浓缩成膏，涂纱布上，贴敷患处，每日换1次。治无名肿毒：乌蔹莓叶捣烂，炒热，用醋泼过，罨患处。治臁疮：鲜乌蔹莓叶，捣烂敷患处，宽布条扎护，每日换1次。治肺劳咳血：乌蔹莓根9~12克，煎服；或加侧柏、地榆、青石蛋各9克，同煎服。治风湿关节疼痛：乌蔹莓根50克，泡酒服。治白浊，利小便：乌蔹莓根捣汁饮。治毒蛇咬伤，眼前发黑，视物不清：鲜乌蔹莓全草捣烂绞取汁100克，米酒冲服；外用鲜全草捣烂敷伤处。

108. 碎米莎草 *Cyperus iria* L.

【别名】　三方草。

【生境】　生于田间、山坡、路旁阴湿处。中国大部分地区有分布。

【形态特征】　碎米莎草为1年生草本植物。秆丛生，高8~85厘米，扁三棱形。叶片长线形，短于秆，叶鞘红棕色。叶状苞片3~5枚；长侧枝聚伞花序复出，辐射枝4~9枚，每辐射枝具5~10个穗状花序；穗状花序具小穗5~22个；小穗排列疏松，长圆形至线状披针形，压扁，具花6~22朵，鳞片排列疏松，膜质，宽倒卵形，先端微缺，具短尖，有脉3~6条；雄蕊3；花柱短，柱头3。小坚果倒卵形或椭圆形、三棱形，褐色。花果期6~10月。

【药用价值】　有研究报道，碎米莎草根部总生物碱对水稻种子萌发和幼苗生长的抑制作用较弱，而对水稻稻瘟病病菌的生长具有一定的抑制作用，表明其具有开发为水稻田用生物源农药的潜力。碎米莎草茎总生物碱对苹果轮纹病菌、稻瘟病菌、油菜菌核病菌以及番茄早疫病病菌具有较好的抑菌作用，与碎米莎草根总生物碱对这4种病原真菌的抑菌活性相比，其抑菌活性更强。

还有研究表明，以种子萌发抑制率为指标，随着碎米莎草穗部总生物碱质量浓度的升高，种子萌发抑制率逐渐提高，并在总生物碱质量浓度为4 000毫克/升时达到最高，对丁香蓼、千金子、三叶鬼针草、鳢肠、烟草和水稻种子的萌发抑制率分别为53.3%、50.9%、35.5%、30.4%、28.6%和6.7%。

第二节　农药植物资源

农药植物资源是指体内含有驱拒、干扰或毒杀害虫，抑制病菌和除草等物质的一类植物。我国使用植物性农药有着悠久的历史，早在公元前1 500~1 000年左右，人们就开始用燃烧艾菊、烟草等方法来阻止害虫蔓延。近10年来，人类日益关注全球生态环境及自身生存条件，为保证生产无污染的农产品，世界各国都在提倡使用低毒农药，努力减轻化学农药对环境的影响，并深入发掘、利用当地能杀灭病虫的植物，制成无污染、安全性高的生物农药。

一、农药植物有效成分

农药植物有效成分多为生物碱、甙类、挥发油、鞣质、树脂、鱼藤酮、蜕皮激素等。生物碱是生物体内一类含氮的有机化合物的总称，通常呈碱性，游离的生物碱难溶于水，易溶于酒精、乙醚，遇稀酸成盐类。在植物体内多以植物碱盐的形式存在，能溶于水。常见的生物碱包括箭毒、马钱碱及吗啡等剧毒生物碱，近年研究较多的是具有强神经毒性的二萜生物碱，它们是毛莨科乌头属和飞燕草属植物的剧毒成分，如乌头碱、牛扁碱以及美洲剧毒植物中的里安那碱等。有毒甙类主要是皂甙、氰甙和芥子甙。皂甙是碳氢化合物的一种，呈中性或碱性，易与水成胶体溶液，遇酸易水解，具吸湿性，能产生较多的泡沫，具湿润性及微弱化性，掺入药剂中，可提高药效。通常植物的茎、叶、果实中含量较多。氰甙存在于一些禾本科植物、豆科植物、块根作物和水果核（仁）中。芥子甙（葡萄糖异硫氰酸盐，Glucosindates），是存在于十字花科植物中的一类硫甙,它是一种阻抑机体生长发育和致甲状腺肿的毒素。挥发油是由多种化合物组成的混合物,易溶于酒精、乙醚,难溶于水,易挥发,可采用蒸馏法制取。对害虫有熏蒸、触杀作用。通常植物的叶、果皮、花及种子含量较多,如樟树、柑橘等。鞣质又称单宁,是一种结构复杂,具有收敛性的非结晶物质,其主要化学成分为多元酚的衍生物和含糖物质,能对害虫体内蛋白质起破坏作用。依据其能否被酸、碱、酶水解,分为水解鞣质和缩合鞣质两类。水解鞣质分子中具有酯键和甙键,因其能被酸、碱、酥(鞣酥或葡萄糖酶等)水解而失去鞣质的特性。水解产物为糖类和多元酚酸类。缩合鞣质不含酯键,分子中多为C—C键的缩合物,不能被水解,但在用酸碱处理或加热条件下,或与酶、空气接触时,易缩合成高分子不溶于水的鞣红而失去鞣性。

树脂具有溶解害虫体表蜡质,促进药液进入虫体的作用。与稀酸混合易变质失效。鱼藤酮是异黄酮类的一种,显微黄色,具有杀虫和毒鱼的作用,易分解,在空气中易氧化,残留时间短,对环境无污染,存在于多种植物的根部。其他一些具有四环结构的化合物如灰叶素、灰叶酚、鱼藤素等通常称为鱼藤酮类化合物。鱼藤酮对菜粉蝶幼虫、小菜蛾和蚜虫等昆虫具有强烈的触杀作用和胃毒作用,对日本甲虫有拒食作用,对某些鳞翅目害虫有生长发育抑制作用,对一些害虫还有熏杀作用。此外,鱼藤还有杀菌作用。

蜕皮激素具有甾体结构,能促进细胞生长,刺激昆虫真皮细胞分裂产生新的表皮并使之蜕皮。广泛存在于蕨类植物、裸子植物及被子植物中,代表化合物为 β-蜕皮甾酮。甾体类蜕皮激素一般由27个碳原子组成骨架,具有较大的水溶性。

植物性农药与化学合成农药相比具有许多优点:植物性农药的活性成分是自然存在的物质,有自然的降解途径,不会污染环境,安全间隔期短,特别适用于蔬菜、水果和茶叶等被人直接食用的作物,对作物也不产生药害;多数植物性农药成分复杂,能够作用于有害生物的多个器官系统,有利于克服有害生物的抗药性;有些植物性农药还可促进作物的生长,如烟草和鱼藤;而且植物性农药原料较易得到,制造方法简单、成本低廉,其市场无疑是非常广阔的。但是在植物性农药的大剂量使用过程中,由于雾滴飘移和其他环境因素的影响,仍不可避免地造成环境的污染。如何在药效不变的情况下,减少对环境的污染成为科研人员研究的重点,导向农药是解决这一问题的一个突破性进展。

二、植物农药研究进展

目前,我国已经实现商品化的植物源杀虫剂品种有鱼藤酮、苘蒿素、苦皮藤素、印楝素、川楝素、茶皂素、乙蒜素、烟碱、苦参碱、藜芦碱、毒藜碱、百部碱等十多种;国外的植物源杀虫剂有鱼藤酮、印楝素、除虫菊及鱼泥汀4种。我国开发应用的植物源杀虫剂品种数量多于其他国家,但深层次开发利用与国外先进水平还有相当大的差距。最近40年来,植物农药药性的研究日益深入,人们开始对植物杀虫剂活性物质进行分离、鉴定,对其杀虫方式及杀虫机理进行了较深入的研究,并在模拟合成方面有了更大的突破。如早期的除虫菊酯、楝科植物杀虫剂以及被称作"第三代农药"的昆虫蜕皮激素。目前,这一方向仍是国际上较为活跃的研究领域。

从20世纪70年代起,医学界就掀起了研究导向药物的热潮。现在,医药中已有许多用于临床治疗的导向药物。导向药物在医学上深入系统的研究与广泛成功的应用为导向农药的研究与应用提供了坚实的理论基础与实践基础。所谓"导向农药"就是农药有效成分(杀虫弹头)与导向载体偶联后能在植物体内向特定部位(如果、叶、芽或害虫取食造成的伤口)定向累积的农药制剂。与相应的常规农药相比,导向农药可能使制剂用量降低几倍或几十倍甚至上千倍而不影响药效。导向农药由导向载体和农药活性成分(杀虫弹头)组成。因此,研究导向农药的关键问题是找出适宜的导向载体。经研究发现,一些植物在受损或感染病毒后,能够向受伤部位输导并累积某些能愈合伤口或对抗病毒的化合物,如水杨酸、茉莉酸等,这是植物与自然界长期协同进化而形成的遗传性状,是由基因而不是由化合物简单地物理性扩散决定的。另外,很多农药自身也能在植物体内的某些特定部位积累,如印楝素、呋喃丹等。这些农药不仅可以作为杀虫弹头,也可作为导向载体与其他农药组成导向农药。将从植物中分离出来的导向载体或化学合成导向载体与内吸农药活性成分偶联在一起,可以人为改变农药在植物体内的分布状态,使导向农药具有增效作用。.

导向农药为农药研究中一个全新的概念,成倍甚至几十倍地减少原药用量,极大地降低了这些制剂对人畜的毒性和对植物的影响,减少了对环境的污染。使许多因采集量不能达到大规模生产要求而杀虫活性很高的植物性杀虫剂有可能转化为商品化农药产品,彻底改变了植物性杀虫剂难以大规模生产的难题。导向农药是适于无公害农业生产和我国农业可持续发展战略的理想新农药,将为农药科学开辟一个全新的研究领域。

三、主要农药资源植物

1. 黄花蒿　*Artemisia annua* L.

【别名】【生境】【形态特征】　见第三章第一节。

【药用价值】　黄花蒿的挥发油具有广谱抑菌活性,对病毒、真菌及细菌等多种微生物有抑制作用。对蚊虫、鳞翅目、鞘翅目、膜翅目等农业害虫均具有杀灭作用。黄花蒿粗提物对白蚁、赤拟谷盗、棉蚜及棉红蜘蛛都有较好的拒食性。

2. 蛇床　*Cnidium monnieri* L.

【别名】【生境】【形态特征】　见第三章第一节。

【药用价值】　蛇床富含挥发油及蛇床子素。其中蛇床子素为伞形科植物蛇床子的干燥成熟果实蛇床子的主要活性成分,属于香豆素类化合物。蛇床子素目前应用于农业病、虫害防治等方面效果显著。研究表明,蛇床子素对植物高等真菌病害(如苹果轮纹病菌、小麦赤霉病、水稻稻曲病、白粉病等)病原菌有着显著的抑制孢子萌发和直接阻断菌丝生长的作用。蛇床子素可以用来防治菜青虫、蚜虫以及黄瓜、南瓜、草莓白粉病。除农药外,还可制兽药。

3. 泽漆 *Euphorbia helioscopia* L.

【别名】【生境】【形态特征】　见第三章第一节。

【药用价值】　有研究报道,泽漆粗提物对常见植物病原菌有抑制作用。当泽漆粗提物浓度为0.01克/毫升时,对小麦赤霉病菌、小麦根腐病菌、番茄早疫病菌、苹果炭疽病菌、西瓜枯萎病菌、苹果腐烂病菌、葡萄白腐病菌、烟草赤星病菌的抑制率分别为96.8%、68.1%、77.8%、77.7%、

66.1%、70.5%、71.2%、57.6%。此外对害虫有触杀、胃毒作用,用于防治红蜘蛛、黏虫、棉蚜、麦蚜虫等。泽漆全草中的乳浆对皮肤和黏膜有很强的刺激性,泽漆乳浆与提取物对桃蚜有防效。泽漆乙醇提取物对十星瓢萤叶甲3龄幼虫有明显的拒食作用。

4. 地肤 *Kochia scoparia*(L.)Schrad.

【别名】【生境】【形态特征】　见第二章第一节。

【药用价值】　在杀虫方面,地肤提取物中含有活性极高的杀螨活性成分。以氯仿提取物浓度为2毫克/毫升,24小时对朱砂叶螨的校正死亡率达到了75.4%。地肤子的活性成分对山楂叶螨酯酶同工酶也有影响。有文献还报道,地肤各器官的提取物的除草及农用抑菌活性较强,其

主要农药活性成分为强极性化合物。0.01克/毫升地肤子干粉对供试植物胡麻胚根生长的抑制率均大于80%。相当于0.05克/毫升地肤子干样的提取物,对苹果腐烂病菌及葡萄黑痘病菌菌丝生长的抑制率分别为90.7%和71.5%,且对桃褐腐病菌也有较好的抑制作用。此外,地肤子氯仿提取物对小菜蛾2~3龄幼虫表现出较强的拒食活性。

5. 水蓼 *Polygonaceae hydropiper* L.

【别名】【生境】【形态特征】　见第二章第一节。

【药用价值】　水蓼具有杀虫、拒食、驱避等生物活性。对害虫有刺激麻痹作用,可防治稻飞虱、蚜虫、茶毛虫、菜豆虫等,对小麦锈病、棉炭疽病有一定防治效果。

经生物活性测定表明,水蓼95%乙醇粗提物的不同溶剂萃取物对菜青虫具有很强的拒食活性和一定的触杀作用。其中,乙醚萃取物的拒食活性和触杀作用最强。从叶中提取的一种左旋的倍半萜烯类化合物蓼二醛,对昆虫有很好的拒食活性,对蚜虫、粘虫、小青蛾、菜青虫和稻飞虱以及杂拟谷盗等多种害虫有效。

6. 艾蒿 *Artemisia argyi* Levt. et Vant.

【别名】【生境】【形态特征】　见第二章第一节。

【药用价值】　艾蒿具有较高杀虫杀菌活性。中国人早在1 000多年前就懂得用燃烧艾蒿的办法来驱赶蚊虫,并习惯在端午时将艾蒿悬挂于门前,用于驱蚊蝇、虫蚁。近年的研究表明,艾蒿提取物对多种农业害虫具有毒杀、拒食和驱避作用。艾蒿提取物对甜菜夜蛾、菜青虫、南方根结线虫、小菜蛾和蚜虫有毒杀效果。研究还发现艾蒿的正己烷提取物和精油对菜青虫、褐稻虱、赤拟谷盗等害虫均具有较好的拒食活性,对甜菜夜蛾的产卵有抑制和产卵忌避活性。

此外,艾蒿的抑菌活性好,如艾蒿提取物对水稻纹枯病菌、十字花科菌核病菌、辣椒疫霉病菌、荔枝霜霉病菌、柑橘青霉病菌、红麻灰霉病菌等病原菌的菌丝生长抑制率在70%以上。孢子萌发法测定结果表明,艾蒿提取物对香蕉枯萎病菌、棉花枯萎病菌、香蕉炭疽病菌、稻瘟病菌、红麻灰霉病菌等孢子的萌发抑制率在90%以上;其中以对水稻纹枯菌菌丝的生长抑制作用较强。艾蒿提取物对水果采后病害也具有一定的抑制作用。如张院民等研究发现艾蒿提取液对苹果霉菌的抑制作用较为明显;在离体条件下,正丁醇部分萃取物对草莓灰霉菌的抑菌作用最强。

艾蒿精油作为一种天然、高效、环保的防霉剂,应用到皮革制品中防霉,不但具有抑菌、保健功能,还能赋予皮革特殊的香味,也越来越受到人们的青睐。艾蒿具有特殊馨香味可除虫防蚊,是枕头的优良填充物,日本从我国大量进口艾蒿利用其做馨香除虫枕,这种枕头不但可以驱除蚊虫亦可起到医疗保健作用。日本“清洁地球公司”还利用植物艾蒿的抗菌、防霉、防虫和药用功能制造出一种新型食品保鲜袋,这种食品保鲜袋是用由60%的可降解塑料、20%的艾蒿粉末及20%的添加物混合加工而成,食物保鲜期延长两倍,可反复涮洗使用,废弃后,保鲜袋会被微生物分解,对环境没有任何污染。

7. 萹蓄 *Polygonum aviculare* L.

【别名】【生境】【形态特征】 见第二章第一节。

【药用价值】 有报道,萹蓄提取物具有较高的触杀活性,扁蓄粗提物浓度为0.05克/毫升,其48小时对枸杞蚜虫校正死亡率可达95.4%。对小菜蛾3龄幼虫的LD_{50}为0.011 8克/毫升。

8. 波斯婆婆纳 *Veronica persica* L.

【别名】 阿拉伯婆婆纳等。

【生境】 多生于路边或农田。

【形态特征】 波斯婆婆纳茎有柔毛,下部伏生地面,斜上。基部叶对生,上部叶互生。花单生于苞腋,苞片叶状,花萼4裂,花冠淡蓝色,4裂,不对称,花柄长于苞片。蒴果2深裂,花柱显著长于凹口。种子长圆形或舟形,腹面凹人,表面有皱纹。

【药用价值】 波斯婆婆纳的地上部分的水浸提液对高羊茅、早熟禾、小麦和油菜植物种子萌发、根长和幼苗干重均有显著的抑制作用,其中对根长的抑制作用最好,且浓度越高,抑制作用越强。在其水浸提液最高浓度0.20克/毫升下,高羊茅、早熟禾、小麦和油菜根长的化感效应指数分别为-0.321 4、-0.491 6、-0.428 8和-0.856 6。

9. 野西瓜苗 *Hibiscus trionum* L.

【别名】【生境】【形态特征】 见第三章第一节。

【药用价值】 有文献报道,野西瓜苗对枸杞蚜虫具有很高的触杀活性,并通过对其乙醇粗提物的初步分离和杀虫活性跟踪测试,明确了野西瓜苗中的杀虫活性物质为一类弱极性的化合物。此外,还发现野西瓜苗挥发油对小菜蛾幼虫具有较为明显的熏蒸、忌避和抑制生长发育作用,浓度越大效果越显著。

10. 龙葵 *Solanum nigrum* L.

【别名】【生境】【形态特征】 见第二章第一节。

【药用价值】 有文献报道,龙葵未成熟果实中所含有的生物碱具有较好的杀虫活性,95%乙醇提取物对小菜蛾有很高的触杀活性,而且随着提取物浓度的增加和处理时间的延长,小菜蛾的校正死亡率升高。利用龙葵根提取物制备龙葵根杀虫水剂,对多种蔬菜害虫(如小菜蛾、菜青虫、短额负蝗以及园林害虫大叶黄杨尺蛾等)均有很好的防治效果。

11. 苍耳 *Xanthium sibiricum* Patr.

【别名】【生境】【形态特征】 见第二章第三节。

【药用价值】 研究证明,苍耳愈伤组织提取物对番茄灰霉菌具有较强的抑制作用。苍耳可有效控制桃蚜、萝卜蚜,苍耳的乙醇抽提物对桃蚜、萝卜蚜的拒食率分别为0.629、0.370。苍耳还可用于防治棉蚜、菜青虫、红蜘蛛等农业主要害虫,对蝇、甲虫、蝉等有毒杀或拒食作用。苍耳叶的乙醚、丙酮提取液抑菌作用较强。苍耳果实提取物对辣椒丝核病菌的抑制率可达100%。苍耳的毒性物质易溶于水,自降解性比较好,可以利用苍耳的次生化合物防治病害虫特别是蔬菜病害虫。

12. 芦苇 *Phragmites communis*(L.)Trin.

【别名】【生境】【形态特征】 见第三章第一节。

【药用价值】 研究证明,芦苇植株中,存在化感物质中的抑藻生物活性物质: 2-甲基乙酰乙酸乙酯。此外,冯俊涛等在对56种植物抑菌活性筛选试验中,证实芦苇具有抑菌活性,有望以芦苇为原料开发植物源杀菌剂。

第四章 环保草本植物资源

第一节 观赏植物资源

一、观赏植物资源的概念

观赏植物是指提供人类观赏的一群植物。从广义上讲,观赏植物资源是指具有观赏价值的一类野生和人工栽植的植物,包括园林植物、花卉植物和绿化植物等。一个国家绿化程度、园林观赏植物覆盖率是这个国家文明进步的标志,是农业生产的一个重要组成部分,它在生态效益、社会效益和经济效益方面发挥着重要作用,也是保存植物种质资源的一条有效途径。随着社会的进步、科学的发展,人们对观赏植物在社会发展中的地位有了较深刻的认识,世界各国都非常重视开发本国野生观赏植物资源。

二、观赏植物资源的一般分类法

1. 以观赏部位分类

以观赏部位分类主要为五类,即观花植物:这是观赏植物的主体,以花为主要观赏对象。它包括植物学意义上的花器官和花序的总苞。如牡丹、芍药、杜鹃等。观叶植物:以叶或叶状茎为主要观赏对象。如各种松、柏等。观果植物:以果实为主要观赏对象。如金橘、佛手等。观茎植物:以植物的茎为主要的观赏对象。如紫竹、龟背竹以及各种多肉类植物等。观芽植物:观芽植物不多,常见的有银柳,它的花芽肥大而具银色的毛茸,成为冬末春初的重要的观赏植物。

2. 以植物的生活型分类

植物的生活型是植物在长期的进化过程中适应外界条件(主要是对不良季节的适应)而形成的。在观赏园艺中,常将观赏植物分为木本植物、宿根植物、球根植物以及1、2年生植物。木本植物,即为有木质茎的观赏植物,其中包括常绿乔木、落叶乔木、常绿灌木、落叶灌木、常绿藤本和落叶藤本6个小类。而宿根植物，即为不具有变态的根或地下茎的多年生草本植物，其中包括常绿宿根植物和落叶宿根植物。球根植物这是观赏园艺中专用的术语，是指以变态的根或变态茎越过不良季节的草本植物。根据变态部分的不同，可分为鳞茎类、球茎类、根茎类、块根类、球根类等。在观赏园艺中，把1年生草本植物称为春播草花，如一串红、百日草等；把2年生草本植物称为秋播草花，如石竹、金盏花菊等。

3. 以栽培方式分类

观赏植物的栽培有地栽和盆栽两种方式。地栽是指直接栽种在苗圃或温室的土壤中，或栽种在花坛、树坛的土壤中；盆栽是指栽种在各种专门的容器中，如花盆、木桶和陶质的缸中。地栽的露地植物根据其耐寒程度，又可分为耐寒植物、半耐寒植物和不耐寒植物三类。耐寒植物，指在冬季不需任何防寒措施能安全越冬的种类，如三色堇、雏菊、羽甘兰等。半耐寒植物，指在冬季需要适当防寒的种类，如金鱼草、七里黄等。不耐寒植物，指1年生春播草花，它们的植株不耐霜冻，在播种的当年完成发育的全过程。温室植物根据对冬季温度的要求，又可分为冷室植物、低温温室植物、中温温室植物和高温温室植物。冷室植物是指温度只需保持在1~5℃的室内即能越冬的种类，如苏铁、蒲葵等。低温温室植物，是指要求温度保持在5~8℃的室内就能越冬的种类，如瓜叶菊、各种报春花、等。中温温室植物为要求温度保持在8~15℃的条件下能够越冬的种类，如仙客来、蒲包花等。而高温温室植物，即为保持在15~25℃，甚至30℃的温室内方能越冬的种类，如各种热带兰、变叶木等。

4. 按经济用途分类

按经济用途分类可分食用、药用、香料等，如药用观赏植物有芍药、桔梗、银杏等；香料观赏植物有茉莉、栀子、桂花等；食用观赏植物如玫瑰、百合、黄花菜；以及还有可生产纤维、淀粉、油料的观赏植物等。

三、野生观赏植物资源的开发利用概况

观赏植物在我国既有丰富多彩的种类，又有栽培观赏植物的悠久历史。因而在世界上有"花园之母"的美称。早在3 000年前，吴王夫差兴建的梧桐园，其中广植花木，就有栽植观赏植物的记载。秦、汉以来，大建宫苑，广罗各地"奇果佳树，名花异卉"。西晋的《南方草木》一书，是最早的观赏植物专著，记载了各种奇花异木的产地、形态、花期。如茉莉、睡莲、扶桑、紫荆等。宋代周师厚的《洛阳花木记》（1082年）记载有观赏植物300多个种和品种，并记载了各种种植方法，是最早的观赏植物栽培专著。我国古代还撰写了不少花木的专著，如唐代王芳庆的《园林草木疏》，李穗裕的《手泉山居竹木记》。宋代欧阳修的《洛阳牡丹记》（1031年），记载洛阳牡丹24个品种；刘敬的《芍药谱》（1073年），记载扬州芍药31个品种；刘蒙的《菊谱》（1104年），记载名菊35个品种；范成大的《苑林梅谱》（1186年），记

载他私花园收集的梅花12个品种。清代有陈淏子的《花镜》、佩文斋的《广群芳谱》等巨著。通过上述文献,说明栽培观赏植物从吴越开始,至今已有3 000多年的历史,说明古人利用野生植物资源的经验,是从引种、驯化到栽植成功等一系列过程中得到丰富的,并且培育了很多著名的花卉种类,如兰花、茶花、牡丹、芍药等。不仅在中国大地,而且开遍了欧洲和其他世界各地的庭园,为我国和世界栽培观赏植物和庭院绿化做出了巨大贡献。

进入20世纪30年代后,观赏植物的驯化、栽培更是突飞猛进,成为农业生产一个重要组成部分。作为商品化的花卉,目前国际市场上,切花、盆花、球根花卉和用于切花的年消费总额已超过100亿美元。许多国家把出口花卉作为换取外汇、增加国家收入的财源。如荷兰的花卉已经成为国际市场上一个销路稳定的大宗商品;法国的切花经营已超过重要作物甜菜,成为十分庞大的企业;日本也大量出口花卉,1997年达1 200多万美元;同年美国仅菊花的盆花和切花总销售额达11 900万美元;意大利每年出售干切花收入达500万美元;南美的一些国家,如哥伦比亚、厄瓜多尔的香石竹栽培事业发展飞速;热带国家,如泰国、新加坡的兰花,也成为国际花卉市场上的重要商品。

观赏植物除了上述经济重要性之外,最主要的还在于观赏植物能美化、绿化环境、防治公害,陶冶情操、丰富文化生活,作为国际间友好往来的媒介,更有它不可代替的意义。

随着工业发展,城市规模不断扩大,环保已成为世界性问题,人类赖以生存的空间污染严重,危机四伏,严重影响到人类的身心健康和寿命。因此,要改善生存环境,就要创造生命之绿,植树造林、栽花种草是惟一的有效途径,发展观赏绿化植物更有其重要意义。

据不完全统计,全世界田野草本植物有8 000种,我国有1 290多种,分属105科560属,其中,具有美学观赏价值的植物很多,但目前园林生产及利用的观赏植物仅为其中很少部分,大量的种类还未被认识和利用,因此,值得我们进一步挖掘其观赏价值,并推进其开发与利用。

四、主要观赏资源植物

1. 鸭舌草 *Monochoria vaginalis*（Burm.f.）Presl ex Kunth.

【别名】【生境】【形态特征】　见第二章第一节。

【观赏价值】　鸭舌草于7月以后陆续开花结实,花序从叶鞘中抽出,有花3~6朵,颜色为蓝色,十分艳丽,可作湿地观赏植物。

2. 眼子菜 *Potamogeton distinctus* A. Bennet.

【别名】　水案板、水板凳、金梳子草、地黄瓜、压水草等。

【生境】 多生于凉爽至温暖、多光照至光照充足的环境。

【形态特征】 眼子菜为多年生沉水浮叶型的单子叶草本植物,具细长的根状茎,其顶端数节的芽和顶芽膨大成"鸡爪芽"。浮水叶卵状披针形,近长椭圆形,近革质,沉水叶线形,具膜质的托叶。穗状花序。果实斜倒卵形,背部有3脊,中脊明显突起,侧脊不明显,顶端近扁平。种子近肾形,无胚乳。

【观赏价值】 眼子菜为多年生沉水浮叶型草本植物,生长迅速,繁殖容易,管理粗放,成本低,且眼子菜卵状披针形叶浮于水面,观赏性强,可给宁静水体增添不少活力,若配以鱼、蝌蚪等小生物,则更生机盎然、趣味横生,可作景观盆、池、河中的漂水观赏植物。

3. 鸭跖草 *Commelina communis* L.

【别名】【生境】【形态特征】 见第二章第一节。

【观赏价值】 鸭跖草花单生于分枝顶端的叶腋内,花蓝紫色,亮丽,且鸭跖草生长迅速,繁殖容易,管理粗放,病虫害少,可作为一种大众化的室内观花叶植物,可置于书架之上或悬于屋顶之下,均有较好的观赏效果。

4. 早熟禾属 *Poa* L.

【别名】 稍草、小青草、小鸡草、冷草、绒球草等。

【生境】 多生于田野、路边及湿草地,广泛分布于温带和寒带地区。

【形态特征】 早熟禾属(*Poa*)植物为禾本科多年生或1年生草本植物,在我国有100余种。早熟禾秆柔软。叶鞘光滑无毛,自中部以下闭合,长于节间或在上部可短于节间。叶舌圆头形,叶片柔软,顶端船形。圆锥花序开展,每节有1~3分枝。小穗有3~5小花;颖有宽膜质边缘;外稃卵圆形,有宽膜质边缘至顶端,脊及边脉中部以下有长柔毛,间脉的基部也常有柔毛。颖果纺锤形。

【观赏价值】 早熟禾属为根茎疏丛型下繁草,耐寒,抗旱,耐荫性强,青绿期长,对温带和寒带地区气候和土壤有良好适应性,是一种兼具多种优良性状的冷季性草坪草。早熟禾盖度高,具有较高的观赏价值,近年来已成为我国北方城市园林绿化、运动场建植不可缺少的优质冷季型草坪草种。

5. 波斯婆婆纳 *Veronica persica* L.

【别名】【生境】【形态特征】 见第三章第二节。

【观赏价值】 波斯婆婆纳植株低矮而密集,盖度大;叶色翠绿期长;花单生于苞腋,花冠淡蓝色,花柄长于苞片,观赏性强。可作草被观赏植物。

6. 婆婆纳 *Veronica didyma* Tenore.

【别名】【生境】【形态特征】 见第三章第一节。

【观赏价值】 婆婆纳适应生境范围广,适应性强,不但在低山、平地、草坡、岩石等贫瘠土地上能够生长良好,而且在阳光充足或在潮湿的地方均能生长。从秋到春生长旺盛,叶色翠绿期长。分枝多,叶低矮而密集,盖度大。须根发达,具有较多的匍匐茎,且能节间着地生根,人工移栽成活率高,水平生长速度较快。花色粉白,观赏性强。其繁殖力强,生长势好,越冬性强,可以作为冬春季观赏性草坪草,应用于林间休息、阔地观赏、林下耐阴观赏、小面积花坛、花径及山石园作为观赏草坪栽培,还可用于道路、铁路、高速公路、交叉口和街旁绿地、步行街、立体交叉桥头的绿化,或做护坡阻止风沙和水土流失,或作家庭盆花观赏等。

7. 紫菀 *Aster tataricus* L.

【别名】【生境】【形态特征】 见第二章第一节。

【观赏价值】 紫菀植株高大,头状花序,排列成复伞房状,花冠蓝紫色。紫菀花期长,颜色秀雅,适于园林中岩石园及作背景植物,极富有野趣。

8. 毛茛 *Ranunculus japonicus* Thunb.

【别名】 鱼疗草、鸭脚板、野芹菜、山辣椒、老虎脚爪草、毛芹菜、起泡菜等。

【生境】　多生于田野、路边、沟边、山坡杂草丛中。

【形态特征】　毛茛为多年生草本植物，高20~60厘米。茎直立，茎和叶柄被平贴柔毛。叶片广卵形，基部心形，3深裂，有时为全裂，中间裂片宽菱形或倒卵形，项端再三浅裂，边缘有牙齿状锯齿，侧生裂片再作不等的2裂；基生叶和茎下部叶有长柄，叶柄长达15厘米；基生叶，有

短柄，愈向上近于无柄。花序有数朵花，花梗密被柔毛；萼片5，淡绿色，船状椭圆形，外被柔毛；花瓣5，黄色，倒卵形，基部有密槽；雄蕊和心皮多数。聚合果近球形，有15~30个瘦果；瘦果宽卵形而扁。花期4~9月，果期6~10月。

【观赏价值】　毛茛低矮而密集，盖度大，花瓣金黄色，亮艳，可作草地观赏植物或作个性化家庭盆花。

9. 泽泻　*Alisma orientalis*（Sam.）Juzep.

【别名】【生境】【形态特征】　见第三章第一节。

【观赏价值】　泽泻花茎由叶丛中生出，轮生状圆锥花序，花瓣洁白，可用于园林沼泽浅水区的水景布置，整体观赏效果甚佳。在水景中既可观叶、又可观花。

10. 大藻　*Pistia stratiotes* L.

【别名】　水荷莲、大萍、水莲、肥猪草、水芙蓉等。

【生境】　常生于水塘与水渠中。

【形态特征】　大藻为多年生漂浮型水生草本植物。具须状根，无直立茎，茎具葡匐横交，须根生于植株基部，细长而悬于水中。叶无柄，聚生于缩短、不明显的茎上，生成莲座状，叶片倒卵

状楔形，两面均被短绒毛，先端常截形而有波折，基部渐狭，两面都有较长的柔毛，全缘，基部辐射出6~12条脉。花序生叶腋间，有短的总花梗，佛焰苞白色，背面生毛。果为浆果。花期6~7月。

【观赏价值】　大藻可为园林水景中水面绿化、净化的良好观叶植物。在园林水景中，常用来点缀水面。庭院小池，植上几丛大藻，再放养数条鲤鱼，使之环境优雅自然，别具风

趣。且其有发达的根系,直接从污水中吸收有害物质和过剩营养物质,可净化水体。也可将大藻置于盆中,作个性化室内水盆景观赏植物。

11. 节节菜 *Rotala indica*（willd.）Koehne.

【别名】 节节草、水马齿苋等。

【生境】 生于水稻田、浅水中或河、湖滩湿地。

【形态特征】 节节菜为1年生矮小草本植物,茎丛生,呈四棱形,基部常生出不定根。叶对生,无柄,叶片倒卵形、椭圆形或近匙状长圆形。花小,排列成腋生的穗状花序,苞片卵形或阔卵形;小苞片2,披针形或钻形;花萼钟形,4裂;花瓣4,淡红色,极小,短于萼齿;雄蕊4;花柱线形,长为子房之半或相等。蒴果椭圆形,常2裂。种子小,倒卵形或长椭圆形。

【观赏价值】 节节菜植株矮小密集,其淡红色花能在水体中开放,在光的折射下格外亮丽,可作水生盆景或湿地观赏植物。

12. 萤蔺 *Scirpusjuncoides* Roxb.

【别名】 牛毛草。

【生境】 喜生于水稻田、池边或浅水边。

【形态特征】 萤蔺秆圆柱形,粗壮,丛生,有时有钝棱角。叶退化成鞘,秆基部有叶鞘2~3,苞片1,为秆的延长。小穗2~5聚成头状,长圆状卵形,鳞片宽卵形或卵形,棕色,顶端钝圆,有短尖,背面有1脉;下位刚毛5~6根,短于坚果,有倒刺;雄蕊3;花柱2~3。小坚果倒卵形,两侧扁而一面微凸,表面有细网纹,或稍有横波纹,黑褐色。

【观赏价值】 萤蔺根茎根系发达,茎丛生,实生苗丛生茎数可长出7~8个茎,而根茎生萤蔺一般平均有20个茎,最多的可达78个茎丛生。丛生茎挺拔飘逸,置于竹制花瓶中另有一份洒脱之感,可作室内个性化盆景观赏植物。

13. 佛座草 *Lamium amplexicaule* L.

【别名】 登龙菜。

【生境】 佛座草多生于田野、路边、林丛、菜地及潮湿的地方。

【形态特征】 佛座草为矮小草本植物。茎四棱形,常带紫色。叶圆形或肾形,边缘有钝齿或浅裂,两面有细毛,茎下部有柄,上部叶无柄。轮伞花序,有花2至数朵;花冠粉红或紫红色,花冠管筒状,喉部扩张,上唇直立,盔状,下层平展。小坚果长倒卵形,具3棱。

【观赏价值】 佛座草植株低矮而密集,花多而鲜艳,花冠粉红或紫红色,可作草被观赏植物。

14. 矮慈菇 *Sagittaria pygmaea* Miq.

【别名】 瓜皮草。

【生境】 常生于水田及湿润环境。

【形态特征】 矮慈菇为多年生草本杂草植物,高10~18厘米。茎很短,在地下有纤细匍匐枝,枝端膨大成球茎。叶全部基生呈莲座状,叶片条形或条状披针形,柔软易拔断。花茎从基部抽出,有花2~3轮,每轮有花2~3朵。花单性,雌花通常1个,无梗,生于下部。雄花2~5个,有细长梗。花瓣3片,白色。果实圆球形,由许多细小的瘦果组成。瘦果扁干,两侧具薄翅,顶端有鸡冠状的锯齿。球茎和种子繁殖。

【观赏价值】 矮慈菇叶在不同水层中形状、大小有变化,花茎从基部抽出,洁白亮丽的花朵挺水而出,极具观赏性,可作个性化室内水盆景观赏植物。

15. 小飞蓬 *Conyza canadensis* L.

【别名】【生境】【形态特征】 见第三章第一节。

【观赏价值】 小飞蓬头状花序密集呈圆锥状或伞房圆锥状花序,花朵白色或微带紫色,小飞蓬常成片生长,极富有自然风味,可作草地观赏植物。

16. 鼠曲 *Gnaphalium affine* D. Don.

【别名】【生境】【形态特征】 见第二章第一节。

【观赏价值】 鼠曲茎成簇直生并不分枝或少分枝,表面布满白色绵毛。叶互生,叶片倒披针形,两面都有灰白色绵毛。头状花序在顶端密集成伞房状,花金黄色,亮艳。可作个性化室内盆景观赏植物。

17. 野慈菇 *Sagittaria trifolia* L.

【别名】【生境】【形态特征】　见第二章第一节。

【观赏价值】　慈姑类植物叶形奇特秀美，可数株或数十株种植于河边，与其他水生植物配植布置水面景观，对浮叶型水生植物可起衬景作用。通常可用球茎或顶芽进行繁殖。在3月下旬将种球茎催芽，或4月上旬露地插顶芽育苗。5月上旬种植布置于园林水景的深洼地。

18. 通泉草 *Mazus japonicus*（Thunb.）O. Kuntze.

【别名】【生境】【形态特征】　见第三章第一节。

【观赏价值】　通泉草可作个性化室内盆景观赏植物或可作草被观赏植物。花朵小巧可爱，颜色丰富，可点缀于草坪中，不仅可以一定程度的减少养护，还增添几分自然的韵味。若可应用到园林中布置于园路边，使游人在沿路游览时随时感受大自然。可作组合盆栽，亦可用于家居绿

化。植物植株低矮，适应性强，花朵小巧花色纯净，可与其他草花搭配栽植于花盆中，为其整体增添一道亮丽的背景底色。

19. 蒲公英 *Taraxacum mongolicum* Hand.

【别名】【生境】【形态特征】　见第二章第一节。

【观赏价值】　蒲公英在春季从锯齿边的羽叶间抽出一支支中空的细长花梗，顶上长出一朵朵深黄色的小花，点缀绿色草地，随后花冠渐渐变成银白色的小绒球，成熟后随风飞出，

由其飘洒而滋生浪漫之感。而且蒲公英耐寒、抗旱又耐涝,整个生长期无病虫害,不易受到化肥、农药及城市工业"三废"污染,可作个性化室内插花盆景观赏植物或草地观赏植物。

20. 刺儿菜　*Cephalonoplos segetum* Kitag.

【别名】【生境】【形态特征】　见第二章第一节。

【观赏价值】　刺儿菜茎直立,茎顶头状花序紫红色,亮丽而飘逸,可作个性化室内插花盆景观赏植物或可作草地观赏植物。

21. 马蹄金　*Dichondra repens* Forst.

【别名】【生境】【形态特征】　见第三章第一节。

【观赏价值】　马蹄金可作庭院地被,固土护坡。马蹄金株矮叶密,叶形优美,叶色鲜绿,生长整齐一致,无需修剪,繁殖容易,生长迅速,成坪速度快,耐寒、耐热、耐旱、耐湿、耐践踏,抗病、抗尘、抗污染且具有管理粗放、绿色观赏期长

等一系列优点,是一种暖季型观赏性草坪草,叶形优美,绿期长,繁殖速度快,养护管理水平低,是一种理想的草坪地被植物,可作为观赏草坪应用在公园、花坛及大型企业庭院绿化之中,也可以在高等级公路两侧绿化中和作为丘陵山地阴坡或半阴坡的水土保持地被发挥更大作用。

22. 斑地锦　*Euphorbia maculata* L.

【别名】【生境】【形态特征】　见第三章第一节。

【观赏价值】　斑地锦为大戟科大戟属一年生小草本植物。茎柔细,弯曲,匍匐地上,叶中央有紫斑,茎叶红绿相间,可作庭院、路基等地被植物,趣味盎然。

23. 紫花地丁　*Viola yedoensis* Makino.

【别名】【生境】【形态特征】　见第二章第一节。

【观赏价值】　由于紫花地丁具有返青早,花期长,株型低矮紧凑,生长整齐,花色艳丽等优点,秋后茎叶仍鲜绿如初,花旁伴有针状小果,直至冬初,地上部分才枯萎,且紫花地丁

为多年生植物,可多年生长,不需经常更换,管理粗放,省工省力,适合作为花境或与其他早春花卉构成花丛,因此是极好的地被植物。如将紫花地丁种植在草坪中,作为缀花草坪,增加草坪的观赏效果,可形成"造型丰富、地被多样"的风格。种植在园林建筑或古迹等附近的斜坡上既可护坡又可衬托景点。由于紫花地丁的花期长且花色艳丽,也可以在广场、平台布置花坛、花

境,在园路旁、假山石等处作点缀给人以亲切的自然之美。另外,在林地中,紫花地丁作为有适度自播能力的地被植物,可大面积群植,因其覆盖效果好,不易生杂草,可节约除草的人力及机械使用费用,同时起到防火的作用。此外,其花色鲜艳、纯正,满盆娇嫩的花朵也可制作成盆景观赏,用于窗台、书桌、台架等室内布置。

24. 天胡荽 *Hydrocotyle sibthorpioides* Lam.

【别名】【生境】【形态特征】　见第二章第一节。

【观赏价值】　天胡荽在林下湿润环境中,生长良好,外来杂草不易入侵,成坪率高,常绿美观,具有一定的抗虫性,且适应性广,覆盖能力强,可在短时间形成致密草坪,只是叶片嫩、水分多,不耐践踏,可作为林下阴湿环境草坪草利用。天胡荽若作为观赏盆栽,能保持四季常绿,

当长到一定密度后,茎蔓向盆外飘垂,也可用浅盆水养,置窗台边或几架上,小巧玲珑,优雅别致;或作树桩盆景、山水盆景的点缀种植;或作园林铺装点缀绿化。

25. 白三叶 *Trifolium repens* L.

【别名】【生境】【形态特征】　见第二章第一节。

【观赏价值】　白三叶是一种优良的地被植物,近几年各地逐渐推广应用作草坪草,并得到迅速的发展。应用白三叶作为草坪草具有很多优点,如① 多年生植物。白三叶草属宿根性植物,如管理适当,寿命可达10年,能达到长期的生

态、经济效益。② 自播能力强。花多且能多次开花,种子自播能力强,可以自我更新草坪。达到生态的可持续发展。③ 耐荫性好。能在部分遮荫的条件下生长良好。有利于园林绿

化的乔、灌、草的搭配。④郁蔽性好。白三叶生长迅速,侵占性好,能抑制其他杂草的滋长。⑤适应性强,绿期长。白三叶具有一定耐寒、耐热能力,绿期长,具有豆科根瘤菌的特性,耐贫瘠、耐酸,对土壤要求不严,可大面积广泛推广种植。⑥观赏价值高。白三叶开花早,花期长,叶形美,早春吐绿早,深冬仍绿意盎然,具有很好的观赏效果和社会效益。

26. 萹蓄 *Polygonum aviculare* L.

【别名】【生境】【形态特征】 见第二章第一节。

【观赏价值】 萹蓄极耐严寒,对干旱、水涝、高温等逆境适应性强,抗污染能力强,保持绿色时间长,发挥绿化功能快,不择土壤,种植管理方便,可作为园林草坪绿化的优良地被植物。姜成等研究表明,萹蓄的绿化性状好,1年内保持绿色时间比草地早熟禾多10~15天,新建草坪可在第一年进行播种,到秋季果实成熟落地,翌年春季可自然萌发,苗整齐均匀,无需补苗和移栽,萹蓄草坪生长均匀一致,叶片密集,一片绿色,具有很好的观赏性能。萹蓄草坪管理简单,耐修剪,1年可修剪3次,保持株高4~6厘米,经喷灌或阵雨后,绿色浓浓,一派生机。萹蓄抗性强,对土壤适应性强,在我国西部沙漠地区也有扁蓄分布,干旱地区可覆沙建坪,出苗整齐,建坪较快。萹蓄很少发生病虫害。耐践踏性极强,如足球场试验地,经常人为踩踏,但萹蓄植株分枝旺盛,生长正常。抗污染力强,在污染区生长良好。萹蓄耐涝耐旱,在强光下或背阴面都能正常生长。

27. 打碗花 *Calystegia hederaca* Wall.

【别名】【生境】【形态特征】 见第二章第一节。

【观赏价值】 打碗花具蔓性茎,攀缘能力强,缠绕性好,是庭院花架、花窗、花门、花篱、花墙以及隔断的优良绿化植物,将其栽植于不同造型的构架处,使之向上攀附,即可独立形成造型各异的小品景观,还可扎成太阳伞形象,将打碗花用细绳牵引攀缘而上,待其布满支架后,小叶翠绿,喇叭状小花盛开,显得十分生动可爱。或用悬垂细绳或铁丝,令其攀绳而上,即能绿化墙面,夏秋时节又能赏花,装饰效果优于爬山虎。打碗花生命力旺盛、生长迅速,能在较短的时间内覆盖整个坡面,且有枝叶繁茂、耐干旱等优良特性,可缓解雨水对地表的直接冲刷,可作护坡材料。打碗花从春到秋花开不断,娇美粉红色的花朵自然形成美丽的花坪,达到色彩缤纷的渲染效果,更能体现出朴素的自然美感,可作地被花卉,点缀草坪或与其他模块搭配,也可作盆栽花卉。

28. 地肤 *Kochia scoparia*（L.）Schrad.

【别名】【生境】【形态特征】　见第二章第一节。

【观赏价值】　地肤是很好的绿化植物,有"草本柏松"之称。因此在园林绿化中可用作绿篱,宏观效果好,色彩艳丽夺目,每年可改造型式样,投资少,见效快,病虫害少,管理粗放。也可以地栽或盆栽单株,或几株组合,修剪成动物及各种几何图案、组字等造型。可作配衬造景,对比强烈,增添不少情趣,特别是新建公园绿地少的情况下,自然种植,使之高低错落,疏密相间,配合各种园林小品形成不同的园林景观。

29. 繁缕 *Stellaria media*（L.）Cyr.

【别名】【生境】【形态特征】　见第二章第一节。

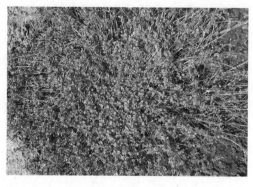

【观赏价值】　繁缕耐阴,喜湿、耐低温,对土壤要求不严,繁缕繁殖迅速,株低矮平整,整齐美观,是一个很好的草坪植物材料。繁缕绿化期长,较其他植物叶绿期在晚秋延后30天左右,如繁缕在哈尔滨地区的叶绿期为4月至11月下旬,达230天之久,较三叶草长50天左右。而且,繁缕作为乡土植物,具有广泛的适应性和抗逆性,如其抗寒性,是其他绿化材料所不能比的,适宜于建筑物的背阴面的草坪植物。

30. 一年蓬 *Erigeron annuus*（L.）Pers.

【别名】【生境】【形态特征】　见第二章第一节。

【观赏价值】　一年蓬上部分枝、花序数较多,排成伞房状,花期较长,易成片生长,作为花卉观赏植物将给人们带来一种全新的感受。在公路绿地系统中,一年蓬可作为林下绿化植物,利用早春树木叶片尚未展开、光线充足的旺盛生

长期完成生殖过程,形成优美自然环境。

31. 苔藓 Bryophyta

【别名】【生境】【形态特征】　见第三章第一节。

【观赏价值】　苔藓植物大多数生活在温湿的环境中,在阴湿的石面、土表、树干上常成片生长,也有部分种类具有较强的耐旱能力。具有丛生的习性,常形成大片的苔藓植物群落;植物体吸水能力强,可蓄积大量水分于体内;其生长速度快,抗寒能力强,不易受病虫害侵袭。苔藓植物体表面具有独特的光泽,细腻的质感,其娇小如绒、青翠常绿,给人以古朴典雅、清纯宁静、自然和谐的感觉,在园林中具有独特的美学价值。如苔藓可在园林盆景造景中代替树林或是草坪。结合水景、山石、景观构筑物等造园要素,充分展现了苔藓翠绿的色彩美、细致秀丽的形态美和野趣盎然的意境美,把自然生态中的苔藓景观浓缩集于一盆景中,具有写实赋意的作用。此外,苔藓植物作为屋顶的覆盖面,即起到遮风挡雨的作用,又具有美化效果。

32. 委陵菜 *Potentilla* L.

【别名】【生境】【形态特征】　见第二章第一节。

【观赏价值】　委陵菜属植物具有株形低矮、耐践踏、绿期长,花、叶均可观赏等特点,既可建单一观赏草坪地被,也可在草坪中镶嵌镶边,形成带有点点黄花的绿色草坪,观赏效果颇佳,是倍受重视的乡土地被植物新秀。将其种植后,无需过多管理,呈半野生状态,省水省力省财。

33. 水葫芦 *Eichhornia crassipes*（Mart.）Solms.

【别名】【生境】【形态特征】　见第二章第一节。

【观赏价值】　水葫芦花茎多棱角,花序穗状,花蓝紫色,花瓣中心生有一个明显的鲜黄色斑点,形如凤眼,也像孔雀羽翎尾端的花点,非常耀眼、靓丽。花期较长,开花期为6~9月。可作个性化室内水盆景观赏植物,也可作栽植于景观水体中,水葫芦的花、叶均具有较高的观赏价值,而且是美化环境、净化水质的良好植物。

34. 红花酢浆草 *Oxalis corymbosa* DC.

【别名】 红花酢浆草、铜锤草、多花酢浆草、大酸味草、一粒雪等。

【生境】 分布全国低海拔区,喜湿润、半阴且通风良好的环境,耐干旱,较耐寒。宜生长在富含腐殖质,排水良好的砂质土中。生长适温24~30℃,盛夏生长缓慢或进入休眠期,温度低于5℃时,植株地上部分受损,冬季浓霜过后地上部分叶片枯萎,以根状球茎在土中越冬,翌年3月萌发新叶。

【形态特征】 红花酢浆草为酢浆草科酢浆草属多年生宿根草本植物,高达15~35厘米。地下部分有多数小鳞茎,鳞片褐色,有3纵棱。叶丛生,具长柄,掌状复叶,小叶3枚、无柄、倒三角形,先端凹缺,叶柄长15~24厘米,被毛。伞房花序基生与叶等长或稍长,有5~10朵花,花淡紫红色。萼片5,顶端有2红色长形小腺体,花瓣5。雄蕊10,5长5短,花丝下部合生成筒,上部有毛;子房长椭圆形,花柱5。花期4~11月。花、叶对光敏感。晴天开放,夜间及阴天光照不足时闭合。蒴果短条形,角果状,长果实成熟后自动开裂。

【观赏价值】 红花酢浆草具有植株低矮、整齐,花多叶繁,花期长,花色艳,覆盖地面迅速,又能抑制杂草生长的特点,很适合在花坛、花径、疏林地及林缘大片种植,又可盆栽,是庭院绿化的好材料。如可以和岩石搭配,其生长在石头缝隙间,可形成独特景观。此外,还可用于家庭盆栽摆设,或在公园、游园中作为缀花草坪的模纹植物,便于形成各种边框或图案,于台地、阶旁、沟边和沿路栽植,色彩鲜艳,富有自然韵味。红花酢浆草生机勃勃,不仅丰富了植物群落,具有良好的景观效果和生态效益,而且其为宿根草本植物,养护简单、费用少、收效快,具有良好发展前景。

35. 蛇莓 *Duchesnea indica* (Andr.) Focke.

【别名】【生境】【形态特征】 见第二章第一节。

【观赏价值】 蛇莓耐寒、耐旱、耐阴、对土壤要求不严、返青早、绿色期长、繁殖容易。它的叶、花、果均有较高观赏价值,蛇莓草坪每年的3~11月份郁郁葱葱,不仅绿期长,花期、果期也长,4~10月份朵朵小黄花络绎不绝,花朵直径可达1厘米。一朵朵黄色的小花缀于其上,打破了绿色的单调,给人以生命的活力。花期结花期过后,5~10

月份缀满红色的果实,点艳绿色大地,是很好的缀花、观果草坪。蛇莓抗逆能力强,管理粗放简单,勿需修剪,是不可多得的优新地被植物。可作为林下、斜坡之地草坪,蛇莓草坪叶面积是冷季型草坪面积的3~10倍,且克服了冷季型草坪在恶劣条件下长势弱的缺点,绿视率高,地面覆盖性好,生态效益高。

36. 马兰 *Kalimeris indica* L.

【别名】【生境】【形态特征】 见第二章第一节。

【观赏价值】 马兰为多年生草本,植株矮小、丛生,绿期长,郁郁葱葱,地面覆盖性好。其一朵朵淡紫色花朵,鲜艳,观赏性强。而且马兰适应性强,耐热、耐寒、耐旱、耐瘠薄,其地下匍匐根状茎能耐—7℃以下低温,可为不可多得的冷季型草坪植物。

37. 马齿苋 *Portulaca oleracea* L.

【别名】【生境】【形态特征】 见第二章第一节。

【观赏价值】 马齿苋茎多直立而较细,叶质嫩而翠,肥而亮,花朵鲜艳,可供观赏。

38. 狸藻 *Utri cularia* L.

【别名】 食虫藻等。

【生境】 狸藻通常长在水田、池塘和湖泊的边缘,或者是沼泽地、湿地和泥炭沼的死水中,为水稻田中常见杂草。为著名的食虫植物。狸藻属植物全世界有120多种,我国有17种。主要分布于黑龙江、吉林、辽宁、内蒙古、河北、山西、陕西、甘肃、青海、新疆、山东、河南和四川等地。

【形态特征】 狸藻其叶羽状深裂成丝状,无根,花生于短枝上,突出水面。突出水面的短枝上也有很小的叶,而水下的叶片上着生许多小囊状体,即为捕虫囊,囊内有膜瓣,其结构只许进不许出,当水生小虫进入囊内时,膜瓣能阻止小虫出来,囊内能分泌消化液将其消化变为营养吸收。

【观赏价值】 狸藻可作为新一代鱼缸观赏水草。到了夏季,狸藻从叶腋处长出直立细弱的花茎,伸出水面,其顶端由1~7朵蝴蝶状的黄色小花组成总状花序。当鱼缸中的游鱼触动了植株,小花就会像蝴蝶似的在水面上空抖动,犹如飞蝶嬉耍。在水族箱背景的衬托下,一种生意盎然的情趣油然而生。在狸藻的生长过程中,其捕虫囊的颜色按形成先后逐步变化。起初为浅绿色,后变为深绿色,但始终与植物体保持一定的色差,引人注目。当捕虫囊捕到小动物后,它的颜色又变成有光泽的黑色。镶嵌在绿色丛中,十分诱人。捕虫囊的这种多姿多彩的变化增添了狸藻的观赏性。

39. 荻 *Miscanthus sacchariflorus*(Maxim.)Benth.

【别名】【生境】【形态特征】 见第二章第一节。

【观赏价值】 荻顶生大型圆锥花序,指状展开,迎风摇摆,季相独特,异常醒目,其花序飘逸洒脱,散发着雕塑般的凝重美。荻的根系发达,耐旱能力强,一般情况下,只在种植初期浇水,以后不用人工灌溉,完全靠自然降水就能正常生长,能够形成茂密的景观群落。荻适应性广、抗病虫能力强、抗旱性强、养护成本低。可作区域性景色,也可将穗插花观赏。

40. 狗牙根 *Cynodon dactylon*(L.)Pers.

【别名】【生境】【形态特征】 见第三章第一节。

【观赏价值】 狗牙根是春季多年生禾草,具根状茎或匍匐茎。狗牙根抗旱性、耐盐性强,适应土壤范围广,从沙土到重黏土均能生长,适宜土壤pH值为5.5~7.5,但阿不来提等发现新疆野生狗牙根在pH 9.3的重盐碱土上仍能正常生长。狗牙根具有繁殖能力强、成坪速度快、植株低矮、耐践踏、抗旱、质地纤细、色泽好等优点,被广泛应用于运动场草坪、高尔夫果岭、边坡防护、庭院绿化等,是暖季型草坪草中坪用价值最高、应用最广的草种之一,享有暖季型草坪草"当家草种"之称,极具社会、经济和生态价值。

41. 四叶萍 *Marsilea quadrifolia* L.

【别名】 幸运草、四叶、田字草、田字萍、夜爬三、夜里船等。

【生境】 喜生于池塘、水田、沟边,是稻田常见杂草。分布于我国长江以南各地。

【形态特征】 四叶萍为萍科多年生水生杂草,以根状茎及孢子繁殖,株高5~20厘米,匍匐根茎细长，埋于地下或伏地横生，根茎上具节，节上生出不定根和叶1至数个，节下生须根数条，繁殖极快。有4个小叶成倒三角形，排列成十字，外缘半圆形，两侧截形，叶脉扇形分叉，网状，网眼狭长，无毛，叶表具较厚蜡质层有光泽。冬季叶枯死，根状茎宿存，翌春分枝出叶，自春至秋不断生叶与孢子果。根茎和叶柄之长短、叶着生之疏密，均随水之深浅或有无而变异甚大。叶柄基部生出具柄的孢子囊2~3个，孢子囊椭圆形，囊内具大、小孢子，成熟时孢子囊裂开，散出孢子。

【观赏价值】　四叶萍生长快，整体形态美观，可在水景园林浅水、沼泽地中成片种植作观赏植物。四叶萍还赋于人们美好的愿望，如第一片叶子代表希望（hope）；第二片叶子代表信心（faith）；第三片叶子代表爱情（love）；而多出来的第四片叶子则代表幸运（luck）的象征。这与基督教的望德、信德和爱德思想相配。在西方认为能找到四叶草是幸运的表现。在日本则认为会得到幸福，所以又称幸运草。在德国，幸运草被认为是自由、统一、团结、和平的象征。在传统的爱尔兰婚礼上，幸运草是必不可少的，新娘的花束与新郎的胸花，都必须搭配幸运草。另有漫画、同名韩国电视剧、TVB偶像剧和李易峰的歌曲《四叶草》等都有四叶萍的影子。

42. 大红蓼 *Polygonum orientale* L.

【别名】【生境】【形态特征】　见第二章第一节。

【观赏价值】　大红蓼生长迅速、高大茂盛，叶绿、且花密红艳，适应性强，适于观赏，是绿化、美化庭园的优良草本植物。

43. 菹草 *Potamogeton crispus* L.

【别名】【生境】【形态特征】　见第二章第三节。

【观赏价值】　菹草生命周期与多数水生植物不同，它在秋季发芽，冬春生长，4~5月开花结果，夏季6月后逐渐衰退腐烂，同时形成鳞枝（冬芽）以度过不适环境。冬芽坚硬，边缘具有齿，形如松果，是湖泊、池沼、小水景中的良好绿化材料。

44. 田旋花 *Convolvulus arvensisi* L.

【别名】【生境】【形态特征】　见第三章第一节。

【观赏价值】 田旋花为多年生草本植物，具蔓性茎，攀缘能力强，缠绕性好，是庭院花架、花窗、花门、花篱、花墙以及隔断的优良绿化植物。5~8月粉红色花开，花冠漏斗形，十分生动可爱，呈现朴素的自然美感。或可作地被花卉，点缀草坪或与其他模块搭配，也可作盆栽花卉。

45. 水苋菜 *Ammannia baccifera* L.

【别名】 细叶水苋、浆果水苋等。

【生境】 水苋菜生于湿地或稻田中，常成片生长，对作物有一定危害。我国自云南、华南至秦岭及亚洲热带其他地区均有分布。

【形态特征】 水苋菜为1年生草本植物，植株高7~50厘米，无毛。茎有四棱，多分枝。叶对生，线状披针形、倒披针形或狭倒卵形，叶基渐狭成短柄或无柄。夏秋开花，聚伞花序腋生，有短梗，花密集。萼柄状或倒圆锥状，4~5齿裂，裂片正三角形，基部两侧显著骤然凸出，镊合，宿存；无花辨，雄蕊4，对生于萼片基部之下而短于萼，药赤红色，2室，直裂。花柱短直，长约为子房之半，子房球形，上位，1室，中央胎座球形有柄，胚珠多数。蒴果球形，不规则开裂；种子极小，呈三角形，无胚乳。

【观赏价值】 水苋菜植株挺秀，夏秋开花，小花绿色或淡红色，无花瓣，于叶腋内排成密集小聚伞花序或花束，观赏好，可作湿地观赏植物。

46. 漆菇草 *Sagina japonica*（Sw.）Ohwi.

【别名】 漆菇、珍珠草等。

【生境】 多生于山地、农田、溪边或林下。

【形态特征】 漆菇草为1年生草本植物。株高10~15厘米。茎基部分枝，上部疏生短细毛。叶对生，完整叶片圆柱状线形，先端尖，基部为薄膜连成的短鞘。花小，白色，生于叶腋或茎顶。蒴果卵形，5瓣裂，比萼片约长1/3。种子多数，细小，褐色，圆肾形，密生瘤状突起。

【观赏价值】 漆菇草为矮小植物，分枝多，叶低矮而密集，盖度大。白色小花点缀在绿色叶片之间，观赏性强。可作草被观赏植物或作个性化家庭盆花。

47. 卷耳 *Cerastium arvense* L.

【别名】　苍耳。

【生境】　多生于田野、山坡、沟旁、路边、草地及村旁草丛或灌木丛中。各地普遍有分布。

【形态特征】　卷耳为越年生草本植物,全株密生长柔毛。茎簇生、直立,高达30厘米,下部紫红色,上部绿色。基部叶匙形;上部叶卵形至椭圆形,全缘,顶端钝或微凸,基部圆钝,主脉明显。二歧聚伞花序顶生,基部有叶状苞片;薄片被针形,绿色,边缘膜质,有腺毛;花瓣倒卵形,白色,顶端2裂;雄蕊10,药黄色;子房圆卵形,花柱4~5。果圆柱形,10齿裂;种子近三角形,褐色,密生小瘤状突起。花期4月,果期5月。

【观赏价值】　卷耳为矮小植物,分枝多,叶低矮而密集,盖度大。白色小花多,成片点缀,有一定的观赏性。可作为草被观赏植物。

48. 狐尾藻 *Myriophyllum verticillatum* L.

【别名】　布拉狐尾、粉绿狐尾藻、凤凰草、绿凤尾、青凤凰草、青狐尾、水聚藻等。

【生境】　生于池塘、湖泊或河川中,我国南北各地也有分布。

【形态特征】　狐尾藻为沉水多年生草本植物。根状茎生于泥中,由节部生多数须根。茎软,细长,圆柱形,多分枝,通常长可达50厘米左右,但依水的深浅,长短不一。叶无柄,褐绿色,生于水中者较长,通常4~5轮生,羽状全裂,8~15对,裂片丝状;水上叶鲜绿色,小裂片稍宽短。夏末初秋开花;花单生于水上叶叶腋,无柄,4枚轮生,略呈十字排列,一般水上叶的上部为雄花,下部为雌花,短于苞片;苞片羽状篦齿形分裂;雄花萼片4枚,较大,倒披针形,雄蕊8枚,花药淡黄色;雌花萼片4枚,极小,舟状,开花时即脱落,子房下位,4室,柱头4裂,向外反卷,羽毛状。果实广卵形,具4条宽而浅的槽。

【观赏价值】　狐尾藻茎平滑,圆而细,长1~2米,多分枝。叶轮生,叶片羽状深裂,裂片如丝,全形羽毛状,穗状花序生枝顶生水面。可作为新一代鱼缸及水域观赏水草。

49. 爵床 *Justicia procumbens* L.

【别名】【生境】【形态特征】　见第三章第一节。

【观赏价值】 爵床的叶对生,卵形、长椭圆形或广披针形,全缘,上面暗绿色,下面淡绿色,两面均有短柔毛。穗状花序顶生或腋生,花冠淡红色或带紫红色,苞片大,花小而多,色彩鲜艳,观赏性强。可作为草被观赏植物。

第二节 环境污染修复植物资源

目前现有的环境污染土壤修复技术通常采用物理和化学方法,如排土填埋法、稀释法、淋洗法、物理分离法和稳定化及化学法等。成本高,难于管理,易造成二次污染,且对环境扰动大。近年来生物修复技术因其成本低,适合大规模的应用,利于土壤生态系统的保持,对污染地景观有美学价值,对环境基本没有破坏作用,从而引起了公众及科学界的广泛兴趣。生物修复技术包括植物修复技术(Phytoremediation)、微生物修复技术(Microbe Remediation)和微生物—植物联合(Plant-microbe Remediation)修复技术。

一、植物修复的概念

植物修复技术是通过重金属超积累植物吸收、转运并积累,从而去除土壤中有害金属(包括放射性物质)。如云南铅锌矿区筛选出20个对重金属吸收能力较强的超累积植物种类。其中小花南芥、续断菊和岩生紫堇的根系能直接把污染元素从土壤中吸走,从而修复被污染的土壤。植物修复适用于大面积、低浓度污染,不但可去除环境中重金属与放射性元素,还可去除环境中农药。

二、植物修复的机理

植物主要是通过3种途经去除农田中的农药,即植物直接吸收、转化、降解农药;植物根系直接向土壤分泌能直接降解农药的酶;植物根系分泌一些有机酸等物质,促进根际周围微生物的生长和繁殖,从而降解农药。另外,采用分子生物学手段将有助于植物修复的机理研究,并有可能通过改良遗传特性来提高植物对环境污染物的耐性、富集能力或提高超富集植物的生长速度或生物量,已成植物——微生物联合修复新技术中未来发展的重点方向和突破口。如目前,科学工作者在努力寻找更多的野生超积累植物的同时,致力于研究植物体内的环境污染物耐性、积累及转移机制,希望分离出相关基因、对植物进行基因改造从而获得适合于工程应用的超积累植物。金属硫蛋白(Metallothineins, MTs)及植物络合素(Phytochelation, PCs),在超积累植物形成贮存重金属的汇的过程中起到重要作用。至1999年,世界上已有3个不同的小组各自分离出了编码PCs合成酶的基因。研究人员通过过量表达PCs合成途径中的一种限制酶,取得了很好的效果,被转入大肠杆菌(Escherichia coli)的

GSHII基因的印度芥菜（*Brassica juncea*），同野生型相比，转化植株不仅对Cd的抗性增强，同时发现，在地上组织中积累的Cd含量上升了3倍。环境污染物在植物体内转运的植物分子生理学机制的研究虽目前还处于起步阶段，但因增强其转运体基因的表达，对提高环境污染物吸收速率有十分积极的意义。

三、主要环境污染修复资源植物

1. 碱蓬 *Suaeda glauca* Bge.

【别名】【生境】【形态特征】 见第二章第一节。

【修复价值】 碱蓬可以在盐碱化土壤上繁茂生长，能有效地降低土壤表层含盐量，增加土壤有机质含量，提高土壤中N、P、K的含量。在还未完全脱离海水的高盐的潮滩上，任何其他植物都不能生存，只有碱蓬以其独特的盐生结构，首先扎根于潮滩，使潮滩上有了其他植物，使潮滩上有机质越来越多，加速了潮滩的土壤化过程，因此被誉为盐碱地改造的"先锋植物"。此外，碱蓬对重金属也有一定的吸收作用，还可以用来处理含盐养殖废水。碱蓬对常见重金属Cu、Zn、Pb和Cd均具有累积作用，体内含量均高于潮滩背景值。碱蓬可监测环境中汞的含量，能快速富集水中的镉类金属，清除酚类。

2. 浮萍 Duckweed

【别名】【生境】【形态特征】 见第二章第三节。

【修复价值】 浮萍我国有4个属，分别是多根紫萍、少根紫萍、绿萍和芜萍，常分布于相对平缓的水面，如水田、水塘、湖泊和水沟等。浮萍的生长能吸收空气中的二氧化碳，可减轻温室效应。且其净化污水的作用比微生物还显著，对水体中TN、TP的总去除率高。浮萍对有毒元素Cd等能通过螯合和液泡的区室化等作用来耐受并吸收富集环境中的重金属。

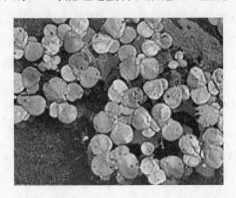

3. 水葫芦 *Eichhornia crassipes*（Mart.）Solms.

【别名】【生境】【形态特征】 见第二章第
一节。

【修复价值】 水葫芦有发达的根系，生长
迅速，具有大量吸收污水中的氮、磷等营养物质
和净化重金属、有机污染等积极的生态效应。
有报道，在适宜条件下，一公顷水葫芦能将800
人排放的氮、磷元素当天吸收掉。水葫芦还能
从污水中除去镉、铅、汞、铊、银、钴、锶等重金属
元素，且对酚、氰、油的清除率也很高，能够大量吸收营养盐，对改善水质、治理水体富营养
化具有一定作用。

4. 苦草 *Vallisneria natans*（Lour.）Hara

【别名】【生境】【形态特征】 见第二章
第一节。

【修复价值】 在苦草生长的地方，浮
游生物、细菌和丝状藻生物量降低。研究认
为，苦草生物量越大，对藻类的抑制作用也
越大，致使水体正磷酸盐、溶解有机碳和总
悬浮物含量减少，透明度增加。苦草有控制
湖泊富营养化、恢复沉水植物生态系统的作用。此外，一些研究表明，苦草的根对重金属汞
有较强的吸收能力，因此可用于监测环境中重金属汞的污染。苦草也可用于有机氯污染的
生物监测。

5. 田菁 *Sesbania cannabina* L.

【别名】 碱菁、涝豆等。

【生境】 多生于沿海冲积地带，主要分布于东半球
热带，如广东、海南、福建、浙江、江苏等地。

【形态特征】 田菁为1年生灌木状草本植物，株高
2~3米以上，多分枝，茎基部常木质化。茎方形，紫或绿紫
色，上部被有紫或白色毛。叶对生，有长柄，叶片皱，卵形
或卵圆形，先端突尖或渐尖，基部近圆形，边缘有粗锯齿，
两面紫色或仅下面紫色，两面疏生柔毛，下面有细腺点。
总状花序顶生或腋生，稍偏侧。苞片卵形，花萼钟形，外面
下部密生柔毛。花冠二唇形，红色或淡红色。小坚果倒卵

形,灰棕色。花期6~7月,果期7~8月。

【修复价值】 田菁是一种优良的夏季绿肥植物,其根系发达,多分布在20~40厘米的土层内,根瘤多而大,固氮能力强。鲜草含水分80%左右,氮0.4%~0.6%,磷酸0.1%左右,氧化钾0.15%~0.2%。田菁耐瘠、耐盐,在全盐含量0.3%的土壤能出全苗,全盐含量0.5%的土壤仍能正常生长。常用作新垦盐碱荒地的先锋作物。其种子含有胶质,还可供石油工业上利用。

6. 一年蓬 *Erigeron annuus*(L.)Pers.

【别名】【生境】【形态特征】 见第二章第一节。

【修复价值】 一年蓬对Cu、Pb、Cd和Cr都有较强的忍受和富集能力,且能分布于污染程度很高的土壤中,因此可用来修复土壤。此外,一年蓬在控制水土流失方面也起着重要的作用。

7. 地肤 *Kochia scoparia*(L.)Schrad.

【别名】【生境】【形态特征】 见第二章第一节。

【修复价值】 地肤是一种优良的盐碱地植物。我国盐碱地面积3 300多万公顷,大量的土地因此而荒废。地肤具有较强的耐盐碱性能,在全盐含量小于0.3%的盐碱地上种植生长健壮,0.3%~0.5%生长良好,是一种适应性较强的植物,能修复盐碱地的生态环境。

8. 丁香蓼 *Ludwigia prostrate* Roxb.

【别名】【生境】【形态特征】 见第三章第一节。

【修复价值】 有文献报道,丁香蓼的茎与土壤中Cu的浓度有密切相关,其叶中Zn的浓度和土壤中提取态Zn有显著相关关系。丁香蓼对土壤中的污染重金属Cu、Zn有一定的富集作用,是一种适合用于重金属Cu、Zn污染土壤的植物修复材料。丁香蓼对Cu的累积规律是根>叶>茎,而对Zn的累积规律是茎>根>叶,丁香蓼对Cu、Zn的转运能力是Zn>Cu。

9. 紫云英 *Astragalus sinicus* L.

【别名】【生境】【形态特征】 见第二章第一节。

【修复价值】 紫云英能显著降低土壤中金属浓度和土壤综合污染指数。例如:紫云英对Cd有较强的耐性,低浓度的Cd对紫云英的生长发育没有显著影响,甚至具有一定的生长促进作用。紫云英体内Cd的浓度分布为根>茎叶。紫云英对Cd具有较强的富集能力,无论是添加外源Cd或不添加外源Cd,紫云英对Cd的富集系数均较高,其根部对Cd的富集系数多为10左右,紫云英在Cd污染农田的植物修复上具有一定的研究和应用价值。

10. 鸭跖草　*Commelina communis* L.

【别名】【生境】【形态特征】　见第二章第一节。

【修复价值】　鸭跖草生物量较大,且能在铜矿区或铜污染土壤上正常生长。已有研究证明,鸭跖草能吸收和积累相当高浓度的Cu,是一种可望应用于重金属污染土壤修复的植物。

11. 双穗雀稗　*Paspalum distichum* L.

【别名】　红拌根草、过江龙、游草、游水筋等。

【生境】　喜水湿环境,多生长于水旁、水沟边和水田,为水田及湿润秋熟旱作地的主要杂草之一。

【形态特征】　双穗雀稗为多年生草本植物,以根茎和匍匐茎繁殖,种子也能作远途传播。匍匐茎实心,常具30~40节,水肥充足的土壤中可达

70~80节,每节有1~3个芽,节节都能生根,每个芽都可以长成新枝,繁殖竞争力极强,蔓延甚速。花枝较粗壮而斜生,节上被毛。叶片条状披针形,叶面略粗糙,背面光滑具脊,叶片基部和叶鞘上部边缘具纤毛,叶舌膜质。总状花序2枚,个别3枚,指状排列于秆顶。小穗椭圆形成两行排列于穗轴的一侧,含2花,其中一花不孕。花果期6~10月。

【修复价值】　有研究资料表明,双穗雀稗水培对污水中的总氮(TN)、总磷(TP)具有较好的去除效果,TN的去除率为98.7% ~ 99.3%,TP的去除率为96.5% ~ 99.8%。污水浓度为100%时,TN、TP的去除量最大,分别为507毫克/升和32毫克/升。污水浓度增加对双穗雀稗的株高影响不显著,但对生物量具有显著影响($P < 0.05$),高浓度污水对根的生长具有明显抑制作用。且有资料表明,双穗雀稗对Pb、Zn和Cu有多重耐性。

12. 石龙芮 *Ranunculus sceleratus* L.

【别名】【生境】【形态特征】　见第三章第一节。

【修复价值】　石龙芮可作为一种很有潜力的人工湿地备选植物,不但可提高氮、磷等富营养化物质的去除率,加快污水的净化速度,而且其植株秀挺,花色鲜艳,有一定观赏性,可用于城市生活污水中氮、磷等富营养化物质的去除及净化。

13. 满江红 *Azolla imbricate*（Roxb.）Nak.

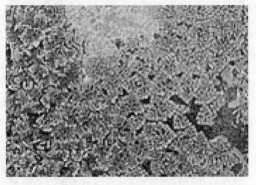

【别名】【生境】【形态特征】　见第二章第三节。

【修复价值】　满江红在生态学上一个重要的作用就是净化水质,国内已有相关研究报道,蕨状满江红具有较高的水利用率,可以起到降低水体矿化度,调整水体pH值,净化水体和富集钾元素的作用;满江红对Cr、Cd、Cu、Mn、Zn等重金属离子有强烈的吸附作用;其转化水体中氮磷等营养物质的能力,明显高于凤眼莲、芦苇等其他水生植物,是污水处理生态工程中重要的水生植物类群。

14. 马齿苋 *Portulaca oleracea* L.

【别名】【生境】【形态特征】　见第二章第一节。

【修复价值】　马齿苋是一种高耐盐性植株,在盐胁迫下,马齿苋幼苗具有积聚重金属如Cu、Se、Al、Zn、Cd、Cr、As、Fe的能力,可用来修复盐碱地或被重金属污染的水质等。

15. 普生轮藻 *Chara vulgaris* Linnaeus.

【别名】　轮藻。

【生境】　普生轮藻喜生于微酸性水体,为常见水田杂草。分布于浙江、江苏、安徽等地。

【形态特征】　普生轮藻为淡水中的1年生纤弱小草本植物。藻体鲜绿色或黄绿色,高15~20厘米,有的可达50厘米,常具恶臭;茎的直径半毫米以上;皮层的次生列较原生列为强，刺细胞单生，乳头状，有时脱落；小枝7~9枚一轮，由有6~8个节片组成，顶端2~3个节片无皮层；节上的苞片细胞4~8。托叶极小，两轮相等；雌雄同株，配子囊生于小枝基部的3~4节上；藏卵器卵形至广卵形，有时顶端变小，或幼时呈圆柱形，螺纹10~6，冠的大小形状很不一致；藏精器球形，较藏卵器小。

【修复价值】 轮藻对Cd^{2+}，Hg^{2+}，Pb^{2+}和Cr^{6+}等重金属离子具有一定的净化与富集能力，且具有相对独立性。

16. 李氏禾 *Leersia hexandra* Swartz.

【别名】 秕壳草。

【生境】 多生于河沟、田岸、水边湿地，主要分布于广西、广东、海南、台湾、福建等地。

【形态特征】 李氏禾多年生草本植物，具发达匍匐茎和细瘦根状茎。秆倾卧地面并于节处生根，直立部分高40~50厘米，节部膨大且密被倒生微毛。叶鞘短于节间，多平滑；叶舌基部两侧下延与叶鞘边缘相愈合成鞘边；叶片披针形，粗糙，质硬有时卷折。圆锥花序开展，分枝较细，直升，不具小枝，具角棱；小穗具短柄；颖不存在；外稃5脉，脊与边缘具刺状纤毛，两侧具微刺毛；内稃与外稃等长，较窄，具3脉；脊生刺状纤毛；雄蕊6枚。颖果。花果期6~8月。

【修复价值】 李氏禾生长迅速、地理分布广，且能对镍、铜、铬等多种重金属有较强的耐受和积累能力，因此，是一种潜在的修复镍、铜、铬等重金属复合污染土壤和水体的物种。有研究资料表明，李氏禾对水中Cu、Ni的最高去除率均分别达到93.8%和89.3%，对水中Cr的去除率接近100%。李氏禾对铬具有明显的超积累特性，叶片内平均铬含量达1 786.9毫克/千克，叶片内铬含量与根部土壤中铬含量之比最高达56.8，叶片内铬含量与根茎中铬含量之比最高达11.6，叶片内铬含量与水中铬含量之比最高达517.9。

17. 龙葵 *Solanum nigrum* L.

【别名】【生境】【形态特征】 见第二章第一节。

【修复价值】 龙葵是近年来新发现的一种镉超积累植物。研究显示，龙葵的茎和叶均可积累镉超过100

毫克/千克,已达到并超过超积累植物应达到的临界含量标准。

18. 水蓼　*Polygonaceae hydropiper* L.

【别名】【生境】【形态特征】　见第二章第一节。

【修复价值】　从植物对锰的累积特性来看,水蓼已经满足了锰超积累植物的全部特征,且水蓼营养生长迅速且繁殖能力强,可弥补现有超积累植物生长周期长及生物量较小的不足,可作为一种较理想的锰超积累植物。有研究资料表明,生长在土壤锰含量为2 000毫克/千克中的水蓼,其叶部锰的富集量可达3 675.9毫克/千克,且转移系数为1.4。营养液模拟培养试验证实,当营养液中锰的浓度为5 000微摩尔/升时,水蓼植株生长正常,但叶中锰含量超过了10 000毫克/千克,达到了锰超积累植物应达到的临界含量标准,水蓼地下部富集系数高达19.4(大于1),转移系数为1.1(也大于1)。营养液中锰的浓度为15 000微摩尔/升时,水蓼叶、根和茎三部分的锰含量均达到最大值,分别为24 447.2毫克/千克、11 574.5毫克/千克和10 343.5毫克/千克。这一发现为锰污染土壤和水体的植物修复提供了一种新的可能的种质资源。

19. 小藜　*Chenopodium serotinum* L.

【别名】【生境】【形态特征】　见第二章第三节。

【修复价值】　小藜生长快、抗逆性强,是一种嗜盐性的碱性植物,具有顽强的生命力,可在恶劣的环境中很好生长,对土壤的修复作用明显。藜可增加地面覆盖,减少土壤蒸发,吸收和带走土壤中的盐分,从而减少耕作层盐分累积。而且小藜还有改良盐碱土的功用,如增加土壤有机质、改善土壤结构、降低土壤盐度、增加土壤的孔隙率、提高土壤的生物活性等。此外,小藜是Pb的富集植物,适于Pb及其与其他重金属复合污染土壤的修复。

20. 空心莲子草　*Alternanthera philoxeroides*（Mart.）Grise.

【别名】【生境】【形态特征】　见第二章第三节。

【修复价值】　空心莲子草为多年生宿根性草本植物,其生长繁殖快、适应性强、生物产量高,因此,具有较强的净化环境的能力。有研究报道,空心莲子草对富营养化水体、有机废水、生活污水等多种不同程度污染的水体都有一定的净化作用,这种净化不仅能降低水体中的总氮、总磷等的含量,还能有效降低COD、去除悬浮物颗粒和抑制藻类。此外,空心莲子草对Mn、Zn、Cr、Cu、Co、Pb和Cd有较强的耐性和有较高的富集系数,其通过化学吸附和物理吸附作用降低重金属污染水域中的重金属含量,也能有效从土壤中带走较多的重金属总量,故对中、轻度重金属污染的水体、土壤的修复治理有较为理想的效果。

21. 槐叶蘋　*Salvinia natans*（L.）All.

【别名】【生境】【形态特征】　见第三章第一节。

【修复价值】　槐叶蘋生长速度快,对污水净化具有一定的价值。研究结果显示槐叶蘋对Hg、Cd、Cu、Ni和As都有较好的清除效果。

22. 球果蔊菜　*Rorippa globosa*（Turcz.）Hayek.

【别名】　水蔓菁、银条菜、大荠菜等。

【生境】　适生水边湿地,亦能耐干旱。常见于沟边、河岸、水稻田边及荒地、路旁。

【形态特征】　球果蔊菜为1年生草本植物,高40~100厘米。茎直立,有分枝,基部木质化,下部有毛或无毛。叶为单叶,长圆形或倒卵状披针形,茎下部叶有柄,大头羽裂或不裂,茎上部叶无柄,不分裂,基部抱茎,两侧具短叶耳,先端渐

尖或钝圆,边缘具不整齐的齿裂,两面有毛或无毛。总状花序顶生;花淡黄色,直径1毫米;花瓣稍短于萼片;子房2室。短角果球形,无毛,顶端有短喙,果瓣2裂。种子多数,细小,卵形、棕褐色,一端微凹,表面有纵沟,子叶缘倚。花期6月,果期7月。

【修复价值】　球果蔊菜是一种修复重金属Cd污染的潜力植物。研究结果表明,在Cd污染水平为25和50毫克/千克时,茎和叶中Cd含量均超过100毫克/千克,这是Cd超富集植物应达到的临界含量标准,地上部富集系数大于1,地上部Cd含量大于根部Cd含量,而且植物的生长未受抑制,表现出Cd超富集植物的基本特征。

23. 荻　*Miscanthus sacchariflorus*（Maxim.）Benth.

【别名】【生境】【形态特征】　见第二章第一节。

【修复价值】 荻在生长过程中有比一般植物（或农作物）吸收更多的二氧化碳放出更多氧气的能力，对平稳大气各成分含量十分有利。近几十年来，由于温室效应等原因，地球大气中的臭氧层出现多处空洞。臭氧层遭到破坏，太阳紫外线的照射强度增大，给人畜造成极大损害。研究证明，荻群落有高度吸收阳光的能力，使反射光降到很低（仅15%左右），起到散热慢与调节

大气温度和湿度的作用，荻类具有缓解大气温室效应的显著作用，已引起世界环境保护工作者们的重视。此外，荻能改善受污染土壤中的 N_2O 含量，降低土壤重金属砷（As）等有毒物质，每公顷茎叶一年中能滞汇300多吨大气中的粉尘。

24. 马蹄金 *Dichondra repens* Forst.

【别名】【生境】【形态特征】 见第三章第一节。

【修复价值】 马蹄金茎、叶和叶柄均密被柔毛，具有滞尘，降尘、杀菌、净化空气的作用。此外，马蹄金还可用作净化HF污染的草种，适宜种在铝电解厂、磷肥、磷酸厂、砖瓦厂等附近。马蹄金对铜具有一定富集能力，亦可以用作净化铜污染的草种。

25. 小飞蓬 *Conyza canadensis* L.

【别名】【生境】【形态特征】 见第三章第一节。

【修复价值】 研究资料表明，小飞蓬对重金属Cu和Cd具有一定的富集作用。随着环境中Cu浓度的升高而增加，大量的Cu可积累在小飞蓬根部。而小飞蓬对Cd吸收有很强的分异特征，能将更多重金属积累在植物地上部，小飞蓬对修复低、中浓度Cd污染的土壤具有一定潜力。

26. 狗牙根 *Cynodon dactylon*（L.）Pers.

【别名】【生境】【形态特征】 见第三章第一节。

【修复价值】　研究表明,狗牙根对土壤石油污染修复有较好的作用。经过120天的修复,土壤石油污染去除率达到58.7%,是土壤石油污染自然去除率的2.3倍,同时,合理施肥对狗牙根修复土壤石油污染影响显著。此外,狗牙根还可显著降低土壤废弃物中的铜、锌含量。

27. 芦苇 *Phragmites communis*（L.）Trin.

【别名】【生境】【形态特征】　见第三章第一节。

【修复价值】　研究表明,芦苇较为容易吸附 Mn^{2+} 及 Pb^{2+},在浓度较低时对 Mn^{2+} 及 Pb^{2+} 仍有较强的吸附作用。芦苇各器官对 Mn^{2+} 富集强于对 Pb^{2+} 的富集能力,其中,茎叶是富集 Mn^{2+} 的主要器官,根是富集 Pb^{2+} 的主要器官。

28. 苍耳 *Xanthium sibiricum* Patr.

【别名】【生境】【形态特征】　见第二章第三节。

【修复价值】　苍耳对Pb、Ca、Cu、Mn等矿物质富集能力较强,可作为特殊地段的恢复性植物来改善生态环境,用来修复受污染的土地,治理重工业区的污染。

29. 菹草 *Potamogeton crispus* L.

【别名】【生境】【形态特征】　见第二章第三节。

【修复价值】　菹草对锌有较高的富集能力,用含锌混合废水栽培1个月左右,体内含锌量超过原来含锌量的8倍;菹草对砷的净化能力更强,它的自然含砷量在6 ppm（1 ppm = 10^{-6}）左右,但在含砷酸氢二钾、硫酸锌、氯化汞、重铬酸钾各2 ppm混合废水栽培下,菹草体内的含砷量可超过原来含砷量的16倍。

30. 野茭白 *Zizania aquatica* L.

【别名】【生境】【形态特征】　见第二章第一节。

【修复价值】　野茭白具有较强的N、P吸收

能力,是一种可用于富营养化水体水质净化的优良植物。现在有不少湿地污水处理系统就在利用野茭白、芦苇等的治污功能,在截污纳管处理能度不够、河道水质污染较为严重的情况下,保护和发挥大自然的野茭白等水生植物的净水作用显得尤为重要;同时,这些植物的存在有利于鱼、虾、蚌、螺的生存繁殖,而且具有绿化及改善环境的作用,可利用自然生长植物形成一道充满自然野趣的风景。还有研究表明,人工湿地种植野茭白可不同程度降低废水中重金属的含量,实现工业废水的达标排放。

第三节　水土保护植物资源

随着经济的快速发展,环境污染越来越严重,我国各个地方出现了不同程度的水土流失和沙尘暴天气,水土保护和防风固沙植物对我们日显重要。

一、水土流失与植物水土保护

水土流失是指在水流作用下,土壤被侵蚀、搬运和沉淀的整个过程。在自然状态下,纯粹由自然因素引起的地表侵蚀过程非常缓慢,常与土壤形成过程处于相对平衡状态,因此坡地还能保持完整。这种自然侵蚀,也称为地质侵蚀。在人类活动影响下,特别是人类严重地破坏了坡地植被后,由自然因素引起的地表土壤破坏和土地物质的移动,流失过程加速,即发生水土流失。

植物水土保持是水土保持三大措施之一,与工程措施、农耕措施组成一个有机的水土流失综合防治体系。水土保持植物措施是在林草植被遭到破坏的水土流失地区,实施人工植树种草或通过封禁实现自然恢复的措施,以增加地面有效植被覆盖,实现涵养水源、保持水土、防风固沙、改善生态的目标。植物措施不仅是一种生态治理措施,更是一种农民改善生产生活条件措施,它能很好地解决水土流失治理与水土资源配置及高效利用、农民就业机会增加与收入提高及生活质量改善、区域生态安全与经济振兴及可持续发展等一系列问题。因此,要加快水土流失治理步伐,必须加强水土保持植物措施建设。

目前,具有防风固沙、水土保持功能的植物,多为较高大的乔、灌木植物和多年生草本植物,其中,最宜为乡土植物,这为许多田野草本植物成为防风固沙、水土保持功能的最佳选择物种提供了可能。乡土植物是指经过长期的自然选择及物种演替后,对某一特定地区有高度生态适应性的自然植物区系成分的总称。在丰富的园林植物中,乡土植物是最能适应当地自然生长条件的,并且具有抗逆性强、资源广、苗源多、易栽植的特点,不仅能满足于城市水土保持的要求,而且还代表了一定的植被文化和地域风情。目前我国防风固沙主要有两大区域,一是"三北"戈壁沙漠及沙地风沙区,主要分布于长城沿线以北地区,该区域气候干旱少雨,风力侵蚀强烈,荒漠化严重,沙漠蚕蚀绿洲,直接危害农、林、牧业,包括新疆、青海、甘肃、宁夏、内蒙古、陕西等省、自治区的沙漠及沙漠周围地区,面积187.6万平方千米,约占全国总面积的19.0%。其特点是气候干旱少雨,大部分地区年降水量在200毫米以下,风力强劲,风沙活动频繁而强烈。二是沿河、环湖、滨海平原风沙区,该区域主要是江、河、湖、海岸边沉积的泥沙,干燥遇大风形成并逐步扩大,造成掩埋各类生产用地的危害。

二、主要水土保护资源植物

1. 大米草 *Spartina anglica* Hubb.

【别名】【生境】【形态特征】 见第二章第三节。

【水土保护】 大米草能增加土壤有机质、改良土壤团粒结构、保滩护岸、改良盐土。盐城沿海湿地大米草不仅是环境促淤、护岸等方面的先锋植物,而且也是该区水环境挥发酚类等有机污染物净化的先锋植物。研究表明,大米草在阳光照射下对苯酚的去除率好。大米草对污染物的去除,主要是通过吸收、富集污水中的有机物、氮、磷等营养物质,在植物体内进行代谢转化,将水体中的污染物转变成植物体内的营养物质,从而降低污染物含量,使水体得到净化。

2. 白三叶 *Trifolium repens* L.

【别名】【生境】【形态特征】 见第二章第一节。

【水土保护】 白三叶为多年生草本植物,寿命长,可达10年以上,也有几十年不衰的白三叶草地。主根入土不深,但侧根发达、细长,每节根可生出不定根。白三叶生长快,具有匍匐茎,茎节能生不定根,能迅速覆盖地面,草丛浓厚,植株低矮,抗逆性强,具根瘤,有改土肥田作用。白三叶是很好的水土保持植物,在坡地、堤坝、公路种植,对有效防止水土流失,减少尘埃均有良好作用。

3. 紫云英 *Astragalus sinicus* L.

【别名】【生境】【形态特征】 见第二章第一节。

【水土保护】 紫云英产量高,蛋白质含量丰富,且富含各种矿物质和维生素,既是一种很好的青饲料，又是氮、磷、钾等养分齐全的优质有机肥。据测定，每1 000千克紫云英鲜草压青相当于4千克纯氮，2千克纯磷等。紫云英是一种无污染的有机肥料，具有很强的固氮能力。紫云英压青利用后，其有机质能改善土壤团粒结构，使土壤水肥气热相协调。同时，紫云英本身还含有多种作物所需的中微量元素，能为农作物正常生长提供各种营养元素。故用紫云英作肥

料不仅能使作物获得高产，而且能改良作物品质。如用其做早稻基肥，具有增加土壤矿质养分，提高耕层土壤有机质含量、降低土壤容重、改善土壤物理性状、活化和富集土壤养分、增加土壤微生物活性，对保持农作物可持续生产具有重要意义。

4. 委陵菜 *Potentilla* L.

【别名】【生境】【形态特征】 见第二章第一节。

【水土保护】 委陵菜在黑土、草甸、高山草甸以及不同盐渍化程度的草甸中均能正常生长发育，在pH值6~8的环境中亦可正常结实。在适宜的条件下，其须根和匍匐茎生长迅速，形成覆盖面大，根系庞大的植被，而且耐涝、耐旱、抗寒、耐盐碱、耐瘠薄，防风固土蓄水能力强，是退化草

地或次生演替地的先锋物种之一。当草原退化到一些优良牧草不能生长时，它能够替代优势种，成为保护生态的最后一道防线，因而可作为生态保护的极佳植物种类。

5. 双穗雀稗 *Paspalum distichum* L.

【别名】【生境】【形态特征】 见第四章第二节。

【水土保护】 双穗雀稗成坪速度快，修剪后草坪密度高，盖度大，但因其茎秆粗壮，叶片较宽、粗糙，草坪质量较沟叶结缕草差，可适用于低凹以及阴暗潮湿地带，作为保持水土、防洪、护堤等管理粗放草坪和部分运动场草坪。

6. 葎草 *Humulus scandens*（Lour.）Merr.

【别名】【生境】【形态特征】 见第二章第一节。

【水土保护】　葎草绿叶期长达7个月，冬季叶枯后茎蔓仍可保护地表，防止风沙袭击，在控制水土流失、改善生态环境方面具有极强的优势。因此，对于西部地区大面积荒沟荒坡等水土流失严重的地方，把葎草作为先锋草种和先期开发资源，可尽快恢复荒沟荒坡植被，控制水土流失，为逐步发展经济林果，栽种乔灌木及营造人工草场创造有利条件，稳步地改善生态环境。

7. 空心莲子草 *Alternanthera philoxeroides* (Mart.) Grise.

【别名】【生境】【形态特征】　见第二章第三节。

【水土保护】　空心莲子草的鲜草含N 0.3%、P_2O_5 0.1%、K_2O 0.5%，其中钾的含量较高，是一般作物秸秆的10倍左右，是很好的生物钾肥资源，有高钾绿肥之称，对改善土壤环境、促进作物生长有显著作用。有报道，将空心莲子草进行沤制后作基肥使用取得了较好的效果。其方法

是取鲜空心莲子草与碳铵拌匀后盖上薄膜，进行密封堆沤。沤制好后作基肥使用还能增加土壤有机质含量，提高土壤有效钾及缓效钾含量，可作稻、麦基肥，连续还田，可有效改善农田的土壤环境，使稻、麦增产4%~5%。

8. 黄花苜蓿 *Medicago falcate* L.

【别名】【生境】【形态特征】　见第二章第一节。

【水土保护】　黄花苜蓿根系发达，主根入土深并具有匍匐性生长的水平根，可形成较密集的地下根系网络，地上部从匍匐到直立的生长习性可形成较大的株丛和冠幅，能有效地覆盖地表，减少风蚀和水蚀。在干草原、森林草原和半沙漠地区的防风固沙、水土保持、植被恢复等方面的

利用潜力很大。黄花苜蓿发达的根系和较强的固氮能力，可以促进土壤有机质、全氮在土壤表层的积累，改善土壤结构和肥力。此外，黄花苜蓿的耐盐特性在改良盐渍化土壤等方面也有很好的作用。

9. 荻 *Miscanthus sacchariflorus*（Maxim.）Benth.

【别名】【生境】【形态特征】　见第二章第一节。

【水土保护】　荻根系发达又适应性强，可用来防风固沙，护坡护路，防止水土流失。在公路旁种植荻，不仅起到护路护坡、防止雨水侵蚀的作用，还可以实现路旁美化的双重效果。

10. 野茭白 *Zizania aquatica* L.

【别名】【生境】【形态特征】　见第二章第一节。

【水土保护】　沿圩堤种植50米宽的野茭白带，既可在汛期起到防浪护堤作用，又可在汛后充当防止湖沼变干的植物；同时还能在春、夏、秋季沿圩堤形成一幅绿色植物景观带。野茭白可用于园林水体的浅水区绿化布置。据报道，杭州西溪国家湿地公园的保护和利用，在生态环境保护方面，重要措施之一就是通过大片种植野茭白、芦苇等水生植物进行生物治理，极大地改善了水体质量，达到涵养水源、净化水质、美化环境的效果。

11. 草木樨 *Metlilotus suaverolens* L.

【别名】【生境】【形态特征】　见第二章第三节。

【水土保护】　草木樨根系发达，根幅大，抗旱性强，覆盖度大，具固土保水、御风防沙、改良土壤、培肥地力等作用，防风、防土的效果极好。越冬的主根呈肉质，入土可达2米以上；侧根分布在耕层内，着生根瘤呈扇状；根系吸收磷酸盐能力强，有富集养分的作用。以用地和养地相结合，发展草木樨，能改良土壤，培肥地力，增强抗灾能力，提高农作物产量。

12. 狗牙根 *Cynodon dactylon*（L.）Pers.

【别名】【生境】【形态特征】　见第三章第

一节。

【水土保护】　狗牙根具有植株低矮、耐干旱、耐践踏、繁殖能力及再生能力强等特点，质地细腻，色泽好，根茎蔓延力很强，广铺地面，可广泛运用于公路、铁路、水库、各种运动场、公园及庭院等景观绿化，堤岸、水库的水土保持，高速公路、铁路两侧等处的固土护坡绿化工程，是极好的水土保持植物品种。

13. 苍耳 *Xanthium sibiricum* Patr.

【别名】【生境】【形态特征】　见第二章第三节。

【水土保护】　可利用苍耳适应性和耐性强等生物学特性，将其种植在贫瘠、干旱的地区或盐碱地，充分利用不能用作粮食及蔬菜生产的土地，达到土地资源和该野生资源的充分利用。

14. 芦苇 *Phragmites communis*（L.）Trin.

【别名】【生境】【形态特征】　见第三章第一节。

【水土保护】　芦苇为多年生水生或湿生的高大禾草，地下有发达的匍匐根状茎。可用于园林沼泽浅水区的水景布置，种植于河岸沙堤，防止水土流失。

第五章 工业草本植物资源

第一节 纤维植物资源

一、纤维植物的概念与种类

纤维植物是指植物体内含有大量纤维组织的植物体。纤维组织是野生植物各器官中机械组织的一种，它是一种细胞壁很厚、细胞较长、胞腔狭长、两端封闭渐尖的死细胞，由纤维素、半纤维素、果胶、木质素、蛋白质、脂肪、蜡质和水分等组成。

决定植物纤维性能的基本物质是纤维素。蜡质存在于纤维的表面，可以保护纤维，强其弹性。木质素则主要存在于植物体的木质部，一般来说随着木质素含量的增高而其木质化程度增高，纤维的韧性、弹性、伸长度都随之较差，反之则其各性能都相对较好。

植物纤维的分类较为简单，一般按其存在于植物体的不同部位进行分类，可分为韧皮纤维、根纤维、木材纤维、叶及茎秆纤维、果壳纤维、种子纤维六类。韧皮纤维是指双子叶植物茎干韧皮部的纤维，如亚麻、桑树皮等；根纤维是指存在于根部的韧皮的纤维，如马蔺、甘草等。木材纤维是指存在于植物树干中的木质纤维，如红松；叶纤维及茎秆纤维是指存在于单子叶植物叶和茎中的纤维，如麦秸、芦苇、剑麻等；果壳纤维则指存在于果壳中的纤维，如椰子壳纤维等；而种子纤维为存在于植物种子表面的纤维，如棉、攀枝花等。

二、纤维植物资源的利用概述

纤维植物资源自古即被广泛应用于人们的生活中，我国古代劳动人民穿的衣物就多以植物的韧皮纤维织成，而在现代，麻仍常作为纺织用品出现在我们的生活中。在炎热的夏季，亚麻产品更是作为纳凉佳品为人们所接纳。此外，以植物纤维为原料编织成的草帽、草鞋、藤椅等生活用品在中国有着悠久的历史，如今仍作为工艺品出现在我们身边，更远销国外。而造纸术起源于我国的汉代，发展至今，纸浆经过加工可以制成人造丝、火药棉、无烟火药、塑料、乳浊剂、黏合剂等化工用品，是人们生活中必不可少的重要元素之一。

如今,木质素含量低、纤维素含量高的纤维多可用于纺织,好的叶及茎秆纤维可用于编织行业,而木材纤维和叶纤维等则多用于造纸业中,但在造纸业中至今仍以木材纤维为主要原料。在我国田野草本植物中,纤维植物资源种类丰富,其发展前景相当可观,需要我们作进一步调查研究与开发利用。

三、主要纤维资源植物

1. 宽叶香蒲 *Typha latifolia* L.

【别名】　金象牙、水中龙等。

【生境】　多生于池沼或水旁。主要分布于东北、华北及四川、陕西、甘肃、新疆等地。

【形态特征】　宽叶香蒲为多年生水生或沼生草本植物,植株高1.2~2.6米。根状茎乳黄色,先端白色。地上茎粗壮,节部处生许多须根,老

根黄褐色。茎圆柱形,直立,质硬而中实。叶扁平带状,光滑无毛,上部扁平,背面中部以下逐渐隆起;下部横切面近新月形,细胞间隙较大,呈海绵状;叶鞘抱茎。雌雄花序紧密相接;花期时雄花序比雌花序粗壮,花序轴具灰白色弯曲柔毛,叶状苞片1~3枚,上部短小,花后脱落;雌花后发育;雄花通常由2枚雄蕊组成,花药长矩圆形,花粉粒正四合体,纹饰网状,花丝短于花药,基部合生成短柄;雌花无小苞片;孕性雌花柱头披针形,子房披针形,子房柄纤细;不孕雌花子房倒圆锥形,宿存,子房柄较粗壮,不等长;白色丝状毛明显短于花柱。小坚果披针形,褐色,果皮通常无斑点。种子褐色,椭圆形。花果期6~8月。

【纤维价值】　宽叶香蒲是良好的纤维植物,叶片含纤维量很高。

2. 田菁 *Sesbania cannabina* L.

【别名】【生境】【形态特征】　见第四章第二节。

【纤维价值】　茎秆纤维可供造纸,或剥取纤维做他用。

3. 野西瓜苗 *Hibiscus trionum* L.

【别名】【生境】【形态特征】　见第三章第一节。

【纤维价值】 野西瓜苗的茎韧皮纤维发达,可做纤维植物。

4. 龙须草 *Poa sphondylodes* Trin.

【别名】 灯芯草、秧草、虎须草、水灯芯、灯草、水葱、野席草、山草、蓑衣草等。

【生境】 多生于沼泽、湿地、沟渠、河滩、河谷地区多湿的山岩隙间、溪边等腐殖质丰富的地区。

【形态特征】 龙须草为多年生草本植物。丛生,茎圆而细长。叶退化,芒刺状,植株下部有鳞状鞘叶,基部叶紫褐或淡褐色,叶鞘先端尖。淡黄色聚伞花序从距植株顶端约5~20厘米处生出,而此处就是茎的末端,其上段实际上是苞片,宛如茎杆状直立延伸,因此花序是假侧生。花期5~6月,果期7~8月。

【纤维价值】 龙须草的特点是不生节、拉力好、色泽乳白,其木质素含量低,纤维素含量高,且纤维细长、质韧、易成浆、易漂白,是制造高档纸、人造棉、人造丝的优质原料,也是多种手工编制品的上乘原料。尤其是作为造纸原料,其纤维含量和品质是草本纤维的佼佼者,优于湿地松、杨树等,是制造胶版印纸、复印纸、钞票纸的优质原料,也是纺绳索的好材料,还可做填充物。

5. 芒 *Miscanthus sinensis* Anderss.

【别名】 芭茅、巴茅、芭芒、芭茅草、笆芒、笆茅、白尖草、大芒草、大茅草、冬茅草等。

【生境】 多生于山地、河边、丘陵和荒坡原野。主要分布于中国湖南、湖北、安徽、浙江、福建、四川、贵州、云南、广东等地。

【形态特征】 芒为多年生草本植物,秆高1~2米,无毛,节间有白粉。叶鞘长于节间,鞘口有长柔毛;叶舌钝圆,先端有短毛。叶片条形,下面疏被柔毛,并有白粉。总状花序,主轴长不超过花序之半;穗轴不脱落,分枝坚硬直立;小穗披针形,成对生于各节,具不等长的柄,含2小花,仅第二小花结实,基盘具白色至黄褐色柔毛;第一颖先端渐尖,两侧具脊,脊间有2~3脉;第二颖舟形,边缘具小纤毛;第一外稃矩圆状披针形,较颖稍短;第二外稃较狭,较颖短1/3,芒自先端裂齿间伸出,膝曲。内稃微小,长约为外稃的1/2。柱头自小穗两侧伸出。

【纤维价值】 可为优质造纸原料,经济价值较高。

6. 马蔺 *Iris lactea* Pall. var. chinensis.

【别名】 马莲、马兰、马兰花、旱蒲、蠡实、荔草、剧草、豕首、三坚、马韭、鱼鳅串、泥鳅串、鸡儿肠、田边菊、路边菊、蓑衣草、脾草、紫菊、马兰菊、蟛蜞菊、红梗菜、散血草等。

【生境】 多生于荒地路旁、山坡草丛、盐碱草甸中。广布于我国各地。

【形态特征】 马蔺为多年生草本植物，高10~60厘米，密丛生。地下有细长根状茎，匍匐平卧，白色有节。茎生叶披针形，倒卵状长圆形，边缘中部以上具2~4对浅齿，上部叶小，全缘。秋末开花，头状花序呈疏伞房状，总苞半球形，总苞片2~4层。边花舌状，紫色，内花管状，黄色。顶生1~3朵花，蓝紫色或天蓝色。瘦果扁平倒卵状，冠毛较少，弱而易脱落。花期4~5月，果期7~8月。

【纤维价值】 纤维含量丰富，在工业上广为利用。

7. 荻 *Miscanthus sacchariflorus*（Maxim.）Benth.

【别名】【生境】【形态特征】 见第二章第一节。

【纤维价值】 荻类植物茎秆纤维细胞含量高，据测定，其纤维细胞含量为50.0%左右，纤维细胞平均长度约3.0毫米，长者达6.8毫米，其产量和质量都比芦苇、毛竹、杨树和柳树高，是一种优良造纸材料。一公顷荻秆可产出15吨的干纸浆板，是制造纸张的好原料。茎秆还可通过胶合压制成为轻型板材，供建筑场馆装潢、墙壁及各种包装材料使用，或可用它编成帘、席，制作各种工业用品。也利用植物纤维生产可降解产品，替代一次性发泡塑料制品，是杜绝"白色污染"的最佳途径之一。

8. 加拿大一枝黄花 *Solidago canadensis* L.

【别名】【生境】【形态特征】 见第二章第三节。

【纤维价值】 加拿大一枝黄花含丰富的纤维素、半纤维素和木质素，植株的茎秆可提炼纸浆，较薄有韧性，经漂白等工艺就可造出高档纸。

9. 狗尾草 *Setaria* Beauv.

【别名】【生境】【形态特征】　见第二章第一节。

【纤维价值】　狗尾草含粗纤维素25.3%,可作纤维植物。

10. 芦苇 *Phragmites communis*(L.)Trin.

【别名】【生境】【形态特征】　见第三章第一节。

【纤维价值】　芦苇是造纸的重要原料。有关研究表明,芦苇还可以作为木材的替代材料生产人造板。20世纪90年代我国开始了芦苇人造板的研发工作,90年代末期已有数条芦苇碎料板生产线建在黑龙江、新疆等地。芦苇的性能与木材有一定的差异,其表皮覆有一层硅质化和树脂化程度较高的组织,常规的脲醛、酚醛树脂胶对该层薄膜渗透力差,难以形成有效的胶合,故生产工艺和产品质量也有一定差别。到目前为止,生产企业及研究人员对芦苇人造板的生产设备与技术仍在进行不断的研究与改进,如对芦苇表面的改性处理、脲醛树脂胶改性、研发新的胶黏剂等,产品质量也在不断提高。

11. 苘麻 *Abutilon theophrasti* Medic.

【别名】【生境】【形态特征】　见第三章第一节。

【纤维价值】　苘麻纤维黄白或银白色,有光泽,耐盐、耐水浸,主要用作船舶和养殖海带用绳索的原料。织成的麻袋用于修筑隧道、涵洞及防汛。

12. 扁穗莎草 *Cyperus compressus* L.

【别名】　莎田草,黄土香,木虱草等。

【生境】　多生长于空旷的田野、河岸、路边、田边及路埂等处,可以危害水稻。分布于浙江、安徽、江西、湖南、湖北、四川、贵州、福建、广东、海南岛、台湾等地。

【形态特征】　扁穗莎草为1年生丛生灰绿色草本植物,须根,杆高5~25厘米。基部具较多的叶,多短于茎秆,个别叶可长于茎秆,叶鞘紫褐色。苞片2~5枚,叶状,长于花序,长侧枝聚伞花序简单。小穗密集成头状,小穗呈线形或线状披针形,扁平,淡绿色。鳞片排成两列,紧

覆瓦状,鳞片稍厚,卵形,先端具钝芒尖,背面有龙骨突起,鳞片绿色、白色。雄蕊3,花药线形。花柱长,柱头3。小坚果倒卵形,具3棱,3面凹陷,长约为鳞片的1/3,深棕色,密被细点。

【纤维价值】　扁穗莎草茎的秆、叶纤维细长、质韧,可作为造纸原料,也可作为多种手工编制品的上乘原料。

13. 稗草 *Echinochloa crusgalli*（L.）Beauv.

【别名】【生境】【形态特征】　见第二章第二节。

【纤维价值】　稗茎叶纤维可作造纸原料。

14. 水莎草 *Juncellus serotinus*（Rottb.）C.B.Clarkc.

【别名】　三棱草、水三棱等。

【生境】　多生于浅水中、水田、水边沙地或路边湿地。分布于东北、华北、华东及陕西、新疆、河南、湖北、广东、贵州、云南等省区。

【形态特征】　水莎草为多年生草本植物,根状茎长,横走。茎秆粗壮,扁三棱形。叶片狭线形,甚长;叶状苞片3,长短悬殊。长侧枝聚伞花序复出,有4~7个辐射枝,开展,每枝有1~4个穗状花序。小穗排列疏松,近平展,披针形或线状披针形,有花10~30多朵,小穗轴有白色透明翅。鳞片2列,舟状宽卵形,红褐色。雄蕊3,柱头2,丝状,粗糙。小坚果椭圆形或倒卵形,平凸状,棕色,稍有光泽,有小点状突起。

【纤维价值】　水莎草茎秆纤维细长、质韧,可作为造纸原料,也可作为多种手工编制品的上乘原料。

15. 异型莎草 *Cyperus difformis* L.

【别名】　三角草、球花莎草、黄棵头等。

【生境】　多生于稻田或水边湿地,繁殖力强,能在稻田中成片生长。为低洼潮湿的旱地的恶性杂草。分布在东北、河北、山西、陕西、广东、云南等省。

【形态特征】　异型莎草为1年生草本植物,须根,杆丛生,三棱形,扁三棱形或3面下凹,平滑,高20~65厘米。叶短于茎秆,叶上表面中脉处具纵沟,背面突出成脊。叶鞘褐色。苞片2~3,叶状,长于花序。长侧枝聚伞花序简单,少数为复出,辐枝3~9枚;或有时个别近无柄。小穗于花序伞梗末端,聚集成头状,小穗披针形至线形,具8~28朵花;小穗轴无翅。鳞片排列稍松,折扇状,长不及1毫米,具白色透明的边缘,脉3条,不明显。雄蕊2,花药椭圆形。花柱极短,柱头3,长为花柱的数倍。小坚果卵状椭圆形,淡黄色。表面具微突起,顶端圆形,花柱残留物呈一短尖头。果脐位于基部,边缘隆起,白色。

【纤维价值】 异型莎草纤维细长、质韧,可作为造纸原料,也可作为多种手工编制品的上乘原料。

16. 砖子苗 *Mariscus umbellatus* Vahl.

【别名】【生境】【形态特征】 见第三章第一节。

【纤维价值】 砖子苗茎秆高,纤维细长而质韧,全株可造纸及编草篮。

17. 碎米莎草 *Cyperus iria* L.

【别名】【生境】【形态特征】 见第三章第一节。

【纤维价值】 碎米莎草茎的秆、叶纤维细长、质韧,可作为造纸原料,也可作为多种手工编制品的上乘原料。

18. 葎草 *Humulus scandens*（Lour.）Merr.

【别名】【生境】【形态特征】 见第二章第一节。

【纤维价值】 葎草茎皮纤维强韧,可代麻用或制成人造棉供纺织用。

19. 大米草 *Spartina anglica* Hubb.

【别名】【生境】【形态特征】 见第二章第三节。

【纤维价值】 大米草秆、叶纤维可作造纸原料。

第二节　油脂植物资源

一、油脂植物的概念与分类

油脂是一种富含热能的营养素,广泛地存在于动植物体内,是构成动植物体的重要成分之一。油脂植物是指处于野生状态或半野生状态有一定含油量(10%以上)的植物。植物油脂多存在于植物的果实、种子、花、茎、叶、根等器官中,但一般以种子和果实含油量最为丰富。植物油脂是高级脂肪酸甘油脂的复杂化合物,不溶于水,很难溶于醇(除蓖麻油外),而溶于脂、乙醚、石油醚、苯等溶剂。据报道,目前世界植物油脂占总油脂产量70%左右。

植物油脂与国民经济关系密切,既是人们食物的重要组成部分,又是工业上用途广泛的原料,广泛用于制肥皂、油漆、润滑油等方面,有的在国防工业上还有特殊用途,也是化学、医药、轻纺等工业的重要原料。

根据植物油脂的用途一般可分为食用油脂和非食用油脂两大类:

食用油脂大约占世界油脂消费的4/5。植物油脂以含不饱和脂肪酸的甘油脂作为主要成分,在营养价值方面优于动物脂肪。尤其是从野生植物中筛选出的食用油,还具有保健、营养和药疗作用。而随着栽培的油料作物的农业生产和工业加工技术比较成熟,油料作物大量生产的食用油更迎合人们的饮食习惯。油脂的水解产物——硬脂酸,还可作糖果、饼干的乳化剂。食用油脂植物在各类油脂植物资源的开发利用中是最早、最普遍的,也是最具群众性的,如刺山柑、芝麻、宿根亚麻等。

非食用的工业油脂大约占世界油脂消费的1/5。非食用油脂以及油脂的水解产物脂肪酸和甘油,在工业上许多领域如油漆、印染、日化、塑料、医药、橡胶等方面都有广泛作用。它们作为原料,通过油脂化学工业生产出基本油脂化学产品和它们的衍生产品。基本油脂化学产品有脂肪酸、甘油和脂肪酸甲醋。衍生产品包括脂肪酸金属盐、脂肪醇、脂肪胺、脂肪精、脂肪醋等几大类。油脂化学工业可以利用的油脂由它们所含的脂肪酸来决定,这就为筛选新的工业油料作物提供了广阔的前景,如碱蓬、芝麻菜、苍耳等植物的油脂具有较高的皂化值,可用作制造肥皂的原料;刺沙蓬、穿叶独行菜、播娘篙等油脂植物具有较高的不饱和脂肪酸含量,其碘值可达130以上,能在空气中迅速干化形成一层具有弹性而坚韧的薄膜,使其具有防水、防腐等作用,尤适于制造油漆。而紫穗槐、沙枣、黄篙、苍耳及一些十字花科的油脂植物,其油脂通过加入其他一些油脂,可配制成不同熔点和凝固点的润滑油;还有一些植物还可制造出精密机器、钟表等用的优质润滑油,如油莎草、文冠果、臭椿等植物的油脂。碱蓬、宿根亚麻、苍耳等植物的油脂可制成油墨的代用品。此外,家榆的油脂还可以生产出冶金、化工、医药等工业上的重要原料癸酸与辛酸;碱蓬的油脂可生产涂料;穿叶独行莱的油脂是塑料工业的优质原料；宿根亚麻的油脂可用于铸造工业和生产防腐剂；国槐的油脂可用作橡胶的乳化剂；白沙篙与黑沙篙的油脂可用作醇酸磁漆；苍耳油可制造油毡；臭椿油脂可制药膏等。

二、开发利用油脂植物资源的重要性

（一）生物能源的需求

20世纪70年代以来，国际上相继爆发了两次石油危机，对世界经济造成了巨大影响。目前，地球上蕴藏的可开采的煤、石油、天然气将分别在200年、40年和60年后枯竭，因此，寻找可替代的生物能源成了必然。随后各国政府逐步开始重视生物能源的研究，并制定相应的开发研究计划，如日本的阳光计划、印度的绿色能源工程、美国的能源农场和巴西的酒精能源计划等，其中，生物质能源的开发利用占有相当的比重。我国对生物能源的研究起步较晚，在发展生物能源方面还有较大差距，存在技术水平不高、原料供应不足等问题。油脂植物在生物能源的研发方面具有较大的潜力。把油脂植物作为生物能源开发是当今世界的发展趋势，我国是一个能源需求大国，开发油脂植物对开辟可再生能源具有重要意义。

（二）植物油脂多功能的需求

植物油脂是人类生活中不可缺少的重要物资，目前国内外已对食用植物油的成分质量标准日益重视起来。近代医学已注意到膳食中的油脂与人体健康，特别是与老年肥胖症、高血压和冠心病患者有很大关系。研究证明，长期食用饱和脂肪酸含量高的动物性脂肪或一般碘价低的植物油类，会促进血液中胆固醇的积聚，使血管壁增厚、硬化，所以各国都在发掘含不饱和脂肪酸高的植物油脂，以供食用。如红花籽油、小葵籽油等就属这一类，其亚油酸含量高达70%以上。这类植物油脂中还含有多种不饱和脂肪酸，如亚麻油酸等，有降低血清胆固醇和甘油三脂的作用，能阻止血液不正常凝固。

在工业生产中，植物油脂可用于制作油漆及其他保护性涂料。在印染工业上常利用一定的油脂作为纤维加工的辅助剂。如有些脂肪酸的衍生物在纺织工业和造纸工业中是作为阳离子软化剂、助染剂和抗静电剂使用。近年来利用油脂和脂肪酸最多，发展最快的是增塑剂。随着塑料工业与合成纤维的发展，对于油脂中特殊脂肪酸的需要也会不断扩大。目前，已知应用到增塑剂方面的脂肪酸有风吕草酸、月桂酸、肉豆冠酸、棕桐酸、硬脂酸、油酸、蓖麻醇酸、坷泽拉酸和色贝酸等。菊科的斑菊属（Vernonia）植物种子含油25%~26%，油中含有很高的环氧脂肪酸，占总脂肪酸的64%~72%，作增塑剂和稳定剂，其效果、质量都很好，大戟科的一些植物中也发现了含有这类环氧油酸的油料。

油脂植物中还有含芳香油的香料植物。香精、香料不仅国内市场需要，且是换取外汇的重要产品。从含芳香油植物中提取的香料被广泛用于饮料、食品、香皂、洗衣皂、各种化妆品、烟制品、医药制品和去臭、除虫、灭菌等许多方面的日用品中。

（三）满足人民日益增长的需求

目前，我国植物油产量，还不能充分满足人民的食用及工业用油的需要。如城镇人口每人每年平均分配量为6.5斤，乡村更低些，而工业先进的国家其食用植物油的指标为我国的3~7倍。此外约占1/6的植物油作工业用油，辽宁则约占1/3。我国多山，耕地面积只占国土10.4％，15亿亩田需提供13亿人口的粮油。因此，进一步发展现有植物油源与研究发掘新油源，势在必行。

自古以来，人们在生产活动中不断地发掘自然油脂植物资源。至今，全世界经过研究的油脂植物已达万余种。我国幅员辽阔，油源植物亦甚丰富，载册的有600余种，其中368种作过含油量和成分的分析。其中，除木本和灌木外，一、二年生草本油源植物的种类繁多。我国油脂植物资源虽丰富，但由于种种原因，利用率却极有限，有许多经济价值高的油脂植物尚未被认识。即使认识的也未能很好利用，甚至将富有油脂的种子弃之不用。对许多富有综合利用价值的仅作单一利用，有的只作为庭园花卉来观赏。而美国自科学家I.A.Wolff和Q.Jones1985年倡议对野生油脂植物的开发利用进行研究以来，美国农业部把野生植物中寻找新的工业油料作物列为一项长期的研究计划，委托农业部北部地区研究中心（Northern Resegional Research Center，NRRC）负责，已经筛选出许多野生种子植物。我国田野草本植物种类丰富，其中不乏有许多具有野生油脂植物开发利用的资源，值得我们作认真调查、研究与利用。

三、主要油脂资源植物

1. 小花鬼针草 *Bldens parvlflora* Willd.
【别名】 小鬼叉子、土黄连、针刺草等。
【生境】 生于湿地、多石质山坡、沟旁、耕地旁、荒地及盐碱地。
【形态特征】 小花鬼针草为1年生草本植物，高30~80厘米。与三叶鬼针草 *Bidens pilosae* L.主要区别是：叶羽状分裂，裂片宽约2毫米，无舌状花，筒状花冠4裂，瘦果顶端芒刺2枚。
【油脂价值】 种子含油27％。脂肪酸组成为月桂酸3％、肉豆蔻酸1％、棕榈酸10％、硬脂酸2％、油酸8％、亚油酸75％、亚麻油酸1％，花生酸与癸酸微量。可为很好的油脂植物资源。

2. 野生紫苏 *Perilla frutescens* Britt. var. acuta Kudo.
【别名】【生境】【形态特征】 见第二章第一节。
【油脂价值】 紫苏种子出油率高达45％左右，高于油菜子、棉子和蓖麻子等油料作物。紫苏种子油具有"三高"性质，即高碘值、高干性及高不饱和性。紫苏种子油中各种脂肪酸组成分别为软脂酸7.7%、硬脂酸1.7%、油酸12.0%、亚油酸15.4%、亚麻酸62.7%。种子中蛋白质含量高达25%。其油膜加热时不易熔化，是理想的工业原料油。可用来制造清漆、色漆、阿力夫油、油墨、涂料、人造革、高级润滑油等。还有研究指出，紫苏油可成为植物燃油的新能源。在我国北方，紫苏以作油为主，兼作药用，并形成西北、东北两个传统油用紫苏产区。

3. 荠菜 *Capsella bursa-pastoris* Medic.

【别名】【生境】【形态特征】　见第二章第一节。

【油脂价值】　荠菜种子含油率为20%~30%，种子油可为食用或作工业用油，可制油漆、肥皂等。

4. 葎草 *Humulus scandens*（Lour.）Merr.

【别名】【生境】【形态特征】　见第二章第一节。

【油脂价值】　葎草的含油量较高，其中种子含油量高达27.9%，可供制肥皂、造纸、润滑油、油墨及其他工业用油。

5. 地肤 *Kochia scoparia*（L.）Schrad.

【别名】【生境】【形态特征】　见第二章第一节。

【油脂价值】　种子含油约16%，其中亚油酸占48%，油酸占38%，可供食用及工业用。作为食用油对人体非常有利，地肤种子中含有碘，食用地肤油可预防缺碘症。

6. 荻 *Miscanthus sacchariflorus*（Maxim.）Benth.

【别名】【生境】【形态特征】　见第二章第一节。

【油脂价值】　荻可发电，无论从经济角度还是从环保角度来看，荻都是能提供可持续能源的有效植物，对环境有很大贡献。研究证明，这种通常能长到近2米的植物能够抵消化石燃料对地球空气的影响。利用荻作为燃料，不仅燃烧值高，而且放出的CO_2低，不含有害气体，残留的灰烬也少。荻为禾本科多年生高大草类，为高光效碳四（C_4）植物，在生长过程中能更多地吸收二氧化碳和放出氧气，这对降低温室效应十分有利，是有价值的环保植物。如果利用微生物转化技术，油脂产量可高达5吨/公顷，显示了荻作为清洁可再生能源的潜力。

7. 大米草 *Spartina anglica* Hubb.

【别名】【生境】【形态特征】　见第二章第三节。

【油脂价值】　研究资料表明，100克大米草发酵可得到约6.4克生物油脂，可得到约8.9克燃料酒精。

8. 泽漆 *Euphorbia helioscopia* L.

【别名】【生境】【形态特征】　见第三章第一节。

【油脂价值】　泽漆种子含油约30％，可供工业用。

9. 碎米荠 *Cardamine hirsute* L.

【别名】【生境】【形态特征】　见第二章第一节。

【油脂价值】　种子含油率达25％，可榨油供工业用。

10. 苍耳 *Xanthium sibiricum* Patr.

【别名】【生境】【形态特征】　见第二章第三节。

【油脂价值】　苍耳籽是一种很有开发价值的新油源。含油丰富，其中果实含油16％～18％，果仁含油44％。油性成分品质较好，油淡黄色，亚油酸含量64.2％，比大豆高10％左右，饱和脂肪酸仅6.0％。可见苍耳籽油是代替大豆油生产亚油酸理想的原料。目前，苍耳油已有较广泛的应用,主要代替大豆油生产油漆,可作为油墨、肥皂、油毡、高级香料的原料,还可制成硬化油及润滑油。

11. 碱蓬 *Suaeda glauca* Bge.

【别名】【生境】【形态特征】　见第二章第一节。

【油脂价值】　碱蓬种子含油量为24.4%,不饱和脂肪酸含量88.7%,尤其是亚油酸含量高达56.9%。碱蓬籽油的脂肪酸中不饱和脂肪酸占总脂肪酸的90%以上,亚油酸含量超过70%,亚麻酸可达6%,其中亚油酸含量高,可用来制备具有高经济价值的共轭亚油酸,精制后的共轭亚油酸是一种高级保健品,具有防止血栓形成、抗肿瘤、抗动脉粥样硬化、抗氧化、降低体内脂肪、增加肌肉等作用。种子油可做肥皂和油漆,可作涂料和油墨的原料。

第三节　香料植物资源

一、香料植物的概念与种类

香料植物是指植物体某些器官中含有芳香油、挥发油或精油的一类植物,也称芳香油植物。芳香油是由萜烯、倍半萜烯、芳香族、脂环族和脂肪族等多种有机化合物组成的混合物,常温下大多数为油状液体,具有挥发性,易燃,除极少数(如檀香油)外,均比水轻,不溶或微溶于水,易溶于各种有机溶剂、动物油脂、酒精及树脂中。

香料植物资源的开发利用有着十分悠久的历史,早在公元前,我国民间就开始用桂花泡制美酒。秦汉以后,香料植物的应用逐渐扩大,被用于献身拜佛、清洁身心、葬埋死者、观赏、调味和制药等。16世纪后由于水蒸气蒸馏法的发明,香料生产发生了质的飞跃,液体香料出现并广泛应用。到了19世纪,随着化学工业的蓬勃发展,香料生产得到了较快发展,人们进一步提高了天然香料的制取方法,明确了它们的化学结构和利用途径,而且在此基础上发明了人工合成香料技术。如连续水蒸气蒸馏和加压蒸汽蒸馏设备、固定式鲜花浸提器、浮滤式浸提器、超真空分子蒸馏器、薄膜浓缩器、超临界CO_2萃取设备及热敏件香料的分馏设备等,这些设备制得的产品后处理简单,香气更接近于天然风味,且产率较高。

二、香料主要成分与产品

香精油用途广泛,是加香产品的主要原料,对加香产品起到极为重要的作用。随着饮料业、熟肉制品业等食品工业以及香烟等轻工业生产的迅猛发展,香料的消费日趋巨大,尤其近几年来,美容业对香精油的需求量也越来越大,目前流行的水疗法-SPA,其精髓就是天然植物精油。自20世纪80年代开始,世界香料行业平均以每年7%的速度发展,这也使得人们更加密切的关注植物香料的成分。

1. 香料主要成分

植物中含有的芳香油是由植物叶和茎等特殊腺细胞和腺毛通过生化反应生成,通常含有多种成分,按其化学官能团可分为:① 烃类。烃类有机化合物仅由碳原子和氢原子构成,故又称为碳氢化合物。按其碳架结构可分为脂肪族烃和芳香族烃两大类。但用作香料的烃类化合物为数不多。② 醇类。醇类可以看作是芳香烃侧链上的氢或脂肪族烃上的氢被羟基取代所产生的衍生物。醇类中有许多具有愉快香气的化合物,是香水和花露水的重要成分,广泛应用于香料工业。醇类可分为脂肪族醇类、环萜醇类、倍半萜醇类和芳香族醇类等多种类型。如脂肪族醇类直链化合物有香叶油、玫瑰油中的香茅醇、甜橙油中的芳樟醇等。环萜醇主要有萜品醇、薄荷脑和龙脑。萜品醇存在于天然的精油,具有典型的百合花香气;薄荷醇存在于薄荷油中,被广泛用于局部麻醉、医治头痛和嗅道口腔消毒等;龙脑多存在于松柏类植物的芳香油中,它最重要的用途在于它是合成樟脑的中体。倍半萜醇类中最重要的是金合欢花醇和橙花椒醇,而芳香族醇类是芳香油的主要成分,最重要的有苯甲醇、苯乙醇、肉桂醇等。③ 酚类及酚醚类。酚类是芳香环上的氢被羟基取代得到的衍生物,而酚醚类化合物是酚羟基的氢被烷基取代所产的一类化合物。这两类化合物中比较重要的有大茴香脑、黄樟油素、丁香酚和百里香酚等,广泛用在糖果、化妆品、牙膏及医学上用作通气药及防腐药的制备等。④ 醛类。醛类化合物的特点在于分子中的烃基及一个氢原子联结在羰基上,很多珍贵香料均属此类,可分为芳香族醛类、脂肪族醛类、环萜醛类等几种类型。如芳香族醛类有苯甲醛、茴萝醛、洋茉莉醛和肉桂醛等,常用于药用或在香料工业用来调制香精等;脂肪族醛类常在香料工业中用作添香剂,用来调制花香香精及柠檬型的皂用香精;而环萜醛类如苏子油醛、水芹醛、桃金娘醛等,在芳香油中不占重要地位。⑤ 酮类。酮类化合物的特点在于两个烃基联结在羰基上,许多有价值的香料均属此类,如芳香族酮类具有强烈的甜香味,用于调制花香型香精、皂用香精以及烟草香精。⑥ 内酯类。内酯类化合物的特点是醇基和羧苯在同一分子中,在香料工业和食品工有很大的价值,比较重要的是香豆素。⑦ 酸类和酯类。酸类化合物分子中含有羧基,通常没有愉快的香气,低级脂肪酸多半以酯类状态存在。酯类是天然精油的重要组成成分,在食品工业中可使产品有果子香味。⑧ 含硫和含氮化合物类。含硫的芳香成分有二甲基硫醚,存在于姜汁中;二丙烯硫醚存在于大蒜中;异硫氰酸丙烯酯存在于蒜芥属、碎米荠属和大蒜芥属等的芳香油中。

2. 香料产品种类

从香料植物中提取的天然香料,主要产品有:① 粗制原油和精油。蒸馏植物原料所得的精油称为原油。原油常带有较深的颜色和不愉快的气味,而且可能含有不符合要求的杂质,因此必须进行二次蒸馏或处理,使之符合要求。这种经过精制处理的精油称为精制油。② 浓缩油、无萜油和无倍半萜油。为了浓缩精油的香气,改善溶解度,提高稳定性,采用真空分馏,双溶剂提取和两者结合并用的方法对精油进行除萜,如此获得的精油称为浓缩油、无萜油、无倍半萜油。③ 酊剂和浸剂。香料植物在室温下用溶剂浸渍所得到的产品称为酊剂,如果浸渍时加热或沸腾回流,所得到的产品称为浸剂。④ 香树脂。用烃类溶剂浸提天然树脂类物质而得到的不含溶剂的物质称为香树脂,其原料多半是非细胞性物质,如树脂分泌物。香树脂是天然香料的一种,其主要成分为松香酸、植物色素、精油、蜡以及烃类溶剂中能溶解的物质,常用作定香剂。⑤ 浸膏和净油。浸膏是对非树脂或低树脂植物原料采用烃类溶剂进行浸提而制得的固体蜡状物质。工业生产中,多用60~70℃沸点的石油醚做溶剂,用各种鲜花,如茉莉花、玫瑰花、树兰花、金合欢花以及桂花等做原料制取浸膏。将浸膏用乙醇溶解,经低温冷冻过滤脱蜡所制得的产品称为净油。香树脂经乙醇处理制成溶于乙醇的产品,有时也称为净油。净油多为流动或半流动的液体,香气较浓,是配制高级花香型香精的重要原料。⑥ 油树脂。含精油较多的树脂,称为油树脂。通常是颜色较深的非均质的油状物质。包括天然存在和人工制备的两种。人工制备的油树脂是挥发性溶剂的浸提物,因含有不挥发的香味物质,与蒸馏法制得的精油相比,更具有浓郁的香气。例如以蒸馏法制得的姜精油,香气较平淡,缺乏姜原有的辛辣味,而用浸提法制得的油树脂,在食品中能发挥原有姜的调味作用。⑦ 香膏。香膏是指存在于香料植物中的不挥发或难挥发的生理或病理分泌物,不溶于水,完全或几乎完全溶解于乙醇,部分溶于烃类溶剂。比较新鲜的呈半固体或黏稠状液体,与空气长时间接触则形成树脂状块状物质,部分树脂化的香膏称为香膏树脂,其香气和色泽均不如香膏。⑧ 香脂和花水。香脂是指用精制脂肪冷吸法制得的产品。花水是指采用水蒸气蒸馏法蒸馏香花,如玫瑰和橙花,分去精油后的馏出水。花水中含有亲水性的精油成分,往往直接用于加香。

据不完全统计,我国共有香料植物800多种,分属95科335属,其中相当一部分是由野生植物驯化而为栽培品种的。在我国丰富田野草本植物中,还蕴藏着许多具香料价值的植物,期待着我们作进一步开发与利用。

三、主要香料资源植物

1. 茴香 *Foeniculum vulgare* L.

【别名】 怀香、香丝菜,小茴香等。

【生境】 茴香适应性较强,喜温暖,适于砂壤土生长,我国各地均有。

【形态特征】 茴香全株具特殊香辛味,表面有白粉。叶羽状分裂,裂片线形。夏季开黄色花,复伞形花序。果实为双悬果,呈圆柱形,有的稍弯曲,两端略尖,表面黄绿或淡黄色,顶端残留有黄棕色突起的柱基,基部有时有细小的果梗。分果呈长椭圆形,背面有纵棱5条,接合面平坦而较宽。横切面略呈5边形,背面的4边约等长。

【香料价值】 茴香可作香料,常用于肉类、海鲜及烧饼等面食的烹调。小茴香的主要成分是蛋白质、脂肪、膳食纤维、茴香脑、小茴香酮、茴香醛等。其香气主要来自茴香脑、茴香醛等香味物质,是集医药、调味、食用、化妆于一身的多用植物。嫩茎、叶作蔬菜、馅食,茴香果实中含茴香油2.8%,茴香脑50%~60%,α-茴香酮18%~20%,甲基胡椒粉10%及α-蒎烯双聚戊烯、茴香醛、莰烯等。胚乳中含脂肪油约15%,蛋白质、淀粉糖类及黏液质等约85%。

2.丁香罗勒 *Ocimum gratissimum* L.

【别名】 无。

【生境】 丁香罗勒喜温暖、潮湿的气候,不耐寒,不耐干旱,以排水良好的沙质土壤或土质深厚土壤为佳。

【形态特征】 丁香罗勒为1年生草本植物,植株高约40~50厘米,叶片卵状矩圆形或矩圆形,两面密被柔毛状绒毛。轮伞花序6花,密集,组成顶生的圆锥花序,密被柔毛状绒毛。花冠白色或白黄色。夏季是盛花期。小坚果近球形。

【香料价值】 丁香罗勒含有丁香酚、芳樟醇、松油醇、罗勒烯、蒎烯等成分。全草散发出如丁香的芳香,亦有略带薄荷味,稍甜,可用于提取芳香精油,是香料和日用化妆品工业的重要原料。其叶属温性,用于调制意大利菜,混在蒜、番茄中味道独特,增加口感。精油可用于香水或香皂中增加特别香味,有很好的驱蚊效果。丁香罗勒可干燥贮存,制作香袋、香枕、沐浴和医疗健身。

3.缬草 *Valerianaofficinalis* Linn.

【别名】 欧缬草、穿心排草、鹿子草、甘松、大救驾、小救驾、满山香、七里香、拔地麻、抓地虎、香草、蜘蛛香、猫食菜等。

【生境】 生于我国东北至西南的广大山区。

【形态特征】 缬草为多年生草本植物,高

100~150厘米。茎直立,有纵条纹,具纺锤状根茎或多数细长须根。基生叶丛出,长卵形,为单数羽状复叶或不规则深裂,小叶片9~15,顶端裂片较大,全缘或具少数锯齿,叶柄长,基部呈鞘状。茎生叶对生,无柄,抱茎,单数羽状全裂,裂片每边4~10,披针形,全缘或具不规则粗齿;向上叶渐小。伞房花序顶生,排列整齐;花小,白色或紫红色;小苞片卵状披针形,具纤毛;花萼退化;花冠管状,5裂,裂片长圆形;雄蕊3,较花冠管稍长;子房下位,长圆形。蒴果光滑,具1种子。花期6~7月。果期7~8月。

【香料价值】　缬草自古以来一直被用于医药方面,但因其特殊的香味,被用于烟草工业和作为植物类天然香精在食品工业中广泛应用。也因它是香味植物,可以美化环境、香化居室、净化空气。随着时代进步,安全、舒适、无毒副作用的绿色化妆品日益成为消费者的新宠,缬草等中草药成为绿色化妆品的原料。缬草根茎含有倍半萜烯酮、缬草碱等生物碱和挥发性精油,其主成分为乙酸龙脑酯、莰烯、龙脑、柠檬烯和蒎烯等,是香料工业特别是烟草工业的重要原料,适合配制烟用香精和食用香精、化妆品和多种药品。

4. 薰衣草　*Lavandula pedunculata* L.

【别名】　香水植物,灵香草、香草、黄香草等。

【生境】　新疆的天山北麓是中国的薰衣草之乡,新疆的薰衣草已列入世界八大知名品种之一。

【形态特征】　薰衣草为多年生草本或小矮灌木,虽称为草,实际是一种紫蓝色小花。薰衣草丛生,多分枝,常见的为直立生长,株高30~100厘米,叶互生,椭圆形披尖叶,或叶面较大的针形,叶缘反卷。穗状花序顶生,花冠下部筒状,上部唇形,上唇2裂,下唇3裂。花有蓝、深紫、粉红、白等色,常见的为紫蓝色,花期6~8月。

【香料价值】　薰衣草全株略带木头甜味的清淡香气,因花、叶和茎上的绒毛均藏有油腺,轻轻碰触油腺即破裂而释出香味。花含芳香油,鲜花含油率0.8%,干花含油率1.5%左右,主要成分为乙酸芳樟酯、丁酸芳樟酯、芳樟醇、乙酸薰衣草酯、薰衣草醇及香豆素等。薰衣草叶、茎、花香味浓郁而柔和,无刺激感、无毒副作用,作为名贵香料广泛应用于香波、香皂、花露水、爽身粉、发油、发乳等多种日用化妆品中。在美容除疤、消除体味、滋养秀发、沐浴保健、按摩保健、清新空气等方面发挥其特有的功用。新疆伊犁已开发出薰衣草干花香囊、薰衣草枕头等系列产品,在食品饮料加工业中也将薰衣草油作为重要的添加剂,提高产品功用及档次。薰衣草中精油含量较高,因其气味芳香,常用作芳香剂、驱虫剂及配制香精的原料。

5. 香根草　*Vetiveria zizanioides*（L.）Nash.

【别名】　岩兰草、培地茅等。

【生境】　香根草具有适应能力强、生长繁殖快、根系发达、耐旱耐瘠等特性。分布于江苏、浙江、福建、台湾、广东、广西、海南及四川等地。

【形态特征】　香根草为多年生粗壮草本植物，地上部分密集丛生，秆高1~2米。根系发达，纵深发达根系可深达2~3米，有"世界上具有最长根系的草本植物"、"神奇牧草"之称。叶片条形，质硬。通常秋季开花，于茎枝末端长出花序，直立成穗，穗枝繁多、上举或直立，多数穗枝成对轮生，穗枝中轴长出无柄小穗，尖端长出有柄小穗，小穗扁平椭圆呈纺锤状，紫色，背面粗糙有小棘，尤其在边沿清晰可见，雌雄同穗，难结籽，主要靠分蘖繁殖。

【香料价值】　香根草含挥发性浓郁的香气，可提取根叶里的芳香油，其芳香成分还可用防治蛀虫。

6. 广藿香　*Pogostemon cablin*（Blanco）Benth.

【别名】　刺蕊草、藿香、枝香、土藿香、排香草、大叶薄荷、兜娄婆香、猫尾巴香、山茴香、水蔴叶等。

【生境】　分布于广东、海南、广西、台湾和云南等地的农田、路旁。

【形态特征】　广藿香茎略呈方柱形，多分枝，枝条稍曲折，表面被柔毛，质脆，易折断，断面中部有髓。老茎类圆柱形，被灰褐色栓皮。叶对生，皱缩成团，展平后叶片呈卵形或椭圆形，两面均被灰白色茸毛。叶柄细，被柔毛。轮伞花序密集，基部有时间断，组成顶生和腋生的穗状花序式，具总花梗。花萼筒状，花冠筒伸出萼外，冠檐近二唇形，上唇3裂，下唇全缘。雄蕊4，外伸。

【香料价值】　广藿香气香特异，其主要化学成分是挥发油，广藿香油含有较多的单萜烯、倍半萜烯、醇类、酮类、醛类和烷酸类化合物。广藿香是植物香料中味道最为浓烈的一种，通常用于东方香水中，其香味浓而持久，是很好的定香剂。广藿香香油中独特的辛香和松香会随时间推移而变得更加明显，这是已知香料中持久性最好的，现在有1/3的高级香水都会用到它。

7. 香根鸢尾　*Iris pallid* L.

【别名】　金百合等。

【生境】　香根鸢尾喜生于温暖的环境，能耐干旱，对土壤要求不严，一般生于多坡地和周围有树木的空旷山脊地带。

【形态特征】 香根鸢尾为多年生草本植物。根状茎粗壮而肥厚，扁圆形，斜伸，有环纹，黄褐色或棕色。须根粗壮，黄白色。叶灰绿色，外被有白粉，剑形，顶端短渐尖，基部鞘状，无明显的中脉。花茎光滑，绿色，有白粉，上部有1~3个侧枝，中、下部有1~3枚茎生叶。苞片3枚，膜质，银白色，卵圆形或宽卵圆形，其中包含有1~2朵花。花大，蓝紫色、淡紫色或紫红色。花被管喇叭形，外花被裂片椭圆形或倒卵形，顶端下垂，爪部狭楔形，中脉上密生黄色的须毛状附属物；内花被裂片圆形或倒卵形，顶端向内拱曲，中脉宽并向外隆起，爪部狭楔形。花药乳白色，花柱分枝花瓣状，顶端裂片宽三角形或半圆形，有锯齿，子房纺锤形。蒴果卵圆状圆柱形，顶端钝，无喙，成熟时自顶端向下开裂为三瓣。种子梨形、棕褐色，无附属物。花期5月，果期6~9月。

【香料价值】 香根鸢尾有地下根茎，无香气，需去皮储存2~3年后才形成具有香气的物质，主要含鸢尾酮，具紫罗兰香气，是高级香料，可用于化妆品及食品香精中。

8. 铃兰 *Convallaria majalis* L.

【别名】 草玉玲、君影草、香水花、鹿铃、小芦铃、草寸香、糜子菜、扫帚糜子、芦藜花、山谷百合等。

【生境】 生于山地阴湿地带之林下或林缘灌丛。

【形态特征】 铃兰为多年生草本植物，高达30厘米。根状茎细长，匍匐。叶2枚，椭圆形，先端急尖，基部稍狭窄。叶柄呈鞘状互相抱着，基部有数枚鞘状的膜质鳞片。花葶由鳞片腋伸出，总状花序偏向一侧，苞片披针形，膜质，花乳白色，阔钟形，下垂。花被先端6裂，裂片卵状三角形，雄蕊6，花柱比花被短。浆果球形，热后红色。种子椭圆形，扁平。花期5~6月。果期6~7月。

【香料价值】 铃兰的花香韵浓郁，盈盈浮动，香沁肺腑，令人陶醉，可作香料。

9. 艾蒿 *Artemisia argyi* Levt. et Vant.

【别名】【生境】【形态特征】 见第二章第一节。

【香料价值】 艾蒿具有浓郁的气味，富含

挥发油成分。艾蒿精油中主要成分有异蒿属酮（37.1%）、长叶烯（3.2%）、石竹烯（2.3%）、桉叶素（21.8%）、胡椒烯（10.3%）、β-石竹烯（8.9%）、樟脑（8.5%）、侧柏酮（7.3%）。此外，艾蒿挥发油中主要成分还有含有桉树脑、松油醇、松油烯、蒈烯等化合物。全草芳香油含量0.3%，可用作调香原料。韩国已开发出一系列以艾蒿为主要原料的化妆产品，如艾蒿按摩膏、艾蒿沐浴露、艾蒿保湿水等。

10. 野薄荷　*Mentha haplocalyx* B.

【别名】　香芦草、兰香草、山薄荷等。

【生境】　多生于山坡、荒地或山顶，耐旱性强。

【形态特征】　野薄荷为多年生草本植物，高30~60厘米。茎方柱形，表面紫，或淡绿色，棱角处具茸毛，质脆，断面中空或白色。有短柄，叶宽披针形、长椭圆形或卵形，先端锐尖或渐尖，叶缘具细锯齿，一面深绿色，下表面灰绿色，稀被茸

毛，扩大镜下可见凹腺点。轮伞花序腋生，球形，具梗或无梗，花冠淡紫，外被毛，内面在喉部下被微柔，檐部4裂，上裂片顶端2裂，较大，其余3裂近等大。小坚果卵球形。花期7~8月，果期8~10月。

【香料价值】　野薄荷的化学成分主要有挥发油、黄酮类、有机酸、氨基酸等。新鲜叶含挥发油0.8%~1.0%，鲜茎叶含挥发油约1%，干茎叶含1.3%~2.0%。油中主成分为薄荷醇，含量约77%~78%，其次为薄荷酮，含量为8%~12%，还含有左旋薄荷酮、异薄荷酮、胡薄荷酮、胡椒酮、胡椒烯酮、二氢香芹酮、乙酸薄荷酯、乙酸癸酯、乙酸松油酯、反式乙酸香芹酯等物质。此外，还含有多种游离氨基酸、树脂、少量鞣质、迷迭香酸及多种黄酮类化合物，为很好的香料植物资源。

11. 萹蓄　*Polygonum aviculare* L.

【别名】【生境】【形态特征】　见第二章第一节。

【香料价值】　萹蓄种子中含有丰富的氨基酸、维生素和种类比较齐全的矿物元素及大量人体所必需的不饱和脂肪酸。因此，萹蓄种子和种子油具有较高的营养价值和药用价值，可作为食用香油。如萹蓄种子含有比较丰富的脂

肪酸（34.7%）、蛋白质（7.3%）和糖类（27.5%）等营养成分，氨基酸种类比较齐全，其中有8种人体所必需的氨基酸，占总量的35.9%，在非必需氨基酸中，精氨酸和丝氨酸的含量

也比较高,且其含有大量的脂肪酸,占总脂肪酸的96.5%,其中不饱和脂肪酸占脂肪酸总量的90.1%,在不饱和脂肪酸中亚油酸的含量最高,其次是油酸。此外,萹蓄种子油中含有大量的维生素C、维生素B_1、维生素B_2和β-胡萝卜素和丰富的矿物元素,除了有含量较高的K、Na、Ca、Mg和P这5种常量元素外,还含有Fe、Mn、B、Cu、Cr、Zn、Mo、Co等生物体所必需的微量元素。同时各矿物元素的比例适当,特别是K/Na达20.3倍,体现出高钾低钠的特点。

12. 野生紫苏 *Perilla frutescens* Britt. var. acuta Kudo.

【别名】【生境】【形态特征】 见第二章第一节。

【香料价值】 紫苏是重要的香料植物,其花序经水蒸气蒸馏而得到的紫苏油是名贵的天然香料之一,可广泛应用于生产各种香精。花穗的香味可用于面条、调味汁、砂锅料理和生鱼片的调香。在我国南方,紫苏传统上主要以药用为主,兼作香料和食用。

13. 草木樨 *Metlilotus suaverolens* L.

【别名】【生境】【形态特征】 见第二章第三节。

【香料价值】 草木樨中含有香豆素,将花期收获的新鲜草木樨晒干,其体内发生化学变化游离出香豆素,故其全草含香气。它具有强烈的香气,可提供芳香油,用作烟草、食品、医药和化工的香料调合剂;花晒干后也可直接拌入烟草内作芳香剂。

14. 水蜈蚣 *Kyllinga brevifolia* Rottb.

【别名】【生境】【形态特征】 见第三章第一节。

【香料价值】 水蜈蚣全草含挥发油,水蜈蚣精油中含有β-榄烯、β-蒎烯、α-蒎烯、α-石竹烯、石竹烯、芳樟醇、巴伦西亚桔烯、雪松醇等香气成分。

15. 加拿大一枝黄花 *Solidago canadensis* L.

【别名】【生境】【形态特征】 见第二章第三节。

【能源价值】 利用其天然色彩,加拿大一枝黄花可用于部分颜料的生产,也可以用于提炼精油。加拿大一枝黄可提取精油,其主要成分有异大香叶烯和柠檬烯,与其他原料配制后,可以制成化妆品,对年轻人脸上的"痘痘"有一定的疗效。

第四节 色素植物资源

一、色素植物的概念

色素植物指植物的某些器官内含有丰富的具有着色能力的化学衍生物,这些具有着色能力的植物成分称为植物色素,也称为天然色素,常可提取用作食品、饮料的添加剂或作工业染料。

二、色素主要种类

植物色素按其溶解性可分为脂溶性色素和水溶性色素。按其化学结构则可分为四吡咯衍生物类色素、多烯色素、酚类色素、吡啶色素、醌类衍生物类色素和其他类别色素。

1. 四吡咯衍生物类色素

四吡咯衍生物类色素是以4个吡咯环构成的卟吩为结构基础的天然色素,普遍存在于植物体幼嫩及叶片中,此类色素以叶绿素为主。叶绿素对肝炎、胃溃疡、贫血等症具有一定的疗效,因此可作为一种无害的食品添加剂使用。

2. 多烯色素

多烯色素是以异戊二烯残基为单元组成的共轭双键长链为基础,因最早发现的是胡萝卜素,所以又称类胡萝卜素。已知的类胡萝卜素已达450种以上,其广泛分布于生物界。多烯色素因含大量的共轭双键,形成发色基团以产生颜色,是一类共轭双烯烃。大多数的天然类胡萝卜素都可看作是番茄红素的衍生物,按其结构与溶解性可分为两大类,即胡萝卜素类和叶黄素类。胡萝卜、番茄、桃、火棘等植物中普遍存在的色素即为胡萝卜素类色素,其中以β-胡萝卜素在植物界中分布最广,含量最高。叶黄素类色素则多为共轭多烯烃的加氧衍生物,其分布于植物体的各个部分,在绿叶中的含量常为叶绿素的两倍,在野生植物中较常见的有叶黄素、番茄黄素、柑橘黄素、紫杉紫素、胭脂树橙色素、β-酸橙黄素、藏花酸等。类胡萝卜素又称为维生素A原,本身虽无维生素A的作用,但在动物体内可被氧化转为维生素A而产生特殊的生理作用。类胡萝卜素颜色有黄、橙、红、紫等数种,属脂溶性色素,广泛用于油质食品,并能应用于饮料、乳品及面条等食品的着色。

3. 酚类色素

酚类色素可称之为苯并吡喃衍生物类色素,此类色素可分为花青素、花黄素和单宁三大类。花青素类色素来源丰富,提取容易,是目前普遍应用的一种天然食用色素,已有130余种。天然花青素是良好的食用色素资源,其中紫葡萄色素、朱槿色素、蔓越橘色素、紫苏色素、紫背天葵色素、紫玉米色素等已被广泛应用于食品界。花黄素类色素普遍存在于植物界,通常指黄酮及其衍生物,也称黄酮类色素,由于单宁具有涩味,不宜用于食品着色。

4. 醌类衍生物类色素

醌类衍生物类色素是一类含醌类化合物的色素,故又称醌类色素。有苯醌、萘醌、蒽醌、菲醌等类型。它们的颜色与分子中带有酚性羟基似乎有一定关系。无酚性羟基表现为黄色,反之,则多为橙色或橙红色。这类色素大都溶于乙醇、乙醚、苯等有机溶剂,难溶于水,且有特殊的吸收光谱。醌类化合物具有抗菌、抗癌、抗病毒作用,有的能凝血,有的是生物氧化反应中的辅酶等。如萘醌类色素有显著的抗菌作用,近年来用于治疗传染性肝炎和皮肤病,已取得较好疗效。蒽醌衍生物是染料工业的原料,如大黄素作黄色染料。而存在于丹参中的多种色素均为菲醌类衍生物,主要有丹参酮Ⅰ等,为亮棕红色结晶。

5. 其他色素类

天然色素类型较多,除上述几类常使用的天然色素外,还有一些天然色素的化合物,如吲哚衍生物:十字花科的菘蓝、蓼科的蓼蓝、蝶形花科的木蓝的叶含有靛蓝,可制蓝色染料。酚类衍生物:从姜黄根茎中提取的一种黄色素,为橙黄色晶体。此外,还有一些动物性的天然色素,如胭脂虫和紫胶虫色素等。

目前,我国已经形成了一个初具规模的食用天然色素产业化行业。2004年我国食用天然色素总产销量为21.013万吨,其中绝大部分产品用于国内,有约17个食用天然色素品种出口,出口金额约2.8亿元,出口主要品种为红曲米、功能红曲、红曲红、辣椒红、高粱红、叶黄素、萝卜红、甜菜红、可可壳色素、虫胶红、姜黄素及姜黄油树脂、红花黄、叶绿素及叶绿铜钠盐、栀子黄、紫甘薯色素、甘蓝红、紫苏红。近年来,我国食用天然色素的科学研究、新产品开发、产业化发展迅速。已经投入生产和销售的新品种有甘蓝红、万寿菊色素(叶黄素)、紫甘薯色素、紫苏色素、番茄红、功能红曲、洋葱色素、红曲黄等。此外,正在研究开发的新天然色素有:紫玉米色素、沙雷氏菌红色素、马蹄皮棕色素、枸杞红色素、红毛藻藻蓝蛋白、低聚木糖液色素、大黄色素、石榴皮黄色素、大蒜皮色素、小檗叶红色素、苏木色素、草莓色素、阳荷色素、仙桃红色素、菰红色素、亚麻籽色素、山竹果壳红色素、凤仙花红色素、甘蔗皮红色素、紫穗槐花色素、碱蓬红色素、血红素、山楂红色素、鸡冠花色素、映山红色素、牵牛花色素、柿子皮色素、仙人掌果红色素、女贞果红色素、灰白毛霉红色素、虾青素、商路红色素、五味子红色素、美人蕉色素、茄子皮色素、板栗壳棕色素、丹参色素、黑芝麻色素等。这说明，我国食用天然色素的发展有很大的潜力。

我国田野草本植物资源丰富，其中有大量的色素植物资源，将是构成天然色素的主体，需作进一步开发研究与利用。

三、主要色素资源植物

1. 菘蓝 *Isatis indigotica* Fortune.

【别名】　茶蓝、板蓝根、大青叶等。

【生境】　分布于海拔600~2 800米地区。

【形态特征】　菘蓝为2年生草本植物，高40~90厘米。茎直立，上部多分枝。主根深长，外皮灰黄色。叶互生，基生叶具柄，叶片长圆状椭圆形，全缘或波状；茎生叶长圆形或长圆状披针形，先端钝或尖，基部垂耳圆形，抱茎，全缘。复总状花序顶生，花黄色，萼片4，花瓣4。长角果矩圆形，扁平，边缘翅状。花期5月，果期6月。

【色素价值】　菘蓝是古代染料的重要材料。菘蓝和另外一种植物蓼蓝都是古代制造蓝靛的主要原料之一。菘蓝又名大青，其成分中含有大青素B（菘蓝甙），它实际并非真正意义上的甙，而是吲哚酚与果糖酮酸所形成的酯，吲哚酚配糖体在碱性发酵液中会被糖化酶或碱剂分解，游离出吲哚酚，进而在空气中氧化缩合为蓝色的沉淀——蓝淀（靛蓝）。由于菘蓝甙比蓼蓝中存在的靛甙更容易水解，所以在科学技术不够发达的时期，菘蓝制靛比蓼蓝等更为普及，明代之前的典籍甚至有"蓼蓝不堪为靛"之说。

2. 茜草 *Rubia cordifolia* L.

【别名】　蒨草、血见愁、地苏木、活血丹、土丹参、红内消等。

【生境】　多生于山坡路旁、沟沿、田边、灌丛及林缘。主要分布于安徽、河北、陕西、河南、山东等地。

【形态特征】　茜草为茜草科多年生攀援草本植物，根数条至数十条丛生，外皮紫红色或橙红色，叶4片轮生，具长柄，叶片形状变化较大，卵形、三角状卵形、宽卵形至窄卵形,叶缘和背脉有源小倒刺。聚伞花序顶生或腋生,花小,萼齿不明显,花冠绿色或白色,5裂,有缘毛。浆果球形,红色后转为黑色,花期6~9月,果期8~10月。

【色素价值】　茜草是一种天然的植物染料,自古有之。染料使用部位为根,其根含蒽醌类、紫茜素、茜素等。

3. 辣椒 *Capsicum frutescens* L.

【别名】　番椒、海椒、辣子、辣角、秦椒、小米椒、雞嘴椒、辣虎等。

【生境】　中国各地田野均有。

【形态特征】　辣椒为1年或多年生草本植物。单叶互生,叶子卵状披针形,花萼杯状,花白色。果实大多像毛笔的笔尖,也有灯笼形、心脏形等,青色,成熟后变成红色,一般都有辣味,供食用。

【色素价值】　可开发辣椒红色素。辣椒红色素的稳定性好,着色力强,色价高,安全无毒,而且具有抗癌美容的功效,原料容易获得,应用前景十分广泛。

4. 姜黄 *Curcuma longa* L.

【别名】　毛姜黄、黄姜、宝鼎香、黄丝郁等。

【生境】　主要分布于四川、广东、广西、云南、福建、贵州、湖南、台湾等地。

【形态特征】　姜黄为多年生草本植物,高1~1.5米。根茎发达,成丛,分枝呈椭圆形或圆柱状,橙黄色,极香,根粗壮,末端膨大成块根。叶基生,5~7片,2列,长椭圆形,先端渐尖,基部渐狭成柄,下延至叶柄,上面黄绿色,下面浅绿色,无毛。花葶由叶鞘中抽出,穗状花序圆柱状,上部无花的苞片粉红色或淡红紫色,长椭圆形,中下部有花的苞片嫩绿色或绿白色,卵形至近圆形,花萼具3齿。花冠管漏斗形,淡黄色,喉部密生柔毛,裂片3。雄蕊1,花丝短而扁平,花药长圆形,基部有距。子房下位,外被柔毛,花柱细长,基部有2个棒状腺体,柱头稍膨大,略呈唇形。花期8~11月。

【色素价值】　可提取姜黄素。

5. 玫瑰茄 *Hibiseus sabdariffa* L.

【别名】　洛神花、山茄、洛济葵、洛神葵等。

【生境】　生长于热带和亚热带地区。

【形态特征】　玫瑰茄是锦葵科木槿属1年生草本植物或多年生灌木,植株体态形似草棉,直立,高达1米余,主干多分枝,原锥状根系,主根略细,入土较深,无毛。叶异型,下部的卵形,不分裂,上部的掌状3~5裂,具锯齿,先端钝或渐尖,基部圆至宽楔形,无毛,主脉3~5条。托叶条形,疏被柔毛。花在夏秋间开放,花期长,花生于叶腋,黄色,内面基部为深红色,每株一般开50~100朵花,多者近300朵,萼杯状,由5片组成的内萼片和8~12片组成副萼的小苞片构成,红色。因其花冠黄色,萼片和副萼玫瑰红色,茎、叶柄也常为淡玫瑰色,每当开花季节,红、绿、黄相间,十分美丽可爱。蒴果卵球形,内有种子20~30粒,种子肾形,深灰褐色。

【色素价值】　玫瑰茄可以提取玫瑰茄色素,用作食品行业的食品添加剂。玫瑰茄的花含有丰富的维生素C,有清凉降火、生津止渴的功效,可以用来冲泡茶和制作饮料,其味略酸。

6. 大金鸡菊　*Coreopsis lanceolata* L.

【别名】　剑叶波斯菊。

【生境】　阳性,耐寒,不择土壤,由栽培逸为野生。

【形态特征】　大金鸡菊为菊科金鸡菊属多年生宿根草本植物,株高60~80厘米,疏生细毛。基部叶披针形或长圆状匙形,全缘,有时为裂片状羽状叶,茎部叶向上渐小。头状花序具长梗,总苞苞片窄而短,舌状花黄色,先管有4~5齿。瘦果扁球形,有薄鳞状翅,冠毛极小或缺。花期5月中旬至11月上旬。

【色素价值】　大金鸡菊是提取菊花黄色素的原料。大金鸡菊的色素成分是细丝素和大金鸡菊素。其特点是易溶于水、甲醇和乙醇中,耐高温,耐光性好,在pH < 7时,呈菊黄色,色泽鲜明,色调稳定。近年来已被广泛用作清凉饮料、糕点、糖果等的黄色着色剂。

7. 紫草　*Lithospermum erythrorhizon* Sieb. et Zucc.

【别名】　硬紫草、大紫草、紫丹、地血、紫草茸、鸦衔草、山紫草、红石根等。

【生境】　分布于海拔50~2 500米的地区,多生长在荒山、田野、路边及干燥多石山坡的灌木丛中。

【形态特征】　紫草为多年生草本植物,高50~90厘米。根粗大,肥厚,圆锥形,略弯曲,常分枝,不分枝,或上部有分枝,全株密密被白色粗硬毛。单叶互生,无柄。叶片长圆状披针形至卵状披针形,先端渐尖,基部楔形,全缘,两面均被糙伏毛。聚伞花序总状,顶生或腋生。花小,两性;苞片披针形或狭卵形,两面有粗毛。花萼5深裂近基部,裂片线形,花冠白色,先端5裂,裂片宽卵形,开展喉部附属物半球形,先端微凹。雄蕊5,着生于花冠筒中部稍上,子房深4裂,花柱线形,柱头球状,2浅裂。花期6~8月,果期8~9月。

【色素价值】　紫草的根和花均含色素。紫草色素的主要成分紫草红色素还是世界上常用的五种天然植物红色素中性能最好的一种,它已被联合国食品添加剂法典委员会列入食品、化妆品、药品添加剂范围。

8. 艾蒿 *Artemisia argyi* Levt. et Vant.

【别名】【生境】【形态特征】　见第二章第一节。

【色素价值】　可提取艾蒿色素。以艾蒿色素为染料,采用直接法和后媒染法对丝织物进行染色。结果表明,艾蒿染色丝织物对紫外线UVB的防护效果明显好于对紫外线UVA的防护效果,可适合开发夏季服装。同时,艾蒿染丝织物对大肠杆菌和金黄色葡萄球菌均有较好的抑菌效果,可作为高档睡衣贴身穿着,对预防皮肤过敏等有积极作用。

9. 野生紫苏 *Perilla frutescens* Britt. var. acuta Kudo.

【别名】【生境】【形态特征】　见第二章第一节。

【色素价值】　紫苏叶中的紫红色素、花青素等成分,可用于食品的染色。日本将紫苏广泛用于食用色素、食用油、调味品、茶、饮料、防腐剂等食品行业。

10. 紫花地丁 *Viola yedoensis* Makino.

【别名】【生境】【形态特征】　见第二章第一节。

【色素价值】　紫花地丁中含有丰富的紫色素,紫色素为水溶性色素,紫色素在弱酸性环境中稳定性较好。紫花地丁紫色素可以广泛用于饮料、果酒、糕点等食品,是化学合成紫色素替代品之一,具有很好的开发价值。

11. 凉粉草 *Mesona chinensis* Benth.

【别名】 仙人草,仙人冻,仙草等。

【生境】 生于坡地、沟谷的小杂草丛中。

【形态特征】 凉粉草为一年生草本植物。

茎下部伏地,上部直立,长约15～50厘米,枝疏长毛。叶卵形或卵状长圆形,先端稍钝,基部渐收缩成柄,边缘有小锯齿,两面均有疏长毛;着生于花序上部的叶较小,呈苞片状,卵形至倒三角形,较花短,基部常带淡紫色,结果时脱落。总状花序柔弱,花小、轮生,萼小,钟状,2唇形,上唇3裂,下唇全缘,结果时或筒状,下弯,有纵脉及横皱纹;花冠淡红色,上唇阔,全缘或齿裂,下唇长椭圆形,凹陷;雄蕊4,花丝突出;雌蕊1,花柱2裂;花盘一边膨大。小坚果椭圆形。

【色素价值】 凉粉草可用作食用色素。凉粉草富含咖啡色色素,是提取天然食用咖啡色色素的好原料。用有机溶剂提取的色素,对光、热、碱稳定。以凉粉草制取的色素可代替焦糖色素,用于酱油等调味品或食品的生产,其产品很适用于老年人,高血压、糖尿病等人群使用。

12. 碱蓬 *Suaeda glauca* Bge.

【别名】【生境】【形态特征】 见第二章第一节。

【色素价值】 碱蓬色素为水溶性花青素类色素,可作为天然食用色素。

13. 红花 *Carthamus tinctorius* L.

【别名】 红蓝花、草红花、刺红花、红花缨子、红花草、红花菜等。

【生境】 新疆、河南、浙江和四川等地的农田、路旁。

【形态特征】 红花为1年生草本植物,高30~90厘米。茎直立,上部多分枝。叶长椭圆形,先端尖,无柄,基部抱茎,边缘羽状齿裂,齿端有尖刺,两面无毛。上部叶较小,成苞片状围绕状状花序。头状花序顶生，排成伞房状。总苞片数层，外层绿色，卵状披针形，边缘具尖刺，内层卵状椭圆形，白色，膜质。全为管状花，初开时黄色，后转橙红色。瘦果椭圆形，无冠毛，或鳞片状。花期5~7月，果期7~9月。

【色素价值】 红花含红花素（Carthamine），可作纺织用的红色染料。红花中含有黄色和红色两种色素，其中黄色素无染料价值，而红色素易溶解于碱性水溶液，在中性或弱酸性溶液中可产生沉淀，形成鲜红的色淀。另外红花也可以做胭脂。在日本，该色素已被用于巧克力等高脂类食品的着色以及口红等高档化妆品中。

14. 龙葵 *Solanum nigrum* L.

【别名】【生境】【形态特征】 见第二章第一节。

【色素价值】 龙葵果中富含花色苷类红色素，色泽艳丽且安全无毒，该色素在酸性条件下有较好的稳定性，对光、热和常用的食品添加剂都较稳定，是一种优质的天然色素资源，具有一定的开发利用价值。

第六章 草本植物种质资源

第一节　抗逆植物资源

一、植物的抗逆性

抗逆是植物对不良的特殊环境的适应性和抵抗力,即植物的抗旱性、抗涝性、抗寒性、抗盐碱性、抗病虫性、抗环境污染的机理以及提高抗逆性的方法。由于人口的不断增长和环境的恶化,多种自然灾害频繁出现,为了提高农业生产产量,对于植物抗逆性生理的研究越来越受到重视。

植物受到胁迫后,一些被伤害致死,另一些的生理活动虽然受到不同程度的影响,但它们可以存活下来。如果长期生活在这种胁迫环境中,通过自然选择,有利性状被保留下来,并不断加强,不利性状不断被淘汰。这样,在植物长期的进化和适应过程中不同环境条件下生长的植物就会形成对某些环境因子的适应能力,即能采取不同的方式去抵抗各种胁迫因子。植物对各种胁迫因子的抗御能力,则称为抗逆性(Stress Resistance)。

植物的抗逆性主要包括两个方面:避逆性(Stress Avoidance)和耐逆性(Stress Tolerance)。避逆性是指在环境胁迫和它们所要作用的活体之间在时间或空间上设置某种障碍从而完全或部分避开不良环境胁迫的作用;例如夏季生长的植物不会遇到结冰的天气、沙漠中的植物只在雨季生长等。耐逆性则是指活体承受了全部或部分不良环境胁迫的作用,但没有或只引起相对较小的伤害。耐逆性又包含避胁变性(Strain Avoidance)和耐胁变性(Strain Tolerance),避胁变性是减少单位胁迫所造成的胁变,分散胁迫的作用,如蛋白质合成加强,蛋白质分子间的键结合力加强和保护性物质增多等,使植物对逆境下的敏感性减弱;而耐胁变性是忍受和恢复胁变的能力和途径,它又可分为胁变可逆性(Strain Reversibility)和胁变修复性(Strain Repair)。胁变可逆性是指逆境作用于植物体后植物产生一系列的生理变化,当环境胁迫解除后各种生理功能迅速恢复正常。而胁变修复性是指植物在逆境下通过自身代谢过程迅速修复被破坏的结构和功能。

二、常见的抗逆性植物

（一）旱生、沙生植物

旱生、沙生植物是指具有一系列耐旱适应特征、能够忍耐暂时缺水的一类植物,而沙生植物除了能够耐受干旱以外,还必须能够耐受营养不良（"饥饿"）。由于其主要生长在砾质戈壁和固定或半固定的沙丘上,植株在严重缺水和强烈光照下生长,其形态与结构发生了变化,往往变得粗壮矮化。其地上气生部分发育出种种防止过分失水的结构,而地下根系则深入土层,或者形成了储水的地下器官。另一方面,茎干上的叶子变小或丧失以后,幼枝或幼茎就替代了叶子的作用,在它们的皮层细胞或其他组织中可具有丰富的叶绿体进行光合作用。

目前,常用于园林上的旱生、沙生植物种类有马尾松、雪松、麻栎、栓皮栎、构树、化香、石楠、旱柳、沙柳、白兰、橡皮树、枣树、骆驼刺、木麻黄、文竹、天竺葵、天门冬、杜鹃、山茶、锦鸡儿、肉质仙人掌等。但还有许许多多物种具有潜在资源利用价值。譬如,生于山坡、草地、路边、溪旁草地的干旱向阳处的多年丛生草本植物——金发草*Pogonatherum paniceum*（Lam.）Hack.,主要分布于湖北、湖南、广东、广西、贵州、云南、四川等地。金发草具坚硬根头,耐干旱瘠薄,生长迅速,茎枝对地面覆盖力较强,具有发达的根系,根系能够深入岩石汲取养分,具有较强的生态适应性,是一种良好的护坡植物,具优良草坪草种的潜力。还有如主要分布于云南、四川、贵州、西藏、广西、湖北、甘肃等省区的多年生草本植物——丛毛羊胡子草*Eriophrum comosum* L.。丛毛羊胡子草耐寒、耐干旱、耐贫瘠。它能直接生长在陡峭岩石、浆砌片石上,其生长的土层不足1厘米,根系发达,致密的根盘能紧紧地吸附在岩石表面或部分根系透到岩石缝隙中,正被开发为园林绿化植物和许多逆境生态恢复的先锋物种。还有研究表明,分布于全国低海拔区的酢浆草属多年生宿根草本植物——红花酢浆草*Oxalis corymbosa* DC.,既耐寒抗旱又耐荫,是抗逆能力特强的物种。我国国土辽阔,旱生、沙生植物有数以千种。此类例子,举不胜举。

目前,我国沙区面积约占土地总面积的11.4%,横亘"三北"九省区,不仅生产力很低,而且风沙常常吞没良田,掩埋交通线,陕北的榆林城随沙丘南移被迫迁移3次。若能克隆这类植物的抗干旱调控基因和抗旱相关基因,用于培育荒漠地区优质造林绿化植物,这将对修复与改善我国沙漠化土壤、美化疆土具有重要意义。

（二）盐生植物

我国盐生植物有423种66科199属（赵可夫1999）,其中新疆有305种11变种4亚种,隶属36科123属。科、属、种数分别占全国盐生植物的50%~60%。目前,许多学者对盐生植物种质资源与应用做了大量工作,如对我国和澳大利亚等国的耐盐植物资源进行选育,获得优良耐盐植物品种,并对其进行种质资源储备;对中国本土的耐盐植物如白刺、碱蓬等进行商业开发研究;对从澳大利亚等国引进的耐盐植物,进行耐盐碱水平和经济利用价值的综合评价;对黄河三角洲主要栽培植物的抗盐碱性水平进行研究,发掘耐盐新基因,研究基因功能,通过基因工程技术手段提高其抗盐碱水平;利用耐盐植物生产食品、饲料或作为生物柴油的原料,研究其商业利用价值。但在我国广阔的田野上,还有许多物种具有耐盐与综合利用的潜能,值得我们进一步关注与研究。例如:大米草 *Spartina anglica* Hubb. 具有耐贫瘠、耐盐、耐碱、耐淹、耐污、繁殖力强、生命力旺盛、抗逆性高、蔓延迅速的特性。芦苇 *Phragmites communis*(L.)Trin. 是一种中度耐盐植物,能在中度盐渍化的土壤中正常完成生长发育。马蹄金 *Dichondra repens* Forst.,具有耐寒、耐高温、抗旱性、耐阴性、抗污染性、耐碱性、抗病性强等特性。球果蔊菜 *Rorippa globosa*(Turcz.)Hayek. 具有耐水淹、抗盐碱、耐污染特性。即使在河滩漫水条件下,只要水深未淹没茎顶,淹水的茎枝就会迅速发育,并生出永生根,上部枝叶滋生很快,在湿地或季节性积水的陆地生境中长势强,局部能形成优势群落;在污水渠边也能形成群落。

盐生植物是非常宝贵的天然种质基因库,如将其抗盐基因转入不抗盐的作物上,使之成为抗盐的转基因植物,将会大幅度提高作物的抗性和产量。

第二节 草本作物种质资源

国家特有、珍稀、濒危物种,或是重要栽培植物的野生原种或近缘属种,具有巨大的科学价值和潜在社会经济价值的称为种质植物。随着遗传育种研究的不断发展,种质资源所包含的内容越来越广,凡能用于作物育种的生物体都可归入种质资源之范畴,包括地方品种、改良品种、新选育的品种、引进品种、突变体、野生种、近缘植物、人工创造的各种生物类型、无性繁殖器官、单个细胞、单个染色体、单个基因、甚至DNA片段等。

目前我国共安全保存220余种(类)、1 650个种(亚种)作物,总计39万余份种质资源,我国的主要农作物栽培品种已基本收集齐全,总量居世界首位。同时,制定了作物种质资源收集、整理、繁殖更新和保存技术规程,完成了对国家中期库和国家资源圃20万份种质资源的繁殖更新,为种质资源的开发利用提供了坚实的物质基础。建成了国家作物种质资源信息系统和共享平台,初步实现了种质资源工作的规范化、信息化和现代化管理。而且现代分子技术已应用于作物种质资源鉴定和研究,一批创新种质和优异基因在育种上得到应用,取得了巨大的社会经济效益,我国正在由种质资源大国向种质资源强国迈进。

一、种质资源在育种上的重要性

近年来,国内外作物遗传资源多样性的破坏与丧失异常严重。美国在过去100年间,玉米、西红柿、苹果的种植品种丧失与更新程度分别达到91%、81%、86%。1949年,我国有1万个小麦品种(主要是农家品种)在种植使用,到20世纪70年代仅存1 000个品种。野生水稻和野生大豆的原生境生长地也遭到严重破坏,面积越来越少。同野生种、早期驯化种相比,现代品种基因的等位性变异愈来愈少,这已是培育有突破性品种的瓶颈。有不少报道指出,目前种植的玉米、甜菜、水稻等作物杂交种的遗传基础日益狭窄,存在着遗传上的脆弱性和突发性病害的隐患。因此,抢救和妥善保存作物遗传资源十分重要。

1. 种质资源是现代育种的物质基础

作物品种是在漫长的生物进化与人类文明过程中形成的。从实质上看,作物育种工作就是按照人类的意图对多种多样的种质资源进行各种形式的加工改造,而且育种工作越向高级阶段发展,种质资源的重要性就越加突出。现代育种工作之所以取得显著的成就,除了育种途径的发展和采用新技术外,关键还在于广泛地搜集和较深入研究、利用了优良的种质资源。育种工作者拥有种质资源的数量与质量,以及对其研究的深度和广度是决定育种成效的主要条件,也是衡量其育种水平的重要标志。育种实践证明,在现有遗传资源中,任何品种和类型都不可能具备与社会发展完全相适应的优良基因,但可以通过选育,分别将具有某些或个别育种目标所需要的特殊基因有效地加以综合,育成新品种。例如,抗病育种可以从种质资源中筛选对某种病害的抗性基因;矮化育种可以从种质资源中选取优异的矮秆基因,将两者结合育成抗病、矮秆新品种。对熟期、品质、适应性、产量潜力等性状的改良也都依赖于种质资源的目标基因,只要将这些目标基因加以聚合,就可能实现育种目标。而且,稀有特异种质对育种成效具有决定性的作用。例如,抗根结线虫的北京小黑豆与美国大豆的生产;水稻矮源矮脚南特和矮子粘与我国水稻的矮秆育种;Polima雄性不育细胞质与国内外杂交油菜的发展;小麦IBL/1RS易位系与世界小麦抗锈育种等等。事实说明,这些特异种质资源对人类和平与发展起到了不可替代的作用。

2. 种质资源是新的育种目标实现的关键

人类文明进程的加快和社会上物质生活水平的不断提高对作物育种不断提出新的目标,如人类特殊需求的新作物、适于农业可持续发展的作物新品种等。新的育种目标能否实现决定于育种者所拥有的种质资源。种质资源是不断发展新作物的主要来源,现有的作物都是在不同历史时期由野生植物驯化而来的。随着生产和科学的发展,现在和将来都会继续不断地从野生植物资源中驯化出更多的作物,以满足生产和生活日益增长的需要。如在油料、麻类、饲料和药用等植物方面,常常可以从野生植物中直接选出一些优良类型,进而培育出具有经济价值的新作物或新品种。没有这些种质资源,新作物无从获得。

3. 种质资源是生物学理论研究的重要基础材料

种质资源不但是选育新作物、新品种的基础,也是生物学研究必不可少的重要材料。不同的种质资源,各具有不同的生理和遗传特性,以及不同的生态特点,对其进行深入研究,有助于阐明作物的起源、演变、分类、形态、生态、生理和遗传等方面的问题,并为育种工作提供理论依据,从而克服盲目性,增强预见性,提高育种成效。

二、种质资源的类别及特点

从育种和遗传的角度看,作物种质资源一般可按亲缘关系与育种实用价值进行分类。

1. 亲缘关系

按亲缘关系,即按彼此间的可交配性与转移基因的难易程度将种质资源分为三级基因库(Harlan & Dewet,1971)。初级基因库,即为库内的资源材料间能相互杂交,正常结实,无生殖隔离,杂种可育,染色体配对良好,基因转移容易。次级基因库,即资源间的基因转移是可能的,但存在一定的生殖隔离,杂交不实或杂种不育,必须借助特殊的育种手段才能实现基因转移,如大麦与球茎大麦。而三级基因库,为亲缘关系更远的类型,彼此间杂交不实,杂种不育现象更明显,基因转移困难,如水稻与大麦、水稻与油菜。

2. 育种实用价值

按育种实用价值进行分类,即有地方品种、主栽品种、原始栽培类型、野生近缘种以及人工创造的种质资源。地方品种一般是指在局部地区内栽培的品种,多未经过现代育种技术的遗传修饰,所以又称农家品种。其中有些材料虽有明显的缺点但具有稀有的可利用特性,如特别抗某种病虫害,特别的生态环境适应性,特别的品质性状以及一些目前看来尚不重要但以后可能特别有价值的特殊性状。主栽品种是指那些经现代育种技术改良过的品种,包括自育或引进的品种。由于其具有较好的丰产性与较广的适应性,一般被用作育种的基本材料。原始栽培类型是指具有原始农业性状的类型,大多为现代栽培作物的原始种或参与种,多有一技之长,但不良性状遗传率高。现在存在的已很少,多与杂草共生,如小麦的二粒系原始栽培种,一年生野生大麦等。野生近缘种是指现代作物的野生近缘种及与作物近缘的杂草,包括介于栽培类型和野生类型之间的过渡类型。这类种质资源常具有作物所缺少的某些抗逆性,可通过远缘杂交及现代生物技术转入作物。而人工创造的种质资源是指杂交后代、突变体、远缘杂种及其后代、合成种等。这些材料多具有某些缺点而不能成为新品种,但具有一些明显的优良性状。

三、种质资源的研究与利用

种质资源的研究内容包括收集、保存、鉴定、创新和利用,在相当长的时期内我国农作物品种资源研究工作重点仍将是20字方针,即"广泛收集、妥善保存、深入研究、积极创新、充分利用"。所谓鉴定就是对育种材料做出客观的科学评价。鉴定是种质资源研究主要工作,鉴定的内容因作物不同而异。一般包括农艺性状,如生育期、形态特征和产量因素;生理生化特性,抗逆性,抗病性,抗虫性,对某些元素的过量或缺失的抗耐性;产品品质,如营养价值、食用价值及其他实用价值。鉴定方法依性状、鉴定条件和场所分为直接鉴定(Direct Evaluation)和间接鉴定(Indirect Evaluation),自然鉴定和控制条件鉴定(诱发鉴定),当地鉴定和异地鉴定。根据目标性状的直接表现进行鉴定称之为直接鉴定。对抗逆性和抗病虫害能力的鉴定,不但要进行自然鉴定与诱发鉴定,而且要在不同地区进行异地鉴定,以评价其对不同病虫生物型(Biotypes)及不同生态条件的反应,如对小麦条锈病的不同生理小种的抗性和小麦的冬春性确定。根据与目标性状高度相关性状的表现来评定该目标性状称之为间接鉴定,如小麦的面包品质的鉴评。

目前,国际上常将储备的具有形形色色基因资源的各种材料称之为基因库或基因银行。育种者的主要工作就是如何从具有大量基因的基因库中,选择所需的基因或基因型并使之结合,育成新的品种。但是种质库中所保存的一个个种质资源,往往是处于一种遗传平衡状态。处于遗传平衡状态的同质结合的种质群体,其遗传基础相对较窄。为了丰富种质群体的遗传基础,必须不断地拓展基因库。如美国用 X 射线处理的方法,对从世界各地收集来的、并已多次应用过的花生种质资源,分批加以改造,获得了大量有经济价值而遗传基础不同的突变体,使他们拥有的花生基因资源扩大了 7 倍多。我国作物基因库的建拓工作也卓有成效,利用雄性不育系、聚合杂交等手段,建立了小麦、水稻、玉米、油菜、大麦等作物的基因库。

四、重要农作物的田野草本植物种质资源

(一)粮食作物的田野草本植物种质资源

2008年全球粮食问题引发了38个国家不同程度的骚乱和饥荒,使人们深刻认识到粮食问题不仅是农业问题、能源问题和金融问题,更是一个全球安全和人类生存及发展问题。禾本科野生植物历来以粮食之邦之称。在人类粮食作物中占95%,如水稻、小麦、大麦、小米、燕麦、高粱、玉蜀黍等等。全球禾本科植物,约660余属,我国有225属,约1 200种,为粮食农作物提供了丰富的野生植物种质资源。例如全国广播的田野常见的野生植物——稗草,其营养价值高,粗蛋白质占干物质的9.4%,粗脂肪占2.5%,粗纤维占36.2%,无氮浸出物占33.9%,粗灰分占10.3%。稗草籽实的粗蛋白和几种主要氨基酸含量与玉米、高粱、大麦、燕麦相近,具有相同的粮用价值。另外,经测定,狗尾草富含有钙、磷、镁、钾、钠、硫、氯等元素,且其钙的含量异常高。因而通过对野生草本植物的调查、驯化、选育,化学成分的分析,营养价值的评定,生物学和生态学特性的观测等,弄清粮用野生草本作物种质资源,揭示各种植物的粮用价值和特性,为粮食作物生产不断提供优质种源,这将对确保我国13亿人口的温饱具有重要意义。

1. 小麦田野草本植物种质资源

随着我国小麦科学工作者的深入调查,先后发现了特有的小麦原始栽培种和半野生种。

在云南省澜沧江和怒江下游山区,有一种原始栽培小麦,当地居民称其为铁壳麦(即云南小麦)(*Triticum yunnanense*)。由于其颖壳紧闭不易进水,种子休眠期较长,可抗穗发芽,不受鸟兽、家禽危害,特别适宜林间空地和村边宅旁种植。西藏半野生小麦(*Triticum astivum ssp.tibeticum*)是在西藏自治区发现的一种半野生状态的小麦,野生性状很明显,近成熟时,穗子逐节自行断落为单个小穗。它混生在冬麦田中,似自生自灭的杂草。当地藏族群众称其为色达小麦(藏语"色达"有自生、杂草的意思)。在黄河流域的河南省和陕西省有零星生长的粗山羊草(节节麦)(*Aegilops squarrosa*),有人注意到凡是有史前遗址的地方,几乎都有粗山羊草存在,它们之间似乎有一定联系,近年来,在新疆伊犁河谷也发现有大面积的粗山羊草群落,确认了它为小麦亲缘植物。此外,还有许多亲缘植物,如多生于田野、路边、丛林中的鹅观草(*Roegneria kamoji*)。除青海、西藏外,分布几遍全中国。鹅观草有麦类作物的抗病、抗逆的优良基因,可以通过现代遗传和生物技术的方法把这些优良基因转移到栽培麦类作物遗传背景中来,而且这些物种具有长穗、多粒的优点,是麦类作物重要的种质资源。广布于南北各省区,多生于山坡荒地与农田的野燕麦(*Avena fatua* L.)可作燕麦的种质资源。常见的狗尾草 *Setaria* Beauv.是谷子近缘物种,可作杂交种子培育资源。喜生于湿润的山沟、北阴山坡、山谷、荒地、路旁、河边阴湿地的金荞麦 *Fagopyrum dibotrys*(D. Don)Hara.也是荞麦近缘物种,可作杂交优势资源,等等,不胜枚举,值得我们深入研究和探讨。

令人欣喜的是我国科学工作者还利用小麦与其亲缘植物合成了众多的小麦类新物种,最早合成的新物种是八倍体小黑麦,第二个新物种是八倍体小偃麦,以及硬粒小麦-簇毛小麦二倍体、圆柱小麦等。

2. 水稻田野草本植物种质资源

我国是水稻起源地之一,有野生稻3种,即普通野生稻(*Oryza rufipogon*)、药用野生稻(*O.officinalis*)和疣粒野生稻(*O.meyeriana*)。分布范围南至海南岛崖县,北至江西省东乡县,东起台湾省,西至云南省盈江县。福建、湖南、江西等省发现有普通野生稻,广西分布有普通野生稻及药用野生稻,台湾省分布有普通野生稻和疣粒野生稻,广东、云南两省3种野生稻均有分布。普通野生稻(*Oryza rufipogon*)多生于沼泽地带、草塘或溪河岸边,为多年生或1年生植物,株高60~300厘米;宿根性,地上部生不定根,多年生有地下茎,1年生不明显;地上分枝,叶鞘及茎基部节间多呈紫色或淡红色;叶有长茸毛,狭长,披针形;一般每穗50~100粒,谷粒细长。药用野生稻(*O.officinalis*)一般生于荫蔽和湿润山谷,为多年生植物,株高200~400厘米,有明显的地下茎,山谷湿地生长的具宿根性;秆坚硬散生,大多数无地上分枝;叶片宽而长,平滑,无茸毛;一般每穗200~300粒,多达2 000余粒。而疣粒野生稻(*O.meyeriana*)多生于丘陵栎林下或林缘有荫蔽之处;一般适应温度不低于20℃,是湿润生境下的短日照植物。疣粒野生稻为多年生植物,陆生宿根性,有地下茎;株高40~110厘米,丛状散生,茎坚硬;叶片短,宽似竹叶,叶面光滑,无茸毛;一般每穗10~15粒;颖面有不规则疣粒状突起。疣粒野生稻为栽培稻同属的野生近缘种,受地理环境和复杂生态环境的影响,疣粒野生稻形成了极其丰富的遗传多样性,具有对白叶枯免疫、抗褐稻虱、旱生和耐荫、高抗细菌性条斑病等重要的生理生态特征,成为水稻品种改良的重要种质资源。

我国野生稻近缘野生种质资源丰富,也已发现有4种。在四川省川东南地区发现稻属最近缘野生种李氏禾属(别名假稻属 *Leersia*)有3种,即李氏禾(*L.hexandra*)、假稻(*L.japonica*)和秕壳草(*L.soyanuca*)。在湖北、湖南、江西、福建、广东、广西均有发现。另一种新源假稻(*L.oryzoides*)产于新疆新源县巩乃斯河两岸等地,分布于较高纬度。

3. 大豆田野草本植物种质资源

野生大豆(*Glycine soja* Sieb. et Zucc.)的分布区域,以我国分布最为广泛。1979年我国组织了"全国野生大豆考察组",进行了全国规模的野生大豆考察。在我国广西桂林、广东韶关、福建龙岩、北部的黑龙江沿岸大部分地区,以及西南地区从川西经贵州到云南西北部及西藏自治区的察隅县等地发现有野生大豆分布。沿海岛屿从长山列岛至舟山群岛都有野生大豆。台湾省也有野生大豆的分布。

野生大豆茎细弱,蔓生,主茎分化不明显,分枝多而细长。紫花,荚果小,荚长2厘米左右,每荚有1~4粒种子,荚成熟后极易炸裂。种子为小粒,百粒重1~2克,种子黑色有泥膜,子叶黄色,籽粒多椭圆型。野生大豆具有喜光、喜水、耐湿性、耐寒性强,对土壤的适应性广等特性。如野生大豆根部泡在水中,仍能正常生长,结实良好,说明野生大豆耐湿性极强。在我国北方—40℃的寒冷地区,野生大豆种子在自然条件下可安全越冬,世代繁衍。野生大豆对土壤要求不甚严格,适应性强,几乎在各类土壤上均可找到。在pH值4.5的土壤和pH值9.2的盐碱地上都发现有生长良好的野生大豆。

此外,近年来还发现了许多有别于上述典型野生大豆的特殊类型,主要有白花野生大豆、线叶野生大豆、长花序野生大豆、黄种皮野生大豆和大粒野生大豆。

(二)其他作物的田野草本植物种质资源

其他作物的田野草本植物种质资源有许许多多,譬如黄花苜蓿(*Medicago falcate* L.)具有两个染色体倍性水平,即二倍体($2n = 16$)和四倍体($4n = 32$),是十分珍贵的苜蓿育种材料,其染色体倍数水平低,可通过染色体加倍育成同源四倍体用于新品种选育和品种改良。黄花苜蓿是紫花苜蓿的近缘种,在自然状态下很容易与紫花苜蓿、蓝花苜蓿和胶质苜蓿杂交,而且黄花苜蓿具有很强的抗寒、耐旱、耐盐碱、抗病虫害、寿命长等优良特性,具有许多紫花苜蓿所不具备的抗性基因,对于苜蓿的品种改良和新品种选育具有极其重要的价值和广阔的应用前景。狗牙根(*Cynodon dactylon* (L.)Pers.)耐盐碱性、抗旱性、耐践踏性。由于狗牙根资源分布极为广泛,生境又极为丰富,形成了丰富的变异,这就为培育不同性状的狗牙根新品种提供了可能,狗牙根可以作为草坪种植资源。野慈菇(*Sagittaria trifolia* L.)花单性、雌雄同株,花序含多数花,雌花先于雄花开放,存在不严格的花序内雌雄异熟。研究表明,可能对同种的自花/异花花粉竞争或雄配子体选择起作用,可以作为慈姑属植物资源。

限于篇幅,在此不一一枚举。

不可否认,我国在田野草本植物种质资源做了大量工作,取得了丰硕成果,但也面临许多困境,还需不断努力,如我国目前作物种质资源利用率仅为3%~5%,有效利用率仅为2.5%~3.0%。与世界先进国家相比,我国一些重要作物种质资源,尤其是野生资源在继续减少或处于濒危状态,抢救和保护任务仍很紧迫;国内收集的作物种质中在育种上有突出贡献的种质并不多,主要是因为从种质资源中发掘的新基因很少,尤其是从野生种质中发掘的新基因更少,不适应育种和生产发展的需求。

种质资源工作是一项具有战略性、基础性、公益性和长期性的事业,要真正实现由作物种质资源大国向作物种质资源强国的转变,首先要继续抢救濒危资源。由于经济和交通条件的限制,我国有个别地区的种质资源已处于濒危的边缘,如青藏铁路沿线野生近缘植物的收集仍需加紧进行;对国内选育品种,每隔5~10年要系统收集、编目、入库一次,以免暂不使用的品种发生丢失。还要努力抓好国外引种工作。同时进一步完善作物种质资源保存体系和保存技术,安全保存已收集的种质资源,研究活力监测与繁种更新技术,保证材料的遗传完整性;加强原生境保护;研究超低温、超干燥、试管苗及其他保存技术;规范和完善长期和中期保存种质的档案;大力进行种质创新与利用。

第七章　田野草本植物资源的特性与利用

第一节　田野草本植物资源的开发与利用

一、田野草本植物资源的重要性

植物是生物界的主要组成成分，是各类生态系统第一性生产力的"创造者"。世界上只有绿色植物才能以太阳光能作为能源，用二氧化碳、水和其他无机盐类为原料，经过复杂的生理生化过程，形成了植物体和形成本种所特有的产品及其成分，这是人类和其他生物赖以生存的基础。

我国地域辽阔、自然条件复杂，野生植物资源极其丰富。然而大量的野生植物资源仍在沉睡或被践踏，使其年复一年地自生自灭，不能变为财富，甚至还投入大量的人力、物力如除草剂等予以铲除，给农田生态环境造成污染。由此，充分挖掘田野天然植物资源，势在必行。同时，随着人类社会的发展，现有的栽培植物已不足以满足人类生活的需要。因此，开发利用野生植物资源是不断满足人类生产、生活需要的必由之路。

自古以来，野生植物资源的开发利用在人们的生产、生活中起着重要作用。如我国早在春秋时代就有记述利用茜草可染红色、蓼蓝可染蓝色等植物染料的历史。明代伟大的医药学家李时珍的《本草纲目》是我国16世纪以前药学的全面总结，也是世界医药学的一部经典著作，书中收载药物1882种，其中药用植物1094种。近年来，野生植物资源的利用更取得了蓬勃发展，全国各地一大批野生植物资源被陆续发现和开发，如蕨菜、薇菜、桔梗、魔芋、臭菜、守宫木、蒲公英等野菜类植物；穿龙薯蓣、盾叶薯蓣、高山红景天、藜芦、白屈菜等野生药用植物；菘蓝、越橘、紫草、茜草等野生色素植物；苦参、藜芦、川楝、露水草等野生农药用植物；百里香、香根草、藿香、香茅、香蓼等野生香料植物。我国近年投放国际市场的香料有40多种，其中野生植物香料近30种。可见，野生植物资源的开发利用为我国的经济建设和改善人民的生活质量起了很好的作用，已成为各地脱贫致富，发挥地方资源优势的重要途径之一，促进了地方经济的发展。

目前世界各国都在开展植物资源的保护、开发、利用的研究工作，搜集世界各地有重要经济价值的野生植物种类,建立和完善各种植物的种质库,从而达到不断提高现有各种栽培植物的遗传质,创造各种高产、质优、抗逆性强的新栽培类型。多数国家都设置了种质资源研究机构,并颁布了保护植物种质资源的法规或条例,出版了具有世界性的野生植物研究刊物,研究上也取得了可喜的成果。如美国从许多野生植物中筛选出与地中海地区野生的长角豆含相同成分半乳甘露聚糖胶的瓜尔豆,从而保证了美国在第二次世界大战期间造纸工业的正常生产,促进了美国石油工业和糖业工业的发展。近年来,美国等国家特别重视对抗癌和抗艾滋病野生药用植物的筛选,他们对20525种植物进行了化学成分及其药理活性的研究,获得了6700个粗制剂,筛选出了紫杉、长春花、喜树、美登木、雷公藤等许多具有开发潜力的新药或新线索。

二、田野草本植物资源利用的原理

田野草本植物资源是可更新资源,能通过自我更新而得到恢复。以往人们对野生植物资源缺乏科学的认识,错误地认为植物资源是取之不尽、用之不竭的。因而,在人类历史上,对野生植物资源利用过度,"竭泽而渔",从而破坏和毁灭野生植物资源的事例不断发生,在植物资源的利用和保护之间,充满着矛盾。近些年来,人类因利用过度而破坏植物资源的情况日趋严重,但也存在着利用不足造成资源浪费的现象。人类如何成为自然界中"精明的捕食者",即如何合理地利用与保护野生草本植物资源,是现代植物资源学和应用生态学最重要的研究课题之一。

1. 资源的可持续利用原理

再生性资源如果能合理地、恰当地利用和经营,就能源源不断地为人类提供所需要的物质。当开发利用某一种植物资源时,同时也就减少了这种生物的种群密度,如果环境条件良好,该种群就能很快地增长,到一定时期又会达到相对稳定的阶段。但是,对所有的生物种类来说,开发利用后,它们恢复的速度不同,有的快、有的慢,如皆伐森林的恢复一般需要数十年到百余年。因而,可更新资源消耗的速度必须符合它恢复的速度。在开发利用资源之前,必须掌握该种生物的生长发育、繁殖规律,考虑其利用的方式、程度,再制定出合理的利用计划。这样,才不至于出现利用该种植物资源的速度或程度超过它自身增长的速度,才能使该种生物繁衍不息,永续地为人类利用。反之,则资源枯竭,造成不可挽回的损失。

2. 生态效益与经济效益统一的原理

在农业生产中,必须使整个农业生态系统的各组成部分在物质、能量输出和输入的数量、结构、功能上经常处于一种相互适应、相互协调的平衡状态,才能保证农业生产的正常进行。相反,农业生产中对资源的不合理利用,农业生态系统内的物能交换受到障碍,就会引起生态失衡,给整个农业生产带来损失。因此,生态平衡是农业生态系统和经济系统良性循环的基础,也是经济平衡的基础。所以野生草本植物资源的合理开发和利用既要遵循生态规律,也要遵循经济规律。

农业是自然再生产和经济再生产的交织,它的目标是增加产出和经济收入。在生态经济系统中,经济效益与生态效益之间既有同步关系、又有背离关系,也有相互结合的复杂关系。只有生态效益与经济效益相互协调,达到共同最佳点才能发挥生态农业的整体综合效益。因此,野生草本植物资源的利用需遵循资源合理配置、劳动资源充分利用、经济结构合理化、专业化和社会化的四项原则:资源合理配置原则,即野生草本植物资源利用的整体性,资源的生产规模要与资源负荷能力相适应,资源利用与增长速度相一致,并注意资源有效性的发挥。劳动资源充分利用原则,在农业生产劳动力大量过剩的情况下,一部分农民同土地分离,从事农产品加工和农村服务业。经济结构合理化原则,既要符合生态要求,又要适合经济发展与消费需要。专业化、社会化原则,生态农业只有突破了自然经济的束缚,才有可能向专业化、商品化过渡。在遵守生态规律的同时,积极引导农业生产接受市场机制的调节。

3. 物种的最丰富性原理

自然界每一类生态系统,不论是森林、草原、湖泊、海洋,还是荒漠都有不同的生物物种组合,它们之间彼此依赖,互助互惠,而又相互制约、激烈竞争,共同维持生态系统的平衡。一个生态系统种类组成越丰富,它们彼此之间的关系也就越微妙;初级生产者为次级生产者提供的食物越丰富,栖居条件就越优越。但是,近年来,自然界生物种的减少在以惊人的速度发展,究其原因不外乎以下几个方面:即栖居环境的改变和破坏,城市的发展,草地的滥垦和过度放牧,森林的大面积皆伐和火灾,沼泽的不合理开发,对植物的滥采乱伐,除草剂等农药的大量使用和外来种的引入等。自然保护的目的就是要对那些濒危或将要绝灭的生物种严加保护,保存物种的多样性。以此为原则,在开发利用资源时,一方面要研究每一种物的生态生物学特性,为它们创造有利的条件;在开发利用时,要注意调节好它们之间的关系,使它们能持续地得到发展。另一方面,一些建设性的项目在未兴建之前,首先预料这将给生物带来什么影响。此外,还应该做好自然保护的宣传工作,加强法制观念,提高人类的生态意识、素质。

4. 最大持续产量原理

最大持续产量(Maximum Sustainable Yield,MSY)是指如何将全部资源的一部分合理地加以收获,而新成长的资源数量足以弥补所收获的数量,从而使资源不受破坏。可以用数学模型逻辑斯谛(Logistic)方程来描述。这一模型有两点假设:① 有一个环境容纳量或负荷量(Caring Capacity),这是由环境资源所决定的种群增长最大限度(通常用 K 来表示)。当 $N_m = K$ 时,种群为零增长,即 $dN/dt = 0$。② 某个空间能容纳 K 个体,每一个体利用了 $1/K$

的空间,而可供种群持续增长的剩余空间就是有($1-N/K$)了,从而种群增长率r随密度增加而降低,而不是保持不变。按此两点假设,种群的增长呈"S"形。指数增长方程乘上一个制约因子($1-N/K$),就得到种群增长模型:

$$\frac{dN}{dt} = rN(1-N/K)$$

根据逻辑斯谛方程,在"S"曲线的拐点,即$N=K/2$处,种群增加率dN/dt最大,将$N=K/2$代入罗彻斯谛方程得

$$\frac{d\frac{K}{2}}{dt} = \frac{rK}{2}(1-K/2K) = rK/4$$

因此估计最大持续产量的公式为

$$MSY = rK/4$$

可见,只要我们知道某一种群的环境容纳量K和瞬时增长率r两个参数,就能求出理论上的最大持续产量和保持该产量的种群水平N。

对生物和非生物资源的使用只要在数量上和速度上不超过它们的自然恢复再生能力,则可以实现这些资源可持续的长久利用,其持续供给的最大利用度应以最大持续产量为最大限度。任何生态系统中的各种环境资源在数量、质量、空间、时间等方面都有一定限度。每一个生态系统对外来干扰超过这个极限时,生态系统就会被破坏甚至瓦解。所以,对资源的利用不得超过资源的最大持续产量,以保证资源的可持续利用。

最大持续产量的概念非常重要,在资源管理上曾经占统治地位。但在许多情况下,最大持续产量并不是人类追求的主要目标。追求最大持续产量的方法是针对单个物种的。各物种同时都维持最大持续产量一般是不可能的。还有,最大持续产量是建立在种群稳定的基础上的,并未考虑到自然种群的可能波动。事实上,种群波动是自然种群的基本特征。每年按一成不变的产量指标进行,在气候、水文和其他内外条件有利的大年,可能会利用不足;反之,在种种条件不利的小年,就可能利用过度,甚至导致资源毁灭的严重后果。

5. 最适持续产量原理

最适收获量(Optimun Substainable Yield, OSY),就是由于田野草本植物资源的更新常受环境影响而波动,稳妥的资源收获量应略低于MSY,这个量称最适持续收获量。当种群按逻辑斯谛模型增长时,可建立限制田野草本植物资源收获量的模型如下:

$$\frac{dN}{dt} = rN(1-N/K)-h$$

式中,h是限定的收获量。当收获量等于种群自然增长量$rN(1-N/K)$时,种群处于平衡状态。以种群数量N对dN/dt作图,可得一条抛物线,如图7-1所示可以看出若$h<MSY$,

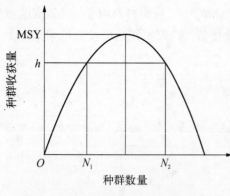

图7-1　资源种群变化管理策略模型

生物种群有两个可能平衡点,一个在$K/2$右侧,一个在$K/2$左侧,但二者含义不同。左侧持续产量出现在$N_1 < K/2$处,含义是生物过度利用后稳定下来的持续产量;右侧持续产量出现在$N_2 > K/2$处,含义是生物过度利用前稳定下来的持续产量。对于前一种情况,重点是加强保护,禁止利用,使之逐渐恢复到最高水平;对于后者可加大利用,但不能超过$K/2$的界限,否则会出现种群灭亡的危险。种群数量稳定在N_2时的相应收获量h即为最适收获量(OSY)(王宏燕等,2008)。

6. 最小生存种群理论

最小生存种群(Minimum Viable Population, MVP)是指一个物种存活所必需的个体数量,即在可预见的将来,具有很高生存机会的最小种群数量。当种群被过度破碎和隔离后,每个居群的个体数量变得很小,且与其他居群孤立开来。这样,每个小居群的命运都是相互孤立的。它们的灭绝将是永久性的,即无法得到其群个体的再定居。当所有其他居群相继灭绝后,只剩下一个小居群时,物种怕难逃灭绝的厄运。因此,在资源生物保护利用时,研究确定最小生存种群大小和最小生存面积相当重要。在对某一特定物种的MVP作出精确估计时,必须对该地区种群数量做详细的统计研究和环境分析。

7. 最佳生境原则

各种生物的生长发育都需要一定的生境条件,生境条件的优劣直接影响着生物生长的速度和生物量积累的多少。如果生境优越,其生物就会发展迅速,繁殖能力强,单位时间、单位面积上提供的资源量就多;反过来又促进生境向更好方向发展,从而形成一种良性循环。如对森林资源开发利用时,有些地区仍然采用落后的利用方式——皆伐作业,皆伐后的森林植被,由于上层林木的保护作用消失下面的耐荫植物就发育不良,甚至死亡,从而使大片的山地成为荒山秃岭,造成环境恶化、资源枯竭的恶果。因此,在开发利用某种植物资源之前,就要考虑到开发后会引起什么后果、如何防止这种后果的发生。只有这样,才能维持生物的最佳生境,源源不断地为人类提供更多更好的植物资源。

三、田野草本植物资源合理开发利用的途径

开发利用田野草本植物资源旨在保护生态系统中各个物种的平衡,符合经济开发中的物尽其用、综合开发、产生最大经济效益的原则。合理开发利用丰富的田野草本植物资源,能使其在区域经济建设和当前农业经济结构调整中发挥更大的作用。

田野草本植物资源合理开发利用的主要途径有三：

（1）充分发挥野生草本植物资源优势，进行有计划而合理的采收和挖掘，永葆其资源优势，以利后续利用。

（2）充分利用农业和生物技术及其他先进手段，进行引种、驯化、人工栽培、组织培养及采用遗传工程技术，使一些稀少的田野草本植物资源迅速增加数量，提高质量，为野生植物资源的开发与利用扩大或建立原料基地。

（3）通过提取、加工、精制等工业措施，使田野草本植物资源按市场需要形成名优产品。并采取一物多用综合开发途径，在田野草本植物资源开发利用后，所余废料可以进一步利用，使之形成更多的产品，进行综合开发利用，不仅能使废弃物再资源化，提高田野草本植物利用率，同时也是提高经济效益的重要途径。

田野草本植物资源开发与利用的步骤主要有三步，即开展野生植物资源调查、制定开发利用规划、确定生产工艺流程。

首先，对田野草本植物资源开展调查，调查时先要对调查人员预先进行技术培训，使其熟悉技术规程，明确调查方法，掌握操作要领，做好资料收集，保证调查质量。查清田野草本植物的种类、贮量、分布规律和生态条件，如田野草本植物的学名、中文名、俗名、生态环境、分布规律、经济利用部位，经济储量、总储量和经营储量，分布位置及规律、分布面积及贮量等，从而为合理采收和利用提供理论基础。在此基础上，结合市场需求状况，制定出田野草本植物资源的开发利用规划。规划要做到保护与利用并举，生态效益与经济效益统一。如对于贮量大、分布集中、经济效益大，又是市场短缺的田野草本植物种类，应尽快组织直接开发利用，并根据利用量与再生量相平衡的原则，限定开发强度与生产规模，提出开发利用措施与保护措施。而对于经济效益大但贮量小的田野草本作为近期开发利用目标，要先进行引种驯化，使野生变家植，扩大资源量，以后再大规模开发利用。对于贮量大，分布集中，尚未探明利用途径或技术的田野草本植物资源，不要急于开发利用，可列为远期开发利用的田野草本植物资源，集中力量进行开发利用研究，待技术成熟后再推广利用。最后在确定对某种田野草本植物开发利用的同时，应由科技人员制订出开发利用总体设计及其相应的生产工艺流程，以便组织生产。

第二节　田野草本植物资源的保护与管理

田野草本植物资源是自然界赐予人类的宝贵财富，其特点是能够再生，不断更新，但这种更新能力有一定限度，超过了限度，植物资源就会被破坏，物种一旦灭绝就绝对不能再现。我国对野生植物资源的保护自古有之，卷帙浩博的敦煌简牍、遗书、壁画等资料中有关植物资源保护方面的内容比比可见，生动地反映了我国古代民众的生态意识和环保行为。只要我们遵循田野草本植物生存的自然规律，加强对野生草本植物的保护和管理，就能实现自然资源的永续利用,发展经济、造福人类。国际社会对野生植物保护日益重视,对野生植物保护的程度也逐步成为衡量一个国家和民族环境保护意识及文明水准的重要标志,各国政府已把这一工作摆上了重要议事日程。我国政府对野生植物保护很重视,颁布了《中华人民共和国野生植物保护条例》和《农业野生植物保护办法》。因此,加强野生植物的保护和管理,对树立保护生物多样性、保护环境的良好国际形象,促进我国改革开放和经济建设的发展,具有深远意义。

　　加强田野草本植物的保护和管理,首先要开展田野草本植物资源的本底调查。在全国各省区应有重点、有计划地对珍贵、稀少、特有的野生草本植物以及主要的野生草本植物资源进行实地考察,内容包括资源种类的组成、分布、栖息环境、生物学、种群数量、利用现状等,为自然保护和经营管理提供科学依据。企业、大专院校、科研部门进行合作攻关,引进国外先进的科研理念与技术,加强国际间的合作,对濒危的野生草本植物资源进行保护性栽培和开发,做到资源永续利用。在珍稀、濒危物种的重要繁殖地或越冬地建立各种类型的自然保护区。并进行保护野生草本植物资源及合理利用的宣传教育,提高人们保护和珍爱植物资源的自觉性,也具有极其重要的意义。

一、田野草本植物资源的保护

　　保护的根本目的是为了实现野生草本植物资源的可持续利用。而科学合理地利用则可促进保护。因此,要一手抓保护、一手抓利用,以保护为基础,以开发利用促进保护。

　　野生草本植物资源保护主要措施有就地保存、迁地保存、种质库保存。

1. 就地保存

　　由于地域及气候的差异,不同地区的野生草本植物资源具有独特的地理性价值和优势,要研究使其地道性得以保留的措施。例如,川苔草(*Cladopusnymani* H.Mol.)为渐危种,仅分布于我国广东、海南、福建、台湾等省。由于川苔草隶属川苔草科、川苔草目,在研究植物进化、建立植物系统上有不可替代的意义,可采取就地保护措施。海菜花(*Ottelia acuminata*(Gagnep.)Dandy)是云贵高原淡水湖泊生态系统中一种生境特殊的水生植物。由于人们任意打捞破坏与有害物质的污染,已为珍稀濒危种,在我国公布的第一批《珍稀濒危保护植物名录》中将它列为三级保护植物。贵州萍蓬草(*Nuphar bornetii* Lev1.et Vant.)至今已有100年的历史,虽仍在繁衍生息,但种群数量越来越少。由于萍蓬草属是一类起源古老的植物,系统发育与个体发育之间关系有待深入研究。为此,保护特有种即贵州萍蓬草是有科学价值的,可采取就地保护措施,加强对其有性繁殖和无性繁殖的研究,扩大其种群数量,扩展其分布范围。

2. 迁地保存

　　对于珍稀濒危种的资源,可借助现代植物的繁育、栽培、保存的新方法、新途径,运用植物基因工程、组织栽培等生物技术，采取迁地保护措施，保护和发展其种质资源。例如：云贵水韭植物（*Isoetes yunguiensis* Q. F. Wang et W. C. Taylor）是珍稀濒危种。由于水韭属是水韭科唯一生存的孑遗属，其形态、生境比较特殊，分布范围狭窄，本科仅有1属2种，国内已很难见到该类植物。我国公布的第一批《珍稀濒危保护植物名录》将它列为三级保护植物，1989年贵州省将它列为二级保护植物。因此，保护好云贵水韭，在教学和科学研究上都有重大意义，可采取迁地保护措施。加强对云贵水韭有性（孢子）及无性繁殖的研究工作，一旦繁殖成功，既可移回自然环境中。

3. 种质库保存

种质资源的消失，是不可能再创造的，因此筹建植物的基因库和种子库是野生草本植物资源保护的根本措施。田野草本植物在长期的自然选择过程中形成了丰富的优良特性，蕴含着大量的高产、优质、抗病虫、抗涝（渍）、耐寒等优异基因，是可以造福人类的极其珍贵的资源。从目前考察情况看，田野草本植物具有较多的抗性基因，而随着对它们的进一步研究，相信会有更多的优异基因相继被发现。利用现代分子学技术进行相关基因的检测，并进行国际注册，还可以创新植物品种并开发利用，创造出更多的经济效益。例如，育成具有更好市场竞争力的高产、优质、抗逆的蔬菜新品种，实现特色蔬菜的产业化，丰富国内外蔬菜市场优质产品种类，就可以形成巨大的经济效益。

二、田野草本植物资源的管理

自20世纪80年代起，中国实行了土地联产承包责任制。土地承包合同使农民拥有了土地的使用权。农业用地的管理由个体农户负责，这对田野草本植物资源的有效管理带来了一定困难。田野草本植物资源的保护和日常管理工作，需要有素质较全面的人员和完善的组织保障，涉及生态环境、人文地理、管理技能以及实际工作经验等方面的知识。就目前的情况来分析，在技术、人力、资金和组织管理方面仍与要求有较大的差距。需要建立健全管理机构，配备管理人员。法律法规是保护野生植物的重要武器，要进一步完善法制，坚持依法保护。

在田野草本植物资源评价的基础上，可以对某一地区的野生草本植物进行管理等级的划分，并制订相应管理措施，供资源管理人员和有关领导进行决策。依据丁一臣的资源管理分类，可将田野草本植物资源的管理可分为四个等级。

Ⅰ级管理等级：为近期大规模适度开发利用的田野草本植物资源，管理措施为积极地开发引种驯化工作，变野生为栽培，并进行有性或无性繁殖实验，同时向社会推广。

Ⅱ级管理等级：中期适度开发利用为管理的主要目标，处于这个管理等级的植物或由于其资源数量有限或因为自身的"质量"限制，如存在对生境有一定特殊要求，分布范围较为狭窄及繁殖能力较弱等，对这类田野草本植物要进行更深入的调查研究，包括生境适应性研究和繁殖实验等逐步向社会推广。

Ⅲ级管理等级：为小规模或不开发利用的等级，对这类植物资源的开发利用必须严格控制在其最小再生能力的限度内。

Ⅳ级管理等级：以保护为主要目的，这类植物多是资源数量极少或为珍稀濒危植物，对这类植物应强调保护，严禁开发利用，一般进行就地保护。

田野草本植物资源的保护与管理是一项长期而艰巨的任务，需要加强宣传、教育，提高资源的保护意识；加强巡回管护，落实具体措施，采取利用和保护相结合的方针，走可持续发展之路。

附 录 常见田野草本植物资源分类—汉拉名称对照索引

植 物 名 称	拉 丁 名	资 源 利 用
大红蓼	*Polygonum orientale* L.	野菜、观赏
马齿苋	*Portulaca oleracea* L.	野菜、中草药、观赏、环境修复
荠菜	*Capsella bursa-pastoris* Medic.	野菜、饮料、饲用、中草药、油脂
地肤	*Kochia scoparia*（L.）Schrad.	野菜、饮料、饲用、中草药、农药、观赏、环境修复、油脂
仙人掌	*Opuntia* L.	野菜、中草药
马兰	*Kalimeris indica* L.	野菜、饮料、中草药、观赏
蒲公英	*Taraxacum mongolicum* Hand.	野菜、饮料、中草药、观赏
野苋	*Amaranthus lividus* L.	中草药
委陵菜	*Potentilla* L.	野菜、中草药、观赏、水土保护
鼠曲	*Gnaphalium affine* D. Don.	野菜、饮料、中草药、观赏
酢浆草	*Oxalis corniculata* L.	野菜、中草药
水芹	*Oenanthe javanica* DC.	野菜、中草药
水蓼	*Polygonum hydropiper* L.	野菜、中草药、农药、环境修复
打碗花	*Calystegia hederaca* Wall.	野菜、饮料、中草药、观赏
车前	*Plantago asiatica* L.	野菜、饮料、中草药
小根蒜	*Allum macrostemon* Bge.	野菜、中草药
鸭舌草	*Monochoria vaginalis* Presl. ex Kunth.	野菜、中草药、观赏
藜	*Chenopodium album* L.	野菜、中草药
刺儿菜	*Cephalonoplos segetum* Kitag.	野菜、饮料、中草药、观赏
野生紫苏	*Perilla frutescens*（L.）Britt. var. acuta Kudo.	野菜、中草药、油脂、香料、色素
蔊菜	*Rorippa indica* L.	野菜、中草药
飞廉	*Carduus crispus* L.	野菜、中草药
鸭跖草	*Commelina communis* L.	野菜、中草药、观赏、环境修复

（续表）

植物名称	拉丁名	资源利用
白茅	*Imperaia cylindrical*（L.）Beauv.	野菜、中草药
酸模叶蓼	*Polygonum lapathifolium* L.	野菜、中草药
水葫芦	*Eichhornia crassipes*（Mart.）Solms.	野菜、饮料、饲用、中草药、观赏、环境修复
苦苣菜	*Sonchus oleraceus* L.	野菜、饲用、中草药
野薄荷	*Mentha haplocalyx* Brig.	野菜、饮料、中草药、香料
紫菀	*Aster tataricus* L.	野菜、中草药、观赏
繁缕	*Stellaria media*（L.）Cyr.	野菜、观赏
艾蒿	*Artemisia argyi* Levt. et Vant.	野菜、饲用、中草药、农药、香料、色素
白三叶	*Trifolium repens* L.	野菜、饲用、观赏、水土保护
龙葵	*Solanum nigrum* L.	野菜、饮料、中草药、农药、环境修复、色素
泥胡菜	*Hemistepta lyrata* Bunge.	野菜、中草药
苣荬菜	*Sonchus arvensis* L.	野菜、中草药
天胡荽	*Hydrocotyle sibthorpioides* Lam.	野菜、中草药、观赏
葎草	*Humulus scandens*（Lour.）Merr.	野菜、饲用、中草药、水土保护、纤维、油脂
三叶鬼针草	*Bidens pilosae* L.	野菜、中草药
紫花地丁	*Viola yedoensis* Makino.	野菜、中草药、观赏、色素
萹蓄	*Polygonum aviculare* L.	野菜、中草药、农药、观赏、香料
牛膝	*Achyranthes bidentata* L.	野菜
水苦荬	*Veronica undulate* Wall.	野菜
猪殃殃	*Galium aparine* L. var. tenerum（Gren. et Godr.）Reichb.	野菜、中草药
乌蔹莓	*Cayratia japonica*（Thunb.）Gagnep.	野菜、中草药
狗尾草属	*Setaria* Beauv.	野菜、饲用、中草药、纤维、种质资源
紫云英	*Astragalus sinicus* L.	野菜、饲用、环境修复、水土保护
益母草	*Leonurus heterophyllus* Sweet.	野菜、饮料、中草药

（续表）

植 物 名 称	拉 丁 名	资 源 利 用
一年蓬	*Erigeron annuus*（L.）Pers.	野菜、饲用、中草药、观赏、环境修复
酸浆	*Physalis alkekengi* L.	野菜、饮料、中草药
蛇莓	*Duchesnea indica*（Andr.）Focke.	野菜、中草药、观赏
萝藦	*Metaplexis japonica*（Thunb.）Makino.	野菜、中草药
灰绿藜	*Chenopodium glaucum* L.	野菜
刺苦草	*Vallisneria spinulosa* Yan.	野菜
黄花苜蓿	*Medicago falcate* L.	野菜、饲用、中草药、水土保护、种质资源
黄鹌菜	*Youngiajaponica*（L.）DC.	野菜、中草药
荻	*Miscanthus sacchariflorus*（Maxim.）Benth.	野菜、饲用、中草药、观赏、环境修复、水土保护、纤维、油脂
碱蓬	*Suaeda glauca* Bge.	野菜、饲用、环境修复、油脂、色素
菱	*Trapa* spp.	野菜、中草药
酸模	*Rumex acetosa* L.	野菜、中草药
碎米荠	*Cardamine hirsute* L.	野菜、中草药、油脂
牛繁缕	*Malachium aquaticum*（L.）Fries	野菜、饲用、中草药
刺苋	*Amaranthus spinosus* L.	野菜、中草药
反枝苋	*Amaranthus retroflexus* L.	野菜
大巢菜	*Vicia sativa* L.	野菜、饲用、中草药
绿苋	*Amaranthus viridis* L.	野菜、中草药
羊蹄	*Rumex japonicus* Heutt.	野菜、中草药
野慈菇	*Sagittaria trifolia* L.	野菜、中草药、观赏、种质资源
苦草	*Vallisneria natans*（Lour.）Hara	野菜、饲用、中草药、环境修复
附地菜	*Trigonotis peduncularis*（Trev.）Benth	野菜、中草药
野茭白	*Zizania aquatica* L.	野菜、饲用、中草药、环境修复、水土保护
猪毛菜	*Salsola collina* Pall.	饮料、饲用、中草药
稗草	*Echinochloa crusgalli*（L.）Beauv.	饮料、中草药、纤维

（续表）

植　物　名　称	拉　丁　名	资　源　利　用
稗属	*Echinochloa* Beauv.	饲用
黑麦草属	*Lolium* L.	饲用
山羊草属	*Aegilops* L.	饲用
白茅属	*Imperata* Cyr.	饲用
看麦娘属	*Alopecurus* L.	饲用
看麦娘	*Alopecurus aequalis* Sobol.	中草药
梯牧草属	*Phleum* L.	饲用
虎尾草属	*Chloris* Swartz.	饲用
穇属	Eleusine Gaertn.	饲用
狗牙根属	*Cynodon* Rich.	饲用
狗牙根	*Cynodon dactylon*（L.）Pers.	中草药、观赏、环境修复、水土保护、种质资源
马唐属	*Digitaria* Hall.	饲用
马唐	*Digitaria sanguinalis*（L.）Scop.	中草药
千金子属	*Leptochloa* Beauv.	饲用
燕麦属	*Avena* L.	饲用
芦苇属	*Phragmites* Trin.	饲用
芦苇	*Phragmites communis*（L.）Trin.	中草药、农药、环境修复、水土保护、纤维、抗逆性
雀麦属	*Bromus* L.	饲用
早熟禾属	*Poa* L.	饲用、观赏
碱茅属	*Puccinellia* parlatore	饲用
画眉草属	*Eragrostis* Beau.	饲用
茅香属	*Hierochloe* R. Br.	饲用
菵草属	*Beckmannia* Host.	饲用
金须茅属	*Chrysopogon* Trin.	饲用
稷属	*Panicum* L.	饲用
雀稗属	*Paspalum* L.	饲用

（续表）

植 物 名 称	拉 丁 名	资 源 利 用
小藜	*Chenopodium serotinum* L.	饲用、环境修复
青萍	*Lemna minor* L.	饲用、中草药、环境修复
紫萍	*Spirodela polyrhiza*（L.）Schleid.	饲用、中草药、环境修复
满江红	*Azolla imbricate*（Roxb.）Nak.	中草药、饲用、环境修复
菹草	*Potamogeton crispus* L.	饲用、观赏、环境修复
空心莲子草	*Alternanthera philoxeroides*（Mart.）Grise.	饲用、中草药、环境修复、水土保护
加拿大一枝黄花	*Solidago canadensis* L.	饲用、纤维、香料
苍耳	*Xanthium sibiricum* Patr.	饲用、中草药、农药、环境修复、水土保护、油脂
大米草	*Spartina anglica* Hubb.	饲用、中草药、水土保护、纤维、油脂、抗逆性
鹅观草	*Roegneria kamoji* Ohwi.	饲用、种质资源
水绵	*Spirogyra intorta* Jao.	饲用、中草药
草木樨	*Metlilotus suaverolens* L.	饲用、水土保护、香料
陌上菜	*Lindernia procumbens*（Krock.）Borbas.	中草药
扬子毛茛	*Ranunculus sieboldii* Miquel.	中草药
一枝黄花	*Solidago decurrens* Lour.	中草药
半夏	*Pinellia ternata*（Thunb.）Breit.	中草药
泽泻	*Alisma orientalis*（Sam.）Juzep.	中草药、观赏
野西瓜苗	*Hibiscus trionum* L.	中草药、农药、纤维
铁苋菜	*Acalypha australis* L.	中草药
蛇床	*Cnidium monnieri* L.	中草药、农药
蚊母草	*Veronica peregrina* L.	中草药
婆婆纳	*Veronica didyma* Tenore.	中草药、观赏
鳢肠	*Eclipta prostrata* L.	中草药
合萌	*Aeschynomene indica* L.	中草药
斑地锦	*Euphorbia maculata* L.	中草药、观赏
黄花蒿	*Artemisia annua* L.	中草药、农药

（续表）

植 物 名 称	拉 丁 名	资 源 利 用
马蹄金	*Dichondra repens* Forst.	中草药、观赏、环境修复、抗逆性
小飞蓬	*Conyza Canadensis* L.	中草药、观赏、环境修复
泽漆	*Euphorbia helioscopia* L.	中草药、农药、油脂
田旋花	*Convolvulus arvensisi* L.	中草药、观赏
凹头苋	*Amaranthus ascendens* Loisel.	中草药
苘麻	*Abutilon theophrasti* Medic.	中草药、纤维
野老鹳草	*Geranium carolinianum* L.	中草药
牛筋草	*Eleusine indica*（L.）Gaertn.	中草药
香附子	*Cyperus rotundus* L.	中草药
丁香蓼	*Ludwigia prostrata* Roxb.	中草药、环境修复
苔藓	Bryophyta	中草药、观赏
稻槎菜	*Lapsana apogonoides* Maxim.	中草药
铜钱草	*Centella asiatica*（L.）Urban.	中草药
杠板归	*Polygorum perfoliatum* L.	中草药
爵床	*Justicia procumbens* L.	中草药、观赏
水蜈蚣	*Kyllinga brevifolia* Rottb.	中草药、香料
波斯婆婆纳	*Veronica persica* L.	农药、观赏
碎米莎草	*Cyperus iria* L.	农药、纤维
节节菜	*Rotala indica*（willd.）Koehne.	观赏
眼子菜	*Potamogeton distinctus* A. Bennet.	观赏
萤蔺	*Scirpus juncoides* Roxb.	观赏
佛座草	*Lamium amplexicaule* L.	观赏
水苋菜	*Ammannia baccifera* L.	观赏
毛茛	*Ranunculus japonicus* Thunb.	观赏
大藻	*Pistia stratiotes* L.	观赏
矮慈菇	*Sagittaria pygmaea* Miq.	中草药、观赏
通泉草	*Mazus japonicus*（Thunb.）O. Kuntze.	观赏

（续表）

植 物 名 称	拉 丁 名	资 源 利 用
红花酢浆草	*Oxalis corymbosa* DC.	观赏、抗逆性
狸藻	*Utricularia* L.	观赏
四叶萍	*Marsilea quadrifolia* L.	观赏
狐尾藻	*Myriophyllum* verticillatum L.	观赏
漆菇草	*Sagina japonica*（Sw.）Ohwi	观赏
卷耳	*Cerastium arvense* L.	观赏
水藻	Algae	环境修复
田菁	*Sesbania cannabina* L.	环境修复、纤维
双穗雀稗	*Paspalum distichum* L.	环境修复、水土保护
石龙芮	*Ranunculus sceleratus* L.	中草药、环境修复
普生轮藻	*Chara vulgaris* Linnaeus.	环境修复
李氏禾	*Leersia hexandra* Swartz.	环境修复、种质资源
槐叶蘋	*Salvinia natans*（L.）All.	中草药、环境修复
球果蔊菜	*Rorippa globosa*（Turcz.）Hayek.	环境修复、抗逆性
宽叶香蒲	*Typha.latifolia* L.	纤维
龙须草	*Poa sphondylodes* Trin.	纤维
芒	*Miscanthus sinensis* Anderss.	纤维
马蔺	*Iris lactea* Pall. var. chinensis	纤维
扁穗莎草	*Cyperus compressus* L.	纤维
水莎草	*Juncellus serotinus*（Rottb.）C.B.Clarkc.	纤维
异型莎草	*Cyperus difformis* L.	纤维
砖子苗	*Mariscus umbellatus* Vahl.	中草药、纤维
小花鬼针草	*Bldens parvlflora* Willd.	油脂
茴香	*Foeniculum vulgare* L.	香料
薰衣草	*lavandula pedunculata* L.	香料
丁香罗勒	*Ocimum gratissimum* L.	香料
广藿香	*Pogostemon cablin*（Blanco）Benth.	香料

（续表）

植 物 名 称	拉 丁 名	资 源 利 用
缬草	*Valerianaofficinalis* Linn.	香料
香根草	*Vetiveria zizanioides*（L.）Nash.	香料
铃兰	*Convallaria majalis* L.	香料
香根鸢尾	*Iris pallid* L.	香料
菘蓝	*Isatis indigotica* Fortune.	色素
玫瑰茄	*Hibiseus sabdariffa* L.	色素
紫草	*Lithospermum erythrorhizon* Sieb. et Zucc.	色素
茜草	*Rubia cordifolia* L.	色素
辣椒	*Capsicum frutescens* L.	色素
大金鸡菊	*Coreopsis lanceolata* L.	色素
红花	*Carthamus tinctorius* L.	色素
姜黄	*Curcuma longa* L.	色素
凉粉草	*Mesona chinensis* Benth.	色素
金发草	*Pogonatherum paniceum*（Lam.）Hack.	抗逆性
丛毛羊胡子草	*Eriophrum comosum* L.	抗逆性
铁壳麦	*Triticum yunnanense* L.	种质资源
西藏半野生小麦	*Triticum astivum* ssp.*tibeticum*.	种质资源
粗山羊草	*Aegilops squarrosa* L.	种质资源
野燕麦	*Avena fatua* L.	种质资源
金荞麦	*Fagopyrum dibotrys*（D. Don）Hara.	种质资源
普通野生稻	*Oryza rufipogon* Griff.	种质资源
药用野生稻	*Oryza officinalis* Wall.	种质资源
疣粒野生稻	*Oryza meyeriana* Nees et Arn. ex Hook.	种质资源
假稻	*Leersia japonica*（Makino）Honda.	种质资源
秕壳草	*Leersia soyanuca* L.	种质资源
新源假稻	*Leersia oryzoides*（L.）Sw.	种质资源
野生大豆	*Glycine soja* Sieb. et Zucc.	种质资源

主要参考文献

［1］沈健英.植物检疫原理与技术［M］.上海：上海交通大学出版社,2011.

［2］曹林奎,沈健英.农业生态学原理［M］.上海：上海交通大学出版社,2010.

［3］陆峥嵘,沈健英,陆贻通.上海稻田杂草群落变化趋势及其因子分析［J］.上海农业学报,2005,
　　1：82-86.

［4］沈健英,丁辉,石云,等.单嘧磺隆、单嘧磺酯及其混剂对水稻敏感性与除草效果的研究［J］.杂
　　草科学,2008,13-18.

［5］唐国来,沈健英.绿色食品生产与环境［J］.上海农业科技,2004,1：1-3.

［6］沈健英,唐国来,何翠娟.上海稻田杂草的分布和危害［J］.上海农业学报,2004,2：85-88.

［7］王秀红,沈健英,陆贻通.稻田常用除草剂对固氮蓝藻的毒性研究［J］.上海交通大学学报,
　　2004,4：400-405.

［8］沈健英,陆庆丰.水稻与杂草竞争模式及其系统序参量的应用［J］.上海交通大学学报（农业科
　　学版）,2008,2：127-133.

［9］沈健英,陆贻通.旋进原则与绿色食品发展［J］.上海交通大学学报,2004,4：428-431.

［10］沈健英,丁辉,石云.单嘧磺隆、单嘧磺酯及其混剂对水稻敏感性与除草效果研究［J］.杂草科
　　　学,2008,2：13-18.

［11］沈健英,陆峥嵘,陆贻通,等.除草剂对固氮蓝藻毒性研究进展［J］.世界农药,2004,6：27-31.

［12］罗伟,沈健英,李正名.单嘧磺隆对3种鱼腥藻的毒性［J］.农药,2007,5：346-348.

［13］沈健英,袁大伟.上海市郊大棚蔬菜的农药使用调查［J］.上海环境科学,1998,17：10-13.

［14］E·P·奥德姆,生态学基础［M］.北京：人民教育出版社,1981,33~36.

［15］艾尔·敏德尔.药草保健经典［M］.包头：内蒙古人民出版社,1999.

［16］安德森.改善环境的经济动力［M］.北京：中国展望出版社,1989：21-23.

［17］陈大夫.环境与资源经济学［M］.北京：经济科学出版社2001.

［18］戴宝合.野生植物资源学［M］.北京：中国农业出版社,2003.

［19］谷树忠.农业自然资源可持续利用［M］.北京：中国农业出版社,1999.

［20］兰德尔.资源经济学［M］.北京：商务印书馆,1989：60-156.

［21］李金昌,仲伟志.资源产业论［M］.北京：中国环境科学出版社,1990.

［22］刘秀珍,巩天奎,张素瑛.农业自然资源［M］.北京：中国科学技术出版社,2006.

［23］骆世明.农业生态学［M］.北京：中国农业出版社,2009.

［24］马中.环境与资源经济学概论［M］.北京：高等教育出版社,1999.

［25］皮广洁.农业资源利用与管理［M］.北京：中国林业出版社,2000.

［26］平狄克鲁宾费尔德.微观经济学［M］.北京：中国人民大学出版社,1997.

［27］沈德中.污染环境与生物修复［M］.北京：化学工业出版社,2001.

［28］宋毅.耗散结构论［M］.北京：中国展望出版社,1986,56-134.

［29］唐洪元,王学鹗,胡亚琴.上海郊区农田杂草种类、群落、分布、危害及防除策略研究.课题报告［R］(编号8501)

［30］汪安佑,雷涯邻,沙景华.资源环境经济学［M］.北京：地质出版社,2005.

［31］王宏燕,曹志平.农业生态学［M］.北京：化学工业出版社,2008.

［32］王振宇,刘荣,赵鑫.植物资源学［M］.北京：中国科学出版社,2007.

［33］杨春澍.药用植物学［M］.贵阳：贵州科学技术出版社,1994.

［34］杨毅.野菜资源及其开发利用［M］.武汉：武汉大学出版社,2000.

［35］伊·普里高津.从混沌到有序［M］.上海：上海译文出版社,1987.

［36］伊·普里高津.探索复杂性［M］.重庆：四川教育出版社,1986,82-150.

［37］余柳青.浙江省稻田杂草群落及其演替［J］.杂草科学,1993,4：21-23.

［38］赵建成.生物资源学［M］.北京：科学出版社,2000.

［39］中国饲用植物编委会.中国饲用植物志［M］.北京：农业出版社,1992.

［40］王健.杂草治理［M］.北京：中国农业出版社,1995,10-58.

［41］巫东浩.伦热学序与熵的基本关系［J］.自然辩证法通讯,1990,4：71~73.

［42］钱时惕.熵概念有关问题的哲学分析［J］.哲学研究,1990,6：58~66.

［43］唐学耕.松辽生态区稻田杂草的危害、群落结构及演替规律的研究［J］.吉林农业科学,1995,2：43~46.

［44］朱鹤健,何绍福.农业资源开发中的耦合效应［J］.自然资源学报,2003,5：583-588.

［45］靳京,吴绍洪,戴尔阜.农业资源利用效率评价方法及其比较［J］.资源科学,2005,1：146-152.

［46］《本草纲目》第1-6卷.

［47］于同英.连续六年施用杀草丹对杂草种群的变化及水稻生长的影响［J］.杂草学报,1991,5：15-17.

［48］周鸿.生态系统与耗散结构［J］.生态学杂志,1989,8,51-54.

［49］吕德滋.渤海滨海稻田杂草群落的演替［J］.杂草学报,1991,5：5-22.

［50］谢高地,齐文虎,章予舒.主要农业资源利用效率研究［J］.资源科学,1998,20：7-11.

［51］唐洪元.中国农田杂草［M］.上海：上海科技出版社,1991.

［52］谢碧霞,张美琼.野生植物资源开发与利用学［M］.北京：中国林业出版社,1995.

［53］聂绍荃.黑龙江植物资源志［M］.哈尔滨：东北林业大学出版社,2003.

［54］王宗训.中国资源植物利用手册［M］.北京：中国科学技术出版社,1989.

［55］董世林.植物资源学［M］.哈尔滨：东北林业大学出版社,1994.

［56］何明勋.资源植物学［M］.上海：华东师范大学出版社,1996.

［57］中国科学院《中国植物志》编写委员会.中国植物志［M］.北京：科学出版社,1995.

［58］安银岭.植物化学［M］.哈尔滨：东北林业大学出版社,1996.

［59］《全国中草药汇编》编写组.全国中草药汇编(下册)［M］.北京：人民卫生出版社,1978.

［60］林启寿.中草药成分化学［M］.北京：科学出版社，1977.

［61］胡林峰，崔乘幸，吴玉博，等.艾蒿化学成分及其生物活性研究进展［J］.河南科技学院学报，2010，38：75-78.

［62］王全杰，高龙，杨小岚.艾蒿精油的研究进展及其在皮革中的应用［J］.皮革与化工，2010，27：26-32.

［63］刘玉森，孙卫国.艾蒿染料染色丝织物的防紫外线和抗菌性研究［J］.上海纺织科技，2011，39：54-55.

［64］刘桂霞，王静，王谦谦，等.艾蒿水浸提液对冰草和披碱草种子萌发及幼苗生长的化感作用［J］.河北大学学报（自然科学版），2012，21：81-86.

［65］王绍政，张邦全，沈艳艳.艾蒿在口腔护理用品中的应用［J］.口腔护理用品工业，2010，20：24-25.

［66］孙克年.艾蒿在水产养殖中的开发与应用［J］.水产科技情报，2007，34：199-201.

［67］蒋勇.艾蒿主要药用成分的研究进展［J］.安徽农业科学，2011.39：8367-8368.

［68］王进.白茅根的药理研究及临床新用［J］.中国医药指南，2007：44-45.

［69］刘荣华，付丽娜，陈兰英，等.白茅根化学成分与药理研究进展［J］.江西中医药学院学报，2010，22：80-83.

［70］白玉昊，时银英，段玉通.白茅根降压茶治疗原发性高血压98例疗效观察［J］.中国现代药物应用，2007，1：63.

［71］岳兴如，侯宗霞，刘萍，等.白茅根抗炎的药理作用［J］.中国临床康复，2006，10：85-87.

［72］王建敏.白茅根汤治疗儿童单纯性肾小球性血尿30例［J］.浙江中医杂志，2009，44：663.

［73］焦坤，陈佩东，和颖颖，等.白茅根研究概况［J］.江苏中医药，2006，40：91-93.

［74］李言庆，姜海.小儿退热良药——白茅根［J］.社区医学杂志，2006，4：51.

［75］张广楠，樊光辉.艾蒿资源开发利用现状及前景展望［J］.青海农林科技，2007，1：65-67.

［76］刘迎，王金信，胡燕，等.白三叶草对苘麻和稗草的化感作用［J］.植物保护学报，2006，33：433-436.

［77］郭风民，郑蕾，王玉忠，等.白三叶草坪管理技术的研究及应用［J］.河南林业科技，2009，29：111-112.

［78］郭芳彬.谈谈利用白三叶草养猪［J］.中国畜牧杂志，1992，28：56.

［79］易凤银，彭科林.饲用稗草生育特性及栽培利用的研究［J］.草业科学，1993，10：62-64.

［80］张仁侠，张炳盛，孙永庆，等.斑地锦降压作用的初步研究［J］.药理与毒理，2009，6：114-115.

［81］王方，马廷蕊，柳永强，等.半湿润区斑地锦入侵后马铃薯的光合响应［J］.干旱地区农业研究，2011，29：59-62.

［82］魏胜华，孟娜，柴瑞娟.地锦与斑地锦的显微鉴别研究［J］.湖南农业科学，2012，：42-43.

［83］程月琴，王红卫，郑红军，等.入侵植物斑地锦浸提液对几种蔬菜的化感作用研究［J］.中国农学通报，2009，25：81-84.

［84］顾建中，史小玲，向国红，等.外来入侵植物斑地锦生物学特性及危害特点研究［J］.杂草科学，

2008,1：19－22.

[85] 魏思廷,李宏军.薄荷风味啤酒的研制[J].食品研究与开发,2011,32：128－131.

[86] 孙永艳,桑晓清,张利平,等.薄荷属植物的杀虫活性[J].世界农药,2011,33：25－36.

[87] 夏莲.薄荷属资源的研究与开发利用概况[J].中医临床研究,2010,2：118－119.

[88] 刘星,单杨.薄荷型红枣南瓜复合保健饮料的研制[J].湖南农业科学,2011,11：103－105.

[89] 周荣,钟震洪.薄荷在我国的研究进展[J].广东农业科学,2010,9：93－95.

[90] 刘立红,丁建海,刘世巍,等.扁蓄对枸杞蚜虫杀虫活性的研究[J].安徽农业科学,2008,36：
14183－14184.

[91] 丁建海,杨敏丽.扁蓄对小菜蛾杀虫活性物质初选[J].安徽农业科学,2007,35：11890－11893.

[92] 张蓉,魏希颖.扁蓄体外抑菌作用及其绿原酸含量测定[J].陕西农业科学,2010,6：64－66.

[93] 赵荣芳.扁蓄治疗糖尿病25例临床观察[J].南通医学院学报,1995,15：274－275.

[94] 胡浩斌,郑旭东.扁蓄种子的营养成分[J].光谱实验室,2005,22：413－415.

[95] 薛勇,卞勇.野生草坪草植物——扁蓄的种植试验研究[J].北京农业职业学院学报,2006,20：
14－16.

[96] 姜成,薛勇,卞勇.野生植物萹蓄的坪用价值研究[J].2007,7：6－7.

[97] 李小燕,丁丽萍.四翅滨藜饲料营养价值的综合评价及开发利用[J].畜牧与饲料科学,2010,
31：19－21.

[98] 敬思群,王桓.四翅滨藜叶蛋白提取工艺优化及氨基酸分析[J].郑州轻工业学院学报(自然科
学版),2010,25：22－26.

[99] 吴海荣,强胜.外来杂草波斯婆婆纳的化感作用研究[J].资源与利用,2008,27：67－73.

[100] 雷雨,李伟东,蔡宝昌.苍耳草的研究进展[J].现代中药研究与实践,2011,25：81－84.

[101] 付新.苍耳的研究进展[J].科技创新,2012,4：13－14.

[102] 李倩,相卫国,郝文芳.苍耳的研究与应用[J].农业基础科学,2005,21：116－120.

[103] 张峰,樊瑛.苍耳蠹虫的研究进展[J].中国中药杂志,1998,23：399－401.

[104] 韩婷,秦路平,郑汉臣,等.苍耳及其同.属药用植物研究进展[J].解放军药学学报,2003,19：
122－125.

[105] 温新宝,秦翠萍 苗芳,等.苍耳七黄酮化合物超声提取条件的优化[J].西北农林科技大学学报
(自然科学版),2011,39：153－157.

[106] 白文苑,沈慧敏.苍耳愈伤组织提取物对番茄灰霉病菌的抑菌活性[J].甘肃农业大学学报,
2008,43：82－86.

[107] 李孟良,汪从顺,万军.苍耳种子萌发和出苗特性的研究[J].种子,2004,23：35－38.

[108] 刘树民,姚珠星,张丽霞.苍耳子对肝脏功能损伤的可逆性及DNA合成影响的实验研究[J].
北京中医药大学学报,2007,30：87－89.

[109] 任贻军,周海,杨远荣,等.车前草的研究概况[J].安徽农业科学,2009,37：8467－8469.

[110] 钱莺,傅旭春,王建平,等.车前草降血尿酸有效成分提取工艺的研究[J].浙江大学学报(理学
版),2010,37：560－567.

［111］伍小红,金山.车前草梨汁保健复合饮料的研制［J］.试验研究,2011,11：67-68.

［112］刘力丰.车前草研究近进展［J］.中国医药指南,2009,7：40-41.

［113］陆萱.车前草研究述论［J］.南阳师范学院学报,2011,10：58-62.

［114］管铭,王勇,郭水良,等.外来入侵种春一年蓬化感作用及其粗提物的GC-MS分析［J］.上海农业学报,2009,25：51-56.

［115］杨肯牧.种点野生水草好养鹅鸭鱼［J］.湖南饲料,2003,1：35-36.

［116］龙雅宜.刺儿菜［J］.药用花卉专辑,2005,10：19.

［117］常丽新,霍军华,李林.低温贮存对刺儿菜品质的影响［J］.食品研究与开发,2005,26：51-52.

［118］张京.小蓟的降压作用及其机制分析［J］.CJTCM,2005,17：344.

［119］李桂凤,董淑敏,李兴福,等.野生刺儿菜营养成分分析［J］.Aeta Nutrimenta Sinica,1999,21：478-479.

［120］何云,李贤伟,龚伟.2种野生岩生植物叶片游离脯氨酸和叶绿素含量对低温胁迫的响应［J］.江苏农业科学,2011,39：473-476.

［121］刘旭辉,许元红,王仁富,等.丛毛羊胡子草修复尾矿坝铅镉污染的初步研究［J］.河南农业科学,2010,5：58-62.

［122］姜磊,王俊山.乡土野生花卉——打碗花［J］.河北林业,2008,3：60.

［123］王战军,李淑敏,李惠萍.消疣汤配合打碗花治疗扁平疣86例临床观察［J］.现代中西医蛄台杂志,2002,11：1014-1015.

［124］李鸿英,陆长根,李秀华.大金鸡菊（Coreopsis lanceolate L.）黄色素成分的初步研究［J］.植物学报,1981,23：511-514.

［125］孙醉君,毛才良,孟庆法.赣榆县厉庄地埂利用型式试验［J］.植物资源与环境,1993,2：41-45.

［126］张玉英.梯田田埂建设试验研究及效益分析［J］.水利水电科技进展,1995,15：44-51.

［127］李红丽,智颖飙,赵磊,等.大米草（Spartina anglica）自然衰退种群对N、P添加的生态响应［J］.生态学报,2007,27：2725-2732.

［128］庄树宏,仲崇信.大米草（Spartina anglica Hubbard.）生态型分化的研究［J］.生态学杂志,1987,6：1-9.

［129］桂诗礼,钦佩,顾重华,等.大米草的毒理学研究［J］.中国畜牧杂志,1992,28：9-11.

［130］乐湛元.大米草对海盐生产的影响及其防治对策［J］.苏盐科技,2011,3：4-5.

［131］罗彩林,温杨敏,郑晨娜.大米草和互花米草药用价值研究进展［J］.亚太传统医药,2010,6：180-181.

［132］许德芝.大米草净化生活污水的研究［J］.贵州大学学报,2002,21：121-125.

［133］陈慧清,张卫,赵宗保,等.大米草浓酸水解及发酵生产生物燃料的初步研究［J］.可再生能源,2007,25：16-20.

［134］董玉平,董磊,景元琢,等.大米草气、电、热三联供技术研究［J］.农业工程学报,2007,23：222-226.

［135］王仪明,雷艳芳,张兴,等.大米草收获时期和饲料营养价值的研究［J］.畜牧与饲料科学,

2010,31:11-13.

[136] 吴敏兰,方志亮.大米草与外来生物入侵[J].福建水产,2005,1:56-59.

[137] 缪伏荣,刘景,王淡华.大米草作为饲料原料的开发利用[J].饲料广角,2008,16:43-44.

[138] 周秋华,刘德启,陆路露,等.盐城湿地大米草对有机污染物净化的研究[J].环境科学与技术,30:12-14.

[139] 何立珍,周朴华,刘选明.荻不同外植体离体培养研究[J].西北植物学报,1995,15:307-311.

[140] 周存宇,杨朝东.不同生境中荻草根状茎扩展速率及地上茎生长的研究[J].安徽农业科学,2009,37:10482-10483.

[141] 黄杰,陈本建,苏永生,等.荻的开发利用研究进展[J].农业工程,2011,11.

[142] 陈鹏飞,张锡亭,胡久清,等.荻良种选育及品种资源研究[J].湘潭师范学院学报(自然科学版),1989,3:26-40.

[143] 黄亚川,张景飞,陈金龙,等.荻药剂防除技术初探[J].杂草科学,2011,29:61-62.

[144] 邱敦宽,袁志前.建设生态荻田的初步探讨[J].态学杂志,1989,8:69-72.

[145] 田如男,于双,王守攻.铜、镉胁迫下荻种子的萌发和幼苗生长[J].生态环境学报,2011,20:1332-1337.

[146] 王连敏,王立志,李忠杰,等.野生植物荻的利用途径浅析[J].黑龙江生态工程职业学院学报,2008,21:27-28.

[147] 黄杰,黄平,左海涛.栽培管理对荻生长特性及生物质成分的影响[J].草地学报,2008,16:646-651.

[148] 彭小梅,龚智峰,张文欣,等.地肤根降血糖及预防糖尿病肾病作用的实验研究[J].广西医科大学学报,2002,19:830-832.

[149] 牛皓,高建恩,杨世伟,等.地肤根系的力学性质及对道路侵蚀的影响[J].人民长江,2009,40:65-67.

[150] 王春利,王威.3种蔬菜的抗氧活性[J].食品研究与开发,2011,32:18-21.

[151] 邱星安,郑力航.马齿苋、蒲公英、板兰根水煎服带外洗治疗小儿带状疱疹48例[J].广西医科大学学报,2011,28:618.

[152] 付起凤,吕邵娃,李馨.马齿苋的药理活性及其保健功能[J].中医药信息,2011,28:130-132.

[153] 吕玉年.马齿苋的药理作用和临床应用[J].医学信息,2011,6:2532-2533.

[154] 徐道平,毛雅安.马齿苋合剂联合白细胞介素—2治疗扁平疣疗效观察[J].湖北中医杂志,2011,33:24-25.

[155] 秦录,佟彦丽,任翠莲.马齿苋合剂治疗湿疹的临床观察[J].西部中医药,2011,24:49-50.

[156] 乔竹稳,姚旭颖,单喜臣,等.马齿苋化学成分研究[J].齐齐哈尔大学学报,2012,28:58-60.

[157] 王永伟.马齿苋治疗小儿痱子19例[J].特色疗法,2011,19:20.

[158] 刘冲,洪立洲,王茂文,等.耐盐植物马齿苋的特性及其利用研究进展[J].江西农业学报,2011,23:39-41.

[159] 薄春明.论野生荠菜的烹饪方法与食用价值[J].科技信息,2011,9:413.

［160］赵秀玲.荠菜及其研究开发现状［J］.中国林副特产,2009,6:97-99.

［161］王建新,刘光荣.荠菜提取物在化妆品中的应用［J］.广东化工,2010,37:70-75.

［162］蔡宏芹,包志军,承仰周.浅谈荠菜的避害扬利［J］.上海农业科技,2010,1:141.

［163］彭小梅,龚智峰,张文欣,等.地肤根降血糖及预防糖尿病肾病作用的实验研究［J］.广西医科大学学报,2002,19:830-832.

［164］牛皓,高建恩,杨世伟,等.地肤根系的力学性质及对道路侵蚀的影响［J］.人民长江,2009,40:65-67.

［165］赵利,牛俊义,李长江,等.地肤水浸提液对胡麻化感效应的研究［J］.草业学报,2010,19:190-195.

［166］夏玉凤,戴岳,杨丽.地肤子对小鼠胃排空的抑制作用［J］.中国天然药物,2003,1:233-235.

［167］李萍,刘志峰,史文华,等.小鼠口服红花总黄酮延长凝血时间治疗窗的观察［J］.中药药理与临床,2003,19:21-24.

［168］颜宏,赵伟,秦峰梅,等.盐碱胁迫对碱地肤、地肤种子萌发以及幼苗生长的影响［J］.东北师大学报(自然科学版),2006,38:117-123.

［169］隽东.食用仙人掌饮料的研究［J］.中国园艺文摘,2011,11:34-36.

［170］文雯,李梁.仙人掌的药用功效及有效成分提取的研究进展［J］.保鲜与加工,2011,11:47-50.

［171］庄卫红.马兰的价值及栽培［J］.上海蔬菜,2009,1:38-39.

［172］赖家模.马兰根汤治疗乙型病毒性肝炎亚急性重型临床一得［J］.中华现代中医学杂志,2010,6:340-341.

［173］姚晓伟,陶小琴.马兰提取物抗炎作用的实验研究［J］.陕西中医,2010,31:1559-1560.

［174］张克亮,马成亮.马兰引种栽培与开发利用［J］.中国林副特产,2011,1:58-59.

［175］刘跃钧,李志豪,谢建秋.野生马兰若干营养成分分析［J］.福建林业科技,2009,36:21-25.

［176］李林.野生蔬菜马兰人工栽培技术［J］.西北园艺,2009,7:25-26.

［177］周锐丽,卢锋,秦龙龙.蒲公英的营养与保健功能［J］.中国食物与营养,2011,17:71-72.

［178］王超群,余海忠,李田,等.蒲公英不同溶剂提取物对黄瓜灰霉病菌的抑制作用［J］.植物医生,2011,24:33-35.

［179］王蔚新,杨丽,程水明.天然蒲公英茶饮料的研制［J］.湖北农业科学,2011,50:3139-3141.

［180］倪文静,林元.中西医结合治疗妊娠恶阻［J］.按摩与康复医学,2011,9:185-186.

［181］邱星安,郑力航.马齿苋、蒲公英、板兰根水煎服带外洗治疗小儿带状疱疹48例［J］.广西医科大学学报,2011,28:618.

［182］谢水祥,刘志刚,刘玉琳,等.野苋菜花粉与南昌地区过敏性哮喘的相关性研究［J］.赣南医学院学报,2001,21:363-365.

［183］韩明,古佳妍,杜伟凤.野苋菜多酚类化合物提取工艺的研究［J］.特产研究,2008,4:53-55.

［184］沈阳,王庆贺,林厚文,等.委陵菜化学成分的研究［J］.中药材,2006,29:237-239.

［185］宋宇.委陵菜提取液的抑菌作用［J］.安徽农业科学,2007,35:2207-2256.

［186］李利英,邓瑞雪,刘普,等.委陵菜属植物的化学成分及药理作用研究进展［J］.中国现代中药,

2008,10：3-7.

[187] 李华.委陵菜化学成分及药理作用研究进展[J].北方药学,2009,6：13-15.

[188] 尤凤丽,梁彦涛,曲丽娜,等.乡土植物委陵菜属资源调查及应用前景[J].大庆师范学院学报, 2010,30：102-104.

[189] 任燕利,曲玮,梁敬钰.委陵菜属植物研究进展[J].海峡药学,2010,22：1-7.

[190] 王世宽,潘明,任璐瑶.大有开发前景的野生蔬菜——鼠曲草[J].食品研究与开发,2005,26： 95-98.

[191] 王世宽.功能型野生蔬菜——鼠曲草的开发利用[J].北方园艺,2006：74-75.

[192] 潘明.固定化酵母细胞在鼠曲草啤酒中的应用[J].酿酒科技,2006,12：57-59.

[193] 潘明,王世宽,郭春晓,等.混合发酵法制备鼠曲草保健米酒的研究[J].中国酿造,2007,1： 70-73.

[194] 王世宽,冉燃,侯华,等.鼠曲草保健茶的研制[J].食品研究与开发,2009,30：53-55.

[195] 王世宽,潘明,任路遥.鼠曲草的氨基酸含量的测定及营养评价[J].氨基酸和生物资源,2005, 27：37-39.

[196] 席忠新,王燕,刘波,等.鼠曲草属植物化学成分与药理作用研究进展[J].医药导报,2010,29： 1463-1466.

[197] 俞冰,杜瑾,张亚珍,等.鼠曲草止咳祛痰作用的实验研究[J].浙江中医药大学学报,2006,30： 352-353.

[198] 林紫玉,张健伟,盖无双,等.地肤的利用价值及开发前景[J].山东林业科技,2007,1：97-98.

[199] 谈静惠,康书静,郝晓娟,等.地肤内生细菌对番茄灰霉病菌的拮抗作用[J].山西农业大学, 2011,31：326-331.

[200] 魏艳,张晓华,刘正东,等.地肤农用生物活性研究[J].西北林学院学报2009,24：129-132.

[201] 赵磊,杜娟,刘素琪,等.地肤子粗提物对小菜蛾的拒食作用[J].山西农业科学,2008,36： 38-39.

[202] 陈雪羽.地肤子的化学成分·药理学研究进展[J].安徽农业科学,2010,38：11138-11139.

[203] 张竞怡,王文杰,史欢,等.地肤子中总黄酮提取工艺及其抗氧化性研究[J].浙江农业大学, 2011,6：1340-1344.

[204] 常会庆,丁学锋.不同底泥处理对软叶丁香蓼去除水体中氮素的影响[J].河南农业大学学报, 2007,41：655-658.

[205] 王广林,刘昌利,刘昌平,等.土壤—丁香蓼系统重金属Cu、Zn积累特征的研究[J].皖西学院 学报,2008,24：81-84.

[206] 莫小路,朱庆玲,郑宗超,等.丁香罗勒抗菌作用研究[J].现代医药卫生,2009,25：2462-2463.

[207] 邹亚群,李东,陈丽娜,等.复方丁香罗勒油的稳定性研究[J].药物研究,2005,14：27-28.

[208] 常雪刚,徐柱,易津,等.6种鹅观草属植物叶片形态解剖特征比较[J].草地学报,2011,19： 443-450.

[209] 康厚扬,周永红,张海琴,等.八个四倍体鹅观草属物种的核型研究[J].广西植物,2006,26：

360-365.

［210］魏秀华,周永红,杨瑞武,等.鹅观草属三个物种及其居群间的醇溶蛋白分析[J].广西植物,2005,25:464-468.

［211］肖海峻,徐柱,李临航,等.利用ISSR标记研究鹅观草属种质资源的遗传多样性[J].华北农学报,2007,22:146-150.

［212］龙鸿.五种鹅观草属植物的核型研究[J].沈阳农业大学学报,1993,24:165-167.

［213］孔令娜,陈卫平,冯金侠.纤毛鹅观草的研究与利用[J].生物学通报,2009,44:4-6.

［214］冯志茹,刘淑华,赵淑芬,等.直穗鹅观草引种试验[J].牧草科学,2007,9:28-29.

［215］黄元,董琦,乔善义.繁缕化学成分研究(Ⅱ)[J].解放军药学学报,2007,23:185-187.

［216］董琦,黄元,乔善义.繁缕化学成分研究(Ⅰ)[J].中国中药杂志,2007,32:1048-1050.

［217］黄元,董琦,乔善义.繁缕属植物的化学成分和药理活性研究进展[J].解放军药学学报,2006,22:210-212.

［218］郑玉红,赵海光,单宇,等.繁缕种质资源研究进展[J].安徽农业科学,2010,38:731-734.

［219］黄文哲,李玉环,张伟东,等.牛繁缕的化学成分研究[J].现代中药研究与实践,2005,19:27-28.

［220］张庆英,王学英,营海平,等.飞廉化学成分研究[J].中国中药杂志,2001,26:837-839.

［221］杨洋,巩江,孙玉,等.飞廉属植物药学研究概况[J].安徽农业科学,2011,39:770-771.

［222］于洋飞,马红,韩玉军,等.飞廉提取物对3种蔬菜病原真菌的抑制作用[J].东北农业大学学报,2009,40:15-18.

［223］王美英.菊科植物飞廉的降压作用研究[J].中医药学刊,2003,21:1591.

［224］王自安,靳利民,刘义正,等.佛座草与冬小麦竞争关系研究[J].河南农业科学,1997,11:12-13.

［225］周雄飞,史巍,吴晶,等.不同投放密度的浮萍对水体氮磷去除效果的初步研究[J].江西农业学报,2010,22:161-163.

［226］罗铁成,侯恩太,路锋,等.浮萍药用研究概况[J].安徽农业科学,2010,38:8423-8424.

［227］唐艳葵,韦星任,蓝梓铭,等.浮萍在Cd、Zn污染水体植物修复中的应用潜力研究[J].安徽农业科学,2010,38:15163-15165.

［228］种云霄,胡洪营,崔理华,等.浮萍植物在污水处理中的应用研究进展[J].环境污染治理技术与设备,2006,3:14-17.

［229］何玉惠,赵哈林,刘新平,等.不同类型沙地狗尾草的生长特征及生物量分配[J].生态学杂志,2008,27:504-508.

［230］刘军,袁大鹏,周红红,等.狗尾草对加筋土坯力学性能的影响[J].沈阳建筑大学学报,2010,26:720-733.

［231］毛妍婷,郑毅,李永梅,Fullen M A,Booth C A.狗尾草根系固土拉力的原位测定[J].土壤通报,2009,40:580-584.

［232］李善林,韩烈保.涝灾条件下狗尾草对三种草坪草生长的影响[J].北京林业大学学报,2000,

22：38-40.

［233］智慧,王永强,李伟,等.利用野生青狗尾草的细胞质培育谷子质核互作雄性不育材料［J］.植物遗传资源学报,2007,8：261-264.

［234］李伟,智慧,王永芳,等.适合于狗尾草属遗传分析的ISSR标记筛选及反应体系优化研究［J］.华北农学报,2007,22：141-145.

［235］巩江,倪士峰,李文娟,等.狗尾草属药学研究概况［J］.安徽农业科学,2010,38：7876-7877.

［236］朱淑霞,尹少华,张俊卫,等.不同废弃物基质对狗牙根无土草皮生产的影响［J］.草业科学,2011,28：68-73.

［237］李亚男,刘国道,罗丽娟.不同生境条件下的狗牙根形态变异研究［J］.热带作物学报,2010,31：1502-1508.

［238］杨彬,杨烈,黄婷,等.冬季盖播狗牙根草坪的春季转换研究进展［J］.草业与畜牧,2010,11：1-7.

［239］刘继朝,崔岩山,张燕平,等.狗牙根对石油污染土壤的修复效果研究［J］.水土保持学报,2009,23：166-168.

［240］唐欣,向佐湘,苏鹏.狗牙根研究进展［J］.作物研究,2009,23：383-386.

［241］黄春琼,张永发,刘国道.狗牙根种质资源研究与改良进展［J］.草地学报,2011,19：531-537.

［242］王志勇,刘建秀,郭海林.狗牙根种质资源营养生长特性差异的研究［J］.草业学报,2009,18：25-32.

［243］刘建秀,贺善安,刘永东,等.华东地区狗牙根形态分类及其坪用价值［J］.植物资源与环境,1996,5：18-22.

［244］刘建秀,郭爱桂,郭海林.我国狗牙根种质资源形态变异及形态类型划分［J］.草业学报,2003,12：99-104.

［245］齐晓芳,张新全,凌瑶,等.我国狗牙根种质资源研究进展［J］.草业科学,2011,28：444-448.

［246］刘俊红,殷祥贞.稀硫酸降解狗牙根中纤维素工艺研究［J］.可再生能源,2010,28：66-68.

［247］孙宗玖,阿不来提,李培英.新疆狗牙根农艺性状及利用价值初探［J］.草业科学,2006,23：36-40.

［248］廖芳,刘勇,杨秀丽,黄国明,等.基于Adh1基因分析高粱属的系统进化关系［J］.遗传,2009,31：523-530.

［249］陈秀华,刘强,陈兴兴,等.广藿香不同部位挥发油成分的比较研究［J］.辽宁中医药大学学报,2008,10：127-128.

［250］丁文兵,刘梅芳,魏孝义,等.广藿香大极性化学成分的研究［J］.热带亚热带植物学报,2009,17：610-616.

［251］罗集鹏,冯毅凡,郭晓玲.广藿香根与根茎挥发油成分研究［J］.天然产物研究与开发,2000,12：66-69.

［252］李春龚,吴友根,林尤奋,等.广藿香化学成分的研究进展［J］.江苏农业科学,2011,39：498-500.

［253］曾志,谭丽贤,蒙绍金,等.广藿香化学成分和指纹图谱研究［J］.分析化学研究报告,2006,34：

1249-1254.

[254] 苏镜娱,张广文,李核,等.广藿香精油化学成分分析与抗菌活性研究[J].中草药,2001,32: 204-205.

[255] 张英,张金超,陈瑶,等.广藿香生药、化学及药理学的研究进展[J].中草药,2006,37: 786-790.

[256] 任守忠,靳德军,张俊清,等.广藿香药理作用研究进展[J].中国现代中药,2006,8: 27-29.

[257] 冯承浩,姚辉,吴鸿,等.广藿香药用部位成熟结构及有效成分分布研究[J].中草药,2003,34: 174-176.

[258] 刘亮锋,黄晓丹,蔡大可,等.广藿香油及藿香油的研究概况[J].中国中医药信息杂志,2009, 16: 100-102.

[259] 涂玉琴,戴兴临,涂伟凤,等.萍菜幼苗抗菌核病及抗旱和耐湿特性的鉴定[J].植物资源与环境学报,2011,20: 9-15.

[260] 魏树和,周启星,任丽萍.球果焊菜对重金属的超富集特征[J].自然科学进展,2008,18: 406-412.

[261] 刘燕,晁若冰,沈怡,等.不同何首乌特征图谱的初步研究及发酵何首乌主要成分的初步鉴定[J].天津药学,2010,22: 18-20.

[262] 王文静,薛咏梅,赵荣华,等.何首乌的化学成分和药理作用研究进展[J].长春中医药大学学报,2007,30: 60-64.

[263] 宋士军,李芳芳,岳华,等.何首乌的抗衰老作用研究[J].河北医科大学学报,2003,24: 90-91.

[264] 廖海民,胡正海.何首乌的生物学及化学成分研究进展[J].中草药,2005,36: 311-314.

[265] 张志国,吕泰省,姚庆强.何首乌的研究进展[J].解放军药学学报,2007,24: 62-65.

[266] 彭晓波.何首乌的研究与应用[J].中国现代药物应用,2008,2(19): 117.

[267] 吴晓青.何首乌化学成分与药理活性的研究进展[J].时珍国医国药,2009,20: 146-147.

[268] 杨晓丽,王立为.中药何首乌的药理作用研究进展[J].中药研究进展,2004,21: 12-14.

[269] 金群英.黑麦草喂兔提高繁殖力的效果试验[J].浙江畜牧兽医,1999,2: 22-23.

[270] 王慧琴,谢明勇,傅博强,等.RP-HPLC法测定红花中红花红色素的含量[J].分析测试学报,2004,23: 98-100.

[271] 郭美丽,付立波,张芝玉,等.UV,HPLC测定红花中黄色素、多糖和腺苷的含量[J].中国药学杂志,1999,34: 550-552.

[272] 谭勇,李国玉,成玉怀,等.不同产地红花的矿质元素及羟基红花黄色素A含量分析[J].安徽农业科学,2009,37: 5488-5489,5491.

[273] 郭美丽,张芝玉,张汉明,等.不同栽培居群红花的孢粉特征、同工酶谱及化学成分含量[J].中国药学杂志,1999,34: 728-729.

[274] 曹译心,张旭,张翠薇,等.红花提取物对肾缺血再灌注损伤的影响[J].中国医药导报,2011, 8: 26-28.

[275] 沙涛,高武军,邓传良,等.基因组DNA标记在红花种质遗传多样性研究中的应用[J].湖北农

业科学,2011,50:95－97.

［276］沈娟.红花酢浆草的耐阴性研究[J].安徽农业科学,2010,38:12950－12951.

［277］刘会超,贾文庆,尤扬,等.红花酢浆草花粉萌发及贮藏特性的研究[J].江西农业大学学报,
2010,32:185－189.

［278］罗天琼,莫本田.红花酢浆草生物学特性研究[J].贵州农业科学,1997,25:49－53.

［279］李春芳,罗吉凤,程治英,等.红花酢浆草试管根茎诱导和快速繁殖研究[J].云南农业科技,
2011,4:16－18.

［280］张良,张彩莹,何民桢.红花酢浆草在园林绿化中的应用[J].中国野生植物资源,2006,25:
29－30.

［281］徐勤松,计汪栋,杨海燕,等.镉在槐叶苹叶片中的蓄积及其生态毒理学分析[J].生态学报,
2009,29:3019－3027.

［282］管棣,谢青兰,杨拮,等.黄鹌菜的抗氧化作用研究[J].中药材,2007,30:1002－1005.

［283］谢青兰,管棣,张媛媛,等.黄鹌菜化学成分的研究[J].时珍国医国药,2006,17:2451－2452.

［284］曾宪锋,邱贺媛,苏文盛,等.黄鹌菜中硝酸盐、亚硝酸盐及VC的含量[J].食品科学,2006,27:
697－698.

［285］廖保宁,张婧萱,黄锁义.黄鹌菜中总黄酮的提取及对羟自由基的清除作用[J].微量元素与健
康研究,2006,23:50－51.

［286］张晓蓉,彭光花,陈功锡,等.黄花蒿残渣挥发油化学成分及其抑菌活性分析[J].中草药,
2011,42:2418－2421.

［287］孙年喜,李隆云,钟国跃.黄花蒿生殖期光合特性研究[J].安徽农业科学,2008,36:
3966－3967,3977.

［288］吴叶宽,李隆云,胡莹.黄花蒿种子生产优化措施探讨[J].中国中药杂志,2009,34:
2144－2148.

［289］王梦琼,王满元,崔俊茹,等.现代生物技术结合传统栽培方法在黄花蒿种植中的应用[J].安
徽中医学院学报,2009,28:79－82.

［290］王满莲,蒋运生,韦霄,等.栽培密度和施肥水平对黄花蒿生长特性和青蒿素的影响[J].植物
营养与肥料学报,2010,16:185－190.

［291］孔德鑫,韦记青,邹蓉,等.栽培与野生黄花蒿中化学组分的FTIR表征及青蒿素含量比较分析
[J].基因组学与应用生物学,2010,29:349－354.

［292］周崇伟.黄花苜蓿的开发与利用[J].中国酿造,2006,1:52－54.

［293］岳秀泉,周道玮.黄花苜蓿的优良特性与开发利用[J].吉林畜牧兽医,2004,8:26－28.

［294］王俊杰,云锦凤,吕世杰.黄花苜蓿种质的优良特性与利用价值[J].内蒙古农业大学学报,
2008,29(1):215－219.

［295］李晋尧.绿肥作物黄花苜蓿高产栽培技术初探[J].安徽农学通报,2011,17:56－57.

［296］王瀚,何九军,杨小录,等.灰绿藜水提物对小麦的化感作用研究[J].杂草科学,2007,2:
20－23.

［297］王琴,蒋林,温其标.八角茴香的研究进展［J］.中国调味品,2005,5: 18－22.

［298］任安祥,何金明,王羽梅.不同发育阶段茴香种子精油含量及其成分组成比例变化［J］.种子,2007,26: 33－36.

［299］何金明,肖艳辉,王羽梅,等.不同茴香品种植株形态及营养成分分析［J］.中国蔬菜,2008: 18－20.

［300］何金明,肖艳辉,郭园,等.茴香不同器官精油含量及其成分比较［J］.园艺学报,2006,33: 555－560.

［301］付起凤,张艳丽,许树军,等.小茴香化学成分及药理作用的研究进展［J］.中医药信息,2008,25: 24－26.

［302］聂玉晓,王梦月,鞠培俊,等.国产加拿大一枝黄花的药理作用研究［J］.时珍国医国药,2008,19: 818－820.

［303］崔小兵,许金国,郁红礼,等.加拿大一枝黄花不同采收期总黄酮及芦丁含量测定［J］.时珍国医国药,2011,22: 177－178.

［304］左坚,刘学医.加拿大一枝黄花的生药学鉴定［J］.现代中药研究与实践,2006,20: 33－34.

［305］任媛,张雅岸,沈青.加拿大一枝黄花的研究及应用现状［J］.广州化学,2008,33: 79－86.

［306］黄洪武,李俊,董立尧,等.加拿大一枝黄花对植物化感作用的研究［J］.南京农业大学学报,2009,32: 48－54.

［307］吴俊哲,张精杰,金惠超,等.加拿大一枝黄花对紫花苜蓿和红苋菜的化感效应研究［J］.上海农业学报,2009,25: 36－40.

［308］刘晓月,朱宏科,吴世华,等.加拿大一枝黄花二萜成分的抗肿瘤活性［J］.浙江大学学报(理学版),2007,34: 661－664.

［309］王开金,李宁,陈列忠,等.加拿大一枝黄花精油的化学成分及其抗菌活性［J］.植物资源与环境学报,2006,15: 34－36.

［310］武之新,纪剑勇.碱地肤耐盐性研究初报［J］.植物生态学与地植物学学报,1989,13: 79－83.

［311］宋百敏,宗美娟,刘月良.碱蓬和盐地碱蓬花粉形态研究及其在分类上的贡献［J］.山东林业科技,2002,2: 1－4.

［312］任伟重,姜华,郑音,等.碱蓬资源的开发价值［J］.辽宁农业科学,2011: 51－53.

［313］张泽生,牟浩,赵璐,等.盐地碱蓬提取物抗氧化活性的研究［J］.食品研究与开发,2010,11: 4－8.

［314］李明,周欣,赵超,等.HPLC同时测定姜黄中3种姜黄素的含量［J］.药物分析杂志,2008,28: 1810－1814.

［315］赵欣,袁丹,王启隆,等.姜黄提取物中姜黄素类成分定量分析法研究［J］.药物分析杂志,2005,25: 643－647.

［316］彭丽,李绍才,王海洋.金发草的种群分布格局和种间关联［J］.西南农业大学学报(自然科学版),2004,26: 689－692.

［317］高兴祥,李美,高宗军,等.泥胡菜等8种草本植物提取物除草活性的生物测定［J］.植物资源与

环境学报,2008,17:31-36.

[318] 龚梦鹃,邹忠杰.泥胡菜抗炎作用的实验研究[J].中医药导报,2010,16:59-61.

[319] 隆雪明,游思湘,刘湘新,等.泥胡菜水提物的体外抗菌作用试验[J].动物医学进展,2007,28:37-40.

[320] 任玉琳,杨峻山.中药泥胡菜化学成分的研究[J].药学学报,2001,36(10):746-749.

[321] 郝芹,刘海燕,刘如芳,等.观赏草坪中吊竹梅与婆婆纳的搭配[J].2006,3:61.

[322] 张军林,张蓉,慕小倩,等.婆婆纳化感机理研究初报[J].中国农业通报,2006,22:151-153.

[323] 杨文权,寇建村,刘斌.野生植物婆婆纳的坪用性状[J].草原与草坪,2006,1:54-58

[324] 李军明.芡实的营养价值及保健功能[J].中国食物与营养,2011,17:71-73.

[325] 张然,崔竹梅.芡实及其应用研究进展[J].农技服务,2009,26:130-131,153.

[326] 纪俊玲,李小琴,王炜,等.芡实壳天然染料真丝染色动力学研究[J].常州大学学报(自然科学版),2011,23:24-28.

[327] 李芙蓉,陈世忠,罗世恒等.UFLC法测定茜草中羟基茜草素和大叶茜草素[J].中草药,2010,41:2087-2089.

[328] 雷建平,李炎唐,孙仲诒.茜草对小鼠肾包膜下移植人肾癌组织的抑制作用观察[J].中国中西医结合外科杂志,2000,6:192-193.

[329] 王小娟,焦林,贺江平.茜草对亚麻织物染色的研究[J].毛纺科技,2005,11:24-27.

[330] 曹红梅.茜草色素的染色和拼色[J].印染,2011,6:23-26.

[331] 谭朝阳,尤昭玲.茜草提取工艺的研究[J].中草药,2004,35:399-401.

[332] 刘翔,熊正英.茜草提取物对大强度耐力训练大鼠不同组织NO-NOS体系及运动能力的影响[J].中国运动医学杂志,2008,27:478-480.

[333] 张振凌,黄显峰,张春爽,等.茜草饮片炒炭前后药理作用的比较[J].中华中医药杂志,2008,23:879-881.

[334] 杨东洁,郑光洪.茜草在天然纤维染色中的应用[J].丝绸,2000,12:19-21.

[335] 罗晓铮,董诚明,陈随清,等.茜草种子萌发特性的研究[J].河南科学,2008,26:1059-1061.

[336] 陈韬,姚洪炎.优良牧草黑麦草的栽培与利用[J].贵州畜牧兽医,2009,33:42-44.

[337] 张泽君,张欣.蛇床子化学成分及药理学研究进展[J].黑龙江医药,2011,24:275-276.

[338] 武蕾蕾,许晓义.蛇床子抗皮肤过敏实验研究[J].牡丹江医学院学报,2011,32:8-10.

[339] 林爱花,李勇.蛇床子素药理作用及相关研究进展[J].医学信息,2010,12:3868.

[340] 陈蓉谢,梅林.蛇床子素抑制血栓形成及其作用机制研究[J].中国现代医药杂志,2008,10:50-52.

[341] 张建平,张羽飞,包海花,等.HPLC法检测蛇莓中熊果酸的含量[J].牡丹江医学院学报,2010,31:25-27.

[342] 许文东,林厚文,邱峰,等.蛇莓的化学成分[J].沈阳药科大学学报,2007,24:402-406.

[343] 许文东,林厚文,邱峰,等.蛇莓黄酮苷类化学成分研究[J].中国药学杂志,2007,24:981-982.

[344] 梁薇,梁莹,应惠芳.蛇莓抗菌作用的实验研究[J].咸宁学院学报(医学版),2005,19:

167-168.

[345] 薛红卫.蛇莓药理与临床研究进展[J].中国中医药信息杂志,2002,9:79-80.

[346] 芦启兴.蛇莓治疗带状疱疹疗效观察[J].中国乡村医药杂志,2007,14:51.

[347] 王付明,李磊,王艳霞,等.优良地被植物垂盆草和蛇莓的引种与园林应用[J].黑龙江农业科学2010,1:61-63.

[348] 徐智勇.中药蛇莓的化学成分与药理研究进展[J].中医药导报,2006,12:80-82.

[349] 胡剑峰,王旭明,史刚荣,等.石龙芮对含铁废水的净化研究[J].淮北煤炭师范学院学报(自然科学版),2007,28:31-34.

[350] 徐晓锋,杨浩,杨林章.石龙芮在城市生活污水净化中的应用潜力[J].植物资源与环境学报,2004,13:17-20.

[351] 李狄嘉,周遗品,雷泽湘,等.水葫芦的资源化利用研究[J].广东农业科学,2011,6:146-147.

[352] 刘士力,胡延尖,王雨辰,等.水葫芦对富营养化水体改良效果的试验[J].安徽农学通报,2010,16:66-67.

[353] 张志勇,刘海琴,严少华,等.水葫芦去除不同富营养化水体中氮、磷能力的比较[J].江苏农业学报,2009,25:1039-1046.

[354] 杨成梓,凌伟坚,陈健斌.两种仙桃草的本草考证[J].中药材,2003,26:818-819.

[355] 王华,唐树梅,廖香俊,等.锰超积累植物——水蓼[J].生态环境,2007,16:830-834.

[356] 谢永强.水芹菜中毒16例的抢救治疗[J].中国医学创新,2009,6:48.

[357] 黄凯丰,时政,欧腾,等.水芹的营养保健成分分析[J].江苏农业科学,2011,39:434-435.

[358] 汪雪勇,张海洋.野生水芹的合理开发利用[J].中国野生植物资源,2006,25:31-32.

[359] 魏成根,杨敏,孙巍.温度对悬浮水藻去除水体中氮磷的影响研究[J].西华大学学报·自然科学版,2008,27:54-56.

[360] 刘冬莲.菘蓝对土壤中重金属的吸收富集特征初步研究[J].化学研究与应用,2010,22:1174-1178.

[361] 裴毅,聂江力,韩英梅,等.菘蓝根化学成分研究[J].安徽农业科学,2011,39:15258-15259.

[362] 唐晓清,王康才,解芳.菘蓝叶片不同部位靛蓝、靛玉红分布规律研究[J].江西农业学报,2008,20:74-76.

[363] 王治同,顾岩,林柯,等.酸浆果醋饮料的研制[J].中国调味品,2010,12:60-63.

[364] 王晓闻,常霞,宋世军.酸浆果原汁饮料的研究[J].农产品加工·学刊,2010,3:47-49.

[365] 王家东,王荣荣.酸浆开发利用研究的进展[J].农技服务,2007,24:109,112.

[366] 许亮,王冰,康廷国.酸浆种质资源与规范化栽培[J].现代中药研究与实践,2007,22:15-16.

[367] 李春和.植物酸浆药用及食用价值[J].农技服务,2011,28:360-362.

[368] 许亮,王荣祥,杨燕云,等.中国酸浆属植物药用资源研究[J].中国野生植物资源,2009,28:21-23.

[369] 时应征,王晓,栾晓丽,等.石龙芮与酸模处理生活污水实验研究[J].环境科学与管理,2008,33:62-64.

［370］李红艳,唐世荣,郑洁敏.酸模、小头寥和戟叶酸模对铜的耐性和积累特性研究［J］.科技通报, 2005,21:480-484.

［371］董玮玮,鲁智丛,曲一,等.大叶碎米荠营养成分的研究［J］.天然产物研究与开发,2007,19: 442-444.

［372］吴明开,师雪芹.黄山部分药用苔藓植物资源调查［J］.安徽农业科学,2011,39:127-128.

［373］赵秀丽.苔藓植物的研究进展［J］.淮南师范学院学报,2009,11:26-28.

［374］许春晖,卢龙.苔藓植物监测大气多环芳烃研究进展［J］.广东化工,2010,37:181-184.

［375］吴璐璐,严雄梁,季梦成.浙江药用苔藓植物资源［J］.浙江林学院学报,2009,26:68-75.

［376］张兰,张德志.天胡荽的研究进展［J］.现代食品与药品杂志,2007,17:15-18.

［377］张兰,张德志.天胡荽化学成分研究（Ⅰ）［J］.广东药学院学报,2007,23:494-495.

［378］顾振华,向国红,彭友林.天胡荽新型草坪引种试验研究［J］.贵州农业科学,2009,37:19-20.

［379］薛蔓,王凯,崔元臣.H_2O_2对田菁胶的氧化降解性能研究［J］.应用化工,2009,38:1642-1644.

［380］崔元臣,周大鹏,李德亮.田菁胶的化学改性及应用研究进展［J］.河南大学学报（自然科学版）,2004,34:30-33.

［381］王新海,崔元臣,李德亮,等.两性田菁胶在处理生活污水中的助凝作用［J］.化学研究,2003, 14:32-34.

［382］向秋玲.铁苋菜不同溶剂提取物抑菌作用的研究［J］.江苏农业科学,2010,4:360-362.

［383］邓莉,李凤前,邹豪,等.铁苋菜抗溃疡性结肠炎的有效成分［J］.中成药,2007,29:969-971.

［384］李洪亮,丁冶青,孙立波,等.铁苋菜止咳祛痰作用的实验研究［J］.时珍国医国药,2009,20: 856-857.

［385］李芳,陈翠林,王丽,等.通泉草属植物研究进展［J］.草原与草坪,2008,5:82-86.

［386］洒威,畅喜云,席嘉宾,等.我国香根草种质资源研究与应用现状及展望［J］.草业与畜牧, 2009,4:24-29.

［387］邓绍云,邱清华.香根草对土壤盐碱降解试验［J］.广东农业科学,2011,11:84-87.

［388］韩露,张小平,刘必融,等.香根草对土壤中几种重金属离子富集能力的比较研究［J］.生物学杂志,2005,22:20-23.

［389］刘云国,宋筱琛,王欣,等.香根草对重金属镉的积累及耐性研究［J］.湖南大学学报（自然科学版）,2010,37:75-79.

［390］张国发,姜旭红,崔玉波.香根草研究与应用进展［J］.草业科学,2005,22:73-78.

［391］李彬,彭秀,耿养会,谭名照,等.香根草应用研究现状及前景分析［J］.江苏林业科技,2009, 36:46-50.

［392］邓国宾,张晓龙,王燕云,等.香根鸢尾挥发油的化学成分分析及抗菌活性研究［J］.林产化学与工业,2008,28:39-44.

［393］诸葛晓龙,朱敏,季璐,等.入侵杂草小飞蓬和钻形紫菀种子风传扩散生物学特性研究［J］.农业环境科学学报,2011,30:1978-1984.

［394］高兴祥,李美,高宗军,等.外来物种小飞蓬的化感作用初步研究［J］.草业学报,2009,18:

46－51.

[395] 丁佳红,王洲,薛正莲.小飞蓬的铜毒害和抗性机制研究[J].土壤通报,2010,41:200－205.

[396] 杨帆,刘雷,刘足根,等.小飞蓬对Cd的耐性与吸收特性研究[J].安徽农业科学,2008,36:2501－2503.

[397] 高兴祥,李美,于建垒,等.小飞蓬提取物除草活性的生物测定[J].植物资源与环境学报,2006,15:18－21.

[398] 朱小梅,洪立洲,王茂文,等.小根蒜的研究进展与利用前景[J].安徽农学通报,2010,6:114－115.

[399] 张香美,赵凤存,李慧荔,等.小根蒜提取物对香椿保鲜效果的影响[J].中国农学通报:2009,25:55－58.

[400] 张香美,刘月英,贾月梅,等.小根蒜研究现状及其开发利用[J].安徽农业科学,2006,34:1764－1765.

[401] 王飞,姚明华,李宁,等.国外辣椒种质资源鉴定及应用评价[J].辣椒杂志(季刊),2011,23:31－34.

[402] 刘春艳.辣椒的食用价值[J].辣椒杂志(季刊),2006,4:39.

[403] 郭青龙.辣椒的药用价值与开发前景[J].中国医药报,2002.34:10.

[404] 温变英.辣椒的营养药用价值及其开发利用[J].特种经济动植物,2007,8:37－38.

[405] 杨红梅,陈同欢,梁云发.辣椒红色素的提取方法[J].中国高新技术企业,2010:35－36.

[406] 李艳梅,王水泉,李春生.辣椒红色素的性质及其应用[J].农产品加工学刊,2009,2:52－54.

[407] 颜健,卢俏,张怡,等.辣椒红色素的研究进展[J].广州化工,2011,39:9－11.

[408] 郭爽,沈火林.辣椒红色素含量变化规律研究[J].中国瓜菜,2012,25:20－22.

[409] 张菊平,张兴志.辣椒种质资源创新的技术途径[J].安徽农业科学2008,36:188－189.

[410] 徐小万,雷建军,罗少波,等.辣椒种质资源的分子评价[J].广东农业科学2009,12:44－47,70.

[411] 喻良文,钟燕珠,李薇,等.市售广藿香的挥发油成分及药材应用状况研究[J].药物研究,2008,12:36－38.

[412] 刘伟良,钟海挽.我国辣椒属种质资源研究进展[J].安徽农学通报,2010,1:108－110.

[413] 盛祥.参我国辣椒种质资源的分类[J].北方园艺,2011:196－198.

[414] 徐小万,李颖,王恒明.中国辣椒工业的现状、发展趋势及对策[J].园艺园林科学,2008,11:332－338.

[415] 戴斌,刘欢,李莹,等.紫色辣椒"黑珍珠"的色素分析[J].湖北农业科学,2011,6:2275－2277.

[416] 彭丽,李绍才,王海洋.金发草的种群分布格局和种间关联[J].西南农业大学学报(自然科学版),2004,33:689－692.

[417] 王海洋,彭丽,李绍才,等.岩生植物金发草生长特征研究[J].应用生态学报,2005,8:1432－1436.

[418] 马丹炜,王胜华,罗通,等.岩生植物金发草遗传多样性的ISSR和AFLP比较研究[J].应用与环境生物学报,2006,12:605－608.

［419］杨体,模荣祖,元许世,等.金荞麦的抑菌活性研究［J］.四川生理科学杂志,1999:1-4.

［420］冯黎莎,陈放,白洁.金荞麦的抑菌活性研究［J］.武汉植物学研究,2006,24:240-244.

［421］赵钢,唐宇,王安虎.金荞麦的营养成分分析及药用价值研究［J］.武汉植物学研究,2002:39-41.

［422］王安虎,夏明忠,蔡光泽,等.金荞麦的栽培产量及其有效成分含量研究［J］.西昌学院学报(自然科学版),2011,32:1-3,17.

［423］何美珊,钱炳辉,王兆龙,等.金荞麦片质量标准的实验研究［J］.中成药,2010,5:779-782.

［424］蒋小文.金荞麦片质量控制标准研究［J］.上海中医药杂志,2011,13:84-85.

［425］关水华.金荞麦水剂的质量考察［J］.国医论坛,2004,:44.

［426］熊六波,杨拯,徐艳,荣成,张晓.金荞麦提取物的抗癌研究［J］.辽宁中医药大学学报,2008,9 132-134.

［427］包鹏,张向荣,周晓棉,等.金荞麦提取物的药效学研究［J］.中国现代中药,2009,7:36-41.

［428］龙桑,石国荣.金荞麦药理作用研究进展［J］.湖南环境生物职业技术学院学报,2007,9:28-31.

［429］谷勇,侯杰荣,何颖,等.金荞麦药用研究进展［J］.实用中医药杂志,2011,11:646-647.

［430］王芳,黄朝表,刘鹏,等.铝对荞麦和金荞麦根系分泌物的影响［J］.水土保持学报,2005,4:107-109.

［431］唐华彬,尹迪信,罗红军,等.牧草作物金荞麦的引种比较试验［J］.贵州农业科学,2007,35:51-53.

［432］陈微微,陈传奇,刘鹏,等.荞麦和金荞麦根际土壤铝形态变化及对其生长的影响［J］.水土保持学报,2007,3:176-179,192.

［433］何俊星,何平,张益锋,等.温度和盐胁迫对金荞麦和荞麦种子萌发的影响［J］.西南师范大学学报(自然科学版),2010,22:182-185.

［434］曾阿妍,颜昌宙,金相灿,等.金鱼藻对Cu^{2+}的生物吸附特征［J］.中国环境科学2005,25:691-694.

［435］王丹,张银龙,庞博.金鱼藻对不同程度污染水体的水质净化效果［J］.南京林业大学学报(自然科学版),2010,7:84-86.

［436］施军琼,靳萍,黄明,等.金鱼藻对小球藻化感作用的初步研究［J］.安徽农业科学,2009,37:11855-11856.

［437］敬小军,袁新华.金鱼藻改善精养池塘水质的效果试验［J］.天津农业科学,2010,16:38-41.

［438］连晶,刘添添,李苏红,等.苣荬菜活性物质提取研究［J］.农业科技与装备,2011,3:16-18.

［439］霍碧姗,秦民坚.苦苣菜属植物化学成分与药理作用［J］.国外医药·植物药分册,2008,12:203-208.

［440］侯海宫,吕益涛,苏耀海,等.苍耳本草考证和药用文献考实［J］.中草药,2002,13:1128-1130.

［441］樊锦慧,高克立,赵毅.蕨菜的研究概况［J］.甘肃医药,2012,12:51-53.

［442］陈乃富,陈乃东,陈存武,等.蕨菜黄酮分离鉴定［J］.生物学杂志,2011,34:87-89.

［443］陈富新,朱相雄,遂昌县.药用观赏蕨类植物资源及其开发利用[J].现代农业科技,2012,11：221-223.

［444］程超,李伟,王鹃.空心莲子草不同提取物的抑菌作用研究[J].湖北民族学院学报(自然科学版),2007.34：458-470.

［445］谭苹,张学俊.空心莲子草的化学成分及其应用[J].公共卫生与预防医学,2007,14：50-52.

［446］谭苹,肖少玉.空心莲子草对斑马鱼的急性毒性研究[J].安徽农业科学,2010,11：4047-4048.

［447］蔡凌云,王良海,王胜兵,等.空心莲子草多糖的提取和确证性实验[J].凯里学院学报2011,6：78-80.

［448］李洁,蒋娜,范雪涛,等.空心莲子草化感效应的初步研究[J].种子,2007,23：32-35.

［449］王志高,谭济才,刘军.空心莲子草皂素毒杀福寿螺的试验研究[J].上海农业学报,2011,27：80-83.

［450］梁晓华,梁晓东,徐成东,等.空心莲子草总黄酮的提取分析[J].安徽农业科学,2010,38：4579-4580,4588.

［451］陈秋敏,王国祥,葛绪广,等.沉水植物苦草对上覆水各形态磷浓度的影响[J].水资源保护,2010,7：49-56.

［452］王艳丽,肖瑜,高士祥.沉水植物苦草化学成分研究[J].天然产物研究与开发,2007,19：393-395.

［453］范坤,巩江,倪士峰,等.苦草属药用成分及生物活性研究[J].安徽农业科学,2010,38：7334-7335.

［454］李杰锋.水生野菜——刺苦草[J].安徽农学通报. 2007,13：153.

［455］徐燕,梁敬钰.苦荬菜的化学成分[J].中国农业大学学报,2005,36：411-413.

［456］王跃强.苦荬菜开发价值与栽培[J].北方园艺,2008,3：118-119.

［457］霍碧姗,秦民坚.苦荬菜属植物化学成分与药理作用[J].国外医药(植物药分册),2008,2：203-208.

［458］李本亭.鱼缸水草新秀——狸藻[J].水产科技情报2008,2：87-88.

［459］王学锋,姚远鹰,郑立庆.EDTA辅助小藜修复Pb及Pb-Cd复合污染土壤的研究[J].农业环境科学学报,2010,29：288-292.

［460］谢剑.利用棉花秸秆、灰绿藜饲养黄粉虫的初步探讨[J].新疆农垦科技：,2011,16：35-36.

［461］赵志国,石云平,黄宁珍,等.中国凉粉草属植物研究进展[J].南方农业学报,2011,42：657-660.

［462］陶笈汛,张学洪,罗昊,等.李氏禾对电镀污泥污染土壤中铬铜镍的吸收和积累[J].桂林理工大学学报,2010,32：144-147.

［463］张学洪,陈俊,王敦球,等.李氏禾对镍的富集特征[J].桂林工学院学报,2008,25：98-101.

［464］陈俊,王敦球,张学洪,等.李氏禾修复重金属(Cr Cu Ni)污染水体的潜力研究[J].农业环境科学学报,2008,27：1514-1518.

［465］闫研,李建平,林庆宇.外源物质对李氏禾超富集铬的作用[J].环境科学与技术,2009,7：

22-27.

[466] 李玉兰,李军,王乃利,等.RP-HPLC法测定小花鬼针草中原儿茶酸、芦丁、金丝桃苷和槲皮苷的含量[J].沈阳药科大学学报,2009,26:639-643.

[467] 王珏,王乃利,姚新生,等.小花鬼针草中的苯丙苷类成分及抑制组胺释放活性[J].中草药,2007,38:647-649.

[468] 王珏,王乃利,姚新生,等.小花鬼针草中酚酸类成分及其抑制组胺释放活性[J].中国药物化学杂志,2006,16:168-171.

[469] 孙志高,刘景双.三江平原典型小叶章湿地土壤氮素净矿化与硝化作用[J].应用生态学报,2007,18:1771-1777.

[470] 窦晶鑫,刘景双,王洋,等.小叶章对氮沉降的生理生态响应[J].湿地科学,2009,7:40-46.

[471] 卢伟伟,姜明.小叶章湿地系统对污水中磷的净化模拟研究[J].湿地科学,2009,7:1-10.

[472] 黄宝康,黄流清,赵忠新,等.国产缬草属4种药用植物镇静催眠作用的比较研究[J].时珍国医国药,2008,19:2710-2711.

[473] 薛存宽,蒋鹏,沈凯,等.缬草挥发油成分分析及其含量影响因素探讨[J].中草药,2003,34:779-781.

[474] 周颖,方颖,刘焱文.缬草研究进展[J].湖北中医杂志,2008,30:61-63.

[475] 张振学,姚新生.药用植物缬草的化学研究进展[J].中国药物化学杂志,2000,10:226-230.

[476] 吴霞,刘净,于志斌,等.薰衣草化学成分的研究[J].化学学报,2007,65:1649-1653.

[477] 张秋霞,江英,张志强.薰衣草精油的研究进展[J].香料香精化妆品,2006,6:21-24.

[478] 周勇军,徐效华,乔凤云,等.鸭舌草中抗氧化活性物质的分离与鉴定[J].应用生态学报,2007,18:509-513.

[479] 刘小红,周东美,司友斌,等.铜矿区先锋植物鸭跖草对铜的耐性研究[J].农业环境科学学报,2006,25:1171-1175.

[480] 万京华,章晓联,辛善禄.鸭跖草的抑菌作用研究[J].公共卫生与预防医学,2005,1625-27.

[481] 王兴业,李剑勇,李冰,等.中药鸭跖草的研究进展[J].湖北农业科学,2011,50:652-655.

[482] 张楠,孙长虹,季民.利用响应曲面法研究篦齿眼子菜克藻效应的环境因子[J].环境污染与防治,2011,33:17-19.

[483] 杨艳燕,闫达中,左进成,等.药用植物羊蹄的灭螺作用及对钉螺酯酶同工酶影响初探[J].湖北大学学报(自然科学版),2002,24:354-356.

[484] 白国申,尹海波,康廷国,等.野西瓜苗的生药鉴定研究[J].中医药学刊,2005,23:4-7.

[485] 倪士峰,巩江,徐笑鋆,等.野西瓜苗的药学研究[J].长春中医药大学学报,2009,25:777-778.

[486] 左玲霞,谢晓鹏,杨敏丽.野西瓜苗对枸杞蚜虫的杀虫活性研究[J].安徽农业科学,2010,38:16918-16919.

[487] 赵刚,李海军.麦田野燕麦综合防除技术[J].杂草科学,1995,3:35-36.

[488] 程亮,郭青云.野燕麦3号致病菌株的生物学特性初步研究[J].青海大学学报(自然科学版),2008,26:19-24.

［489］ 朱文达,喻大昭,何燕红,等.野燕麦防除对冬小麦田间光照、养分和水分的影响［J］.华中农业大学学报,2010,29：160-163.

［490］ 方芳,茅玮,郭水良.入侵杂草一年蓬的化感作用研究［J］.植物研究,2005,25：449-452.

［491］ 李军红,田胜尼,杜伟伟.外来种一年蓬化感作用的初步研究［J］.安徽农学通报,2007,13：23-26.

［492］ 方建新.野生一年蓬的开发利用［J］.资源开发与市场,2006,22：474-475.

［493］ 李新,张庆康,高坤.一年蓬的化学成分研究［J］.西北植物学报,2004,24：2096-2099.

［494］ 金攀,杨利民,韩梅.一年蓬化感物质的初步分离和生物测定［J］.吉林农业大学学报,2011,33：36-41,46.

［495］ 金攀,杨利民,韩梅.一年蓬水浸液对5种植物化感作用的研究［J］.吉林农业大学学报,2010,32：419-424,427.

［496］ 崔张新,侯亚利.益母草对失血性休克的干预作用［J］.成都医学院学报,2011,1：75-77.

［497］ 李冬波,张端品,林兴华.SSR标记在疣粒野生稻和普通栽培稻中的多态性研究［J］.华中农业大学学报,2009,28：1-4.

［498］ 盛腊红,何光存,舒理慧,等.提高疣粒野生稻愈伤组织分化能力的研究［J］.植物学通报,1999,16：614-617.

［499］ 朱永生,陈葆棠,秦发兰,等.疣粒野生稻原生质体再生小植株［J］.中国农业科学,2002,35：1556-1559.

［500］ 张尧忠,宋令荣,赵永昌,等.云南普通野生稻和疣粒野生稻组织培养的研究［J］.西南农业学报,2001,14：17-20.

［501］ 史冬燕,程在全.云南疣粒野生稻部分cDNA片段的分离和注释［J］.安徽大学学报(自然科学版),2008,32：86-89.

［502］ 贾东亮,舒理慧,宋运淳,等.栽培稻与疣粒野生稻杂种F1代的基因组原位杂交鉴定［J］.武汉植物学研究,2001,19：177-180.

［503］ 钱韦,谢中稳,葛颂,等.中国疣粒野生稻的分布、濒危现状和保护前景［J］.植物学报,2001,43：1279-1287.

［504］ 鲁存海,白小明. 8 种野生早熟禾种质材料坪用特性和草坪质量评价研究［J］.草原与草坪,2011,31：55-57.

［505］ 鲁富宽,胡炜东,严海欧.草地早熟禾草坪苗期除草剂使用研究［J］.内蒙古农业大学学报,2011,3：51-54.

［506］ 李婷,宋爱颖,张世杰.麦田早熟禾生态经济阈值初探［J］.杂草科学,2011,29：42-43,57.

［507］ 张俊喜,陈磊,王海洋,等.麦田泽漆的发生为害与防治［J］.安徽农业科学,2001,29：188-189.

［508］ 何江波,刘光明.泽漆化学成分的初步研究［J］.大理学院学报,2010,9：5-7.

［509］ 何恒果.泽漆提取液对菜青虫的生物活性［J］.安徽农业科学,2010,38：8484-8485.

［510］ 张军峰,马肖兵.泽漆体外抗单纯疱疹病毒活性研究［J］.安徽农业科学,2008,36：8134.

［511］ 禹建春,叶红梅,林西西.泽泻的药理研究概况［J］.海峡药学,2011,23：92-93.

［512］李长伟,吴水生.泽泻调血脂的研究进展［J］.亚太传统医药,2009,5：152-153.

［513］王立新,吴启南,张桥,等.泽泻中利尿活性物质的研究［J］.华西药学杂志,2008,23：670-672.

［514］王殿臣.猪毛菜的利用迫在眉睫［J］.内蒙古草业,2004,16：59-60.

［515］相宇,李友宾,张健,等.猪毛菜化学成分研究［J］.中国中药杂志,2007,32：409-413.

［516］何红花,慕小倩,董志刚.杂草猪殃殃对小麦的化感作用［J］.西北农业学报,2007,16：250-255.

［517］赵思佳,杨柳,高昂,等.猪殃殃属药学研究概况［J］.安徽农业科学,2011,39：19086-19087.

［518］时国庆,赵文恩,王永胜.猪殃殃提取物不同极性部位抗白血病活性比较［J］.安徽农业科学,2011,39：12149-12150.

［519］刘力丰.紫草的化学成分研究进展［J］.中国医药指南,2009,7：51-52.

［520］李亮,陈钰沁,张超,等.紫草素的研究进展［J］.云南中医学院学报,2011,34：62-66.

［521］韦新成,赵国君,安明,等.紫草药理作用及有效成分提取研究进展［J］.包头医学院学报,2011,27：125-126.

［522］李顺英,欧阳晓勇,张晓冬,等.紫草止痒丸止痒抗炎作用的药效学研究［J］.云南中医学院学报,2006,29：7-8.

［523］刘云生,彭建新,白新荣,等.地被植物紫花地丁的应用研究［J］.内蒙古林业科技,2011,37：46-48.

［524］李金艳,伟忠民.中药紫花地丁的研究进展［J］.中国现代中药,2008,10：27-29.

［525］祁伟,董岩.紫花地丁挥发油化学成分分析及其抑茵作用研究［J］.德州学院学报,2011,27：41-45.

［526］吕跃杰,周建理.紫花地丁生药鉴定的研究进展［J］.安徽医药,2011,15：510-511.

［527］张武岗,李定刚,宋毓民,等.紫花地丁抑茵活性成分的研究初报［J］.西北农林科技大学学报(自然科学版),2006,34：125-127.

［528］彭小平,熊劲松.我国紫苏产业化研究现状与展望［J］.安徽农业科学,2010,38：8709-8711.

［529］库尔班江,欧阳艳,努尔买买提.紫菀属植物化学成分及药理作用研究进展［J］.中国野生植物资源,2010,29：1-4.

［530］王文军,郭熙盛.紫云英对镉富集效应研究［J］.安徽农业科学,2011,39：400-401,404.

［531］刘春增,李本银,吕玉虎,等.紫云英还田对土壤肥力、水稻产量及其经济效益的影响［J］.河南农业科学,2011,40：96-99.

［532］方兴龙.紫云英及其发展分析［J］.农技服务。2007,24：37,62.

［533］王玉仙,丁良,申文增,等.酢浆草的抗炎作用［J］.医学研究与教育,2010,27：11-13.

［534］杨韵若,陆阳.鳢肠属植物的化学成分和药理作用［J］.国外医药(植物药分册),2005,20：10-14.

［535］杨韵若,聂宝明,邓克敏,等.鳢肠水溶性部位的化学和药理研究［J］.上海第二医科大学学报,2005,25：223-226,231.

［536］赵志国,石云平,黄宁珍,等.中国凉粉草属植物研究进展［J］.南方农业学报南方农业学报,

2011,42：657-660.

[537] 饶广远.铃兰的胚胎学研究[J].植物学报,1995,37：963-968.

[538] 顾振纶,钱首年,李水兴,等.铃兰毒贰的药理研究——对家兔皮层电活动及脑内5—经色胺的影响[J].苏州医学院学报,1981,1：17-20,32.

[539] 欧阳恒慧.铃菌孩心试的化学研究[J].福建医大,1979,2：39-37.

[540] 裴广盈,朱婷婷,陈悦,等.铃兰组织培养及快速繁殖的研究[J].辽宁农业科学,2011,6：5-8.

[541] 纪莎,胡雯玲,王颂.复方龙葵胶囊对高血压合并失眠患者的影响[J].海峡药学,2011,23：82-84.

[542] 范翠丽,李向东,曹熙敏.河北省野生龙葵果实中营养成分的比较分析[J].湖北农业科学,2011,50：770-771.

[543] 丁霞,高思国,李冠业.龙葵不同提取部位体外抗肿瘤作用的研究[J].时珍国医国药,2011,22：1244-1246.

[544] 苏依拉其木格,苏秀兰.龙葵多糖提取工艺优化研究[J].内蒙古医学院学报,2011,33：134-137.

[545] 徐亚维,李尧,赵洋,张欣,等.龙葵果中花青素的纯化工艺研究[J].江苏农业科学,2010：372-374.

[546] 曹熙敏,范翠丽.野生龙葵的开发利用研究进展[J].广东农业科学,2011,3：40-42.

[547] 曹熙敏,范翠丽.野生龙葵果红色素的稳定性分析[J].贵州农业科学,2011,39：181-184.

[548] 雷亚芳,周伟,刘艳贞.软木龙须草纤维复合材料的研究[J].木材工业,2009,23：9-12.

[549] 苏芳莉,张潇予,郭成,等.地下水埋深与芦苇生长的响应机制研究[J].灌溉排水学报,2010,29：129-132.

[550] 王芮,李君剑,孙丽娜,等.芦苇对重金属Pb和Mn吸收和富集的研究[J].能源与节能,2011,8：73-76.

[551] 樊晓敏,孙玉慧.芦苇人造板研究进展及发展前景[J].林业机械与木工设备,2011,39：6-9.

[552] 苏芳莉,周欣,陈佳琦,等.芦苇湿地生态系统对造纸废水中铅的净化研究[J].中国环境科学,2011,31：768-773.

[553] 杨中文,刘西文.芦苇纤维/聚氯乙烯复合材料的研究[J].化工新型材料,2010,38：108-110.

[554] 岳勇,刘鹏,王蓉沙,等.油田含油污泥与芦苇共热解实验研究[J].油气田环境保护,2012,11：7-9,60.

[555] 谢树莲,凌元洁.几种轮藻植物氨基酸成分的分析[J].山西太学学报(自然科学版),1991,14：88-92.

[556] 傅华龙,秦捷,陈浩.轮藻对4种重金属离子的净化与富集作用[J].四川大学学报(自然科学版),2001,38：263-268.

[557] 韩晓静,张猛,谢树莲.轮藻功能性香皂的驱蚊抑菌作用研究[J].山西大学学报(自然科学版),2010,33：601-604.

[558] 张国华,张如松.萝蘑科植物的药理作用研究[J].浙江中医药大学学报,2009,33：445-446.

［559］秦新生,李秉滔.中国鹅绒藤属(萝藦科)植物研究进展[J].中国野生植物资源,2011,30:7-13.

［560］武婷,武之新.葎草的饲用价值及在三北地区开发利用的意义[J].甘肃畜牧兽医2005,6:40-42.

［561］李俊婕,王晓静,付义成.葎草化学成分的研究[J].2008,10:5-7.

［562］殷献华,李天磊,潘卫东,等.葎草挥发油化学成分分析及其抑菌作用研究[J].山地农业生物学报,2010,29:415-418.

［563］龚丽霞,丁卓平.葎草及黄酮类化合物的研究进展[J].安徽农业科学.2009,37:1618-1620.

［564］高政权,孟春晓.捧草研究进展[J].安徽农业科学.2007,35:9982-9984.

［565］李君,王晖,周守标.观赏草坪植物马蹄金研究进展[J].安徽农学通报,2006,12:57-59.

［566］刘春兰,李阳,黄潇,等.马蹄金水溶性多糖的提取及生物活性研究[J].中央民族大学学报(自然科学版),2010,19:18-22.

［567］李君,周守标,黄文江.马蹄金野生种与栽培种在自然降温过程中的抗寒性研究[J].草业科学,2005,22:105-107.

［568］费凌,干友民,王昆蕾,等.西南地区野生马蹄金抗寒性研究[J].北方园艺,2008,2:113-116.

［569］陈银.毛茛不同品种花粉、花蜜分泌量的测定及传粉方式的研究[J].北方园艺,2009,2:202-203.

［570］孙霞,苏有刚,王峰祥.毛茛粗提物对异型眼蕈蚊的毒力活性研究[J].山东农业科学,2011,2:80-82.

［571］钟艳梅,冯毅凡.毛茛属药用植物中黄酮和内酯类成分的研究进展[J].中草药2011,42:825-828.

［572］骆焱平,袁赖添,财衰,等.禺毛茛粗提物的抑菌活性研究[J].湖北农业科学,2010,49:137-1378,1388.

［573］聂谷华.禺毛茛复合体及其近缘种研究进展[J].湖北农业科学,2011,50:2813-2816.

［574］李升锋,刘学铭,陈智毅,等.玫瑰茄花萼营养和药理作用研究进展[J].食品研究与开发,2006,27:129-133.

［575］李泽鸿,邓林,刘树英,等.玫瑰茄中营养元素的分析研究[J].中国野生植物资源,2008,27:61-62.

［576］潘嘉,刘洁,何光星,等.陌上菜及复方提取物对移植性肿瘤影响的实验研究[J].实用癌症杂志,2009,24:441-444.

［577］姚默,李鑫,李文婧,等.附地菜属药学研究概况[J].安徽农业科学,2012,40:5130-5131.

［578］尹泳彪,杨晖,张国秀.附地菜有效成分分析[J].中国林副特产,2001,1:13.

［579］曾玉亮,王华富.杠板归[J].今日科技,2012,3:46.

［580］李红芳,马青云,刘玉清,等.杠板归的化学成分冰[J].应用与环境生物学报,2009,15:615-620.

［581］张荣林,孙晓翠,李文欣,等.杠板归化学成分的分离与鉴定[J].沈阳药科大学学报,2008,25:

105-107.

[582] 成焕波,刘新桥,陈科力.杠板归化学成分及药理作用研究概况[J].中国现代中药,2012,14:28-32.

[583] 李红芳,赵友兴,钱金楸,等.杠板归化学成分及药理作用研究进展[J].安徽农业科学,2008,36:11793-11794.

[584] 隆万玉,李玉山.杠板归抗炎止咳作用的实验研究[J].临床合理用药,2010,3:34-35.

[585] 顾汉冲.杠板归水溶液止咳祛痰作用的实验研究[J].江苏中医,1996,17:46.

[586] 林尊友,方宗武,杨珠英.杠板归汤熏洗治疗炎性外痔的疗效观察[J].光明中医,2010,25:47-48.

[587] 张长城,黄鹤飞,周志勇,等.杠板归提取物抗单纯疱疹病毒——Ⅰ型的药理作用研究[J].时珍国医国药,2010,21:2835-2836.

[588] 路立峰.中药杠板归的研究进展[J].医学信息,2011,9:4994-4995.

[589] 刘兴剑,汪毅,全大治,等.几种爵床科观赏植物在温室内的引种栽培[J].江苏农业科学,2012,40:157-158.

[590] 张爱莲,戚华溢,叶其,等.爵床的化学成分研究[J].应用与环境生物学报,2006,12:170-17.

[591] 郑培銮.爵床的效用[J].时珍周药研究,1992,3:92-93.

[592] 梁欣,张济美,阮家传.爵床的栽培与管理[J].中国园艺文摘,2010,2:78-105.

[593] 邬志国,顾益达.爵床外敷为主配合抗病毒西药治疗带状疱疹35例[J].江西中医药,2010,41:32.

[594] 王继麟.浅谈四君子汤加草药爵床治疗小儿疳积100例比较[J].中国中医药咨讯,2011,3:348-353.

[595] 邱茉莉,崔铁成,张寿洲.深圳仙湖植物园爵床科植物种类与园林应用特征[J].广东园林,2011,5:47-53.

[596] 刘国瑞,吴军,杨美华,等.药用植物爵床的研究进展[J].西北药学杂志,2008,23:55-56.

[597] 高素强,王丽楠,刘国瑞,等.药用植物爵床中总木脂素的含量测定[J].中国中药杂志,2008,33:1755-1757.

[598] 赵鸿汉.一位中草药爵床的临床妙用[J].中外医疗,2008,33:80.

[599] 郑显华.中草药爵床治疗肝硬化腹水32例[J].中西医结合肝病杂志,2006,16:118-119.

[600] 邬志国,顾益达.中药爵床治疗带状疱疹35例[J].中医外治杂志,2011,20:21.

[601] 康菊珍.藏药草木樨的化学成分研究[J].西北民族大学学报(自然科学版),2009,30:40-41.

[602] 魏刚.草木樨属植物药理作用研究进展[J].湖北中医杂志,2009,31:79-80.

[603] 汤春妮,樊君.草木樨中香豆素类化合物的研究进展[J].化学与生物工程,2012,5:4-7.

[604] 丛建民,陈凤清,孙春玲.草木樨综合开发研究[J].安徽农业科学,2012,40:2962-2963,2996.

[605] 马丽.浅谈草木墀的综合利用[J].新疆畜牧业,2005,4:56-57.

[606] 罗卫庭.适宜于坝区、山区推广种植的蜜源植物——草木樨[J].蜜蜂杂志(月刊),2012,1:26.

[607] 卞建民,刘彩虹,杨占梅,林年丰,汤洁,李月芬,李昭阳.种植黄花草木樨对盐碱地土壤水、盐状

况的影响[J].吉林农业大学学报,2012,34：176-179,183.

[608] 何斌,侯震,彭新君.水蜈蚣挥发油化学成分的研究[J].湖南中医学院学报,2005,25：28-29.

[609] 宁振兴,王建民,田玉红,等.水蜈蚣精油的成分分析及其在卷烟中的应用研究[J].天津农业科学,2012,18：55-57.

[610] 杨利.水蜈蚣治疗乳糜尿验案举隅[J].湖北民族学院学报医学版,2011,28：49,52.

[611] 贤景春,傅彩红.水蜈蚣总多酚提取工艺及其提取物的抗氧化性研究[J].安徽农业科学,2010,38：18763-18764,1876.

[612] 贤景春,陈巧劢,赖金辉,等.水蜈蚣总黄酮提取及对羟自由基的清除作用[J].江苏农业科学,2011,39：427-429.

[613] 常玉阶,孙俊连.从《本草纲目》看大黄临床新用[J].时珍国药研究,1997,8：106.

[614] 杨成梓,凌伟坚,陈健斌.两种仙桃草的本草考证[J].中药材,2003,26：819.

[615] 杨成梓,陈为,陈丽艳.水苦荬的性状及组织显微鉴定[J].福建中医学院学报,2007,17：32-33.

[616] 李丹妮,孙艳,赵长吉,等.水苦荬婆婆纳无性系建立的研究[J].中国园艺文摘,2011,4：7-9.

[617] 王长春,杨德海,钱芝龙,等.茭儿菜(野茭白)的生物学特性[J].中国蔬菜,2004,5：9-11.

[618] 李园华,王修慧,李浩元.鄱阳湖野茭白危害、治理及开发利用[J].江西农业学报,2007,19：65-66.

[619] 姚运先,刘晶晶,李倦生,等.人工湿地野茭白对酸性重金属废水的处理效能研究[J].安徽农业科学,2010,38：12661-12662,12665.

[620] 王建富,吴斌,孙瑞林,等.野茭自的生物学特性及其利用价值[J].农业科技通讯蔬菜,2011：191-192.

[621] 周兵,刘国伟,闫小红,等.碎米莎草根部总生物碱的化感活性及抑菌活性的研究[J].江西农业大学学报,2009,31：85-90.

[622] 周兵,曾建国,闫小红,等.碎米莎草茎总生物碱对植物和病原菌的生物活性[J].热带亚热带植物学报,2010,18：304-309.

[623] 周兵,闫小红,蒋平,等.碎米莎草穗部总生物碱化感活性和抑菌效果的研究[J].植物资源与环境学报,2009,18：1-8.

[624] 异型莎草图.http://www.plantphoto.cn/tu/1222042

[625] 茴香图.http://www.nature-museum.net/album/ShowSpAlbum.aspx?spid=30151

[626] 薰衣草图.http://www.topit.me/item/675576

[627] 丁香罗勒图.http://www.plantphoto.cn/tu/1029208

[628] 广藿香图.http://baike.baidu.com/view/31673.htm

[629] 缬草图.http://www.nature-museum.net/

[630] 香根草.http://image.baidu.com/

[631] 铃兰图.http://baike.baidu.com/view/51232.htm

[632] 香根鸢尾图.http://zh.wikipedia.org/wiki/File：Vilkdalgis001.JPG

［633］菘蓝图.http：//baike.baidu.com/view/742843.htm

［634］玫瑰茄图.http：//baike.baidu.com/view/1948923.htm

［635］紫草图.http：//baike.baidu.com/view/41957.htm

［636］茜草图.http：//www.henannu.edu.cn/s/247/t/1061/81/c4/info33220.htm

［637］大金鸡菊图.http：//www.sdnh.gov.cn/art/2009/6/9/art_1646_201224.html

［638］红花图.http：//image.baidu.com/

［639］姜黄图.http：//blog.sina.com.cn/s/blog_505394da010138pl.html

［640］Shen J Y, Wei L. Effects of monosulfuron on growth, photosynthesis and nitrogenase activity of three nitrogen-fixing cyanobacteria［J］. Archives of Environmental Contamination and Toxicology, 2011, 60：34-43.

［641］Shen J Y, Ye G Y, Yang J. Effects of monosulfuron on photosynthetic pigments of Anabaena flos-aquae Breb. exposed to different N-content［J］. Environment Pollution and Public Health, 2011, 5：98-103.

［642］Wan Q D, Sun X M, Chen R, Zheng P Z, Shen J Y. Factors affecting akinete differentiation in Anabaena flos-aquae［J］. Environment Pollution and Public Health, 2011, 5：135-141.

［643］Zheng P Z, Wan Q D, Shen J Y. Effect of acetone on the growth and photosynthetic pigments of nitrogen-fixing cyanobacteria［J］. Environment Pollution and public Health, 2010, 4 90-95.

［644］Shen J Y, DiTommaso A, Shen M Q, Lu W, Li Z M. Molecular basis for differential metabolic responses to monosulfuron in three nitrogen-fixing cyanobacteria［J］. Weed Science, 2009, 57：178-188.

［645］Shen J Y, Jiang J, Zheng P Z. Effects of monosulfuron on mixotrophic growth and photosynthetic pigments of Anabaena flos-aquae Breb. exposed to different light intensities［J］. Journal of Water Resource and Protection, 2009, 1：407-413.

［646］Shen J Y, Jian J. Effects of monosulfuron on mixotrophic growth and photosynthetic pigments of Auabaena flos-aquae Breb. exposed to different light intensities［J］. Environment Pollution and Public Health, 2009, 3：78-83.

［647］Shen J Y, Zhu L H, Zhang Y B. Herbicide effects on target and non-target weeds of rice fields in China：a rational control strategy［J］. Bioinformatics and Biomedical Engineering, 2008, 2：96-103.

［648］Shen J Y, Shen M Q, Wang X H, Lu Y T. Influence of environmental factors on alligator alternanthera rhizome（Alternanthera philoxcroides（Mart.）Griseb）emergence and vegetative growth［J］. Weed Science, 2005, 53：471-478.

［649］Shen J Y, Lu Y T, Cheng G H. Effects of chemical herbicides on toxicity of non-target fixing-nitrogen cyanobecteria in paddy fields in China［J］. Proceeding of 20th Asian-Pacific Weed Science Conference（Vietnam）, 2005：665-671.

［650］Shen J Y. Competition correlation of rice-weed system using a mass ratio order parameter［J］.

Proceeding of 20th Asian-Pacific Weed Science Conference（Vietnam）, 2005: 91−96.

[651] Shen J Y, Lu Y T. Effects of herbicides on biodiversity of rice fields in China[J]. Proceeding of Impact Assessment of Farm Chemicals Run off from Paddy Conference（Japan）, 2005: 56−67.

[652] Shen J Y, Lu Y T, Zheng P H. Effect of biodiversity to herbicides in paddy field and its control strategy[J]. International Conference on Environmental Pollution and Ecological in Industrial Regions, 2009. 4: 91−92.

[653] Ahrens W H. Identification of triazine — resistance Amaranthus sp[J]. Weed Science. 1981, 3: 345~348.

[654] Ellis S M. Genetic variation in herbicide resistance in scentless mayweed[J]. Weed Reaseach. 1975, 15: 307~315.

[655] Johnson D E, Wopereis M C S, Mbodj D, Diallo S, Powers S, Haefele S. M. Tming of weed management and yield losses due to weeds in irrigated rice in the Sahel[J]. Field Crops Research, 2004, 85: 31−42.

[656] Ni H, Moody K, Robles R P. Analysis of competition between wet-seeded rice and barnyardgrass（Echinochloa crus-galli）using a response-surface model[J]. Weed Sci., 2004, 52: 142−146.

[657] Makoto N. The methodology for the study of vegetation[J], Biology and Ecology of weeds, 1982, 21: 187−195

[658] Wu J L, Zhou H C. Effect of chemical herbicide on shift of weed community in paddy field[J]. 2001, APWSS Conf. 113−118.

[659] Lamid Z. Effect of long term no-tillage applied glyphosate herbicide on weed community of irrigated lowland rice[J]. 2001, APWSS Conf. 43−48.

[660] Casimero M C. Population dynamics and growth of weeds in rainfed rice-onion systems in response to chemical and cultural control methods[J]. 2001, APWSS Conf. 48−57.

[661] Derksen D A. Impact of agronomic practices on weed communities[J]. Weed Science, 1993, 41: 409−417.

[662] Wu J L, Zhou H C. Effect of chemical herbicide on shift of weed community in paddy field[J]. The 18th Asian- Pacific Weed Science Society Conference. Beijing, 2001, 113−118.

[663] Krebbs T R, Wilson J D, Bradury R B, Siriwadena G M. The silent spring?[J]. Nature, 1999, 400: 611−612.

[664] Heap I M. The occurrence of herbicide resistant weeds worldwide[J]. Pest. Sci. 1997, 51: 235−243.

[665] Amacher G S. Economics of forest resources[M]. The MIT Press, 2009.

[666] Amadou M D. Sustainable agriculture: new paradigms and old practices? increased production with management of organic inputs in Senegal[J]. Environment, Development and Sustainability, 1999, 1: 285−289.

[667] Baumol W J, Oates W E. The theory of environmental policy[M]. Cambridge Cambridge

University Press, 1988: 17-31.

［668］Brewer J. Agriculture and natural resources management for american indian tribes: Extension agent's view［J］. The University of Arizona, 2008, 187-195.

［669］Charles P. Ecological Economics［M］. Sage, 2008.

［670］Chen C M. Agricultural pollution assault on［J］. China Daily (North American ed.), 1996, 21-28.

［671］Colin A M Duncan. Agriculture, Resource exploitation, and environmental change［J］. Environmental History, 1998, 3: 548-550.

［672］Conrad Imhoff A B. Resource economics［M］. Cambridge University Press, 1999.

［673］Erickson Jon D , Gowdy John M. Frontiers in ecological economic theory and application (Advances in Ecological Economics series). EDWARD ELGAR, 2007.

［674］Frankhouse C L. Economics of agriculture and natural resources［M］. Nova Science Publishers, Incorporated, 2006.

［675］Gustafson A, Fleischer S, Joelsson A. Decreased leaching and increased retention potential cooperative measures to reduce diffuse nitrogen load on a watershed level［J］. Water Science and Technology, 1998, 38: 181-189.

［676］McNeill J R. Agriculture, Resource Exploitation, and Environmental Change［J］. Journal of World History, 1999, 10: 466-469.

［677］White J R, William H. Robinson. Natural resources: economics, management and policy［M］. NOVA, 2008.

［678］Li G P. Thought and practice of sustainable development in Chinese traditional agriculture［J］. China Agricultural Economic Review, 2009, 1: 97-112.

［679］Musett A D, Harris G L, Bailey S W. Buffer zones to improve water quality: a review of their potential us in UK agriculture［J］. Agriculture Ecosystem and Environment, 1993, 45: 59-77.

［680］Nicholas S. Early utilization of flood-recession soils as a response to the intensification of fishing and upland agriculture: Resource-use dynamics in a large Tikuna community［J］, Human Ecology, 2000, 28: 73-108.

［681］Alexandratos N. Countries with rapid population growth and resource constraints: Issues of food, agriculture, and development［J］. Population and Development Review, 2005, 31: 237-243.

［682］Owen L J. A theoretical framework for examining multi-stakeholder (group) conflicts over agriculture resource use and farming practices［J］, University of Guelph (Canada), 2002, 188-195.

［683］Newswire P R. China resources development［J］, Inc. Acquires Minority Interest In PRC Joint Venture Company. 2001, 1-4.

［684］Newswire P R. Pay Dirt from Agricultural Waste［J］. Environmental Products & Technologies Corporation, 1999, 3-7.

［685］Takale D P. Resource-use efficiency in india agriculture［M］. Prints India, 2005.

［686］Dutson T. Mapping the status of bhutan's renewable（agricultural）aatural resource［J］. Mountain Research and Development, 2008, 28: 91-93.

［687］Ward A. Environmental and natural resource economics［J］. Person Education, 2006, 23-27.

［688］Zhao H X. Rural economy growth stressed. China Daily（North American ed.）, 1999, 1-3.

［689］Wang L, Zhang J, Zhao R, Zhang C L, Li C, Li Y. Adsorption of 2, 4-dichlorophenol on Mn-modified activated carbon prepared from Polygonum orientale Linn［J］. Desalination, 2011, 266: 175-181.

［690］Obied W A, Mohamoud E N, Mohamed O S A. Polygonum orientale（purslane）: nutritive composition and clinico-pathological effects on Nubian goats［J］. Small Ruminant Research, 2003, 48: 31-36.

［691］Yazici I, Türkan I, Sekmen A H, Demiral T. Salinity tolerance of purslane（Portulaca oleracea L.）is achieved by enhanced antioxidative system, lower level of lipid peroxidation and proline accumulation［J］. Environmental and Experimental Botany, 2007, 61: 49-57.

［692］Kiliç C C, Kukul Y S, Anaç D. Performance of purslane（Portulaca oleracea L.）as a salt-removing crop［J］. Agricultural Water Management, 2008, 95: 854-858.

［693］Waldron B L, Eun J S, ZoBell D R, Olson K C. Forage kochia（Kochia prostrata）for fall and winter grazing［J］. Small Ruminant Research, 2010, 91: 47-55.

［694］Tegegne F, Kijora C, Peters K J. Study on the optimal level of cactus pear（Opuntia ficus-indica）supplementation to sheep and its contribution as source of water［J］. Small Ruminant Research, 2007, 72: 157-164.

［695］Morales P, Ramírez-Moreno E, Sanchez-Mata M C, Carvalho A M, Ferreira I C F R. Nutritional and antioxidant properties of pulp and seeds of two xoconostle cultivars（Opuntia joconostle F. A. C. Weber ex Diguet and Opuntia matudae Scheinvar）of high consumption in Mexico［J］. Food Research International, 2012, 46: 279-285.

［696］Au D T, Wu J L, Jiang Z H, Chen H B, Lu G H, Zhao Z Z. Ethnobotanical study of medicinal plants used by Hakka in Guangdong, China［J］. Journal of Ethnopharmacology, 2008, 117: 41-50.

［697］Li S M, Long C L, Liu F Y, Lee S W, Guo Q, Li R, Liu Y H. Herbs for medicinal baths among the traditional Yao communities of China［J］. Journal of Ethnopharmacology, 2006, 108: 59-67.

［698］Rokaya M B, Münzbergová Z, Timsina B. Ethnobotanical study of medicinal plants from the Humla district of western Nepal［J］. Journal of Ethnopharmacology, 2010, 130: 485-504.

［699］Tomczyk M, Latté K P. Potentilla—A review of its phytochemical and pharmacological profile［J］. Journal of Ethnopharmacology, 2009, 122: 184-204.

［700］Xi Z X, Chen W S, Wu Z J, Wang Y, Zeng P Y, Zhao G J, Li X, Sun L N. Anti-complementary activity of flavonoids from Gnaphalium affine D. Don［J］. Food Chemistry, 2012, 130: 165-170.

［701］Oliveira V B, Yamada L T, Fagg C W, Brandão M G L. Native foods from Brazilian biodiversity as a source of bioactive compounds[J]. Food Research International, 2012, 48: 170-179.

[702] Zhou X H, Wang G X. Nutrient concentration variations during Oenanthe javanica growth and decay in the ecological floating bed system[J]. Journal of Environmental Sciences, 2010, 22: 1710-1717.

[703] Mukhtar M, Arshad M, Ahmad M, Pomerantz R J, Wigdahl B, Parveen Z. Antiviral potentials of medicinal plants[J]. Virus Research, 2008, 131: 111-120.

[704] Graham J G, Quinn M L, Fabricant D S, Farnsworth N R. Plants used against cancer – an extension of the work of Jonathan Hartwell[J]. Journal of Ethnopharmacology, 2000, 73: 347-377.

[705] Rahman E, Goni S A, Rahman M T, Ahmed M. Antinociceptive activity of Polygonum hydropiper [J]. Fitoterapi, 2002, 73: 704-706.

[706] Lin Y L, Tsai W Y, Kuo Y H. Roripamine, a sulphonylalkyl amine from Rorippa indica[J]. Phytochemistry, 1995, 39: 919-921.

[707] Zhang Q Y, Tu G Z, Zhao Y Y, Cheng T M. Novel bioactive isoquinoline alkaloids from Carduus crispus[J]. Tetrahedron, 2002, 58: 6795-6798.

[708] Donovan N, Martin S, Donkin M E. Calmodulin Binding Drugs Trifluoperazine and Compound 48/80 Modify Stomatal Responses of Commelina communis L.[J]. Journal of Plant Physiology, 118: 177-187.

[709] Lanyasunya T P, Wang H R, Kariuki S T, Mukisira E A, Abdulrazak S A, Kibitok N K, Ondiek, J O. The potential of Commelina benghalensis as a forage for ruminants[J]. Animal Feed Science and Technology, 2008, 144: 3-4.

[710] Takasaki M, Konoshima T, Kuroki S, Tokuda H, Nishino H. Cancer chemopreventive activity of phenylpropanoid esters of sucrose, vanicoside B and lapathoside A, from Polygonum lapathifolium [J]. Cancer Letters, 2001, 173: 133-138.

[711] Stangeland T, Alele P E, Katuura E, Lye K A. Plants used to treat malaria in Nyakayojo sub-county, western Uganda[J]. Journal of Ethnopharmacology, 2011, 137: 154-166.

[712] Packer J, Brouwer N, Harrington D, Gaikwad J, Heron R, Elders Y C, Ranganathan S, Vemulpad S, Jamie J. An ethnobotanical study of medicinal plants used by the Yaegl Aboriginal community in northern New South Wales, Australia[J]. Journal of Ethnopharmacology, 2012, 139: 244-255.

[713] Moskalenko S A. Slavic ethnomedicine in the soviet far east. Part I: Herbal remedies among Russians/Ukrainians in the Sukhodol Valley, Primorye[J]. Journal of Ethnopharmacology, 1987, 21: 231-251.

[714] Shao Y, Zhou B N, Ma K, Wu H M, Lin L Z, Cordell G A. Medicagenic acid saponins from Aster batangensis[J]. Phytochemistry, 1995, 39: 875-881.

[715] Kim H, Song M J. Analysis and recordings of orally transmitted knowledge about medicinal plants in the southern mountainous region of Korea[J]. Journal of Ethnopharmacology, 2011, 134: 676-696.

［716］Ji P H, Sun T H, Song Y F, Ackland M L, Liu Y. Strategies for enhancing the phytoremediation of cadmium-contaminated agricultural soils by Solanum nigrum L［J］. Environmental Pollution, 2011, 159: 762-768.

［717］Silva A M T, Zilhão N R, Segundo R A, Azenha M, Fidalgo F, Silva A F, Faria J L, Teixeira J. Photo-Fenton plus Solanum nigrum L. weed plants integrated process for the abatement of highly concentrated metalaxyl on waste waters［J］. Chemical Engineering Journ, 2012, 184: 213-220.

［718］Srithi K, Balslev H, Wangpakapattanawong P, Srisanga P, Trisonthi C. Medicinal plant knowledge and its erosion among the Mien (Yao) in northern Thailand［J］. Journal of Ethnopharmacology, 2009, 123: 335-342.

［719］Graham J G, Quinn M L, Fabricant D S, Farnsworth N R. Plants used against cancer – an extension of the work of Jonathan Hartwell［J］. Journal of Ethnopharmacology, 2000, 73: 347-377.

［720］Zhou H Y, Hong L J, Shu P, Ni Y J, Qin M J. A new dicoumarin and anticoagulant activity from Viola yedoensis Makino［J］. Fitoterapia, 2009, 80: 283-285.

［721］Zhang J P, Liu T S, Fu J J, Zhu Y, Jia J P, Zheng J, Zhao Y H, Zhang Y, Wang G Y. Construction and application of EST library from Setaria italica in response to dehydration stress［J］. Genomics, 2007, 90: 121-131.

［722］Kong Y C, Xi X J, But P P H. Fertility regulating agents from traditional Chinese medicines［J］. Journal of Ethnopharmacology, 1986, 15: 1-44.

［723］Šariæ-Kundaliæ B, Dobeš C, Klatte-Asselmeyer V, Saukel J. Ethnobotanical study on medicinal use of wild and cultivated plants in middle, south and west Bosnia and Herzegovina［J］. Journal of Ethnopharmacology, 2010, 131: 33-55.

［724］González-Tejero M R, Casares-Porcel M, Sánchez-Rojas M E, Pasquale C D, Della A, Paraskeva-Hadijchambi D, Hadjichambis A, Houmani Z, El-Demerdash M, El-Zayat M, Hmamouchi M, ElJohrig S. Medicinal plants in the Mediterranean area: Synthesis of the results of the project Rubia［J］. Journal of Ethnopharmacology, 2008, 116: 341-457.

［725］Kim H, Song M J. Analysis and recordings of orally transmitted knowledge about medicinal plants in the southern mountainous region of Korea［J］. Journal of Ethnopharmacology, 2011, 134: 676-696.

［726］Rather M A, Dar B A, Sofi S N, Bhat B A, Qurishi M A. Foeniculum vulgare: a comprehensive review of its traditional use, phytochemistry, pharmacology, and safety［J］. Arabian Journal of Chemistry, 2012.

［727］Zuzarte M R, Dinis A M, Cavaleiro C, Salgueiro L R, Canhoto J M. richomes, essential oils and in vitro propagation of Lavandula pedunculata (Lamiaceae)［J］. Industrial Crops and Products, 2010, 32: 580-587.

［728］González-Coloma A, Delgado F, Rodilla J M, Silva L, Sanz J, Burillo J. Chemical and biological profiles of Lavandula luisieri essential oils from western Iberia Peninsula populations［J］. 2011,

39: 1-8.

［729］Prakash B, Shukla R, Singh P, Mishra P K, Dubey N K, Kharwar R N. Efficacy of chemically characterized Ocimum gratissimum L. essential oil as an antioxidant and a safe plant based antimicrobial against fungal and aflatoxin B_1 contamination of spices［J］. Food Research International, 2011, 44: 385-390.

［730］Choi D H, Kang D G, Cui X, Cho K W, Sohn E J, KIM J S, Lee H S. The positive inotropic effect of the aqueous extract of Convallaria keiskei in beating rabbit atria［J］. Life Sciences, 2006, 79: 1178-1185.

［731］Attwell K. Urban land resources and urban planting — case studies from Denmark［J］. Landscape and Urban Planning, 2000, 52: 145-163.

［732］Jenderek M M, Dierig D A, Isbell T A. Fatty-acid profile of Lesquerella germplasm in the National Plant Germplasm System collection［J］. Industrial Crops and Products, 2009, 29: 154-164.

［733］Caserta G, Bartolelli V, Mutinati G. Herbaceous energy crops: A general survey and a microeconomic analysis［J］. Biomass and Bioenergy, 1995, 9: 45-52.

［734］Klink G, Dreier F, Buchs A, Gülaçar F O. A new source for 4-methyl sterols in freshwater sediments: Utricularia neglecta L. (Lentibulariaceae)［J］. Organic Geochemistry, 1992, 18: 757-763.

［735］Sahu S, Dutta G, Mandal N, Goswami A R, Ghosh T. Anticonvulsant effect of Marsilea quadrifolia Linn. on pentylenetetrazole induced seizure: A behavioral and EEG study in rats［J］. Journal of Ethnopharmacology, 2012, 141: 537-541.

［736］Rajakumar G, Rahuman A A. Larvicidal activity of synthesized silver nanoparticles using Eclipta prostrata leaf extract against filariasis and malaria vectors［J］. Acta Tropica, 2011, 118: 196-203.

［737］Lee M K, Ha N R, Yang H, Sung S H, Kim G H, KIm Y C. Antiproliferative activity of triterpenoids from Eclipta prostrata on hepatic stellate cells［J］. Phytomedicine, 2008, 15: 775-780.

［738］Chaabi M, Freund-Michel V, Frossard N, Randriantsoa A, Andriantsitohaina R, Lobstein A. Anti-proliferative effect of Euphorbia stenoclada in human airway smooth muscle cells in culture［J］. Journal of Ethnopharmacology, 2007, 109: 134-139.

［739］Eavar S, Maksimoviæ M, Vidic D, Pariæ A. Chemical composition and antioxidant and antimicrobial activity of essential oil of Artemisia annua L. from Bosnia［J］. Industrial Crops and Products, 2012, 37: 479-485.

［740］Sheu M J, Deng J S, Huang M H, Liao J C, Wu C H, Huang S S, Huang G J. Antioxidant and anti-inflammatory properties of Dichondra repens Forst. and its reference compounds［J］. Food Chemistry, 2012, 132: 1010-1018.

［741］Houghton P J, Osibogun I M. Flowering plants used against snakebite［J］. Journal of Ethnopharmacology, 1993, 39: 1-29.

鳢肠   仙人掌   水蓼   小根蒜

白茅   酸模叶蓼   龙葵   灰绿藜

蛇床   狗尾草   酸浆   益母草

蛇莓   水葫芦   刺苋   反枝苋

狐尾藻	绿苋	稗草	鼠曲
加拿大一枝黄花	苍耳	苘麻	水苦荬
红花酢浆草	扁穗莎草	水莎草	合萌
砖子苗	半夏	爵床	萤蔺

马齿苋　　　　　　　荠菜　　　　　　　　地肤

马兰　　　　　　　　蒲公英　　　　　　　委陵菜

小藜　　　　　　　　黄花酢浆草　　　　　水芹

萹蓄　　　　　　　　打碗花　　　　　　　车前

鸭舌草　　　　　　　刺儿菜　　　　　　　蒴菜

飞廉　　　　　　　　苦苣菜　　　　　　　　野薄荷

紫菀　　　　　　　　繁缕　　　　　　　　白三叶

艾蒿　　　　　　　　天胡荽　　　　　　　苣荬菜

泥胡菜　　　　　　　葎草　　　　　　　　三叶鬼针草

牛膝　　　　　　　　乌蔹莓　　　　　　　紫云英

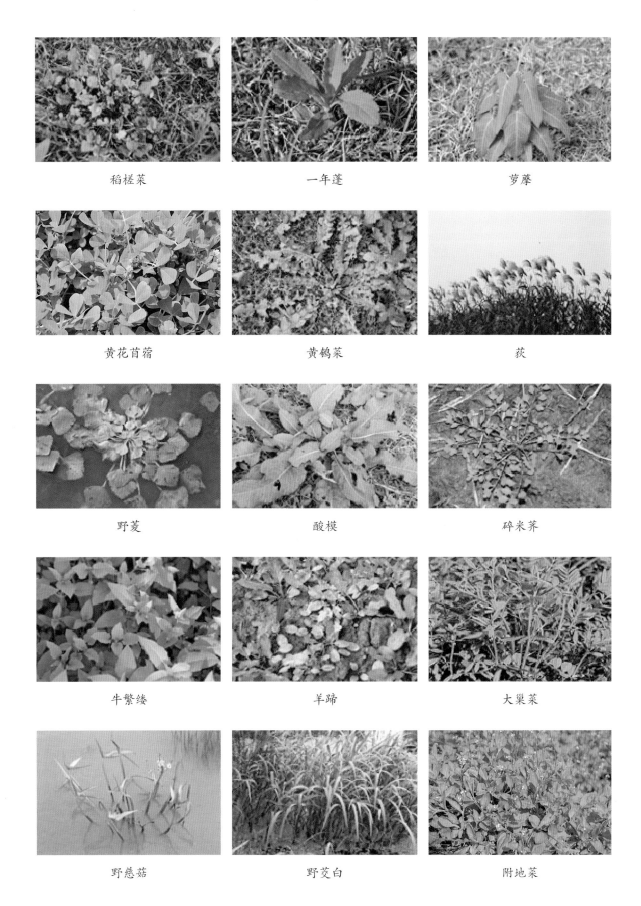

稲槎菜　　　　　　　　一年蓬　　　　　　　　萝藦

黄花苜蓿　　　　　　　黄鹌菜　　　　　　　　荻

野菱　　　　　　　　　酸模　　　　　　　　　碎米荠

牛繁缕　　　　　　　　羊蹄　　　　　　　　　大巢菜

野慈菇　　　　　　　　野茭白　　　　　　　　附地菜

菹草　　　　　　　　野西瓜苗　　　　　　　田菁

空心莲子草　　　　　　大米草　　　　　　　　鹅观草

水绵　　　　　　　　　陌上菜　　　　　　　　香附子

猪殃殃　　　　　　　　蚊母草　　　　　　　　水苋菜

婆婆纳　　　　　　　　斑地锦　　　　　　　　马蹄金

泽漆	小飞蓬	凹头苋
野老鹳草	双穗雀稗	浮萍
牛筋草	看麦娘	马唐
丁香蓼	苔藓	通泉草
狗牙根	石龙芮	李氏禾

杠板归　　　　　　　　水蜈蚣　　　　　　　　扬子毛茛

波斯婆婆纳　　　　　　眼子菜　　　　　　　　早熟禾

毛茛　　　　　　　　　大藻　　　　　　　　　节节菜

佛座　　　　　　　　　矮慈菇　　　　　　　　狸藻

铁苋菜　　　　　　　　鸭跖草　　　　　　　　紫花地丁